高等职业教育精品工程系列教材

CAD工程制图

——AutoCAD 2012（中文版）软件应用

（第3版）

郝维春　主　编
武　华　副主编

電子工業出版社
Publishing House of Electronics Industry
北京·BEIJING

内容简介

本书共7章，内容包括AutoCAD 2012简介、国家标准《CAD工程制图规则》等一般规定及应用、平面图形的绘制及尺寸标注、机件的常用表示法、机械工程图样的绘制、三维实体的构建、图样的打印。书中各章的开头有“本章学习要点”、结尾有“本章小结”，且配有适量的“思考与练习”题。

本书可作为理工科院校计算机绘图课程教材，也可作为机械制图及工程制图等课程配套教材，还可作为AutoCAD技术培训教材或相关工程技术人员的参考书。

图书在版编目（CIP）数据

CAD工程制图: AutoCAD2012（中文版）软件应用 / 郝维春主编. —3版. —北京：电子工业出版社，2019.6

ISBN 978-7-121-36849-3

Ⅰ. ①C… Ⅱ. ①郝… Ⅲ. ①工程制图－AutoCAD软件－高等学校－教材 Ⅳ. ①TB237

中国版本图书馆CIP数据核字(2019)第116983号

责任编辑：郭乃明　　特约编辑：范　丽
印　　刷：北京盛通商印快线网络科技有限公司
装　　订：北京盛通商印快线网络科技有限公司
出版发行：电子工业出版社
　　　　　北京市海淀区万寿路173信箱　邮编　100036
开　　本：787×1 092　1/16　印张：16　字数：410千字
版　　次：2009年11月第1版
　　　　　2019年6月第3版
印　　次：2021年7月第3次印刷
定　　价：40.00元

凡所购买电子工业出版社图书有缺损问题，请向购买书店调换。若书店售缺，请与本社发行部联系，联系及邮购电话：（010）88254888，88258888。

质量投诉请发邮件至zlts@phei.com.cn，盗版侵权举报请发邮件至dbqq@phei.com.cn。

本书咨询联系方式：（010）88254561，34825072@qq.com。

前　言

本书是根据“普通高等院校工程图学课程教学基本要求”（以下简称“要求”）编写的。在“要求”中指出：“计算机二维绘图和三维造型是适应现代化建设的新技术，对学生以后掌握计算机辅助设计技术有着重要的影响”。“要求”也提出：工程图学课程教学应“培养学生掌握科学思维方法，增强工程和创新意识，培养使用绘图软件绘制工程图样及进行三维造型设计的能力”。

本书是以培养学生应用绘图软件绘制工程图样及进行三维造型设计的能力为目标，以基本理论满足工程实际应用为准则，以必需、实用、够用为指导思想而编写的。参加编写的人员从事 AutoCAD 理论教学、CAD 应用培训（全国 CAD 应用培训网络——南京中心）及 CAD 工程设计实践多年，具有较丰富的实践经验。

CAD 制图（计算机辅助绘图）是理工科院校相关专业学生必须掌握的技能之一，相关教材是学生学习期间必备的教材。本教材移植工程制图课程教学体系，按该课程的教学内容顺序编排，并遵循由浅入深的原则，随内容的变化而调用相关操作命令。命令分散到各教学阶段，使学生掌握和应用 CAD 技术非常方便。在本书编写过程中，严格贯彻执行国家标准的有关规定，力求全书内容既满足教学规律要求，又符合工程实际应用要求，最终目的是“学以致用”。本书以 AutoCAD 2012（中文版）作为绘图工具，介绍有关计算机绘图的相关知识，以工程制图教学内容为编写主线，运用 AutoCAD 软件绘制出符合国家标准的工程图样。

由美国 Autodesk 公司出品的计算机辅助设计（Computer Aided Design）类软件 AutoCAD，是当今全球应用范围较广、用户较多的软件之一。它绘制及编辑二维图形的功能非常强大，三维功能也正在不断完善和发展。自 1982 年首发至今，AutoCAD 历经多次版本升级，其功能越来越完善。尤其值得一提的是，随着版本的不断升级，AutoCAD 内置了越来越多的绘图辅助工具，这些工具不仅能辅助用户准确绘制出效果更好的图形，而且使绘图速度显著提高。

本书由郝维春任主编，武华任副主编，雷菊珍、蒋麒麟参编，编写内容分工如下：郝维春编写第 1 章、第 2 章、第 3 章、第 6 章、第 7 章，武华编写第 4 章第 3 节、第 5 章，雷菊珍编写第 4 章第 2 节，蒋麒麟编写第 4 章第 1 节，本书由郝维春统稿。

由于编写时间仓促且编者水平有限，书中的错误和疏漏难免，敬请阅读和使用本书的广大读者批评指正。

编　者

2018 年 11 月

目　录

第 1 章　AutoCAD 2012 简介

【本章学习要点】

◆ AutoCAD 2012 主界面

◆ AutoCAD 2012 常用配置

◆ AutoCAD 2012 基本操作及使用技巧

由美国 Autodesk 公司出品的计算机辅助设计（Computer Aided Design）类软件 AutoCAD，是世界领先的二维和三维设计软件之一。它的二维功能强大而灵活，三维功能正不断蓬勃发展。自 1982 年首发至今，AutoCAD 历经多次版本升级，其功能越来越完善。值得一提的是，随版本的升级，AutoCAD 不断地内置一些辅助工具，这给用户设计二维图样和三维建模提供了高效、精确的保障，也使绘图质量得以显著提高。

本书依照工程制图的教学内容顺序进行编写，把 AutoCAD 作为制图的工具，依托软件介绍计算机绘图相关知识，其目的是让用户能绘出符合国家标准的工程图样。

1.1　AutoCAD 2012 主界面

软件安装成功后，计算机桌面上就会出现 AutoCAD 2012 快捷方式图标“ ”。用户双击该图标，即可启动 AutoCAD 2012 软件，其主界面如图 1-1 所示。该主界面是安装且首次运行 AutoCAD 2012 软件时显现的原始主界面，其“工作空间”为“草图与注释”，它主要由应用程序菜单、快速访问工具栏、标题栏、功能区、绘图区、视口标签、ViewCube 工具、导航栏、命令窗口、状态栏等构成。

在原始主界面中，单击（为简化叙述，本书中所述“单击”“双击”均默认指鼠标左键操作，后同）左上角“应用程序菜单”按钮（ ）以搜索命令及访问用于新建、打开、保存和发布文件等的工具，如图 1-2（a）所示；在“应用程序菜单”按钮右侧是“快速访问”工具栏，在栏中有常用的新建、打开、保存、打印、放弃、重做和工作空间等选项，如图 1-2（b）所示；在每个视口的左上角都有“视口标签”，以便捷方式提供更改视口数量、视图、视觉样式及其他设置，如图 1-2（c）所示；在每个视口的右上方都有“ViewCube”工具，这是一种方便地用来控制三维视图方向的工具，如图 1-2（d）所示；在当前视口的“ViewCube”工具下方有“导航栏”，其中包含 SteeringWheels、平移、缩放、动态观察、ShowMotion 等通用导航工具，如图 1-2（e）所示。

刚才简单地介绍了 AutoCAD 2012 原始主界面内的部分工具的功能，下面将具体介绍标题栏、功能区、绘图区、命令窗口、状态栏等功能。

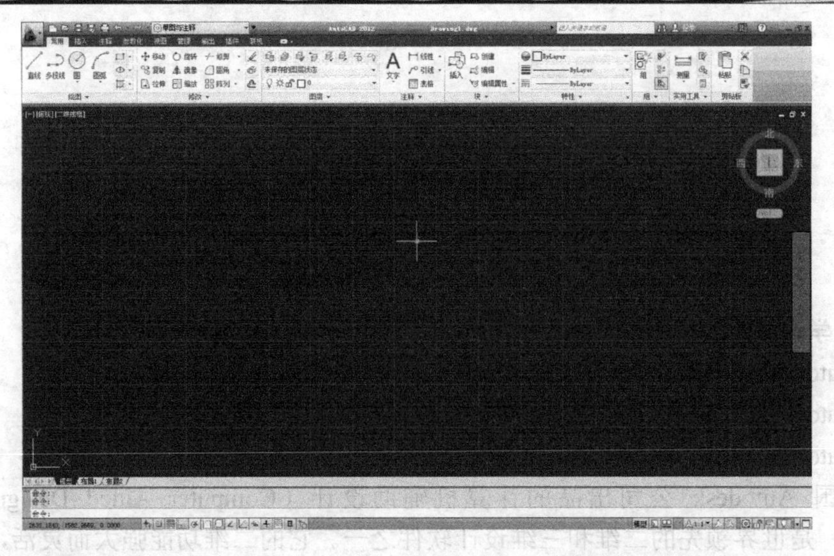

图 1-1　AutoCAD 2012 原始主界面

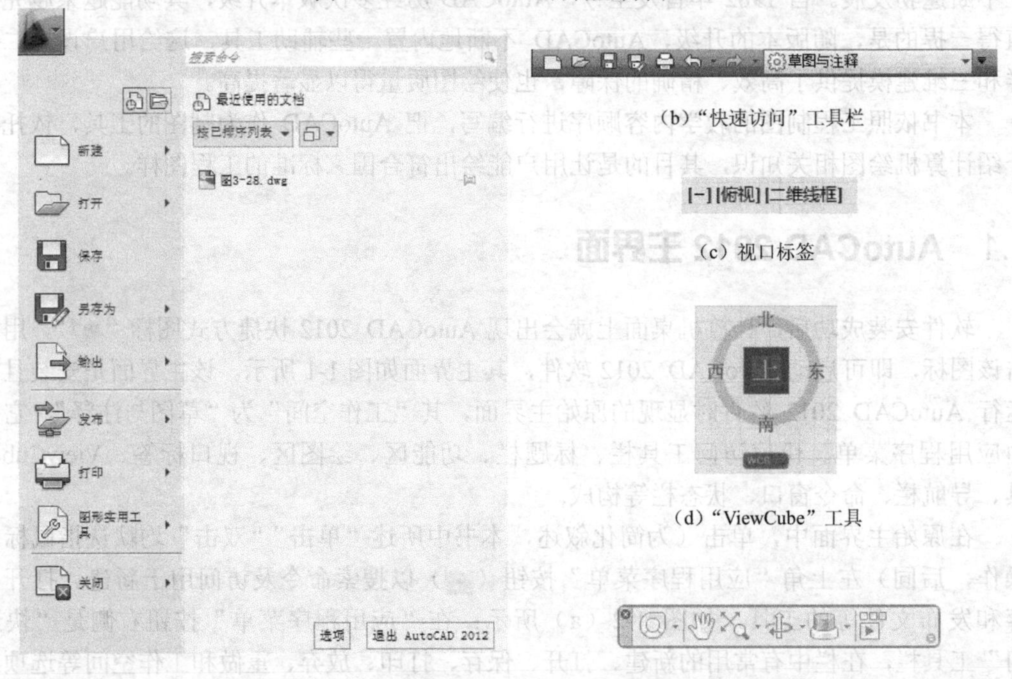

（a）应用程序菜单

（b）“快速访问”工具栏

（c）视口标签

（d）“ViewCube”工具

（e）导航栏

图 1-2　构成 AutoCAD 2012 原始主界面的部分工具功能图

1.1.1　标题栏

“标题栏”位于 AutoCAD 2012 原始主界面的最上一行中部，如图 1-1 所示，它的主要作用是显示当前窗口中处于操作状态的图形文件名称，如图 1-3 所示。

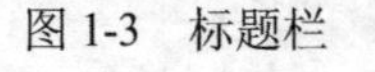

图 1-3　标题栏

1.1.2 功能区

“功能区”位于“快速访问”工具栏和“标题栏”的下方，由多个选项卡及面板构成，以显示基于任务的工具和控件的选项板。功能区可以水平显示，也可竖直显示。水平功能区在文件窗口的顶部显示；垂直功能区可固定在文件窗口的左侧或右侧，也可以在文件窗口或另一个监控器中浮动。

在“草图与注释”功能区中，一共有 9 张选项卡，它们分别是：常用、插入、注释、参数化、视图、管理、输出、插件和联机，如图 1-4 所示。

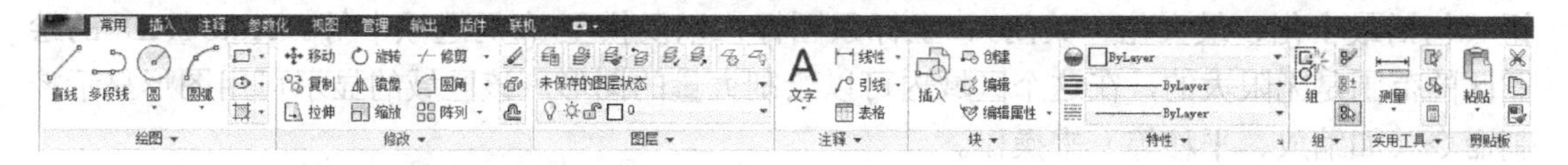

图 1-4 “草图与注释”功能区

下面以“常用”选项卡及面板为例，介绍其具体结构和操作，如图 1-5 所示。功能区内的各个面板依据任务属性被布置在选项卡中，它内置的很多工具和控件与工具栏和对话框中的相同。面板标题中间有箭头“▼”，它表示可以展开该面板并显示其他工具和控件。单击已展开面板的标题栏，可收拢面板。在默认情况下，当单击另一个面板时，先前展开的面板将自动收拢。要想面板一直处于展开状态，单击展开面板左下角的图钉“⊐”即可实现。

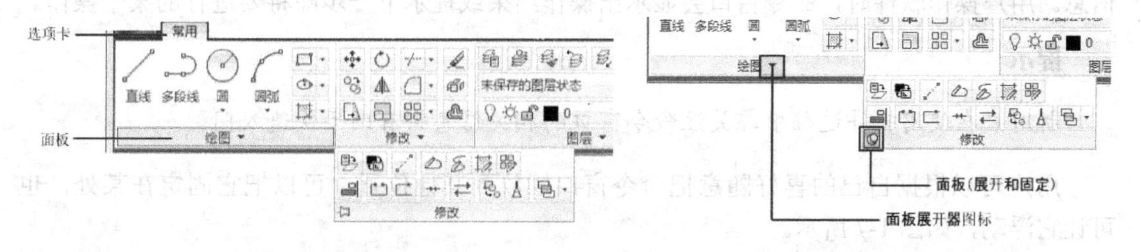

（a）选项卡及面板的结构　　（b）选项卡及面板的操作

图 1-5 选项卡及面板的具体结构和操作

有些面板还可以调出与其相关联的对话框，它的启动器就是面板右下角的箭头“↘”，如图 1-6（a）所示；单击箭头即可显示相关对话框，如图 1-6（b）所示。

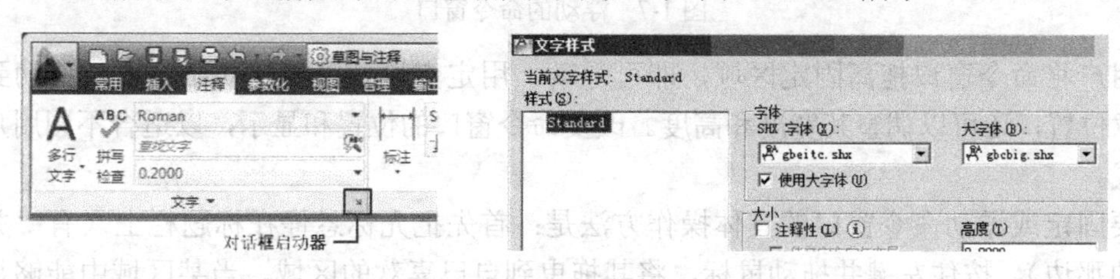

（a）对话框启动器　　（b）对话框的局部

图 1-6 文字样式的对话框启动器及对话框

通过对选项卡和面板的操作，不难发现，选项卡和面板中有大量的按钮和下拉列表。在 AutoCAD 2012 软件中，单击或者双击按钮，可以快速执行和打开文件、程序或命令；下拉列表被单击后，它将在当前状态下显示、设定或编辑某项任务。

提示

当操作“按钮”时，要注意观察“按钮”的下方或右侧是否带有箭头，如果有，表明还有下一级按钮；单击箭头将出现下拉菜单，可从中选择需要的按钮进行操作。

1.1.3 绘图区

AutoCAD 2012 主界面中间（如图 1-1 所示）有一片很大的“空白”区域，这个区域被称为绘图区。绘图区是绘图窗口内容的一部分，绘图窗口包括绘图区、标题栏、窗口控制按钮（包括最小化、最大化、关闭）、坐标系图标，以及模型/布局选项卡等。AutoCAD 的绘图区的范围是无限大的，在这个区域内可以绘制大量的图形，该区域的显示可用图形显示控制命令（如缩放、平移等）来操作。

1.1.4 命令窗口

命令窗口位于 AutoCAD 2012 主界面下方（如图 1-1 所示），该位置是系统默认位置，并且是固定的。固定命令窗口与 AutoCAD 窗口等宽。如果输入的文字长于命令行宽度，就在命令行前会弹出窗口以显示该命令行中的全部文字。

命令窗口的主要用途是：显示在执行命令时的相关信息或输入执行命令时需要的相关信息。用户操作软件时，命令窗口会显示出操作结果或提示下一步即将要进行的某个操作。

提示

新用户在使用软件过程中，关注命令窗口的相关信息将有助于快速入门。

用户可以根据自己的喜好随意把命令窗口摆放到其他位置，可以把它固定在某处，也可让它浮动，如图 1-7 所示。

```
命令: _move
选择对象: 找到 1 个
选择对象:
指定基点或 [位移(D)] <位移>:
指定第二个点或 <使用第一个点作为位移>:

命令:
```

图 1-7 浮动的命令窗口

用户将命令窗口拖离固定区域，即可浮动。用定点设备可将浮动命令窗口移动到屏幕的任意位置，还可以调整其宽度和高度。改变命令窗口的位置和显示，以适合不同用户的工作方式。

要固定或浮动命令窗口的具体操作方法是：首先把光标悬停在标题栏上（有“关闭”按钮的那边），按住左键并拖动鼠标，将其拖曳到自己喜欢的区域。当某区域中能够显示出细线矩形框轮廓时，松开鼠标左键，命令窗口就被固定在所选位置；除此之外即是浮动。

命令窗口也可以进行操作（可以开、关）。要关闭命令窗口，单击标题栏上的“关闭”按钮（如图 1-7 所示）即可；如果命令窗口被关闭，用户想要将其打开，最快捷的方法就是使用“Ctrl+9”快捷键。

1.1.5　状态栏

状态栏位于 AutoCAD 2012 主界面最下方（如图 1-1 所示），其构成主要包括：光标的当前坐标、常用绘图辅助工具、布局和视图工具、注释缩放工具、工作空间自定义工具等，如图 1-8 所示。以下仅介绍“光标的当前坐标”和“常用绘图辅助工具”的作用和操作。

2635.1840, 1582.9669, 0.0000

（a）光标的当前坐标（X，Y，Z）

（b）常用绘图辅助工具（图标按钮）

模型　　1:1

（c）布局和视图工具　　（d）注释缩放工具　　（e）工作空间自定义工具

图 1-8　状态栏的相关内容

“光标的当前坐标”位于状态栏的最左侧，它的主要作用就是显示光标在绘图区内所在位置的坐标值（X，Y，Z），如图 1-8（a）所示。

“常用绘图辅助工具”位于“光标的当前坐标”右侧并与其相邻，它一共由 14 个图标按钮构成，分别是推断约束、捕捉模式、栅格显示、正交模式、极轴追踪、对象捕捉、三维对象捕捉、对象捕捉追踪、允许/禁止动态 UCS、动态输入、显示/隐藏线宽、显示/隐藏透明度、快捷特性、选择循环，如图 1-8（b）所示。

提示

绘图时，有效地使用“常用绘图辅助工具”，能帮助用户绘制出精准、效果好的图形，而且绘图速度可以得到显著提高。

“常用绘图辅助工具”的按钮有两种形式。默认情况下，显示的是图标按钮；通过操作快捷菜单，可显示成文字按钮，如图 1-9 所示。不论显示的是哪种“按钮”，启用的按钮呈“亮显”状态；未启用的按钮呈“灰显”状态。

INFER	捕捉	栅格	正交	极轴	对象捕捉	3DOSNAP	对象追踪	DUCS	DYN	线宽	TPY	QP	SC

图 1-9　“常用绘图辅助工具”的文字按钮

右键单击“常用绘图辅助工具”中的任意一个按钮时，都会出现快捷菜单，每个快捷菜单的样子有所不同，但基本功能如图 1-10 所示。图 1-9 中的“常用绘图辅助工具”的文字按钮，是在“使用图标”不被勾选的状态下得到的，如图 1-10 所示。

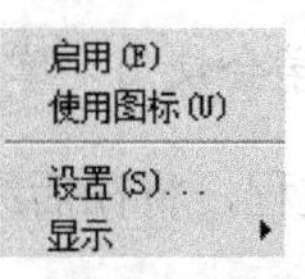

图 1-10　“常用绘图辅助工具”快捷菜单的基本功能

1.1.6 其他

通过上述介绍，用户对 AutoCAD 2012 原始主界面的主要结构及常用工具功能有了初步认识。AutoCAD 是个功能非常强大的软件，其内容特别丰富。下面再介绍几种比较常用的且未在原始主界面内显现的工具，它们是“选项板”、“快捷菜单”和“命令工具提示”。

要显现“选项板”、“快捷菜单”和“命令工具提示”，必须启动或操作命令。

1. 选项板

在启动某些命令后，在主界面中会出现一种与窗口和对话框形式不同的窗体，它就是既可固定又可浮动，还可隐藏的“选项板”，如图 1-11 所示。

在设计二维图样以及三维建模过程中，“特性”命令经常被使用，以“特性”命令为例介绍选项板的基本操作，更有利于用户牢固掌握其功能和操作。

选项板与窗口和对话框的最大区别在于，用户可以按自己的意愿把该选项板固定在某个地方，也可以让它处于浮动状态，甚至将其隐藏起来而腾出更多的作业空间。固定和浮动选项板的操作方法与固定或浮动命令窗口相同（命令窗口也属于选项板）。

在选项板内，一般都会有选项卡，它们大多以两种形式出现，如图 1-12 所示。其中之一是卡片形式，如图 1-12（a）所示；其二是列表形式，如图 1-12（b）所示。操作卡片形式的选项卡非常容易，单击卡片名称即可调出选项卡；操作列表形式的选项卡，必须单击箭头（“▼”或“▲”）或者双击选项卡标题栏方可展开（如图 1-11 所示）或收拢（如图 1-12（b）所示）。

选项板中，箭头“▼”或“▲”的指向表示卡片展开或收拢的运动方向。

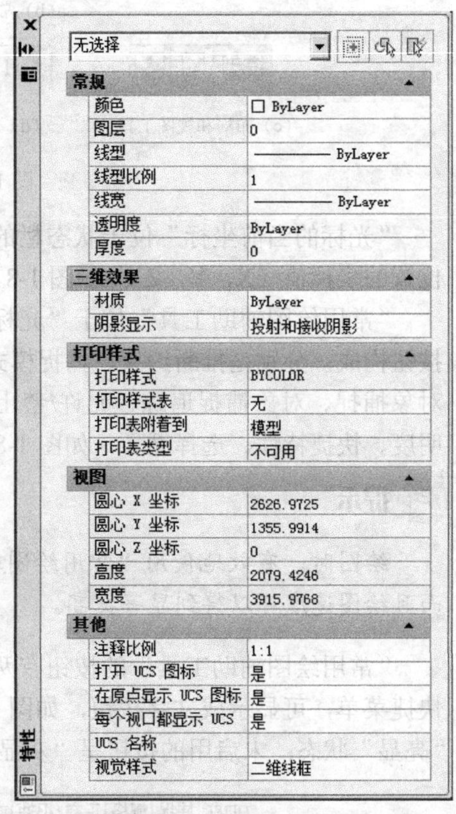

图 1-11 “特性”选项板

使用“特性”选项板，可方便地查看和修改选定对象（或对象集）的特性。当选择一个对象（或对象集）后，该对象（或对象集）的特性将完全显示在“特性”选项板中。用户可以通过在“特性”选项板中设置新值来改变当前选定的对象（或对象集）的特性。

注意

“特性”命令的用途很大，一定要学会使用，掌握它的功能及操作。

“特性”命令的具体功能及操作过程，将在后续内容中进行详细介绍，这里从略。

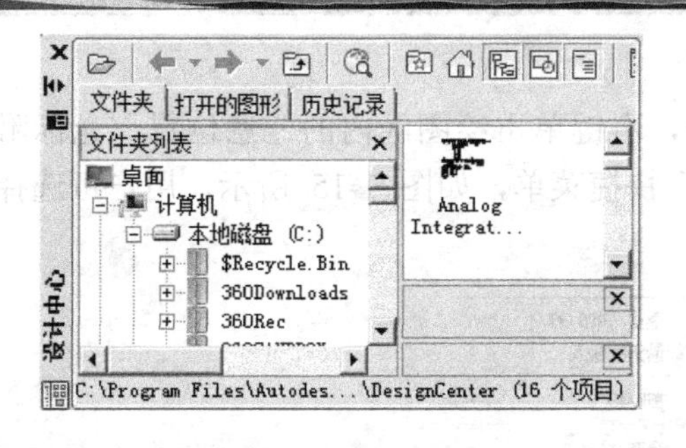

（a）卡片形式选项卡

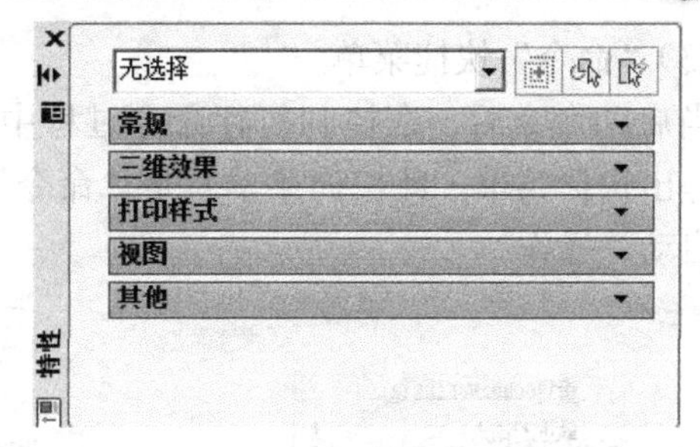

（b）列表形式选项卡

图 1-12　选项板中两种形式的选项卡

2．快捷菜单

AutoCAD 的功能强大，其操作方式也可多样化。绘图时，想要绘出完全一样的图形，可以有不同操作流程和方法。只要不断深入学习和探究，绘图水平一定会有所提高。

快捷菜单是众多操作方式中的一种。使用快捷菜单行进路径最短，启动命令最快。若能有效而灵活地使用，可以节约大量时间。AutoCAD 2012 提供了千变万化的快捷菜单，内容丰富多彩，尤其是它“无处不在”的特点，给用户操作提供了极度的便捷。

启动快捷菜单方法极其简单，右键单击区域、控件或图标上方，即可弹出快捷菜单。右键单击位置不同，弹出的快捷菜单的内容和模样也不相同。下面就简单介绍一些比较常用的快捷菜单的功能。

注意

在 AutoCAD 软件中，“右键单击”可分为：快速、慢速两种。

当“选项”对话框的“用户系统配置”选项卡上，“Windows 标准操作”下的“绘图区域中使用快捷菜单”复选框勾选；且在“自定义右键单击”对话框中，选择“打开计时右键单击”时，快速与慢速（默认慢速持续的时间为 250 毫秒）“右键单击”共存。

除此之外，都是所谓的“快速右键单击”。

约定：由于“慢速右键单击”只用于“默认”和“命令”这两个快捷菜单，所以本书约定：“快速右键单击”=“右键单击”。

快捷菜单上，通常包含以下选项：重复执行刚启动的命令；显示用户最近启动的命令的列表；剪切、复制以及从剪贴板粘贴；放弃刚启动的命令；选择其他命令选项；取消当前命令；显示对话框，如“选项”或“自定义”等。

（1）“默认”快捷菜单

在没有启动命令和进行任何操作的情况下，右键单击绘图区内的任意位置，光标附近会立即弹出快捷菜单，它就是“默认”快捷菜单，如图 1-13 所示。用户可选择相关命令启动、操作。

（2）“编辑”快捷菜单

当使用“夹点模式（该内容后叙）”选定了一个或多个对象时，右键单击绘图区内任意位置，将显示“编辑”快捷菜单，如图 1-14 所示。用户可选择相关命令启动、操作。

（3）“命令”快捷菜单

当启动命令后，在控制执行命令过程中，右键单击绘图区内的任意位置，光标附近会立即弹出快捷菜单，此快捷菜单就是“命令”快捷菜单，如图 1-15 所示。用户可选择相关命令启动、操作。

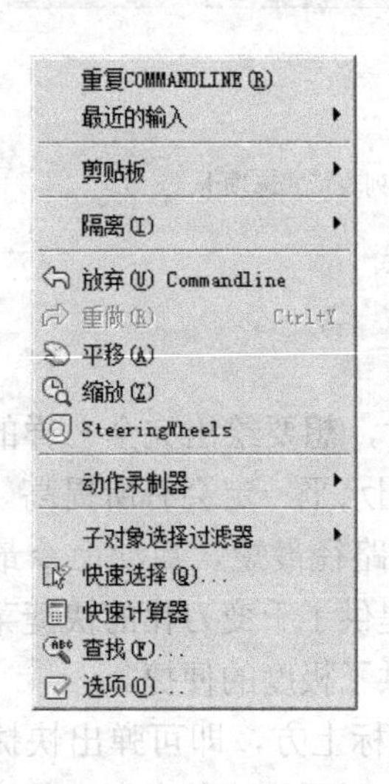

图 1-13 “默认”快捷菜单

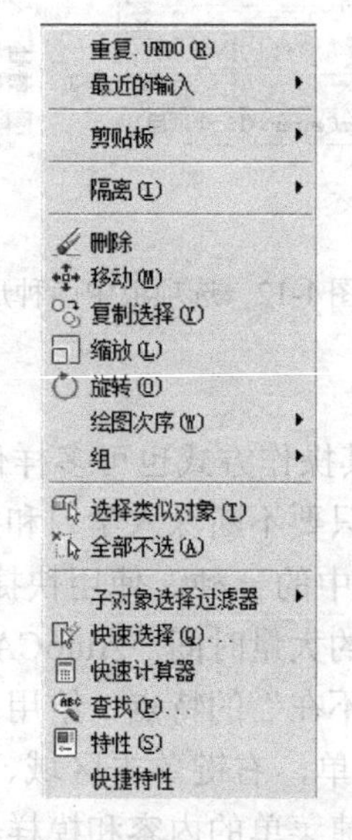

图 1-14 “编辑”快捷菜单

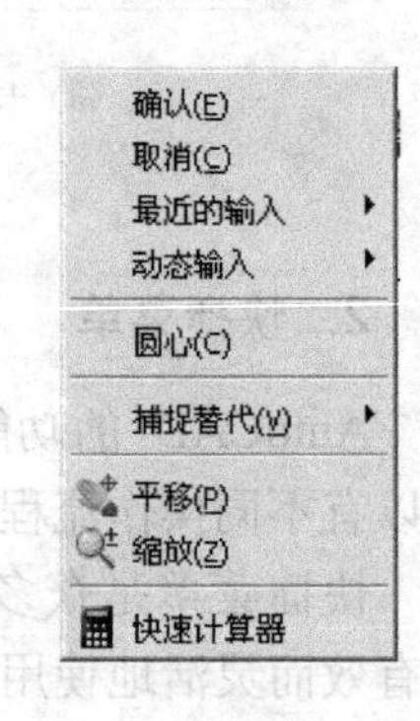

图 1-15 “命令”快捷菜单

（4）“命令区”快捷菜单

在不启动任何命令和不进行任何操作的前提下，右键单击命令区内任意位置，在光标附近立即弹出快捷菜单，此快捷菜单就是“命令区”快捷菜单，如图 1-16 所示。用户可选择相关命令启动、操作。

绘图时，软件记录下来的启动过的命令以及操作过程会被复制到剪贴板上，可供用户在文本录入时进行粘贴操作。“复制历史记录”命令执行过后，“粘贴”命令被启用，这时“粘贴”命令才被转换为“亮显”状态，如图 1-16（b）所示。

（5）“UCS”快捷菜单

右键单击绘图区左下角的“UCS”图标，将显示“UCS”快捷菜单，如图 1-17 所示。用户可选择相关命令启动、操作。

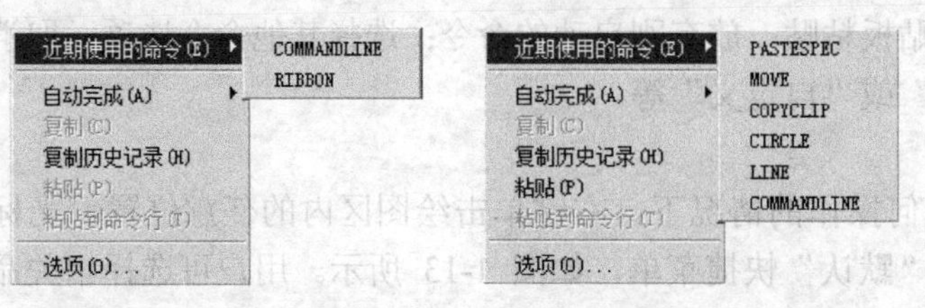

（a）AutoCAD 软件启动完成时　（b）启动后剪贴板内有记录时

图 1-16 “命令区”快捷菜单

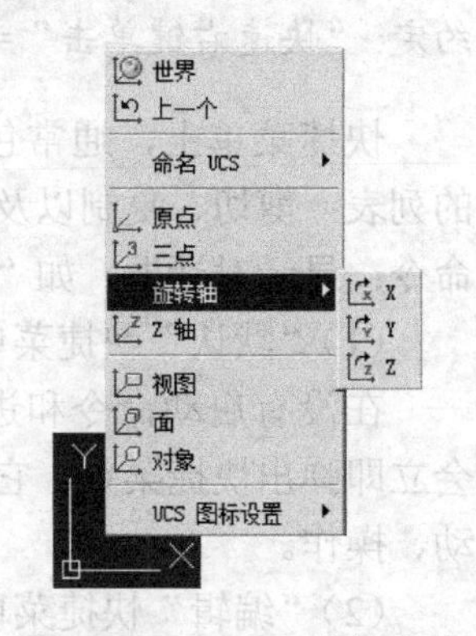

图 1-17 “UCS”快捷菜单

以上已重点介绍了 5 种快捷菜单，还有很多常用的快捷菜单，如“工具栏”快捷菜单、“状态栏”快捷菜单、“对话框”快捷菜单、“标题栏”快捷菜单、“对象捕捉”快捷菜单、“按钮”快捷菜单、“注释比例命令”快捷菜单、“导航栏”快捷菜单、“PAN 或 ZOOM 命令”快捷菜单、“夹点编辑”快捷菜单、“图案填充”快捷菜单、“光标的当前坐标”快捷菜单、“常用绘图辅助工具”快捷菜单（基本功能如图 1-10 所示）、“ViewCube 工具”快捷菜单、“文字”快捷菜单、“文字编辑器”快捷菜单、“三维编辑栏”快捷菜单、“三维移动小控件”快捷菜单、“三维旋转小控件”快捷菜单、“三维缩放小控件”快捷菜单、“三维动态观察”快捷菜单等，用户需要进一步了解它们的启动和操作。由于篇幅限制，以上“快捷菜单”在此不作介绍，希望用户自行探索。

3．命令工具提示

AutoCAD 2012 有“命令工具提示”功能，以显示与指定命令相关联的特性“说明”，如：提示命令用途的简单说明、显示命令的名称以及指定给“命令显示名”和“标记”特性的值等，它包含有大量文字以及图像。当光标悬停在工具栏、应用程序菜单、功能区、对象捕捉、菜单项和对话框中的命令按钮、编辑框、下拉列表等上方时，用户便可以看到工具提示。开始时，会显示一些基本内容（如图 1-18（a）所示），如果继续悬停将展示更多信息，如图 1-18（b）所示。除此之外，用户还可以自定义工具提示的显示和内容。

下面就以“直线”命令为例，介绍“命令工具提示”显示的相关内容。图中左上角是“直线”命令按钮，上面的箭头“↖”是光标，悬停在“直线”命令按钮上；“命令工具提示”栏内的左上角显示的是：命令的名称、命令用途的简单说明；栏内的左下角显示的是：“命令显示名”——LINE（命令窗口键入的“全名”——命令名）、获取帮助的提示（按 F1 键获得更多帮助）；栏内中间区域（图 1-18（b））显示的是：使用命令的文字说明、图像，其中图像有两种类型：一是图形，如图 1-18（b）所示。二是录像（涉及的相关命令有二维的阵列、编辑阵列以及曲面的多数命令等）。

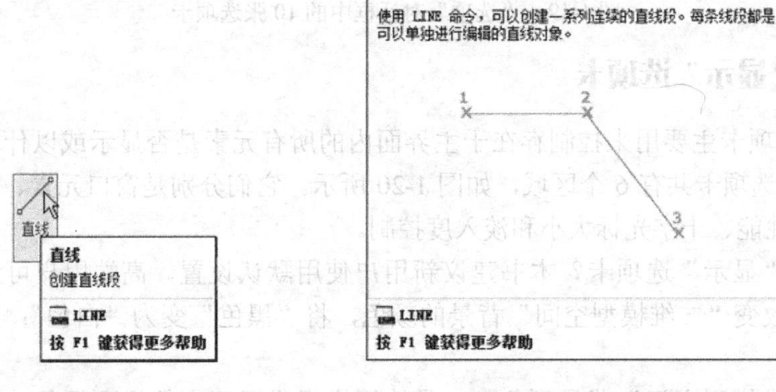

（a）开始时显示的基本内容　　（b）继续悬停后展示的更多信息

图 1-18　命令工具提示

1.2 AutoCAD 2012 常用配置

安装且首次运行 AutoCAD 2012 时，系统将自动产生一组名称为“未命名配置”的系统配置设置，这个设置是 AutoCAD 系统创建的默认设置。在该设置中，内置的各项指标都是按一定的标准要求给定的，其中大部分设置基本能满足多数用户的使用，即便不能满足，对用户的影响也不太大。要绘制出更精确、更标准的图形和图样，建议用户按照自身情况和国家标准要求，创建一个完全或者基本符合相关要求的系统配置设置，建立标准的用户专用工作环境。

建立工作环境的方法有两种：其一是在不改变系统默认的设置基础上，重新创建一个包括快捷方式、启动路径、工作目录、命名系统配置设置、样板文件的工作环境；其二是在系统默认的设置基础上，修改部分指标（值）、标准样板图而形成的工作环境。本书介绍第二种建立用户专用工作环境的方法，这对多数用户来讲，操作起来相对简单。

建立用户专用工作环境，须要修改系统默认的部分指标（值），还要建立标准样板图。修改部分指标（值）要到“选项”对话框中操作；建立标准样板图则须根据地方和国家标准要求对各项内容逐一进行设置。

本节重点介绍在系统创建的默认配置的基础上，如何修改部分相关内容的指标（值）。关于怎样建立标准样板图等内容将在第 2 章介绍。修改指标（值）须启动“选项”命令，在“选项”对话框中，对“显示”、“用户系统配置”、“选择集”三个选项卡进行修改即可。

“选项”命令启动的方法如下：

按钮（单击）：无（可在绘图区或命令区内使用“快捷菜单”启动“选项”命令）。

键盘（输入）：OPTIONS↵。

在弹出的“选项”对话框中，总共有 10 张具有不同标题的“选项卡”，如图 1-19 所示，它们是：文件、显示、打开和保存、打印和发布、系统、用户系统配置、绘图、三维建模、选择集、配置。

文件	显示	打开和保存	打印和发布	系统	用户系统配置	绘图	三维建模	选择集	配置

图 1-19 “选项”对话框中的 10 张选项卡

1.2.1 “显示”选项卡

“显示”选项卡主要用来控制存在于主界面内的所有元素是否显示或以什么形态显示等内容。“显示”选项卡共有 6 个区域，如图 1-20 所示。它们分别是窗口元素、布局元素、显示精度、显示性能、十字光标大小和淡入度控制。

如何使用“显示”选项卡？本书建议新用户使用默认设置。高端用户可进行相关部分修改，比如可改变“二维模型空间”背景的颜色，将“黑色”变为“白色”；改变十字光标大小等。

改变“二维模型空间”背景颜色：一是给用户提供了可变的界面颜色；二是给用户提供了编辑文稿截图的清晰背景等。

1.“窗口元素”区

“窗口元素”区的功能是控制绘图环境特有的显示设置。该区一共有 8 个复选框，2 个按钮，1 个编辑框。复选框中有 5 个为默认设置（勾选），另外的 3 个没有被选中。2 个按钮分别为“颜色”和“字体”，如图 1-20 所示。

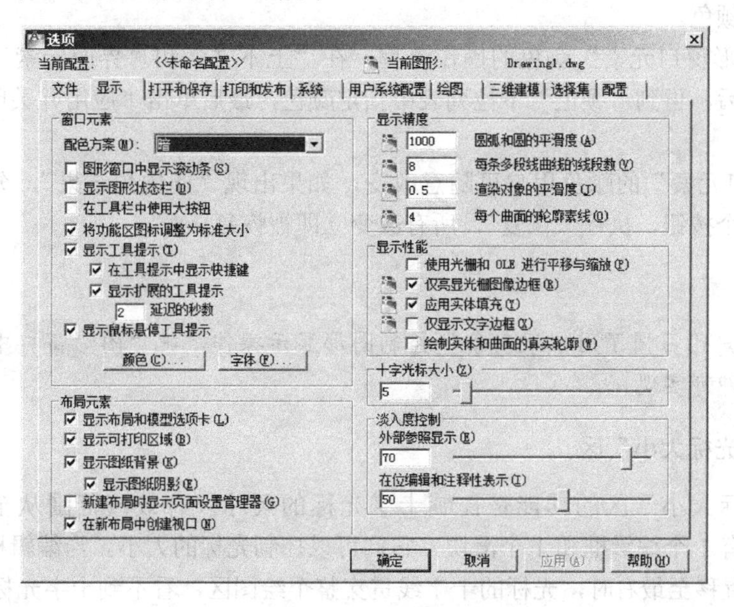

图 1-20　“显示”选项卡

单击“颜色”按钮，出现“图形窗口颜色”对话框，如图 1-21 所示，该对话框主要是用来设置“上下文”、“界面元素”颜色的。框内被划分成 4 个区块，区块中有 3 处不同形式的列表，它们分别是“上下文”、“界面元素”和“颜色”列表；4 个按钮用来将用户设置过的上下文、界面元素的颜色恢复到默认状态；1 个窗口供用户预览用。

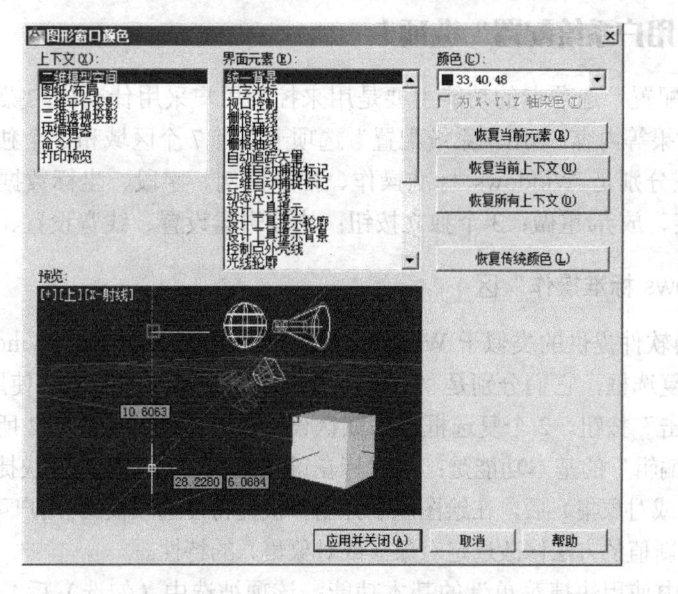

图 1-21　“图形窗口颜色”对话框

用户只要单击“上下文”和“界面元素”两列表中的列表项，就不难发现，列表项的不同组合会使得“颜色”列表中有不同颜色出现，它们是“上下文”和“界面元素”两列表中列表项组合后的系统默认颜色。

用户可以使用系统默认颜色，也可以根据自己的喜好和用途，设计或修改不同上下文和界面元素的颜色。

改变“图形窗口元素”颜色的操作流程：在“上下文”和“界面元素”两列表中分别选取列表项之后，再到“颜色”下拉列表中指定颜色，最后单击“应用并关闭”按钮就完成了颜色的改变。

“图形窗口元素”的颜色用户可随意改变，如果出现“非预想结果”，分别单击选项卡右侧上方的3个按钮，执行“恢复”，所有改变立即被恢复。

提示

如果老用户已习惯了用“滚动条”控制图形显示操作，把“图形窗口中显示滚动条”复选框勾选，即可实现。

2.“十字光标大小”区

“十字光标大小”区的功能是控制十字光标的尺寸（有效值范围从全屏幕的 1%到100%）。该区有1个编辑框和1个滑块，它们可以控制光标的大小。当编辑框中的数字改为100或滑块位置移至最右时，光标的十字线贯穿整个绘图区，看不到十字光标的末端。

本书建议使用默认设置，如图1-20所示。

3. 其他

“显示精度”、“布局元素”、“显示性能”和“淡入度控制”4 区域，建议用户暂不进行修改，全部使用默认设置。

1.2.2 “用户系统配置”选项卡

“用户系统配置”选项卡的功能主要是用来控制用户采用什么样的操作方式和怎样组合才能达到最优效果等内容。“用户系统配置”选项卡共有7个区域和3个独立按钮，如图1-22所示。7 个区域分别是 Windows 标准操作、插入比例、字段、坐标数据输入的优先级、关联标注、超链接、放弃/重做；3个独立按钮：块编辑器设置、线宽设置、默认比例列表。

1.“Windows 标准操作”区

用户可使用软件提供的类似于 Windows 操作系统的某些功能。“Windows 标准操作”区内一共有 2 个复选框，它们分别是“双击进行编辑”和“绘图区域中使用快捷菜单”；1 个“自定义右键单击”按钮。2个复选框均为默认设置（勾选），如图1-22所示。

“双击进行编辑”的基本功能是：用鼠标左键双击（如状态栏的“快捷特性”按钮启动，可单击）对象（或对象集）后，在绘图区中弹出“快捷特性选项板”。用户可通过在“快捷特性选项板”中设置新值的方法修改选定对象（或对象集）的特性。

“绘图区域中使用快捷菜单”的基本功能：该项被选中（勾选）后，在绘图区内右键单

击就会弹出快捷菜单；若该项未被选中（去掉勾选），此时“右键单击”的功能相当于按一次 Enter 键。

提示

“绘图区域中使用快捷菜单”选项是否选择，再加上“自定义右键单击”设置，会出现不同的操作结果。建议用户总结出操作特点，以便选择使用。

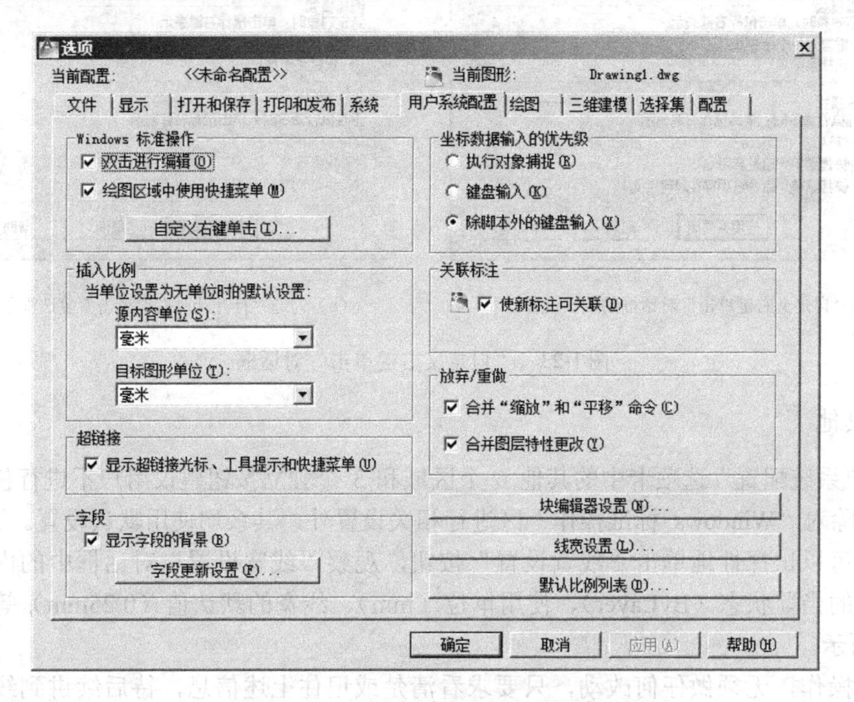

图 1-22　“用户系统配置”选项卡

“自定义右键单击”按钮的基本功能是：控制在绘图区域中右键单击是显示快捷菜单，还是与按 Enter 键的功能相同。

单击“自定义右键单击”按钮，会弹出“自定义右键单击”对话框，如图 1-23 所示。在对话框内，用户可以进一步选择“绘图区域中使用快捷菜单”各个选项。

本书设置的“自定义右键单击”的操作流程如下：

（1）单击“自定义右键单击”按钮，进入“自定义右键单击”对话框，如图 1-23（a）所示（该图中的设置为系统的默认设置）。

（2）勾选“打开计时右键单击”复选框，选择默认设置。（用户可以选取“编辑模式”中的“重复上一个命令”单选框，试一下有什么不同），如图 1-23（b）所示。

（3）单击“应用并关闭”按钮即完成“自定义右键单击”设置。

提示

上述功能组合的特点是：用户既可以使用软件提供的 Windows 操作系统的某些功能，同时又可以在主界面的各区域中使用快捷菜单，可谓一举两得。

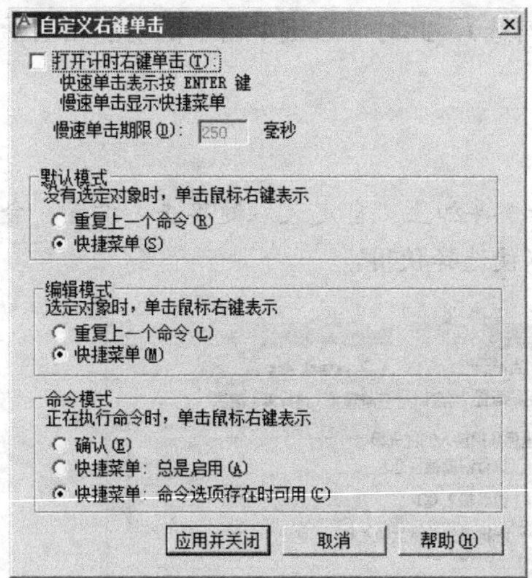

（a）“自定义右键单击”对话框的默认设置

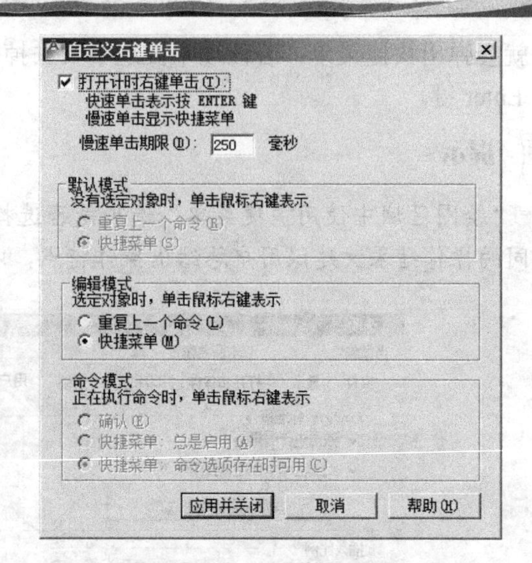

（b）勾选“打开计时右键单击”复选框

图 1-23 “自定义右键单击”对话框

2. 其他

“用户系统配置”选项卡中的其他 6 个区域和 3 个独立按钮建议用户不进行任何更改。就是说，除对“Windows 标准操作”区进行相关设置外，其余均使用默认设置。

用户可以试探性地单击“线宽设置”按钮，观察“线宽设置”对话框中的内容，了解一下线宽的当前状态（ByLayer）、使用单位（mm）、线宽的默认值（0.25mm）等信息，如图 1-24 所示。

以上操作，无须做任何改动，只要求看清楚或记住上述信息，待后续讲到线宽设置的内容时，用户就会明白所有“细线图层的线宽”为何不要修改的原因了。了解“线宽设置”对话框的内容后，单击“取消”按钮即可。

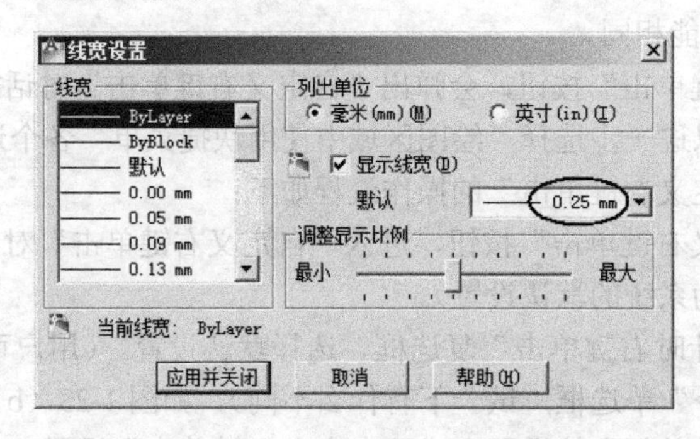

图 1-24 “线宽设置”对话框

1.2.3 “选择集”选项卡

“选择集”选项卡主要是用来控制选取对象时操作的基本模式和外观等内容，如图 1-25 所示。

“选择集”选项卡中的各项内容，用户可不进行任何改动和设置，使用默认设置。

如果想要改动，那就试着对与外观有关的内容进行一些修改，如“夹点”的“未选中夹点颜色”可改为标准颜色（例如“蓝色”），用户可根据自己的喜好去修改颜色。

对习惯使用 Windows 操作系统功能的用户，可把“选择集模式”中的“用 Shift 键添加到选择集”复选框选中（勾选）。

“先选择后执行”选项是否“勾选”，将决定两种情形的应用。其一，在“夹点模式”下，可直接执行“修改”相关命令；其二，必须启动“修改”相关命令后，才能“选择对象”。

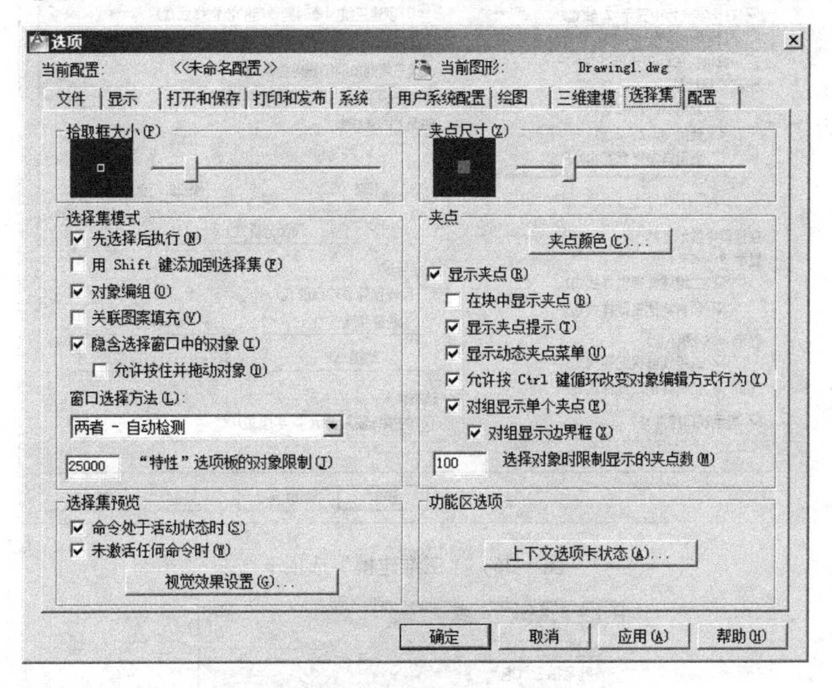

图 1-25　“选择集”选项卡

1.2.4　其他

“选项对话框”的 10 张选项卡前文已经介绍了 3 个，在绘图的初始阶段，所有这些选项卡可暂不进行修改和设置，因为上述的设置基本可满足用户在绘制、编辑二维图形和工程图样时使用软件的需求。

用户熟练掌握软件后，可对“三维建模”选项卡（如图 1-26 所示）中“三维导航”区域的“漫游和飞行”、“动画”2 个独立按钮进行操作。

用户可以单击“漫游和飞行”按钮，编辑“当前图形设置”区内的“漫游/飞行步长”、“每秒步数”两参数，如图 1-27 所示。

“漫游/飞行步长”的含义是指：按图形单位指定漫游或飞行模式中每一步的大小，用户可以输入 1E-6 到 1E+6 之间的任意实数。漫游或飞行的步长值越大，“图形”运动的速度就越快；反之则慢。漫游或飞行的步长默认值为 6。

“每秒步数”的含义是指：指定漫游或飞行模式中每秒执行的步数，用户可输入 1～30 之间的任意实数。其值越大，“图形”运动的速度就越快；反之则慢。默认值为 2。

提示

自 AutoCAD 2007 版本增添“三维建模”选项卡以来，“三维建模”功能在不断增强。今日版本的“三维建模”功能越来越强大，也日趋完善了。

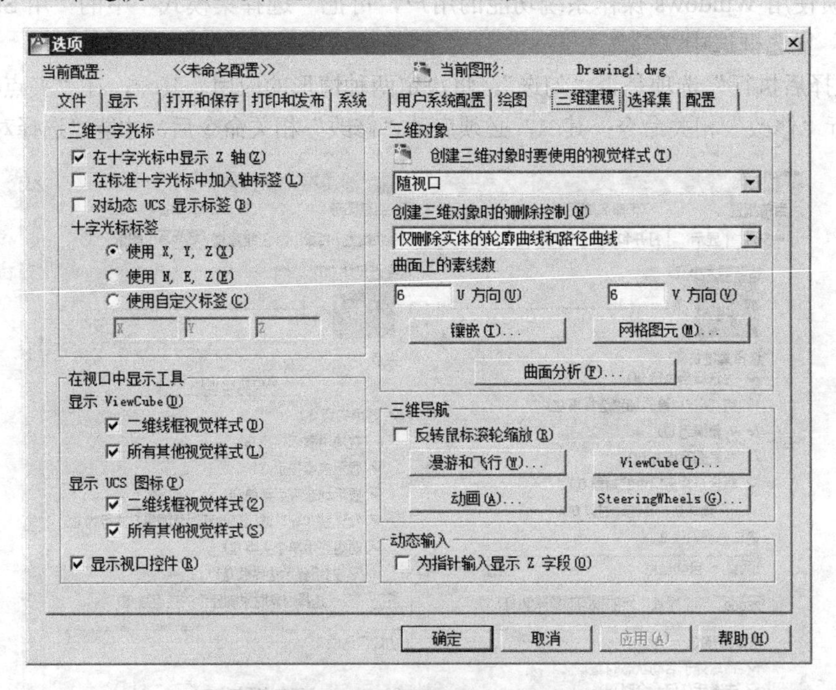

图 1-26 “三维建模”选项卡

图 1-27 “漫游和飞行设置”对话框

漫游或飞行模式使用户可以在三维图形中模拟出漫游和飞行动态效果。如果用户在模型中漫步，此时只能在 XOY 平面（或坐标面）内行进。若用户要在模型中飞越，则不受 XOY 平面的限制，这时看上去好像是从模型中“飞”过一样。

用户进行漫游和飞行操作时，可交互地在图形中使用一套标准的键和鼠标导航。这时用户只要使用四个方向键（上、下、左、右）或四个字母键（W、S、A、D），即可控制模型向前（靠近用户）、向后（远离用户）、向右、向左移动。如果要在漫游模式和飞行模式之

间进行切换，只要按 F 键即可。若要指定查看方向，就沿着查看的方向拖动鼠标。

用户还可创建任意导航的预览动画，包括在图形中漫游和飞行。在创建运动路径动画之前请先创建预览以调整动画。用户可对动画进行“创建”、“录制”、“回放”和“保存”。

1.3 AutoCAD 2012 基本操作及使用技巧

在认识 AutoCAD 2012 主界面的基础上，用户可对常用的配置进行调整，其目的就是让 AutoCAD 更便于使用。在使用软件过程中，用户既要弄清主界面各构成要素的方位，又要认准目标。灵活运用各种工具，精准、快速地完成绘制图形及图样任务。

本节将重点介绍 AutoCAD 2012 基本操作以及使用技巧。从鼠标的使用开始，到数据的输入、对象的选择及编辑、对象的查询，直至到文件的管理。

1.3.1 鼠标的使用

鼠标是使用 AutoCAD 软件绘制图形及图样的必备工具，现在多数计算机配备的鼠标是“智能型鼠标”，即“双键+中间滚轮”鼠标，它的各按键默认功能如下：

（1）左键

鼠标左键具有选择（取）功能，所以被称为“选择功能键或拾取键”，它可用于：

①单击：选取点，选取对象，选择选项卡及面板按钮、对话框按钮和字段等。

②双击：双击大部分对象后，弹出“快捷特性选项板”。

（2）右键

右键根据当时所处位置、用户重新指定等情况的不同，其功能也不同，它可用于：

①单击：结束刚启动的命令（等于 Enter 键功能），弹出快捷菜单，显示“对象捕捉”菜单（须按下 Shift 键）。

②双击：无。

（3）中间滚轮

鼠标中间滚轮的功能主要是用于图形的显示控制方面的各种操作，它可用于：

① 滚动：使中间滚轮前后滚动，具有实时缩放功能，向前为放大，向后为缩小。

② 按住并拖动鼠标：按住中间滚轮并且拖动鼠标，具有平移功能、正交方向平移功能（须按下 Shift 键）。

③ 双击：双击中间滚轮，可将所有图形全部显示在屏幕窗口范围内。

注意

在绘图过程中，鼠标和键盘配合使用，更有利于精准、快速绘制图形及图样。

1.3.2 常用绘图辅助工具的使用

“常用绘图辅助工具”位于“光标的当前坐标”右侧并与其相邻，它一共由 14 个按钮构成，如图 1-8（b）和 1-9 所示。

在如图 1-8（b）和 1-9 所示图形中，极轴追踪、对象捕捉、对象捕捉追踪、动态输入、显示/隐藏线宽、快捷特性 6 个按钮正处于启用状态（按钮呈“亮显”状态）。

绘制二维图形和工程图样时，上述已启用的按钮是最常用的绘图辅助工具。

下面将重点介绍各按钮的功能及设置，其余不作介绍，用户可自行探究。

1．极轴追踪

极坐标系是由极点和极轴（一条射线）构建起来的坐标系。极轴是极坐标系中的那条射线。

极坐标系可分为绝对和相对两种坐标系。绝对极坐标系的极轴，一般摆放在绝对直角坐标系的 X 轴位置（与之重合）。相对极坐标系是相对于绝对极坐标系而言的，换句话说，过任意一点所绘出的射线就是一相对极轴。理论上相对极轴可以有无数条，但过多的极轴应用起来十分不便，所以要有选择地使用。

为了绘图方便，可用相对于绝对极轴的夹角来确定相对极轴的位置，也可以用相对于相对极轴的夹角来确定相对极轴的位置。这样，前者的夹角为绝对夹角，后者的夹角为相对夹角（增量角）。

AutoCAD 引入了极坐标系的使用，其目的是给用户多提供些绘图的工具，即给用户再提供一个绘图的辅助工具。要利用该辅助工具，必须启动“草图设置”命令，启用“极轴”功能，进行必要的相关设置。

“草图设置”命令的启动方法如下：

按钮（单击）：无（可右键单击“极轴”按钮，在快捷菜单中单击“设置”进入）。

键盘（输入）：DSETTINGS ↵。

启动“草图设置”命令后，直接弹出“草图设置”对话框中的“极轴追踪”选项卡，设置后，如图 1-28 所示。

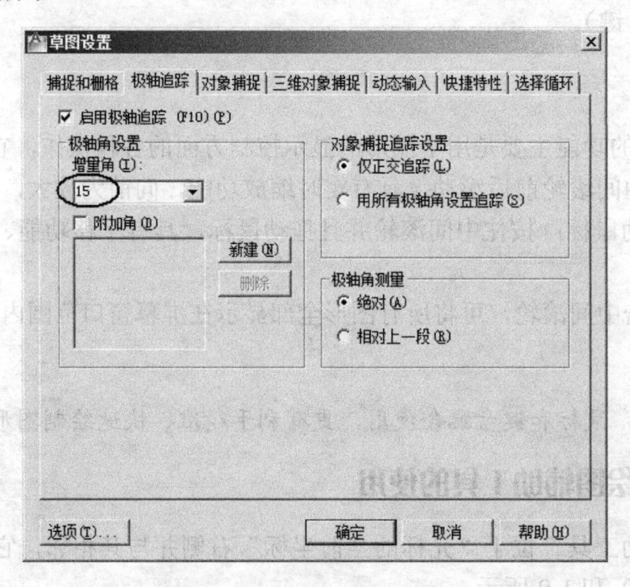

图 1-28　“草图设置”对话框的“极轴追踪”选项卡

在该对话框中，用户要对“极轴角设置”进行编辑。对话框中的“增量角”即为上述

所说的“相对夹角”，而“附加角”则为上述所说的“绝对夹角”。

由于绘制图形及图样时，与水平线或铅垂线成 15° 角整数倍的倾斜线比较多，所以把“增量角”编辑为 15°，如图 1-28 所示（“椭圆”圈画的位置）。

用户也可根据自己所绘制的图形特点，总结出使用量较大的非 15° 角整数倍倾斜线的倾角，将其编辑为“附加角”。操作过程是：先将“附加角”复选框勾选，再单击“新建”按钮，把倾角数值编辑到“附加角”栏中即可。

有了“极轴”辅助工具，绘制 15° 角整数倍或指定角度倾斜线就很容易、准确了！

在“极轴追踪”选项卡中，“启用极轴追踪”复选框被勾选，即当启用“极轴”功能的同时，还启用了“极轴追踪”功能。

“追踪”是按踪迹或线索追寻。“极轴追踪”就是沿所设定的“极轴”方向去追寻点。

“极轴角测量”区“绝对”选项含义：当“极轴”出现时，工具提示里显示的角度为“绝对夹角”；如选中“相对上一段”选项，工具提示里所显示的角度则为“相对夹角”。

选项卡内的其他项目均为默认设置，不进行改动，以后用户需要时可自行探究。

2. 对象捕捉

在绘制图形及图样时，经常需要得到具有准确位置的点，这些点可能是圆的圆心、直线的端点或者中点、直线通过的点、线条之间的交点等，怎样才能得到这些点呢？AutoCAD 给用户提供了“常用绘图辅助工具”，其中之一就是“对象捕捉”工具。

“对象捕捉”工具可帮助用户捕捉到对象上精确的位置点，它具有迅速、精准等特点，用户使用这个工具一定会受益，望多加关注。

捕捉对象上精确的位置点有两种方式：其一是“自动捕捉”；其二是“手动捕捉”。

要使用“自动捕捉”工具，必须启用“自动捕捉”功能，并且进行必要的相关设置。操作是：启动“草图设置”命令（参阅“1. 极轴追踪”），在“草图设置”对话框中，调出“对象捕捉”选项卡，使用默认设置，再增加“切点”，如图 1-29 所示。绘图时，用户想要捕捉选项卡中被选中的点，可将光标移至相应点近处，单击可捕捉到该点，这就是“自动捕捉”。

本书把“对象捕捉”选项卡中列出的各点称为“对象捕捉点”。

采用“手动捕捉”的方法是：在“对象捕捉”快捷菜单中选择相应点（其操作是：按下 Shift 键，右键单击绘图区，在弹出的快捷菜单中选取相应点），如图 1-30 所示；或在用“命令快捷菜单”中选择“捕捉替代”命令里的相应点（具体操作是：将光标悬停在“捕捉替代”命令上，再移至要选取的相应点上方并单击），如图 1-31 所示等。

需要手动捕捉的点是“对象捕捉”选项卡中未被勾选的剩余各点，是指除“端点”、“圆心（点）”、“交点”、“延伸（延长线上的点）”、“切点”以外的各个点，如图 1-29 所示。手动捕捉时，须先启动“对象捕捉”快捷菜单中相应点的命令，再去捕捉。

3. 对象捕捉追踪

“对象捕捉追踪”就是沿“设定方向”去追寻点。“设定方向”是指过“悬停捕捉点”所画直线的方向。当光标暂停在可被自动捕捉到的点上时，该点就被称为“悬停捕捉点”。过“悬停捕捉点”所画直线（虚拟的）受“对象捕捉追踪设置”的约束。当“对象捕捉追踪设置”选择“仅正交追踪”时（如图 1-28 所示），设定方向仅有两个，就是与 X 轴和 Y 轴平行的两个方向；当选择“用所有极轴角设置追踪”时，设定方向就是所有极轴的方向，其数量和极轴数相等。

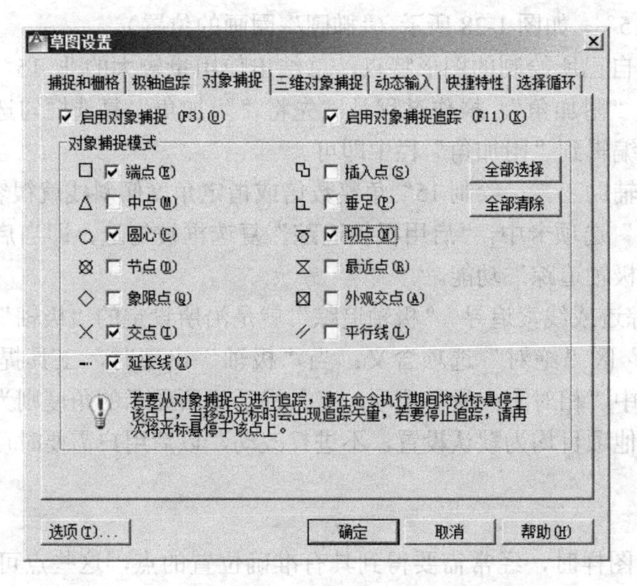

图 1-29 “草图设置”对话框的“对象捕捉”选项卡

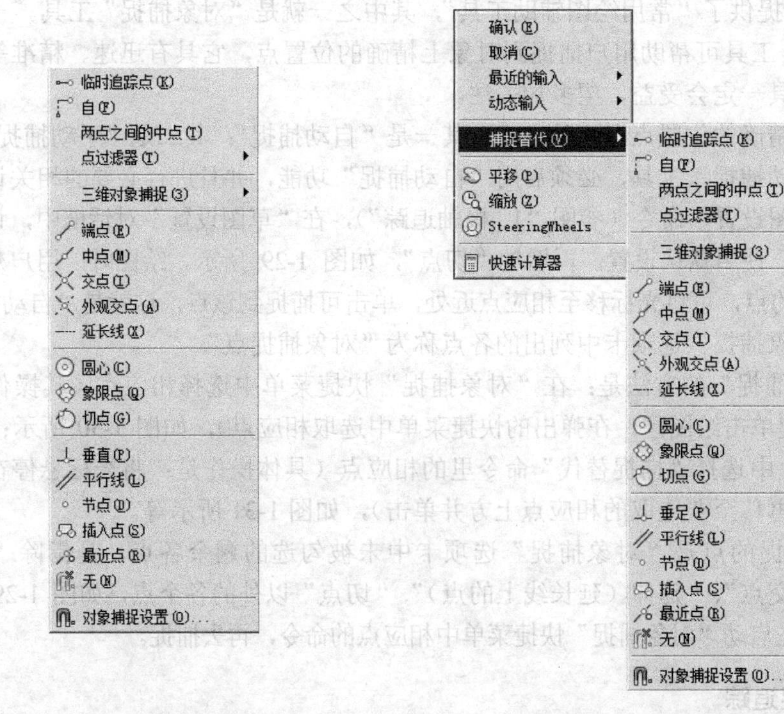

图 1-30 “对象捕捉”快捷菜单　　　　图 1-31 “捕捉替代”命令里的“对象捕捉点”

要使用“对象捕捉追踪”辅助工具，须要启用“对象捕捉追踪”功能，再进行必要的相关设置。启动“草图设置”命令（参阅“1. 极轴追踪”）后，在“草图设置”对话框中，先在“极轴追踪”选项卡的“对象捕捉追踪设置”区内选择追踪方式（本书选择了“仅正交

追踪”)，如图 1-28 所示。然后调出“自动捕捉”选项卡，选择“启用对象捕捉追踪”(勾选)，如图 1-29 所示。当用户使用“对象捕捉追踪”时，在绘图区内就会出现追踪方向线(虚拟的)，该线在屏幕中以“点线”显示。

绘制图形及图样时，除了需要沿着所设定的“极轴”方向去追寻点外，有时也需要用“对象捕捉追踪”的方式去追寻点。虽然它们都是追踪，但两者的操作却是截然不同的。绘制工程制图的视图时，要求视图间存在“长对正、高平齐、宽相等”的投影关系。此时，最好使用“对象捕捉追踪”绘图。

使用“对象捕捉追踪”，必须有一个或多个“对象捕捉模式”中的点被选中（勾选)。假如“对象捕捉模式”中列出的点一个都未被选中，或“对象捕捉”没有启用，此时将无法执行“对象捕捉追踪”。

使用“对象捕捉追踪”功能时，首先要选择“悬停捕捉点”，它是“对象捕捉追踪”的参照点，追踪从此开始。当移动光标时，追踪方向线（虚拟的）就会出现，用户可在该线上选取点。如果再次把光标悬停在“悬停捕捉点”上，追踪将被停止。

追踪有 3 种类型，它们分别是：极轴追踪、对象捕捉追踪和延伸。操作时，在绘图区内都会出现追踪方向线（虚拟的)，该线在屏幕中都以“点线”显示。

因为“极轴追踪”是沿“极轴”方向去追寻点，所以使用“极轴追踪”功能画倾斜线非常快，在给定线段一个端点的基础上，沿极轴方向追踪后，再选另一端点，按 Enter 键，倾斜线段绘制完成。

因“对象捕捉追踪”是沿“设定方向”去追寻点，本书设定的方向是 X 和 Y 轴方向，所以使用“对象捕捉追踪”功能绘制视图最方便，可用对象捕捉追踪功能使对象之间对齐。

“延伸（延长线)”的全称是“延长线上的点”，其基本功能是在线段延长线上追寻点，它是以线段的走向为参照的，所以说“延伸”也具有追踪功能。

4．DYN（动态输入）

DYN 是动态输入系统变量的英文缩写，其按钮用于打开或者关闭动态输入功能。“动态输入”在光标附近提供了一个活动的命令界面，以帮助用户专注于绘图区域，该功能让用户减少了关注命令窗口的时间，无须经常低头查看命令行的提示。

启用“动态输入”时，软件提示将在光标附近显示信息，该信息随着光标移动而动态更新。用户启动命令后，软件提示将提供输入相关信息和数据的位置。

要使用“动态输入”辅助工具，须启用“动态输入”功能，并进行必要的相关设置。启动“草图设置”命令（请参阅“1. 极轴追踪”)，在弹出的“草图设置”对话框中，调出“动态输入”选项卡，经过设置，如图 1-32 所示。

“动态输入”选项卡有 2 个独立复选框、3 个区域、1 个独立按钮，如图 1-32 所示。

2 个独立复选框是用来控制“指针输入”和“标注输入”是否启用的。3 个区域：“指针输入”和“标注输入”区域各有 1 个按钮可用来控制它们各自的格式及可见性的设置；“动态提示”区域内有 2 个复选框，用来控制光标附近是否显示命令提示和输入、随命令提示显示更多提示。1 个独立按钮为“绘图工具提示外观”按钮。

(1)“指针输入”设置

当启用指针输入后，键盘输入的信息显示在光标附近的工具提示中，比如命令、坐标

等。此时，键盘输入的信息是在工具提示中显示的，而不是在命令行中显示。

单击“指针输入”区域中的“设置”按钮，弹出“指针输入设置”对话框，如图 1-33 所示。“指针输入设置”对话框中有 2 个区域，分别是“格式”和“可见性”。

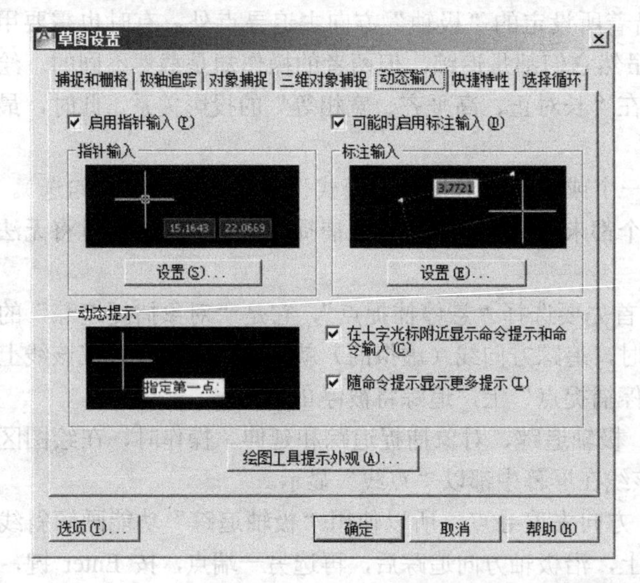

图 1-32 “草图设置”对话框的“动态输入”选项卡

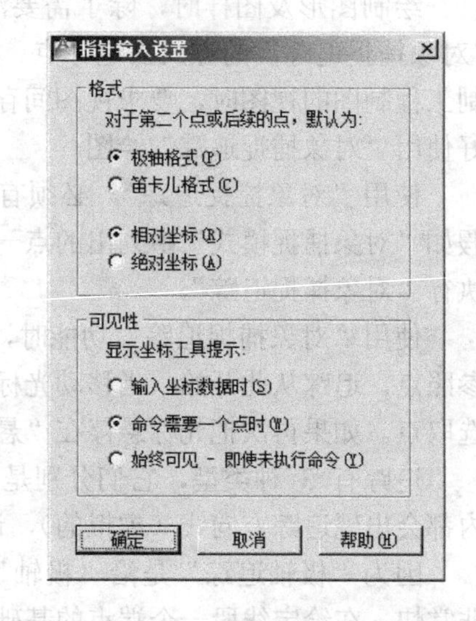

图 1-33 “指针输入设置”对话框

“格式”区域可用来控制在工具提示中输入点坐标所用格式。在“格式”区域中，有 4 个单选框，分别是“极轴格式”、“笛卡儿格式”、“相对坐标”和“绝对坐标”。

“极轴格式”的含义是极坐标格式；“笛卡儿格式”的含义则是直角坐标格式。图中“极轴格式”和“相对坐标”为默认设置。该设置的含义：当需要用户输入第二个点或者后续点时，默认的输入格式是相对极坐标，输入坐标数据时不需要“@”符号。如果此时用户要使用绝对坐标格式输入，务必请使用“井”字号（#）前缀。例如，要将某对象移动到原点，请在提示输入第二点时，输入“#0，0”。坐标输入格式的相关内容请参阅 1.3.4 节。

用户可重新修改指针输入设置中的坐标格式，但本书推荐默认设置。

“可见性”区域用来控制何时显示指针输入。在“可见性”区域中，有 3 个单选框，分别是“输入坐标数据时”、“命令需要一个点时”和“始终可见–即使未执行命令”。

本书推荐默认设置，如图 1-33 所示。因为默认设置与低版本较为相似，特别是没有启动命令时，绘图区的光标还是老样子，光标附近没有工具提示信息，对于怀旧型的用户来说，有一个过渡过程可以适应；而时尚型用户可尝试选中“始终可见–即使未执行命令”单选框，该设置确认后，绘图区的光标将以崭新的面貌出现，并且工具提示信息将一直跟随着光标。

（2）“标注输入”设置

“标注输入”是指当启用标注输入后，显示在光标附近的工具提示信息将以尺寸标注的形式出现。

单击“标注输入”区域中的“设置”按钮，会出现“标注输入的设置”对话框，如图 1-34 所示。该对话框中只有 1 个区域，即“可见性”区域，这里有 3 个单选框，分别是“每次仅显示 1 个标注输入字段”、“每次显示 2 个标注输入字段”和“同时显示以下这些标注输入

字段”。对于“标注输入的设置”对话框的设置，本书推荐默认设置，如图 1-34 所示。

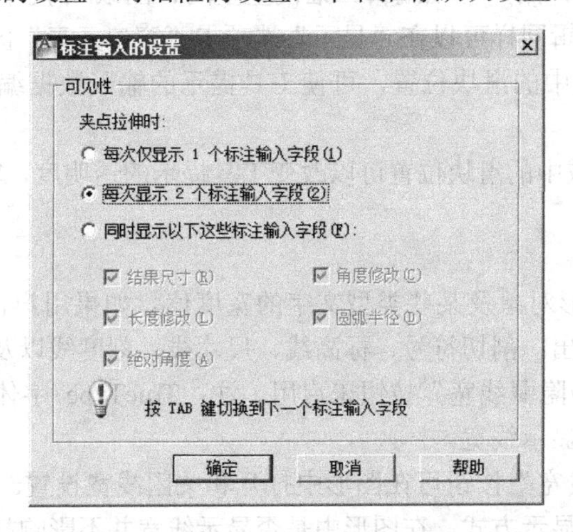

图 1-34　“标注输入的设置”对话框

“标注输入字段”指的是同时标注出几个尺寸和用什么类型尺寸标注。显示“1 个”时软件默认采用线性尺寸（两点之间距离），显示“2 个”时默认采用线性尺寸（两点之间距离）和角度尺寸，显示“以下这些”允许用户自行组合。

如果同时启用指针输入和标注输入，标注输入在可用情况下将取代指针输入。

(3)“动态提示”设置

“动态提示”指的是在工具提示中是否显示“命令提示”和“命令输入”。“动态提示”区域内有 2 个复选框，它们就是“在十字光标附近显示命令提示和命令输入”、“随命令提示显示更多提示”复选框。对于“动态提示”设置，本书推荐默认设置，如图 1-32 所示。

(4)“设计工具提示外观”独立按钮

“设计工具提示外观”是提供给用户按自己的喜好编辑指针输入、标注输入、动态提示及绘图工具提示外观的一个空间，它让每个用户的工作界面都可以有各自的风格和特色。

单击“设计工具提示外观”按钮，出现“工具提示外观”对话框，如图 1-35 所示。

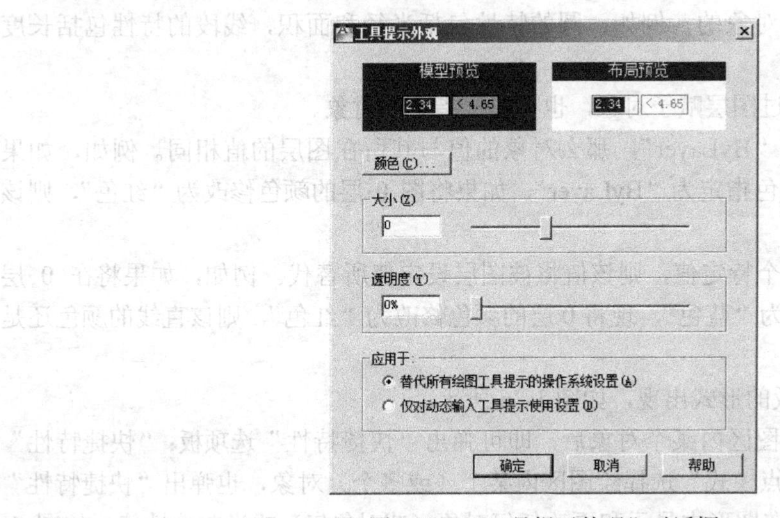

图 1-35　“工具提示外观”对话框

单击“颜色”按钮，用户可以编辑二维模型空间、图纸/布局中设计工具提示的颜色。当然，该“颜色”的编辑同样可以在“显示”选项卡“窗口元素”区中实现。

调整“大小”区域中的滑块位置，可使工具提示的输入数据编辑框面积变大或变小，默认大小为“0”。

调整“透明”区域中的滑块位置可以改变工具提示的透明度，默认大小为“0”。

5．显示/隐藏线宽

“线宽”是赋予图形对象及某些类型文字的宽度值。如果用户使用了“线宽”，就可以用粗、细线清楚地表示出：剖切符号、标高线、尺寸线、刻度线以及各种各样的细节内容，除非状态栏上的“显示/隐藏线宽”按钮未启用。注：TrueType 字体、光栅图像、点和实体填充（二维实体）无法显示线宽。

单击“显示/隐藏线宽”按钮可在图形中打开和关闭线宽设置。线宽在模型空间或图纸空间布局中各有不同的显示方式，在图形中是否显示线宽并不影响打印，打印时按实际设置宽度执行。

模型空间中显示的线宽不随缩放比例而变化，无论如何放大，以四个像素的宽度表示的线宽值总是用四个像素显示。

在不同图层指定不同的线宽，可轻松地区分各种图素。将图形输出到其他应用程序，或者将对象剪切到剪贴板可保留线宽信息。

以大于一个像素的宽度显示线宽时，重新生成时间会加长，如关闭线宽显示可以优化程序的性能。

在模型空间中精确表示对象的宽度时，比如要绘制一个具有定值实际宽度的对象，就不应该使用线宽，而用多段宽线表示该对象。

6．快捷特性

绘制出的各个对象都具有特性。有些特性是常规特性，适用于多数对象，例如图层、颜色、线型、透明度和打印样式。

有些特性是基于某个对象的，例如，圆的特性包括半径和面积，线段的特性包括长度和角度。

大多数常规特性可通过图层赋予对象，也可直接指定给对象。

如果将特性值设定为“ByLayer”，那么对象的值与其所在图层的值相同。例如，如果把在 0 层上绘制的直线颜色指定为“ByLayer”，如果将图 0 层的颜色修改为“红色”，则该直线的颜色为红色。

如果将特性设置为一个特定值，则该值将被图层设定值所替代。例如，如果将在 0 层上绘制的直线的颜色指定为“蓝色”，现将 0 层的颜色修改为“红色”，则该直线的颜色还是蓝色。

“快捷特性”以选项板的形式出现，如图 1-36 所示。

默认情况下，双击绘图区内某个对象后，即可弹出“快捷特性”选项板；“快捷特性”启用后，单击或使用“夹点模式”选择绘图区内某个（或多个）对象，也弹出“快捷特性”选项板。它出现后，就可在图形中显示和更改任何对象（或对象集）的当前特性值，如图 1-

36（a）、（c）所示。

选中多个对象时，快捷特性选项板只显示选择集中所有对象的共有特性，如图 1-36（b）所示。

“快捷特性”选项板显示的特性值仅是“特性”选项板的一部分。

（a）直线的“快捷特性”选项板

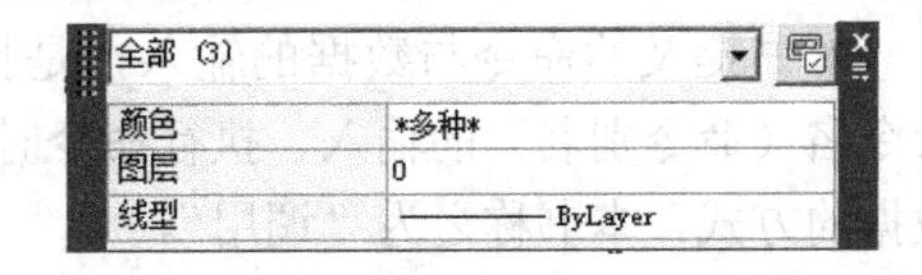

（b）直线和圆的“快捷特性”选项板

（c）圆的“快捷特性”选项板

图 1-36　快捷特性选项板

1.3.3　常见功能键的使用

使用 AutoCAD 软件时，用户启动命令的方法很多：在命令窗口中输入、单击选项卡中按钮、使用快捷菜单调出最近使用过的命令等。

值得一提的是具有绘图辅助功能的命令，可以通过键盘上的功能键启动。

通过键盘上的功能键启动绘图辅助功能命令，可以更快地将其调出，提高绘图速度。由于使用功能键调出命令既快速又迅捷，所以有时也把这些功能键称为快捷键。

常用的 AutoCAD 功能键，如表 1-1 所示。

表 1-1　常用的 AutoCAD 功能键

功 能 键	功　能	功 能 键	功　能
Esc	取消命令执行	F7	栅格显示开关
F1	帮助键	F8	正交模式开关
F2	图形/文本切换	F9	捕捉模式开关
F3	对象捕捉开关	F10	极轴追踪开关
F4	三维对象捕捉开关	F11	对象捕捉追踪开关
F5	正等轴测图切换	F12	动态输入开关
F6	坐标显示开关	Enter	结束或重复前一个命令

1.3.4 命令与数据的输入

AutoCAD 是一种交互式的计算机辅助设计类软件，用户与系统之间的交流通过启动或者输入命令、数据等“媒介”来传递信息，命令与数据引导系统工作，同时系统又把信息反馈给用户，并列出下一步可能执行的信息，供用户选择操作。

本书提及的命令与数据的输入，是指通过键盘输入的方式把信息传递给系统，它包括命令名（命令别名）的输入、执行命令时所需数据的输入和操作方式的输入等。输入命令与数据的方式，本书称之为“调用”。

1. 命令的输入方法

通过键盘输入命令有两种方法：其一是输入“命令名”，其二是输入“命令别名”。

输入“命令名”即通过键盘输入命令的英文全称，输入时不用区分大小写。输入后，必须按空格键或 Enter 键，否则输入的信息软件系统无法接收。建议学习英文的用户，最好是输入英文全称，这样既有利于英文水平的提高，又便于记忆“命令别名”。如果没有记住命令的英文全称，可通过命令工具提示进行查看。当光标悬停在相关区域的命令按钮、编辑框、下拉列表等上方时，弹出的“命令工具提示”中就有该命令的键盘命令英文全称。

```
acad.pgp - 记事本
文件(F) 编辑(E) 格式(O)
查看(V) 帮助(H)
3A,          *3DARRAY
3DMIRROR,    *MIRROR3D
3DNavigate,  *3DWALK
3DO,         *3DORBIT
3DP,         *3DPRINT
3DPLOT,      *3DPRINT
3DW,         *3DWALK
3F,          *3DFACE
3M,          *3DMOVE
3P,          *3DPOLY
3R,          *3DROTATE
3S,          *3DSCALE
A,           *ARC
AC,          *BACTION
ADC,         *ADCENTER
AECTOACAD,   *-
ExportToAutoCAD
```

图 1-37　命令别名文件

输入命令别名就是通过键盘来输入命令的缩写名称，输入时不区分大小写，命令别名一般用不超过 3 个字母的缩写名称代替。输入命令别名后，须按空格键或 Enter 键，否则输入的信息系统将无法接收。对未学过英文或英文不太好的用户，利用命令别名输入较为理想。因为操作时只须输入很少的字母即可，这样可以提高操作速度，又避免了记忆那些难记的英文命令。

AutoCAD 内置了用于定义键盘输入命令别名的文件 acad.pgp，如图 1-37 所示。对于熟练掌握 AutoCAD 的用户，还可以修改现有命令别名或添加新的命令别名，这样可以使命令别名输入更方便，记忆起来也更简单，且更有利于提高用户设计和绘图的效率。

注意

编辑 acad.pgp 之前，请先创建备份文件，以便将来需要时恢复。

常用的 AutoCAD 命令别名见表 1-2。

表 1-2　常用的 AutoCAD 命令别名

别　名	键 盘 命 令	说　明	别　名	键 盘 命 令	说　明
A	ARC	圆弧	M	MOVE	移动
AR	ARRAY	阵列	MI	MIRROR	镜像
B	BLOCK	创建块	MO	PROPERTIES	对象特性

续表

BH或H	BHATCH	图案填充	MT或T	MTEXT	多行文字
BR	BREAK	打断	O	OFFSET	偏移
C	CIRCLE	圆	P	PAN	实时平移
CHA	CHAMFER	倒角	PL	PLINE	多段线
CO或CP	COPY	复制	POL	POLYGON	正多边形
DIV	DIVIDE	定数等分	RE	REGEN	重生成
DT	DTEXT	单行文字	REC	RECTANG	矩形
E	ERASE	删除	RO	ROTATE	旋转
EL	ELLIPSE	椭圆	S	STRETCH	拉伸
EX	EXTEND	延伸	SC	SCALE	比例
F	FILLET	圆角	SPL	SPLINE	样条曲线
I	INSERT	插入块	TR	TRIM	修剪
J	JOIN	合并	W	WBLOCK	写块
L	LINE	直线	X	EXPLODE	分解
LEN	LENGTHEN	拉长	Z	ZOOM	实时缩放

本表中的命令，是绘制、编辑二维图形时最常用的命令，共计36个，希望用户把它们的命令别名记牢。绘图时，右手控制鼠标，左手操纵键盘，充分用好绘图辅助工具，经过勤学苦练，将来一定能成为AutoCAD的操作高手。

2. 数据的输入方法

调用或输入命令后，系统立即执行该命令。在执行命令的过程中，系统会要求或提示用户输入相关数据，比如：需要输入坐标数据、输入一个距离值等。

输入数据的常用方法有以下几种：

(1) 直角坐标输入法

直角坐标系也称为笛卡儿坐标系，坐标轴之间是两两相互垂直的。本节重点介绍二维直角坐标系，它有两种形式：其一是绝对直角坐标系，其二是相对直角坐标系。

1）绝对直角坐标系

在绝对直角坐标系中，任何一点的绝对坐标都是相对于原点（0，0）的增量值。

AutoCAD 将绝对直角坐标系的原点放在绘图窗口的左下角，并且有坐标系图标显示。绘制、编辑二维图时，常在第一象限内操作。当输入绝对坐标时，可直接输入点的两个坐标数据，且在它们之间用“，”隔开。如绝对坐标值为（5，9），输入时应为“5，9”。输入后须按空格键或Enter键确认，否则系统将无法接收输入的信息。

2）相对直角坐标系

在相对直角坐标系中，任何一点的相对坐标都是相对于某一个点的增量值，这些增量值是两点同名坐标的差值，有正负之分。

当输入相对坐标时，除了要输入点的两个坐标差值外，还要在它们之间加入“，”隔开，同时须在坐标差值前加上前缀“@”。例如：第一点的绝对坐标为（5，9），第二点的绝对坐

标为（2，19）。此时第二点相对于第一点的同名坐标差值分别为：X 轴方向的坐标差值为“–3”，Y 轴方向的坐标差值为“10”。在输入两点相对坐标时，应为“@–3，10”。输入完成后，必须按空格键或 Enter 键确认，否则系统将无法接收输入的信息。

（2）极坐标输入法

二维极坐标系是由极点和极轴构建起来的坐标系。它可分为两种形式：其一是绝对极坐标系，其二是相对极坐标系。

1）绝对极坐标系

在绝对极坐标系中，任何一点的绝对极坐标，都是相对于极点距离和相对于极轴夹角的增量值。

输入绝对极坐标时，在两增量值之间用“＜”隔开。如：距离值为 15，夹角为 18°，输入形式为“15＜18”。输入后按空格键或 Enter 键确认，否则系统将无法接收输入的信息。

2）相对极坐标系

在相对的极坐标系中，任何一点的相对极坐标，都是相对于某一点的增量值，这些增量值是两点同名坐标的差值，有正负之分。

输入相对极坐标时，除输入点的两个坐标差值之外，还要在它们之间用“＜”隔开，同时在坐标差值前加前缀“@”。如两点的同名坐标差值分别是：距离差值为“–30”，夹角差值为“10”。在输入两点相对极坐标时，为“@–30＜10”。输入后按空格键或 Enter 键确认，否则系统将无法接收输入的信息。

（3）定向距离输入法

定向距离是指在给定方向的前提下，只要再给出两点间距离即可确定点的位置。定向距离输入法需要绘图辅助工具的支持，如“正交”、“极轴”、“对象捕捉追踪”等工具。借助这些绘图辅助工具，用户在先确定一点的基础上，就能轻松地绘出水平线、垂直线、与水平或垂直线成 15° 角整数倍角的倾斜线（此前极轴的增量角必须编辑为 15°）等。

定向距离输入法的操作流程是：在以一点为参照的前提下，当命令提示或者要求用户指定下一点时，移动鼠标，在相关绘图辅助工具引导的方向中选择所需方向，再输入距离值即完成定向距离输入。输入后，按空格键或 Enter 键确认，否则信息系统将无法接收输入的信息。

1.3.5 对象的选择

绘制图形及图样时，绘制、编辑（或修改）图形是整个绘图过程中的两大基本任务。绘制图形需要启动“绘图”命令，编辑图形则要启动“修改”命令。对图形进行编辑时，要先启动相应的“修改”命令，然后再根据命令的提示进行下一步操作。在操作过程中，“修改”命令一般都要求用户去选择被编辑的对象，命令提示一般是 “选择对象:”。此时，绘图区内的光标形式有所变化，由原来的“口字形加十字线”变成了“口字形”，而这个“口字形”就是选取对象用的拾取框。

AutoCAD 内置了多种选取对象的方法，本书将介绍以下方法。当用户按需要选取对象完毕后，在命令提示“选择对象:”状态下，按空格键或 Enter 键即可结束选取。

1．直接拾取

直接拾取对象也被称为“点选”，它是 AutoCAD 系统默认的选取对象方式之一。用户用“口字形”拾取框可以直接选取对象，被选中对象的轮廓线将变成虚线。

2．窗口选取

窗口选取也被称为“窗选”，它也是 AutoCAD 系统默认的选取对象方式之一。用户将“口字形”拾取框移至欲选对象的左上方（或左下方）的空白处（此处无对象），单击左键，向右下方（或右上方）移动鼠标，即可出现一个实线的矩形窗口，此时命令提示的是“指定对角点”，继续向右下方（或右上方）移动鼠标，直至矩形窗口把欲选对象完全包容，单击左键（确定矩形窗口范围），欲选对象被选中且轮廓线变成虚线。

注意

使用窗口选取方式时，只有那些完全被矩形窗口包容的对象才能被选中，与矩形窗口相交或在其外面的对象是不会被选中的。

3．交叉窗口选取

交叉窗口选取也称为“框选”，它也是 AutoCAD 系统默认的选取对象的方式之一。用户将“口字形”拾取框移至欲选对象的右上方（或右下方）的空白处（此处无对象），单击鼠标左键，向左移动鼠标后便出现一个虚线矩形窗口，此时命令提示“指定对角点”，继续向左下方（或左上方）移动鼠标，直至矩形窗口与欲选对象相交（或完全包容）后，再单击鼠标左键，欲选对象被选中且轮离线变成虚线。

注意

使用交叉窗口选取方式时，那些完全被矩形窗口包容或与矩形窗口相交的对象都会被选中，而在其外面的对象是不会被选中的。

4．删除选取

在被选中的对象中，若有个别对象不应该被选中，此时可以在命令提示“选择对象：”状态下，输入“R”，按空格键或 Enter 键确认，再选取这些“个别对象”，此时它们将恢复到未被选中的原始状态，离开被选中队列。

提示

发现选错时，如按下 Shift 键，再选取选错对象，也是删除选取。

5．加入选取

加入选取一般应用于“删除选取”操作错误的情况下。也就是说，这些对象应该在被选中对象之列，而操作“删除选取”时，误把它们恢复到了未被选中的原始状态。加入选取的使用方法是，在命令提示为“删除对象：”状态下，输入“A”，按空格键或 Enter 键确认，再选取对象，此时这些对象将加入到被选中之列。

6．栅栏选取

栅栏选取也称为“栏选”，使用方法是：在命令提示“选择对象：”状态下，输入“F”，按空格键或 Enter 键确认，用画折线的方式选取对象，所画折线与欲选对象相交即可。在栅栏选取方式中，所画折线（虚拟的）以虚线形式显示，按空格键或 Enter 键结束绘制。

7．多边形窗口选取

多边形窗口选取也可称为“多边形窗选”，它的使用方法是：在命令提示“选择对象：”状态下，输入“WP”，按空格键或 Enter 键，用画折线的方式画出实线多边形（虚拟的），最后按空格键或 Enter 键结束多边形绘制。

注意

使用多边形窗口选取方式时，只有那些完全被多边形窗口包容的对象才会被选中，与多边形窗口相交或在其外面的对象是不会被选中的。

8．交叉多边形窗口选取

交叉多边形窗口选取也称为“多边形框选”，这种选取的使用方法是：当命令提示为“选择对象：”状态下，输入“CP”，按空格键或 Enter 键确认，再用画折线的方式画出虚线多边形（虚拟的），最后按空格键或 Enter 键结束多边形绘制。

注意

使用交叉多边形窗口选取方式时，那些完全被多边形窗口包容或与窗口相交的对象都会被选中，而在其外面的对象是不会被选中的。

9．全部选取

全部选取也被称为“全选”，它的使用方法是：在命令提示“选择对象：”的状态下，输入“ALL”，按空格键或 Enter 键确认，选取工作完成。此时，图形中除“冻结”和“锁定”的对象外都被选中。

提示

要全部选取对象，直接按 Ctrl+A 组合键，也可全选对象，此时对象上出现夹点。

1.3.6 对象的查询

绘制图形及图样时，有时需要了解某些对象的相关信息，如两点之间的距离、直线的长度或倾斜角度、封闭图形的面积及周长等。要解决这些问题，利用 AutoCAD 的查询功能就可以解决。查询工作是 CAD 制图经常进行的操作环节，它可以为后续的设计工作提供重要的信息。

1．查询距离

要获取两点之间的距离和角度，启动“距离”命令即可。“距离”命令的启动方法如下：

按钮（单击）：常用 选项卡→实用工具标题栏→测量下拉按钮→距离。

键盘（输入）：DIST（或 MEASUREGEOM）↵ 。

“距离”命令的操作步骤及方法如图 1-38 所示：

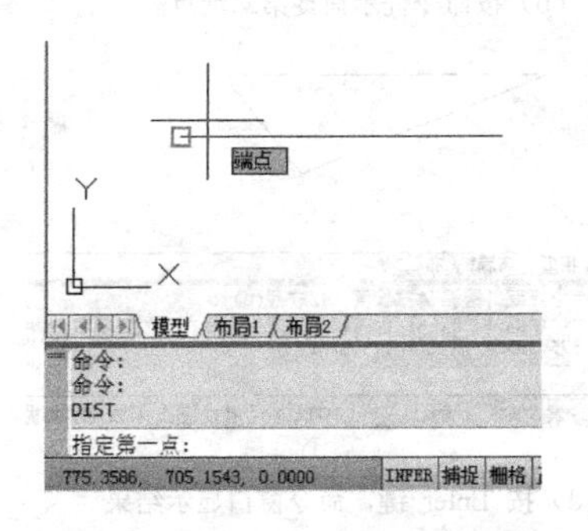

（a）按命令提示捕捉直线的第一端点

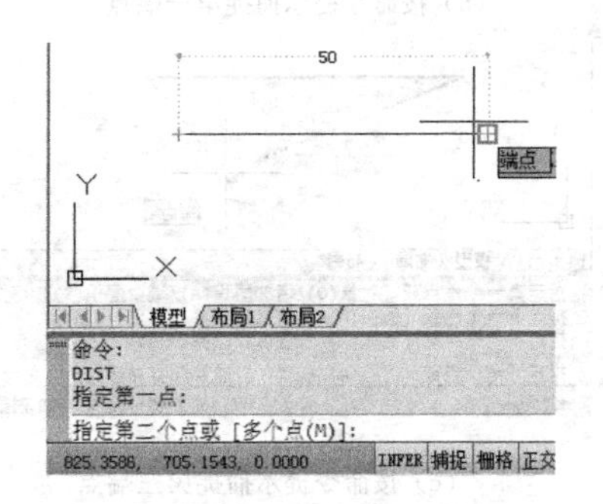

（b）按命令提示捕捉直线的第二端点

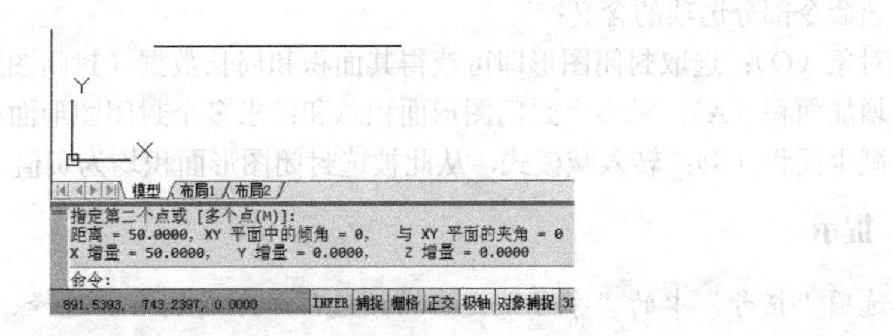

（c）命令窗口显示的结果

图 1-38　“距离”命令的操作步骤及方法

 **提示**

启动“距离”命令，根据命令提示，在绘图区拾取两点，用户即可得到包含两点的距离、两点连线的角度等信息，这些信息均显示在命令窗口中。

2．查询面积

要获取封闭图形的面积和周长，启动“面积”命令即可。

“面积”命令的启动方法如下：

按钮（单击）：常用 选项卡→实用工具标题栏→测量 下拉按钮→面积。

键盘（输入）：AREA（或 MEASUREGEOM）↵。

“面积”命令的操作步骤及方法如图 1-39 所示。

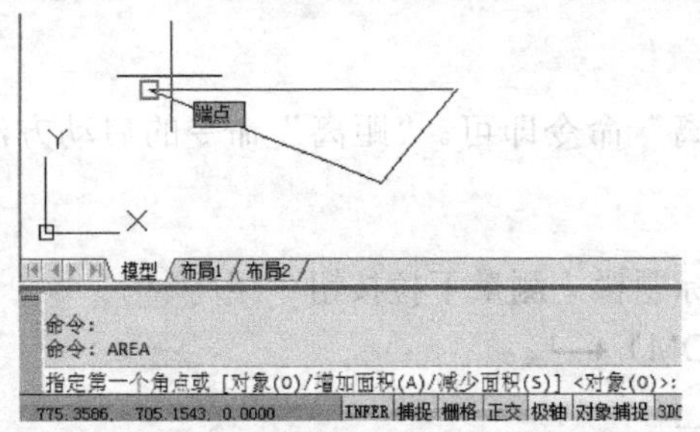

（a）按命令提示捕捉第一端点

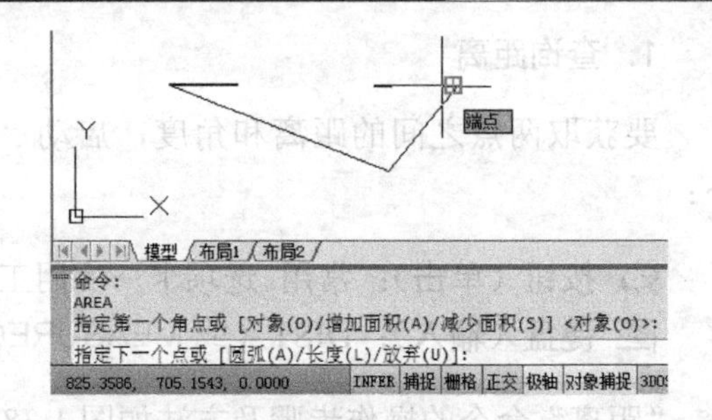

（b）按命令提示捕捉第二端点

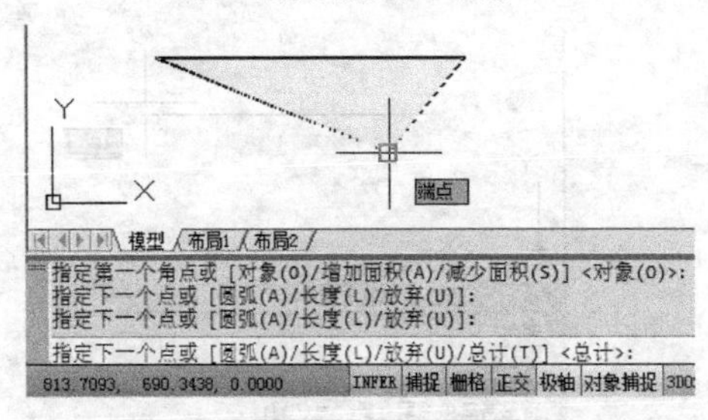

（c）按命令提示捕捉第三端点

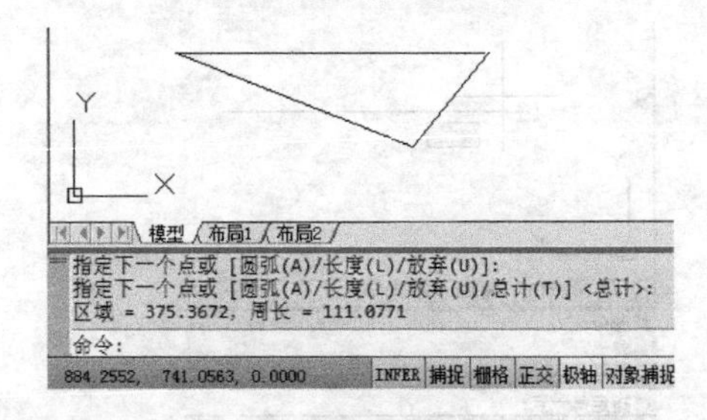

（d）按 Enter 键，命令窗口显示结果

图 1-39 “面积”命令的操作步骤及方法

该命令部分选项的含义：

对象（O）：选取封闭图形即可获得其面积和周长数据（封闭图形须是多段线或面域）。

增加面积（A）：求多个封闭图形面积总和；求多个封闭图形面积之差第一步。

减少面积（S）：转入减模式，从此被选封闭图形面积均为负值。

提示

选项“括号”中的“字母”是启动该选项命令的别名。选择、输入“字母”后，按空格键或 Enter 键，才能启用该选项的相应功能。

（1）求多边形的面积和周长

此时的多边形有两种形式：其一是由直线段所围成的封闭图形，其二是由各角点围成的虚拟图形。

求多边形的面积和周长的方法很简单，只要按顺序捕捉各角点即可。

（2）求由多段线或面域构成的封闭图形面积和周长

由多段线或面域构成的封闭图形的特点是：各线段之间相连且成为闭合的环，它是一个独立的对象。求解方法更简单，当命令提示时，输入“O”，按空格键或 Enter 键，选取由多段线或面域构成的封闭图形，即可获得其面积和周长数据。

（3）求由多个多段线或面域构成的封闭图形面积总和

现有多个由多段线或面域构成的封闭图形，求它们的面积总和，方法是：在命令提示时，输入“A”，按空格键或 Enter 键。当命令再提示时，输入“O”，再按空格键或 Enter 键。出现“（“加”模式）选择对象”时，分别选取由多段线或者面域构成的各封闭图形，即可获得它们面积的总和数据。

（4）求由多个多段线或面域构成的封闭图形面积之差

现有多个由多段线或面域构成的封闭图形，它是由一个大图形和几个小图形所构成的，小图形在大图形内（类似在一张纸上挖了好多孔），要求出它们的面积之差，其方法是：当命令提示时，输入“A”，再按空格键或 Enter 键。当命令再提示时，输入“O”，再按空格键或 Enter 键。出现“（“加”模式）选择对象”时，选取大图形，此时命令行显示大图形的面积和周长等信息。当第二次出现“（“加”模式）选择对象”时，直接按空格键或 Enter 键。当命令再次提示时，输入“S”，按空格键或 Enter 键。命令再次提示时，输入“O”，按空格键或 Enter 键。出现“（“减”模式）选择对象”时，分别选取小图形，即可获得它们面积的之差数据。

3．列表

要获取对象的更多信息，可启动“列表”命令来完成。

“列表”命令的启动方法如下：

按钮（单击）：常用 选项卡→特性 面板→列表。

键盘（输入）：LIST↵ 。

“列表”命令的操作步骤及方法：

现有一水平直线段，其长度为 50。要了解该线段的信息，如距离、角度、线段的起止点的坐标等，可启动“列表”命令，当命令提示“选择对象”时，选取线段，按空格键或 Enter 键确认，出现 AutoCAD 文本窗口——线段相关信息列表，如图 1-40 所示。

AutoCAD 文本窗口中，分别列出的水平直线段相关信息是：图层信息、线段起止点坐标数据、线段的长度值、线段在 XOY 平面内的角度值、线段起止点的 XYZ 坐标差以及该对象所在的空间——模型空间等。

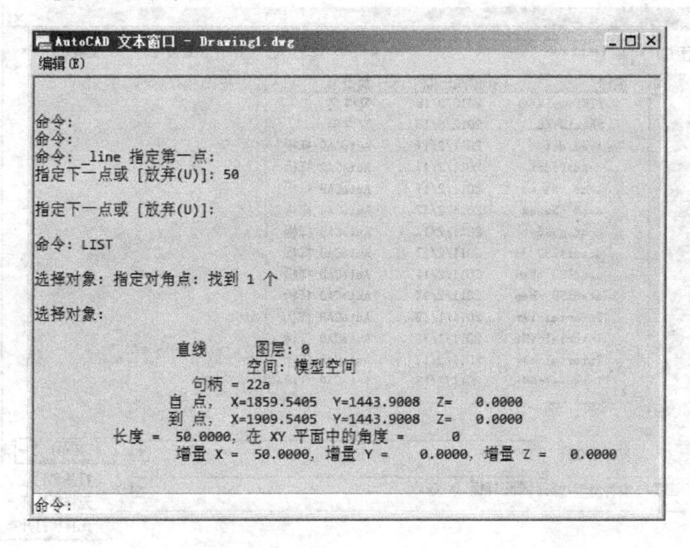

图 1-40　AutoCAD 文本窗口——线段相关信息列表

1.3.7　文件管理

文件管理是使用任何软件都必须进行的工作，AutoCAD 软件与其他大多数软件一样，都具有“新建”、“打开”、“保存”、“关闭”等文件操作命令，下面将介绍这些命令。

1．新建文件

使用 AutoCAD 软件绘制图形及图样时，绘制工作一开始就要建立一个新文件。用户可根据学习或使用 AutoCAD 软件的不同阶段，采用不同方法新建文件。方法一：“使用默认公制设置”；方法二：“打开用户设置的标准样板图”；方法三：“使用样板文件”。方法一、方法三都须启动“新建”命令。

“新建”命令的启动方法如下：

按钮（单击）：快速访问工具栏→新建。
键盘（输入）：QNEW ↵。

“新建”命令的操作步骤及方法：

（1）使用默认公制设置

当用户刚刚学习和使用 AutoCAD 软件时，建议使用默认公制设置来建立新文件（此时的新文件犹如一张“空白”的草图纸）。该阶段，用户的主要任务是练习绘制图形和熟悉命令，绘出的图形没有保留意义，这些文件可随时放到“回收站”中。

AutoCAD 软件启动后，呈现在用户眼前的是主界面，在主界面的标题栏处会显示一个文件名，它是在系统“acadiso.dwt”下产生的，系统给该文件一个默认的临时名字——Drawing1.dwg，用户完全可在该文件中练习绘图和熟悉命令。

如果用户想要自己亲手建立一个新文件，这时就要启动“新建”命令，屏幕上会出现一个“选择样板”对话框，如图 1-41 所示。在这里，单击“打开”按钮右侧的下拉列表，选择“无样板打开–公制（M）”，即可建立一个新文件，其临时名字为 Drawing2.dwg。

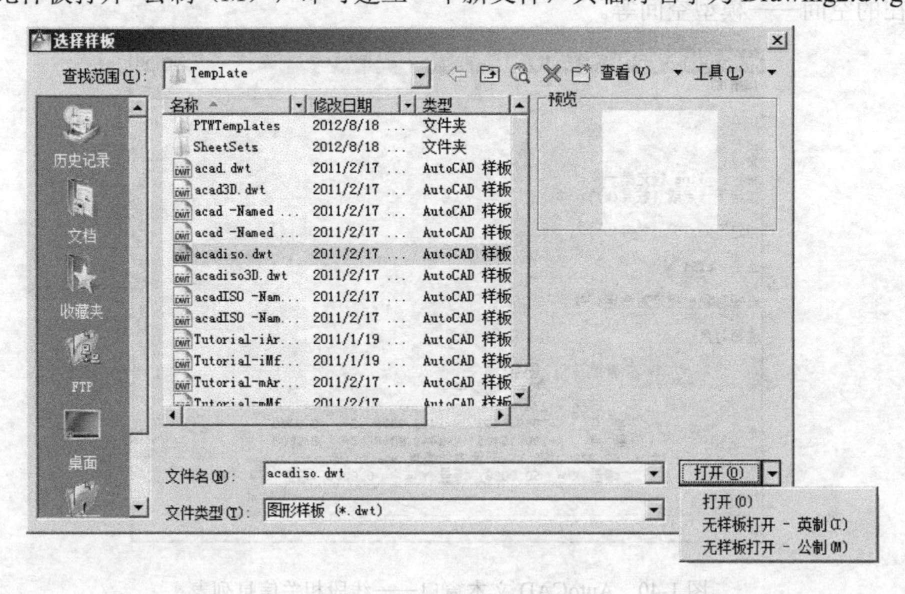

图 1-41　“选择样板”对话框

（2）打开用户设置的标准样板图

如果用户处于使用 AutoCAD 软件的应用阶段时，建议用户打开一个具有基本设置的

“图形”文件（该文件的扩展名为 dwg）来建立新文件（此时的文件犹如一张无“图纸幅面及格式”的白图纸），被打开的“图形”文件我们称为“样板图”。该文件的基本设置应满足绘制图样中的图形、尺寸标注等要求（此内容后叙）。在此阶段，用户的重点任务是：完成绘制图形和图样的主要内容，即完成图形的绘制、尺寸标注等内容。

打开用户设置的标准样板图，须启动“打开”命令。打开“样板图”后，用户须用“另存为”命令以新文件名将其保存。经过上述操作后，该“样板图”还存在，并没有发生任何变化。

注意

“样板图”要保护好，将来要以它为基础，构建“样板文件”。

（3）使用样板文件

当用户处于使用 AutoCAD 软件的设计阶段时，建议用户选择“使用样板文件”来建立新文件（此时的文件犹如一张具有“标准格式”的标准图纸）。在此阶段，用户参与计算机辅助设计的全过程，能够完全独立地绘制工程图样的全部内容。“样板文件”（文件的扩展名为 dwt）是按地方和国家相关标准要求设置的标准文件，具有绘制工程图样所需的全部设置，它由“样板图”和“CAD 文件基本格式”两部分内容组成（请参阅第 2 章）。

用户使用“样板文件”建立新文件的操作过程：启动“新建”命令，在弹出的“选择样板”对话框中，选中用户设置的“样板文件”——A4.dwt（如图 1-42 所示，在图中还有一个“预览”框显示 A4 图纸），单击“打开”按钮，在主界面中出现“A4 图纸”。

上述的操作过程完成后，即可在新界面中绘制图样，用户须编辑一个新的文件名，如：××.dwg（原临时名为 Drawing×.dwg），将其保存。

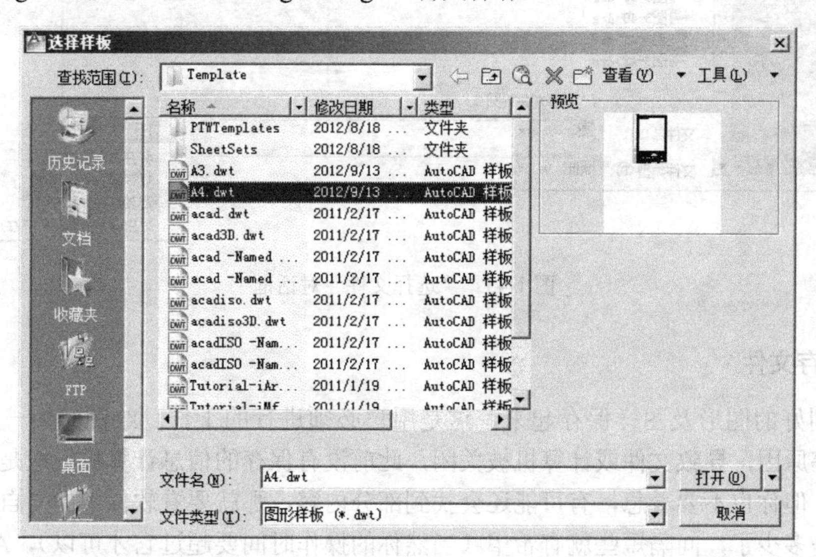

图 1-42　使用样板文件建立新文件的“选择样板”对话框

2. 打开文件

使用 AutoCAD 软件绘制图形及图样，不是每次都从头开始建立一个新文件，有时需要

编辑以前没画完的图形文件，或在已完成的文件基础上经过处理而得到另一个文件，这样就需要把存储在计算机中的某个图形文件调出，调出图形文件就需要启动“打开”命令。“打开”命令的启动方法如下：

按钮（单击）：快速访问工具栏→打开。
键盘（输入）：OPEN ↵。

“打开”命令的操作步骤及方法：

命令启动后弹出“选择文件”对话框，如图 1-43 所示。要打开文件，应事先知道文件的路径，按路径找到所要文件。如果忘了文件所在位置，可利用“选择文件”对话框右上方的“工具”下拉列表查找所要文件。选中所要文件后，单击“打开”即可。

“打开”命令可打开四种类型文件，它们的扩展名分别是 dwg、dwt、dxf、dws。打开文件时，用户可直接打开或以只读方式打开文件；还可以打开和加载局部图形，包括特定视图或图层中的几何图形。

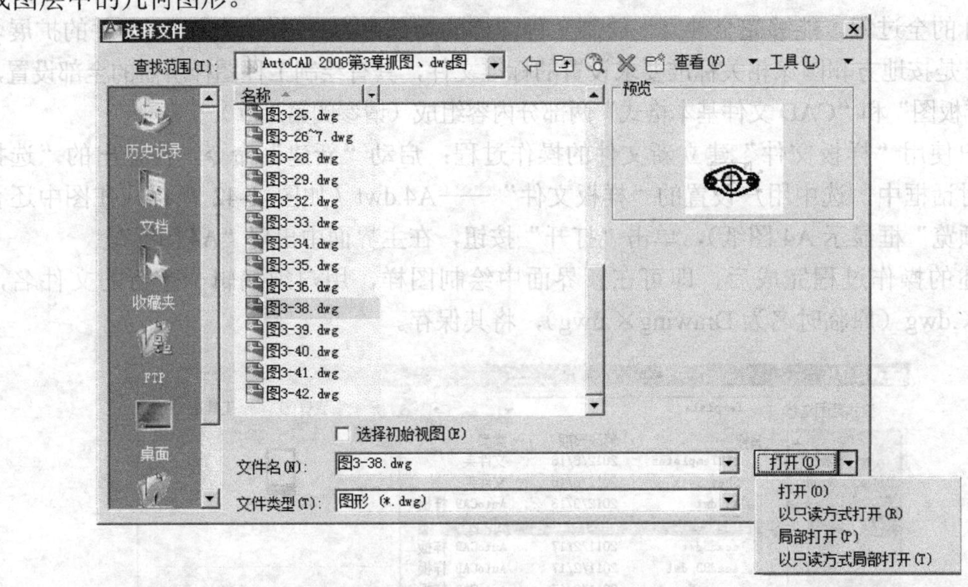

图 1-43　“选择文件”对话框

3．保存文件

把绘制好的图形及图样保存起来，这是用户必须进行的工作。绘图时，一旦误操作或遇到停电等原因，导致文件或计算机被关闭，此前没有保存的信息计算机一般是不会把它记录下来的。但你也不要着急，有可能还会找到部分内容，那就要看软件中的“自动保存”时间的间隔是多少了，间隔短些就有希望（当然你的操作时间要超过它才可以），AutoCAD 默认的自动保存间隔为 10 分钟。计算机自动保存的文件只是个临时文件，扩展名为 av$，用户可以开机后“搜索”一下，有可能还有那么一点希望。

实时保存文件是个非常好的习惯，在此建议用户在思考问题或离开计算机之前，进行一次文件保存操作（注：这个“小动作”很简单也很实在）。想把信息存储起来就要启动

“保存”命令（或使用功能键“Ctrl+S”）。

“保存”命令的启动方法如下：

按钮（单击）：快速访问工具栏→保存。

键盘（输入）：QSAVE ↵。

“保存”命令的操作步骤及方法：

存储文件时，根据用户是否保存过当前文件（也就是说，当前文件是否还是系统给予的默认文件，其名字为 Drawing××.dwg，以及是否进行过保存操作等），将出现两种情况：一是存储未保存过的默认名字文件；二是存储已保存过的专用名字文件。

（1）存储未保存过的默认名字文件

当存储未保存过的默认名字文件时，命令启动后弹出“图形另存为”对话框，如图 1-44 所示。此时，要求用户在“文件名”编辑框中编辑文件的新名字，如“图 100-1”，然后再单击“保存”按钮，则“图 100-1.dwg”文件被保存在指定文件夹中。保存后，在标题栏处立即出现文件的全路径及文件名。

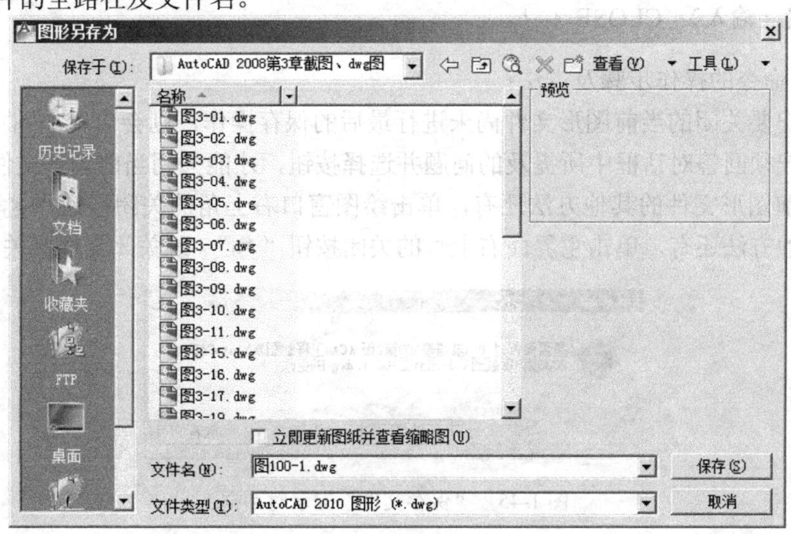

图 1-44 “图形另存为”对话框

（2）存储已保存过的专用名字文件

存储已经保存过的有专用名字的文件时，命令调出后，屏幕不会显现任何变化，用户几乎没有什么感觉。但用户观察一下命令窗口，会发现在那里留有“_QSAVE”字样。

注意

在“应用程序菜单”中，还有一个能保存文件的命令，它就是“另存为”命令，启动它保存文件与“存储未保存过的默认名字文件”的操作完全相同。

“另存为”命令的启动方法如下：

按钮（单击）：应用程序菜单→另存为。

键盘（输入）：SAVEAS ↵。

“另存为”命令的操作步骤及方法：

用户使用“保存”命令存储文件，系统会将本次存储前的图形文件用同样名字存储成一个备份文件，它的扩展名为“bak”。备份文件与图形文件同在一个文件夹中。备份文件可以删除，但最好是在同名图形文件确认不再改动时再删除。备份文件可确保图形数据安全，必要时可将其恢复为图形文件（将备份文件的扩展名“bak”改为“dwg”即可）。

4. 关闭文件

当用户完成当前图形文件的所有操作后（包括保存文件），不再对该图形文件进行绘制和编辑时，可以关闭当前图形文件，以方便进行其他操作。

当用户不再使用 AutoCAD 软件时，可关闭所有图形文件，再关闭软件。要关闭文件，就要启动“关闭”命令。

“关闭”命令的启动方法如下：

按钮（单击）：快速访问工具栏→关闭→当前图形（或所有图形）。
键盘（输入）：CLOSE ←。

“关闭”命令的操作步骤及方法：

如果用户要关闭的当前图形文件尚未进行最后的保存操作，则会出现如图 1-45 所示的对话框，用户须回答对话框中所提及的问题并选择按钮，才能关闭当前图形文件。

关闭当前图形文件的其他方法还有，单击绘图窗口右上角的关闭按钮“×”。关闭所有图形文件其他方法还有，单击主界面右上角的关闭按钮“×”（既关闭文件又关闭软件）。

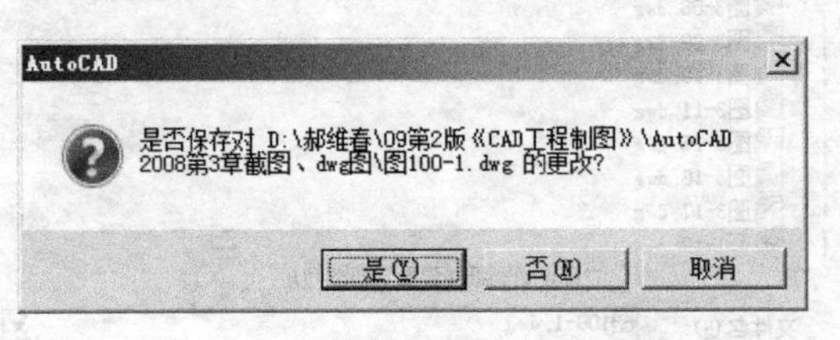

图 1-45 “保存文件”提示对话框

注意

关闭文件与关闭软件不同，后者在“快速访问工具栏”中单击“退出 AutoCAD 2012”按钮或键入“QUIT”命令，可将文件和程序全都关闭。前者只关闭文件而不关闭软件。

1.3.8 AutoCAD 2012“帮助”命令

AutoCAD 2012 内置一个庞大的帮助系统，它能给用户提供所需的全部使用信息。用户要寻求帮助就要启动“帮助”命令。

“帮助”命令的启动方法如下：

按钮（单击）：按钮?（位于主界面“最大化最小化关闭按钮”左侧）。
键盘（输入）：HELP ←。

"帮助"命令的操作步骤及方法：

1．全方位的主题式帮助

命令启动后会出现"帮助"对话框，如图 1-46 所示。该对话框中共有 2 张选项卡，它们分别是主页和帮助。

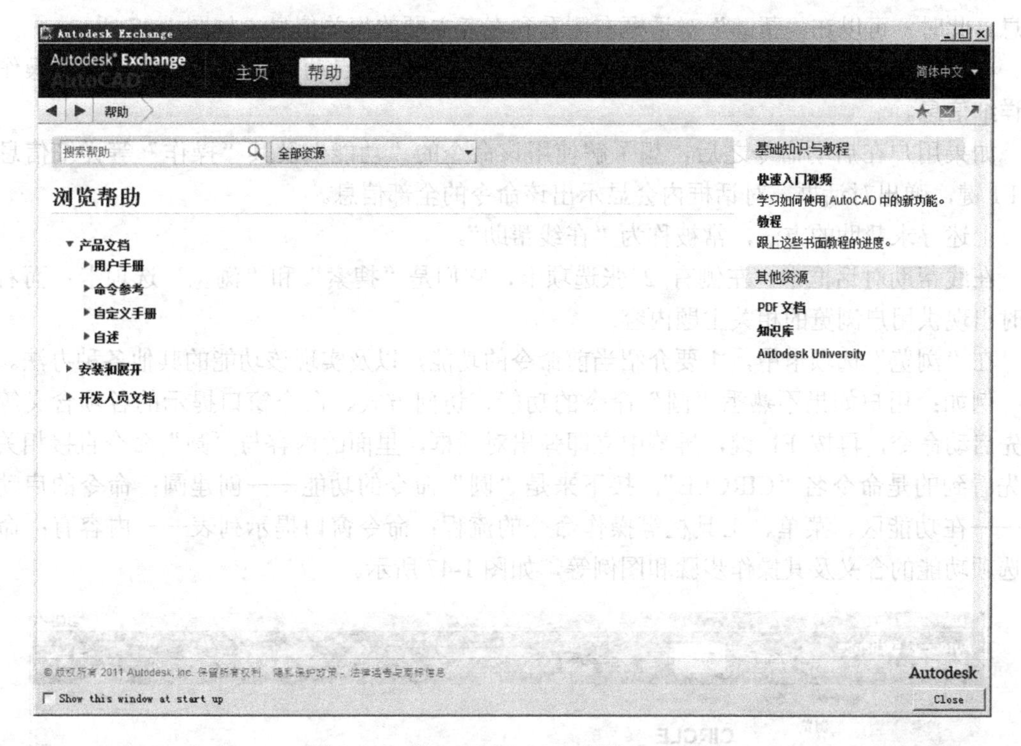

图 1-46 "AutoCAD 2012 帮助"对话框

（1）"帮助"选项卡

在"帮助"选项卡中，系统提供了可以根据内容进行搜索的方式，用户只要输入相关内容，单击按钮🔍，即可在左侧看到相关信息，用户可有选择地查看相关信息。

"搜索引擎"下方有关于"浏览帮助"的 3 个下拉列表，它们就是：产品文档、安装和展开、开发人员文档。

产品文档下拉列表自然展开，显现出 4 个级联列表，在该级联列表后还有级联列表，直至具体内容。

操作时，依次单击即可。选项卡的右中部列出"基础知识与教程"的相关内容，供用户了解、学习、掌握 AutoCAD 2012 软件的相关操作。

（2）"主页"选项卡

在"主页"选项卡中，提供了"AutoCAD 2012 中的新内容"，其中包括：精选视频和精选主题两大内容。

"精选视频"资料具体内容有：新特性、漫游用户界面、将二维对象转换为三维、创建和修改曲面、Content Explorer 概述。

"精选主题"资料的内容还有：模型文档、关联阵列、多功能夹点、AutoCAD WS、命令行自动完成。

正确有效地使用帮助系统，可给用户带来极大收获。

2. 即时的在线式帮助

如果在绘制及编辑图形等操作过程中启动“帮助”命令，系统将提供给用户更直接的信息。此时，可以在“帮助”对话框右侧看到直奔主题的相关信息，如图 1-47 所示。

在命令处于启用状态时，按 F1 键将显示该命令的“启动方法”、“功能”及“操作”等详细信息。

如果用户在启动命令之后，想了解使用该命令的“功能”及其“操作”等详细信息，按 F1 键，弹出对话框，对话框内会显示出该命令的全部信息。

上述寻求帮助的方法，常被称为“在线帮助”。

在线帮助对话框中，左侧有 2 张选项卡，它们是“搜索”和“浏览”选项卡；而右侧此时出现供用户浏览的相关主题内容。

在“浏览”选项卡中，主要介绍当前命令的功能，以及实现该功能的其他各种办法。

例如：用户如果不熟悉“圆”命令的功能、访问方式、命令窗口提示的各项含义等，可先启动命令，再按 F1 键，屏幕中立即弹出对话框，里面的内容与“圆”命令直接相关。首先看到的是命令名“CIRCLE”；接下来是“圆”命令的功能——创建圆；命令的启动方式——在功能区、菜单、工具栏等操作命令的流程；命令窗口提示列表——内容有：命令各选项功能的含义及其操作步骤和图例等，如图 1-47 所示。

图 1-47　AutoCAD 2012“在线帮助”对话框

本章小结

认识 AutoCAD 2012 主界面，了解其构成，熟悉各区域功能，非常有利于用户将来绘制和编辑图形。掌握 AutoCAD 2012 常用配置，根据自己喜好进行相关设置，将更有利于用户操作软件。用户经过勤学苦练，熟练地运用 AutoCAD 2012 基本操作及使用技巧，将在绘制和编辑图形的过程不断提高，成为操作 AutoCAD 软件的高手。

思考与练习 1

1-1　启动命令的常用方法有几种？

1-2　在选项卡中，面板能否被固定？

1-3　绘制二维图形及图样时，常用的工具有哪些？

1-4　命令窗口有何用途？

1-5　状态栏中包括哪几项内容？各有什么用途？利用按钮启动命令时，当光标悬停在图标上方时工具提示什么？

1-6　AutoCAD 2012 的常用配置中，一共介绍了几个选项卡？都应该怎样设置？

1-7　应该怎样使用鼠标？各键的功能是什么？

1-8　常用的绘图辅助工具有哪些？怎样设置才能符合用户的操作习惯？

1-9　常用的功能键有哪些？

1-10　键盘输入的内容有那些？

1-11　选择对象的常用方法有几种？

1-12　常用的查询命令有几个？它们各有什么用途？

1-13　为什么要管理文件？图形的备份文件可以删除吗？什么时候删除最好？

1-14　你在使用软件、命令等过程中，如遇到问题时首先想到的是什么？

1-15　AutoCAD 2012 的“帮助”有几种方式？各自的特点是什么？

第 2 章　国家标准《CAD 工程制图规则》等一般规定及应用

【本章学习要点】

◆ 国家标准《CAD 工程制图规则》等的一般规定
◆ CAD 文件的基本格式
◆ CAD 工程图样中的基本元素

工程图样是工程界的共同语言，是现代化生产不可缺少的技术资料，作为工程技术人员都应熟悉和掌握相关标准的基本知识并严格遵守。

本章所述各内容是构成“样板图”文件必需的基本元素，用户必须认真探究和掌握。

2.1　CAD 文件的基本格式

CAD 文件是指在计算机辅助设计（Computer Aided Design）过程中形成的所有文件，它应该包括实现产品或项目所必需的全部设计文件和 CAD 图形文件等。在编制文件过程中，一定要贯彻执行相关现行国家标准的有关规定，比如 CAD 工程制图图形文件的基本格式应按照 GB/T 17825.2—1999 的有关规定编制。

2.1.1　图纸的幅面及格式

图纸的幅面及格式包括幅面和图框格式。CAD 工程制图图形文件的幅面和图框格式也应符合《国家标准　技术制图　图纸幅面和格式》（GB/T 14689—2008）的有关规定。CAD 工程制图图形文件的基本幅面和图框尺寸见表 2-1，图框格式如图 2-1 所示。在图纸上必须用粗实线绘出图框，其格式分为留有装订边和不留装订边两种。根据用户需要的不同，图纸可以采用 X、Y 两种类型，在图框中可以配置对中符号、方向符号、剪切符号、投影符号等，具体内容请参阅相关国家标准的有关规定（GB/T 14689—2008）。图纸的其他格式如标题栏、明细栏等后面将单独介绍。

表 2-1　基本幅面及图框尺寸

幅面代号	A0	A1	A2	A3	A4
$B \times L$	841×1189	594×841	420×594	297×420	210×297
e	20		10		
c	10			5	
a	25				

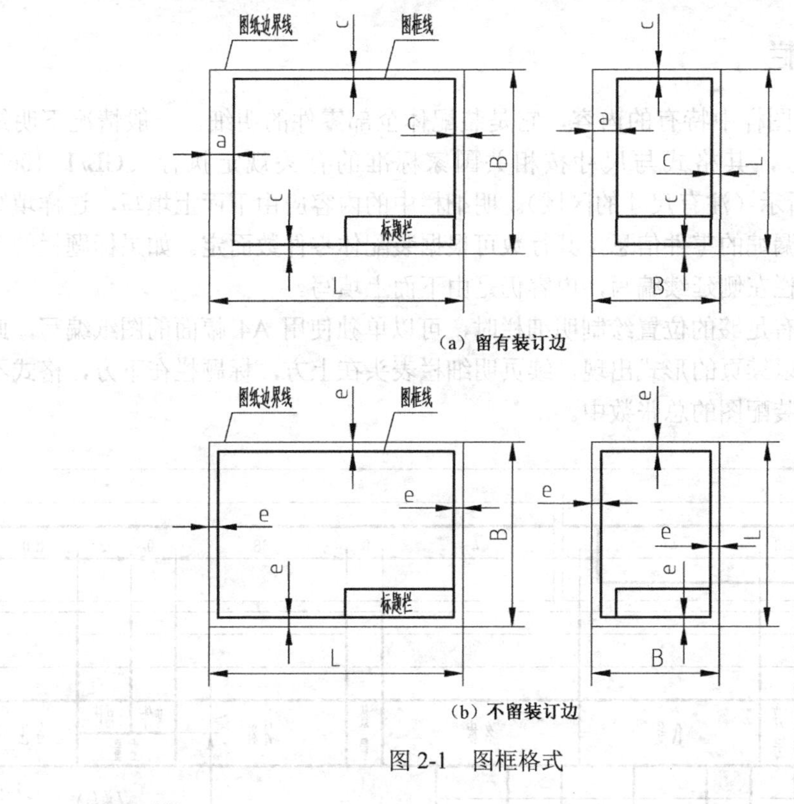

图 2-1　图框格式

2.1.2　标题栏

每张 CAD 工程图都必须画有标题栏。标题栏一般画在图纸的右下角，且标题栏中的文字方向为读图的方向（图纸中有“方向符号”的除外）。标题栏的格式与尺寸按照相关国家标准的有关规定执行（GB/T 10609.1—2008），如图 2-2 所示（注有尺寸的区域）。

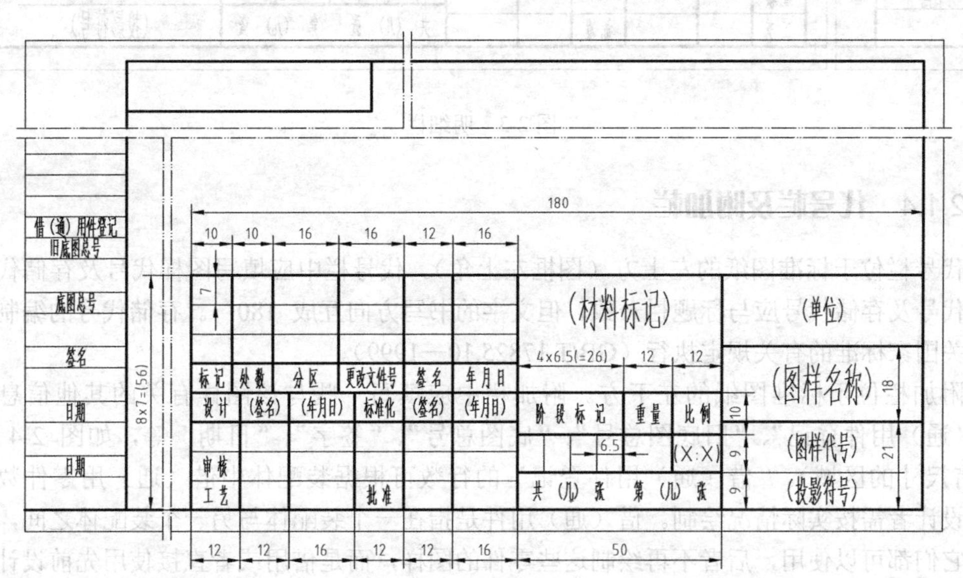

图 2-2　标题栏

2.1.3 明细栏

明细栏是装配图样中特有的内容，它是装配体全部零件的明细。一般情况下明细栏配置在标题栏的上方，其格式与尺寸按相关国家标准的有关规定执行（GB/T 10609.2—1989），如图 2-3 所示（注有尺寸的区域）。明细栏中的内容应由下而上填写，这样填写的目的是更有利于补写漏编的零件信息，其行数可根据装配体零件数而定。如果标题栏的上方位置不够，可在标题栏左侧延续编写，内容仍是由下而上填写。

如果图样中没有足够的位置绘制明细栏时，可以单独使用 A4 幅面的图纸编写，此时应由上而下填写，并以续页的形式出现，续页明细栏表头在上方，标题栏在下方，格式不变，其张数应计入所属装配图的总张数中。

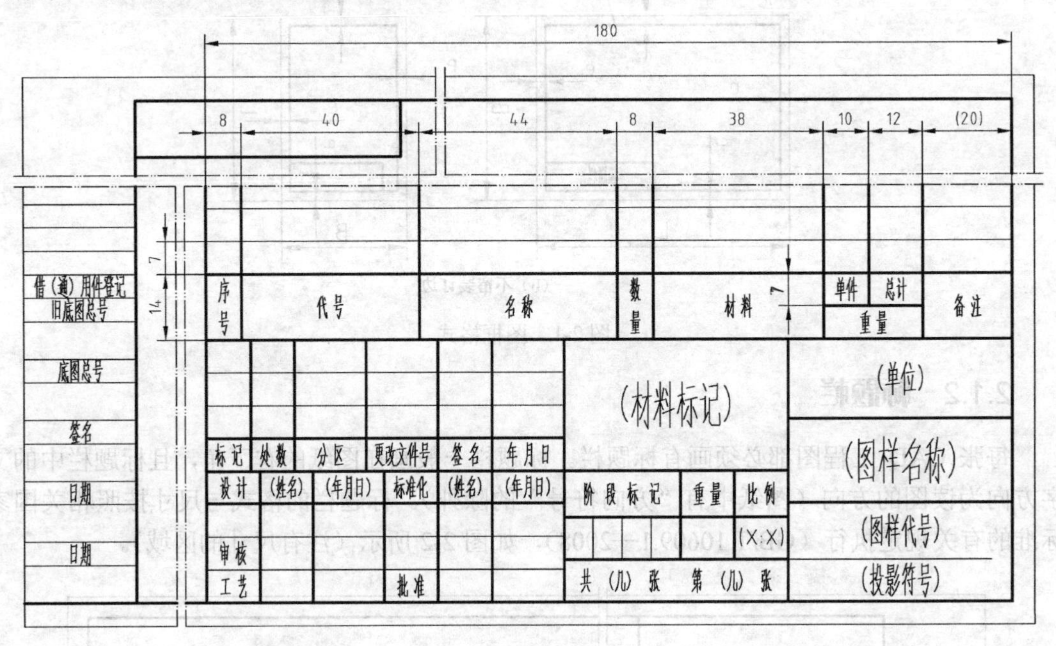

图 2-3　明细栏

2.1.4 代号栏及附加栏

代号栏位于标准图纸的左上方（图框左上角）。代号栏中应填写图样代号及存储代号，图样代号及存储代号应与标题栏一致，但文字的书写方向互成 180°。存储代号的编制应按照相关国家标准的有关规定执行（GB/T 17825.10—1999）。

附加栏位于标准图纸的左下方。附加栏中应填写一些与该图样有关的其他信息，如“借（通）用件登记”、“旧底图总号”、“底图总号”、“签字”、“日期”等，如图 2-4 所示（注有尺寸的区域）。“借（通）用件登记”的行数可根据装配体中借（通）用零件数量而定，设计者需按实际情况绘制。借（通）用件是指在一个装配体与另一个装配体之间，有些零件它们都可以使用，后者不再绘制这些零件的图样，而是借用或者直接使用先前设计出的图样。大量使用借（通）用件，可以节约成本，提高生产效率和市场竞争力。

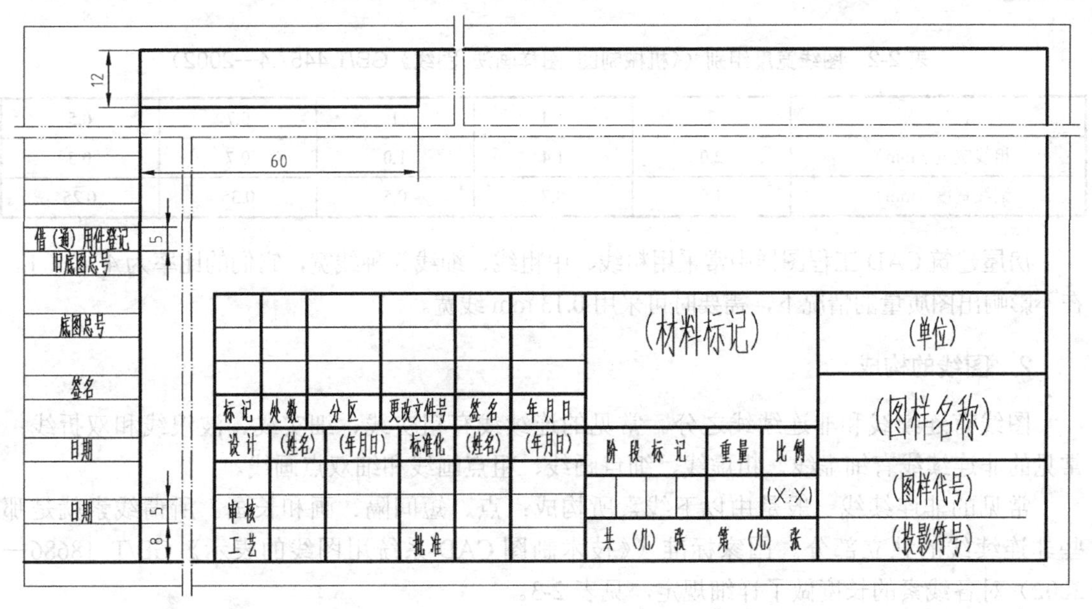

图 2-4　代号栏及附加栏

2.2　CAD工程图样中的基本元素

CAD 工程图样主要是由图线、文字和尺寸等基本元素构成的，要把它们绘在图样中，只要调用、执行相关命令就可实现。CAD 工程图样中的文字常出现在标题栏、明细栏、代号栏、附加栏、技术要求及尺寸等内容中；图线则常出现在标题栏、明细栏、代号栏、附加栏、尺寸及图形等内容中。

2.2.1　图线

图线是 CAD 工程图样总构成的基本元素之一。国家标准《技术制图》中规定了绘制工程图样所用图线的名称、类型、结构、标记和画法等规则，还规定了 15 种基本线型，以及线型的变形和相互组合。同时国家标准《技术制图》对图线的宽度（粗细）也做了明确规定，一共有 9 种图线宽度（用 d 表示，单位 mm）。下面本书将对图线宽度、图线构成等进行详细介绍。

1．图线的宽度

绘制 CAD 工程图样时，用户可根据图形的大小和复杂程度确定图线宽度。图线宽度（用 d 表示，单位 mm）应在以下系列中选取：0.13，0.18，0.25，0.35，0.5，0.7，1.0，1.4，2.0（它们的公比为 $1/\sqrt{2}$）。在同一张图样中，相同类型图线的宽度应一致。

图线可分为粗线、中粗线、细线 3 种类型，国家标准规定它们的比率为 4∶2∶1。

机械电气 CAD 工程图样中常采用粗线、细线两种，并规定它们之间的比率为 2∶1，其组别见表 2-2。选用时，应优先采用 0.7、0.5 组（本书采用 0.5 组）。

表 2-2　图线宽度组别（《机械制图 图样画法 图线》GB/T 4457.4—2002）

组　　别	2	1.4	1	0.7	0.5
粗线宽度（mm）	2.0	1.4	1.0	0.7	0.5
细线宽度（mm）	1.0	0.7	0.5	0.35	0.25

房屋建筑 CAD 工程图样中常采用粗线、中粗线、细线 3 种线宽，它们的比率为 4∶2∶1。在不影响出图质量的情况下，需要时可采用 0.13 mm 线宽。

2. 图线的构成

图线有连续线和非连续线之分。常见的连续线有粗实线、细实线、波浪线和双折线；常见的非连续线有细虚线、粗虚线、细点画线、粗点画线和细双点画线。

常见的非连续线一般是由以下线素所构成：点、短间隔、画和长画。所谓线素就是那些非连续线的独立部分。国家标准（《技术制图 CAD 系统用图线的表示》GB/T 18686—2002）对各线素的长度做了详细规定，见表 2-3。

表 2-3　线素长度

线　素	应 用 线 型	长　度	结　构　图
点	点线、点画线、双点画线	≤0.5d	d　0.5d　24d　3d　12d　3d
短间隔	虚线、点画线、双点画线	3d	
短画	长画短画线、长画双短画线	6d	
画	虚线、间隔画线	12d	
长画	点画线、双点画线	24d	
间隔	间隔画线	18d	
注：右侧结构图中的“d”为图线宽度。非连续线有粗细之分，计算线素的长度时请注意所选图线类型			

3. 线型及图层

线型是图线在 CAD 工程图样中的具体体现，它是客观存在的独立实体，该实体自身包含着特定的基本信息。国家标准《技术制图》中规定，有 15 种基本线型可供绘制工程图样时选用，除此之外还可以通过线型的变形或相互组合而演化出新线型（比如波浪线是基本线型的变形，双折线是由波浪线演化而成的，“铁道”线是由 2 条细实线和 2 条间隔画线叠加而成的，等等）。

图层是 CAD 工程制图的专有名词。正是由于引入了图层的概念，才可使 CAD 制图得以完美实现，这也正是 CAD 工程制图与传统手工制图有着严格意义上区别的重要标志之一。由于传统手工制图受到客观条件的限制，只能把工程图样中的全部信息集中绘制在同一张图纸上。CAD 工程制图完全可以做到和传统手工制图一样，把全部的信息集中绘制在只有一个图层的电子图纸上，但是这样的作法从根本意义上讲是没有利用好电子图纸，而且还导致出现资源浪费、管理不便等诸多问题。

传统手工制图的图纸是不可以分层的。然而 CAD 工程制图中的电子图纸，可以假定将其分成若干层，而且各层透明，任意叠加。于是，电子图纸就这样形成了。

由于电子图纸可以分层，利用这个特点，可以将工程图样中的各种信息按不同类型分别放在不同层中。这种假定既方便绘制图形及图样，又有利于管理图形文件中的各类信息。

AutoCAD 软件中只提供了唯一的一个图层，该图层的名称（图层标识号）为“0”，颜色（屏幕上的颜色）为“白色”，线型（线型或实体）为“连续的实线”。当软件只有一个图层时，绘制图形及图样显然是不理想的，所以必须建立新的、适当数量的图层，并严格定义出各个图层可以存放的相关信息。本书建议，用户最好不要在“0”层中存放任何信息。用户可以使用“0”层，如可在该图层中创建“图块”等。

国家标准规定的机械电气 CAD 工程图样中采用的图层标识号、屏幕上的颜色和线型或实体见表 2-4（注：表中“线型或实体”的“实体”，在 AutoCAD 软件中通常被称为“对象”）。

表 2-4　图层标识号、屏幕上的颜色和线型或实体（《CAD 工程制图》GB/T 18229—2000）

图层标识号	屏幕上的颜色	线型或实体	示　例
01	白色	粗实线、剖切面的粗剖切线	
02	绿色	细实线 波浪线 双折线	
03	自定（避开细线型的颜色）	粗虚线	
04	黄色	细虚线	
05	红色	细点画线、剖切面的剖切线	
06	棕色	粗点画线	
07	粉色	细双点画线	
08	自定（避开粗线型的颜色）	尺寸线、符号细实线	
09	自定（避开粗线型的颜色）	参考圆（含引线和终端）	
10	自定（避开粗线型的颜色）	剖面符号	
11	自定（避开粗线型的颜色）	文本（细）	ABCD
12	自定（避开粗线型的颜色）	尺寸值和公差值	123±0.1
13	自定（避开细线型的颜色）	文本（粗）	XYZ
14、15、16	自定（避开粗线型的颜色）	用户选用（如设置更改层等）	

由表 2-4 所示可知，国家标准已定义机械电气 CAD 工程图样所采用的图层标识号、屏

幕上的颜色和线型或实体。所以，在绘制机械电气 CAD 工程图样时，图层的设置必须执行国家标准。要设置图层，就要启动“图层”命令。

“图层”命令的启动方法如下：

按钮（单击）：常用选项卡→图层标题栏→图层。

键盘（输入）：LAYER ↵ 。

“图层”命令的操作步骤及方法：

命令启动后，弹出“图层特性管理器”选项板，如图 2-5 所示。这是 AutoCAD 软件默认的“图层特性管理器”选项板。

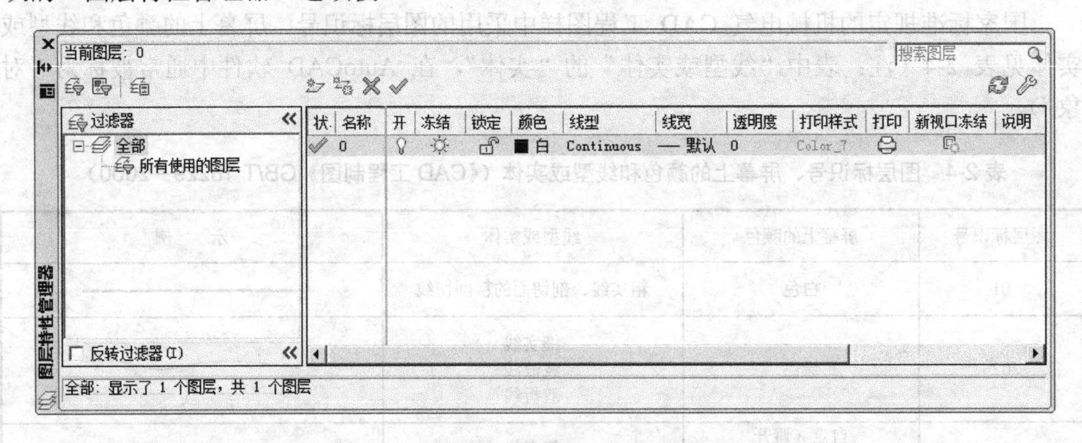

图 2-5　默认的“图层特性管理器”选项板

国家标准规定了机械电气 CAD 工程图样所采用的图层总共 16 个，见表 2-4。本书为节省学习软件时间，在编写过程中，始终以培养学生应用绘图软件绘制工程图样及进行三维造型设计能力为目标，以基本理论满足工程实际应用为准则，以必需、实用、够用为指导思想。在此仅设置 8 个图层，如图 2-6 所示（这只是学习阶段所用图层）。

当前图层：0

名称	颜色	线型	线宽	透明度	打印样式
0	白	Continuous	默认	0	Color_7
01	白	Continuous	0.50 毫米	0	Color_7
02	绿	Continuous	默认	0	Color_3
04	黄	ACAD_ISO02W100	默认	0	Color_2
05	红	ACAD_ISO04W100	默认	0	Color_1
07	洋红	ACAD_ISO05W100	默认	0	Color_6
08	青	Continuous	默认	0	Color_4
10	蓝	Continuous	默认	0	Color_5
11	青	Continuous	默认	0	Color_4

全部：显示了 9 个图层，共 9 个图层

图 2-6　学习阶段所用图层的“图层特性管理器”选项板

如何设置出如图 2-6 所示的 8 个图层呢？当如图 2-5 所示的选项板出现后，在“图层特性管理器”选项板中，单击“新建”按钮，此时出现一个临时图层，该图层的临时名称为“图层 1”且处于被编辑状态，编辑它为“01”，按“逗号（，）”键，名称为“01”的图

层创建完成。但选项板中又出现了一个临时图层，该图层的临时名称还是“图层 1”，也处于被编辑状态。这次编辑它为“02”，按“逗号（,）”键，名称为“02”的图层创建完成。　（注：编辑图层名称后，按“逗号（,）”键，系统都要求再创建图层）。

最终要创建的图层是 01、02、04、05、07、08、10、11，如图 2-6 所示。用户编辑图层名称“11”后该怎么办？继续按“逗号（,）”键吗？不！因为再不要创建新的图层，新图层的创建暂告结束，此时应该按 Enter 键了。

至此，新建图层的工作只完成了图层名称的编辑。用户对照如图 2-6 所示图形，发现“颜色”、“线型”、“线宽”还没有设置。设置它们，只要单击需要设置图层的“颜色”、“线型”或“线宽”名（值）并进行相关操作即可。

比如要设置“02”层的颜色，单击该层颜色左侧的“口”框，就会出现“选择颜色”对话框，如图 2-7 所示。在该对话框左下角有一行颜色按钮，为“　”，它们是标准颜色，从左到右名称分别是：红色、黄色、绿色、青色、蓝色、洋红、白色，它们的颜色索引号分别是 1、2、3、4、5、6、7。从中选择“绿色”，单击“确定”按钮，该图层颜色设置完成。　。依此类推。在颜色编辑框中输入颜色号或单击颜色按钮都可以选中所需颜色；直接双击颜色按钮同样可以选中所需要的颜色。直接双击颜色按钮后，“选择颜色”对话框立即消失，返回到“图层特性管理器”选项板。

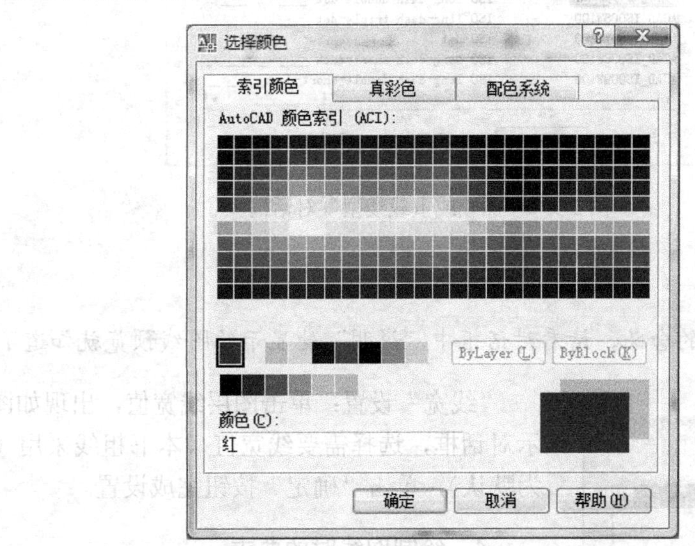

图 2-7　“选择颜色”对话框

单击图层中对应的线型“Continuous”，出现“选择线型”对话框，如图 2-8（a）所示。选取需要线型，单击“确定”按钮完成设置。　依此类推。若“选择线型”对话框中没有所要线型，单击“加载”按钮，到“加载或重载线型”对话框中提取需要线型（如一次提取多个线型，须按住 Ctrl 键加入），如图 2-9 所示，单击“确定”按钮完成加载，此时出现如图 2-8（b）所示对话框，单击需要线型，单击“确定”按钮即可将其“赋予”对应图层。

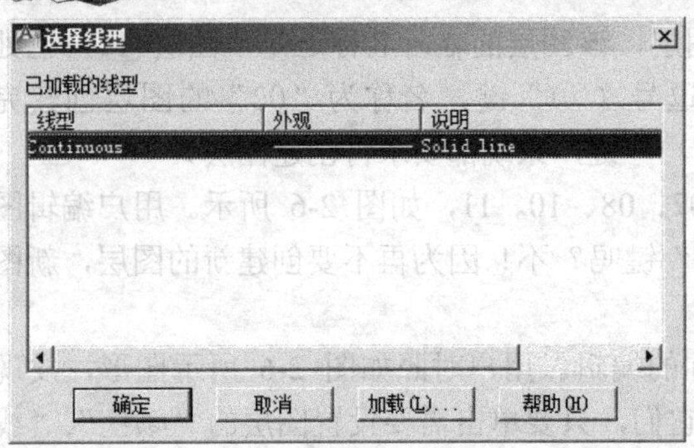

（a）原始

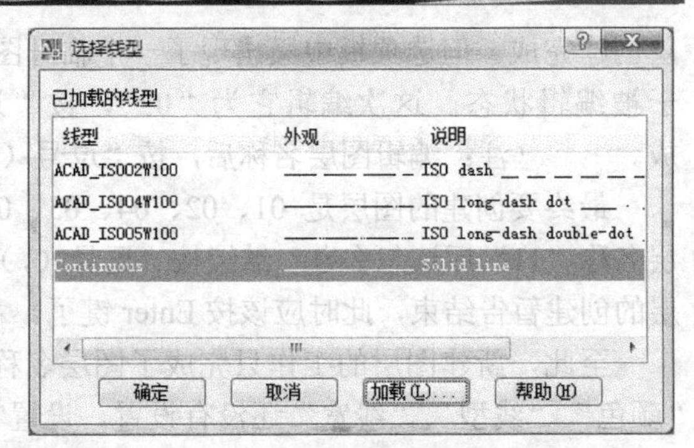

（b）加载

图 2-8　“选择线型”对话框

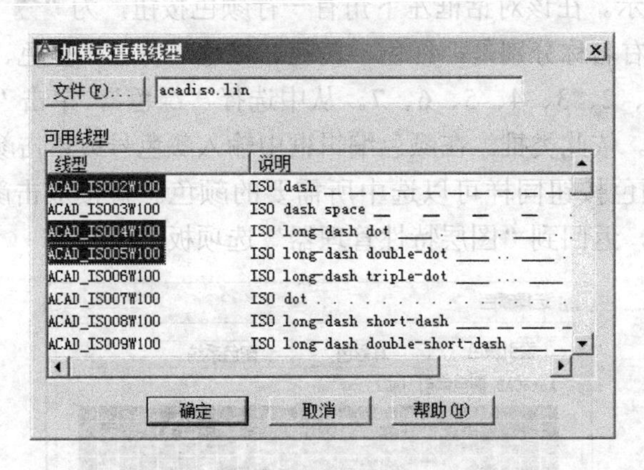

图 2-9　“加载或重载线型”对话框

注意

若不清楚线型名称的含义，请看对话框中“说明”处显示的图线预览就知道了。

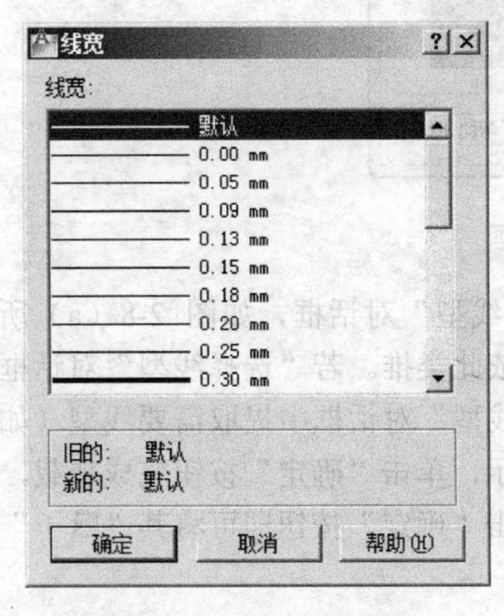

图 2-10　“线宽”对话框

“线宽”设置：单击图层线宽值，出现如图 2-10 所示对话框，选择需要线宽值（本书粗线采用 0.5，其余为默认），单击“确定”按钮完成设置。

4．绘制图线时的要求

除非另有规定，两条平行线间的最小间隙不得小于 0.7 mm；各种类型的图线应尽可能地相交于画处，而不是点、间隔处。计算机绘图时，如果圆的对称中心线未相交于画处，应加注圆心符号，它的长度一般应控制在 12 d 左右（d 为对称中心线的宽度）。圆的对称中心线或回转体轴线超出轮廓线的长度应控制在 2～5 mm。绘图时，如有两种以上的图线重合，应按以下优先顺序绘出：粗实线、细虚线、细点画线、细双点画线、细实线。

5．线型比例

线型比例是用以控制图形中图线线素大小的（主要是控制那些非连续线的独立部分大小）。用户可以根据需要更改目标对象的线型比例因子，控制所有线型的全局缩放比例或当前对象缩放比例。全局比例因子是用于控制图形中所有对象，当前对象缩放比例仅用于控制图形中单个对象。通过全局修改或者单个修改每个对象的线型比例因子，可以以不同的比例使用同一个线型。

根据国家标准（《技术制图 CAD 系统用图线的表示》GB/T 18686—2002）对各线素长度的规定（见表 2-3）要求，以及机械电气 CAD 工程图样中线宽组别的要求（见表 2-2），还有国家标准对线型的规定要求等，用户必须更改目标对象的线型比例因子。

本书采用的非连续线是 ISO 标准的“ACAD_ISO？？W100”系列线型，该系列线型的构成满足国家标准要求，但线素长度不满足国家标准要求。由于本书推荐采用的线宽组别是 0.5 组，此时只要将“线型管理器”对话框中的全局比例因子修改为 0.25 即可，如图 2-11 所示。

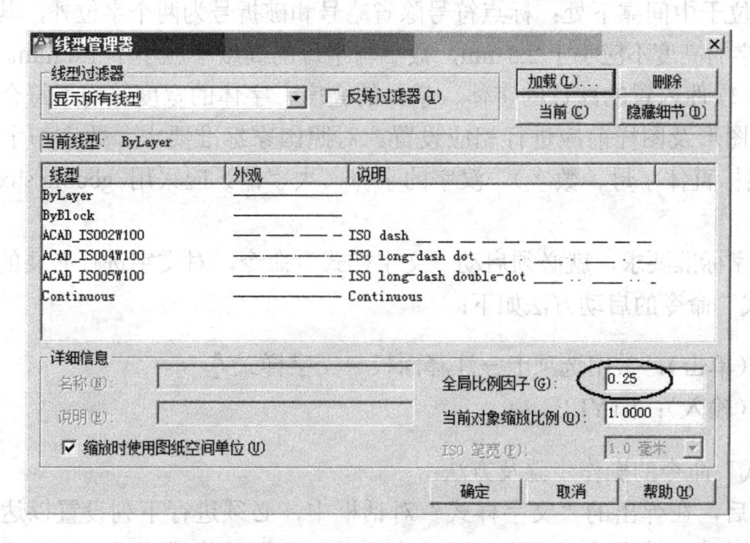

图 2-11　“线型管理器”对话框

要改变线型比例值，就要启动“线型”命令。

“线型”命令的启动方法如下：

按钮（单击）：常用 选项卡→特性标题栏→线型 下拉列表 —ByLayer→其他。

键盘（输入）：LINETYPE ↵。

“线型”命令的操作步骤及方法：

命令启动后，单击“显示细节”按钮，编辑“全局比例因子”为0.25，单击“确定”。

提示

“全局比例因子”数值的具体大小，要根据用户采用的“线型”、“线宽”、“线素”等诸多条件综合确定，必须遵照相关标准要求的范围对其进行设计、计算。

2.2.2 文字

CAD 工程图样中的文字包括汉字、数字和字母 3 种形式。国家标准对 3 种形式文字字体进行了严格规定（请参阅 GB/T 14691—1993），其中包括字体的高度、宽度等。

字体的高度（用 h 表示，单位 mm）代表字的号数，其公称尺寸系列为 1.8，2.5，3.5，5，7，10，14，20。如果要书写更大字号的文字，字体的高度应按 $\sqrt{2}$ 的比率递增。

字体的宽度应为字体高度的 $1/\sqrt{2}$ 倍，即 $h/\sqrt{2}$。假如字体高度为 3.5，那么它的宽度应为 2.5，依此类推。

CAD 工程图样中的字体应采用国家标准《机械制图用计算机信息交换 常用长仿宋矢量字体、代（符）号》（GB/T 13362.4—1992）或《图形信息交换用矢量汉字 单线宋体字模集及数据集》（GB/T 13844—1992）中所规定的字体。其中，汉字应采用长仿宋矢量字体，采用正体，使用国家正式公布和推行的简化字；数字与字母应以直体输出，小数点应占一个字位，并位于中间靠下处；标点符号除省略号和破折号为两个字位外，其余均一个符号一个字位；汉字的高度不应小于 2.5 mm，数字与字母的高度不应小于 1.8 mm。

AutoCAD 软件内置的默认的字体、字体的高度、字体的宽度等均不符合我国国家标准要求，在绘制图形及图样前应进行相应设置。对照国家标准要求，数字与字母的字体采用 gbenor.shx（国标直体字母、数字），汉字的字体（大字体）应采用 gbcbig.shx（国标直体汉字）。

要达到国家标准要求，就必须启动“文字样式”命令，对文字进行必要的设置。

“文字样式”命令的启动方法如下：

按钮（单击）：常用选项卡→注释面板→文字样式 A。
键盘（输入）：STYLE ↵。

“文字样式”命令的操作步骤及方法：

命令启动后，在弹出的“文字样式”对话框中，必须进行下列设置以达到符合我国国家标准要求：单击“字体名”下拉列表，把“txt.shx”改换成“gbenor.shx”（国标直体字母、数字）。单击“使用大字体”复选框（勾选），此时“字体样式”下拉列表名变成“大字体”且亮显，在列表中选出“gbcbig.shx”（国标直体汉字）。单击“应用”按钮，完成设置，其结果如图 2-12 所示。

提示

《CAD 工程制图规则》（GB/T 18229—2000）关于字体选用范围的规定中列出了长仿宋体（HZCF）、单线宋体（HZDX）等，但现行技术制图和机械制图国家标准中，以及 AutoCAD 字体库中均没有相应内容，本书只能在选择字体时力争符合我国国家标准要求。

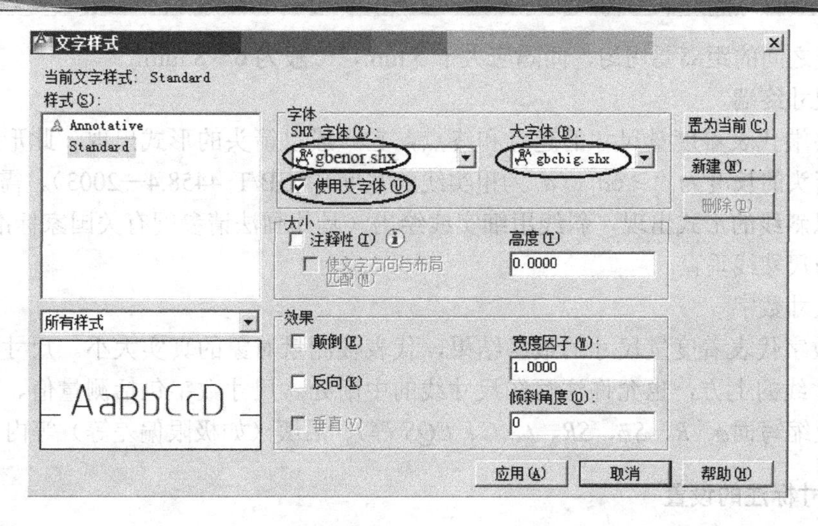

图 2-12 “文字样式”对话框

文字样式设置完成后，在标题栏、明细栏、代号栏、附加栏、技术要求，以及尺寸等内容中出现的文字就基本符合国家标准要求了。AutoCAD 软件中默认的文字样式名称为“Standard”，它是本书推荐的绘制 CAD 工程图样所用文字样式。

注意

编辑好文字样式的各选项后，一定要单击“应用”按钮，否则进行的所有操作计算机不给予承认。请用户比对图 2-12 与图 2-14，找出两图形中的不同之处并分析原因。

2.2.3 尺寸

尺寸也是 CAD 工程图样总构成的基本元素之一，它在工程图样中具有着特殊的意义。比如，尺寸数字代表着零件的真实大小，是加工零件的重要依据，是该零件的最后完工尺寸。标注尺寸时，应按照国家标准的有关规定执行。尺寸在 AutoCAD 软件中也具有着特殊地位，它有独立的工具栏，有专门的样式设置命令，以块的形式出现等。

1. 尺寸的构成

一个完整的尺寸应具有尺寸界线、尺寸线、尺寸终端和尺寸数字四大要素，如图 2-13 所示（图示为双折线的画法，折弯角为 30°，折弯总高为 14 *d*，*d* 为其图线宽度）。

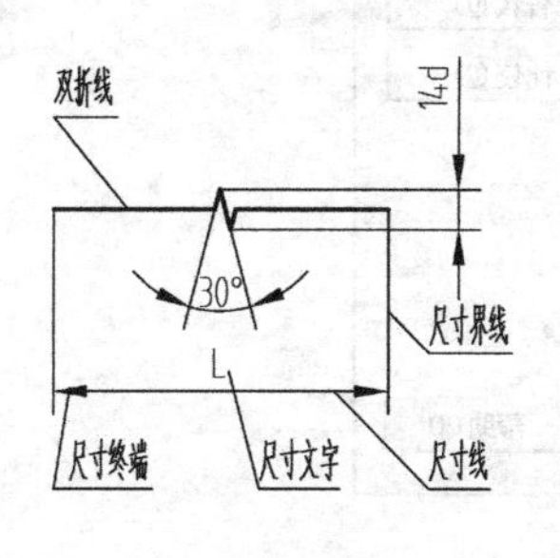

图 2-13 尺寸的构成

（1）尺寸界线

尺寸界线代表着度量尺寸的范围。它用细实线绘出，绘制时应从轮廓线、轴线、对称中心线处引出。轮廓线、轴线、对称中心线可替代尺寸界线。尺寸界线应超出尺寸线 2～5 mm。尺寸界线一般垂直于尺寸线，必要时可倾斜。

（2）尺寸线

尺寸线代表着度量尺寸的方向。尺寸线必须用单独的细实线绘出，不能与其他图线重合或绘制在其延长线上。尺寸线必须与所标注的线段平行，尺寸线与轮廓线之间或同方向

的各尺寸线之间的距离要均匀，间隔应大于 5 mm，一般为 6～8 mm。

（3）尺寸终端

尺寸终端代表着度量尺寸的起点和终点，它一般以箭头的形式出现。此形式适用于各类图样，箭头的长度为“≥6*d*”（*d* 为粗实线的宽度）（GB/T 4458.4—2003）。需要时，尺寸终端也可以斜线的形式出现，斜线用细实线绘出（具体画法请参阅有关国家标准），此时尺寸界线应与尺寸线垂直。

（4）尺寸数字

尺寸数字代表着度量尺寸的最终结果，代表被测量对象的真实大小。尺寸数字一般应注写在尺寸线的上方，也允许注写在尺寸线的中断处。尺寸数字包括测量值、前缀（如符号、代号及缩写词ϕ、*R*、*S*ϕ、*SR*、*t*、*C*、*EQS* 等）、后缀（如极限偏差等）等内容。

2．尺寸标注的设置

当用户把图样中的图形绘制完成后，接下来的任务就应该是着手标注尺寸了。标注尺寸要按照国家标准的有关规定进行，每个工程技术人员都必须严格遵守。

AutoCAD 是个大众软件，应用范围很广。设计软件时，设计者不可能按照某一个地方或国家使用要求进行设计。当不同地方或国家的用户使用该软件时，就会出现不能完全满足用户要求的现象。以上问题不难解决，众所周知，AutoCAD 软件是个开发性非常好的软件，用户可以根据自己的需要随心所欲地进行设置。下面就按机械电气 CAD 工程图样所需尺寸标注要求进行尺寸标注的相关设置。设置时，首先要启动“标注样式”命令。

“标注样式”命令的启动方法如下：

按钮（单击）：常用 选项卡→注释 面板→标注样式。

键盘（输入）：DIMSTYLE ↵。

“标注样式”命令的操作步骤及方法：

命令启动后，AutoCAD 主界面上就会出现“标注样式管理器”对话框，如图 2-14 所示。

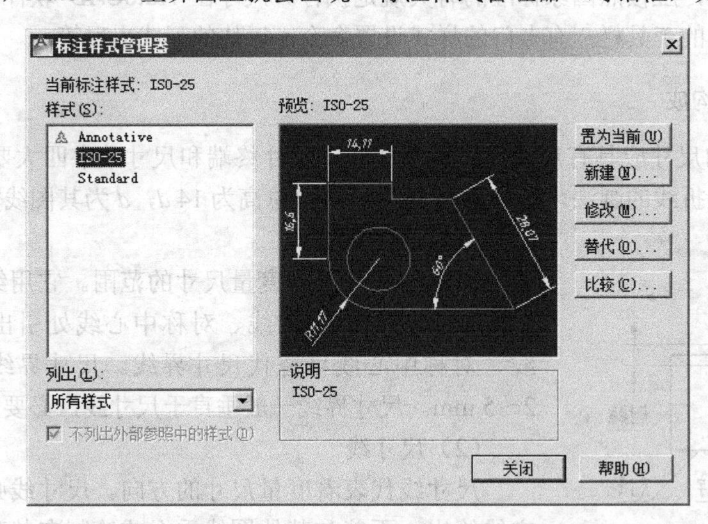

图 2-14　“标注样式管理器”对话框

在"标注样式管理器"对话框的预览显示中，明显看出"半径尺寸"和"角度尺寸"的标注格式不完全符合我们国家标准要求，所以必须进行必要的修改、设置。

（1）用于"所有样式"的基本设置

AutoCAD 允许用户对内置的尺寸标注样式进行"修改"，还允许"新建"独立的或者附属的尺寸标注样式，更可以在当前样式下用一个临时的样式"替代"当前样式。

ISO-25 尺寸标注样式是按国际标准的有关规定设计的，在它的基础上作部分修改，即可满足我国工程设计人员绘制 CAD 工程图样的使用要求。本书从用于"所有样式"的基本设置开始，逐步修改出符合我国国家标准要求的尺寸标注格式。

在"标注样式管理器"对话框中，单击"修改"按钮，出现"修改标注样式：ISO-25"对话框。在该对话框中，一共有 7 张选项卡，它们是"线"、"符号和箭头"、"文字"、"调整"、"主单位"、"换算单位"和"公差"，如图 2-15 所示。

用于"所有样式"的基本设置，仅涉及"线"、"符号和箭头"、"文字"和"主单位"4 张选项卡，它们的具体设置内容如图 2-15～图 2-18 所示。

在如图 2-15 所示的"线"选项卡中，共有 3 个编辑框（变量）需要进行修改，它们是"基线间距"、"超出尺寸线"和"起点偏移量"。

"基线间距"是用以控制调用"基线"尺寸标注命令时所注尺寸的尺寸线之间间隔的，按照国家标准要求这里编辑成"6"；"超出尺寸线"是用以控制尺寸界线超出尺寸线的长度的，按照国家标准要求这里编辑成"2"；"起点偏移量"是用以控制尺寸界线绘制起点与用户指定的尺寸界线原点之间的距离，这里编辑成"0"。

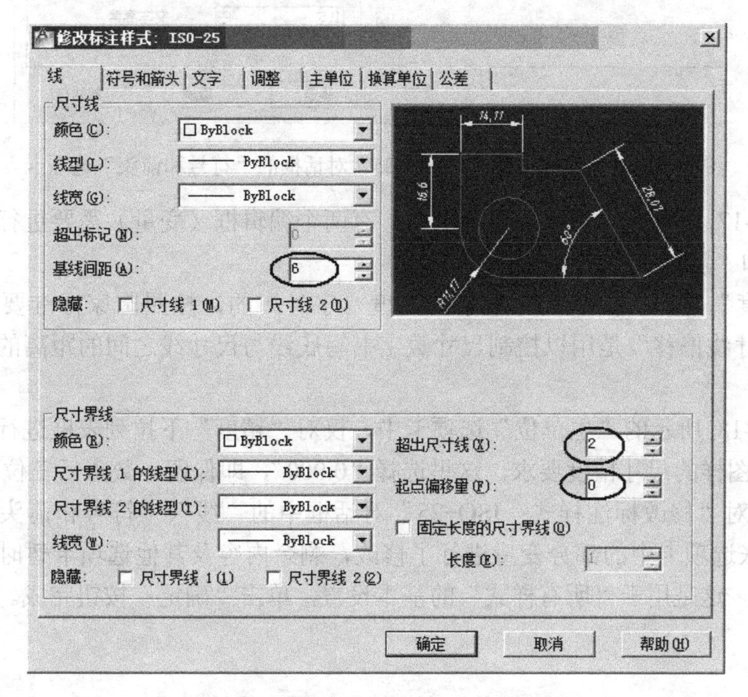

图 2-15　"修改标注样式：ISO-25"对话框的"线"选项卡

在如图 2-16 所示的"符号和箭头"选项卡中，有三个编辑框（变量）需要进行修改，它们是"箭头大小"、"圆心标记"和"折弯角度"。

“箭头大小”是用以控制尺寸终端“箭头”的长度的，按照国家标准要求这里编辑成“3”；“圆心标记”指：如果圆的对称中心线未相交于画处时（特指计算机绘图），应加注圆心符号，长度一般应控制在 12 *d* 左右（*d* 为细点画线宽度），这里编辑为“3”；“折弯角度”是指：当大圆弧的圆心位置在图纸范围内无法标出时，“折弯标注”尺寸线折弯角度大小，这里编辑成“30”。

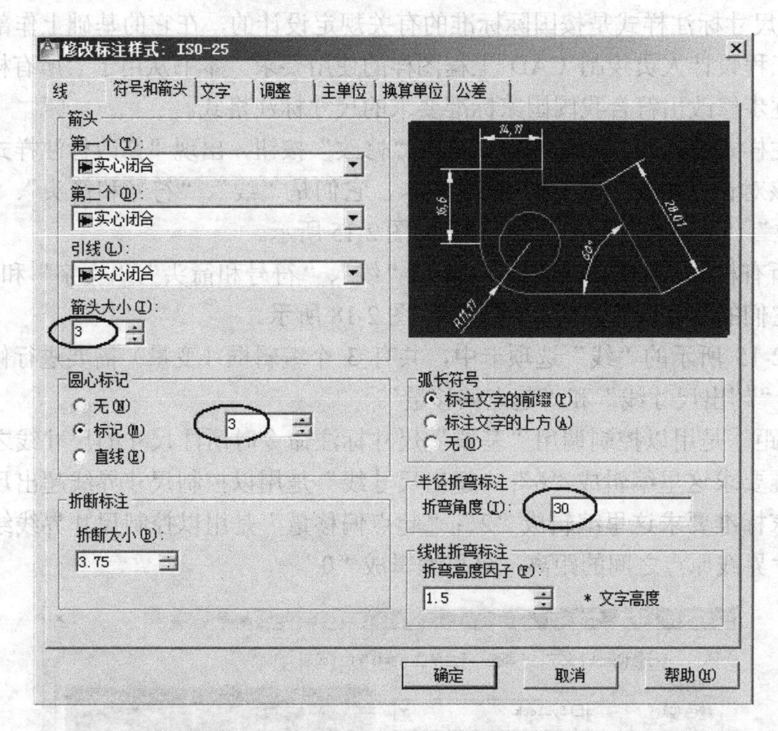

图 2-16 “修改标注样式：ISO–25”对话框的“符号和箭头”选项卡

在如图 2-17 所示的“文字”选项卡中，有两个编辑框（变量）需要进行修改，它们是“文字高度”和“从尺寸线偏移”。

“文字高度”是用以控制尺寸数字的高度（字号）的，按照国家标准要求这里编辑成“3.5”；“从尺寸线偏移”是用以控制尺寸数字书写底线与尺寸线之间的距离的，这里编辑成“1”。

在如图 2-18 所示的“主单位”选项卡中，仅对“精度”下拉列表框进行编辑，根据绘制图形及工程图样的尺寸精度要求，这里选择“0.000”，即保留小数点后三位数字。

以上只是对“修改标注样式：ISO–25”对话框中的“线”、“符号和箭头”、“文字”和“主单位”4 张选项卡中的部分变量进行了修改，剩余内容及其他选项卡暂时不作任何改动（使用默认值）。这是用于“所有样式”的基本设置，单击“确定”按钮完成。

提示

用于“所有样式”设置中的部分变量值，用户可依据图纸幅面的大小适当调整。

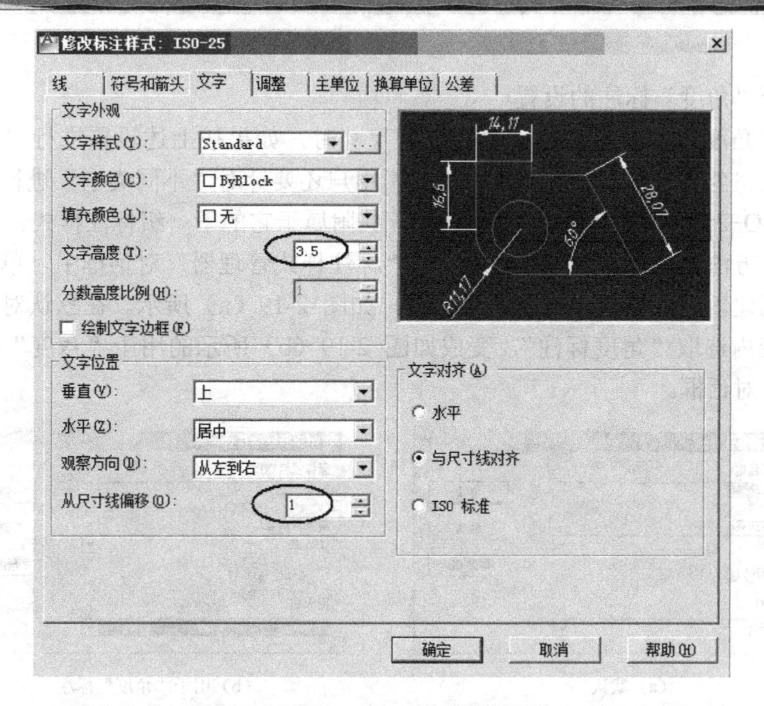

图2-17 “修改标注样式：ISO-25”对话框的“文字”选项卡

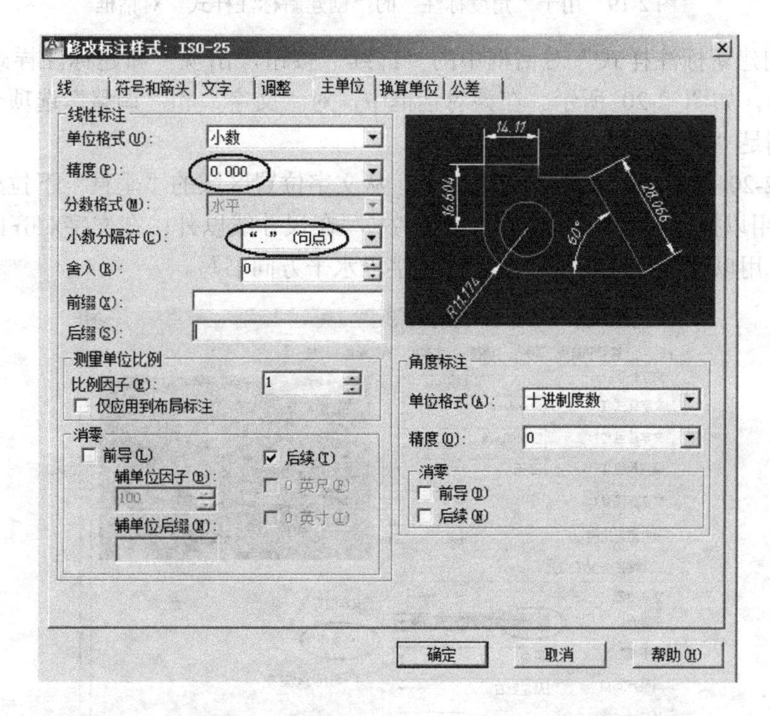

图2-18 “修改标注样式：ISO-25”对话框的“主单位”选项卡

用于“所有样式”标注的设置是尺寸标注的基本格式设置，这些设置具有所有标注样式的共同特性，它具有通用性。这样的设置完全支持基本型的尺寸标注，如线性尺寸中“与直线有关”的尺寸标注，这里涉及“线性”、“对齐”、“基线”、“连续”和“坐标”等尺寸标注命令。

（2）用于“角度”标注的设置

当标注“角度”、“半径”和“直径”等尺寸时，如果按上述设置进行尺寸标注，标注出的尺寸不能完全符合国家标准要求。因此，用户还要针对“不同类型”进行专门的设置，方法是在“ISO-25 样式”基础上，“新建”一些附属于它的下一级标注样式。

具体操作方法是：在如图 2-14 所示的“标注样式管理器”对话框中，单击“新建”按钮，出现“创建新标注样式”的默认对话框，如图 2-19（a）所示。在默认对话框中的“用于”下拉列表内选取“角度标注”，变成如图 2-19（b）所示的用于“角度”标注的“创建新标注样式”对话框。

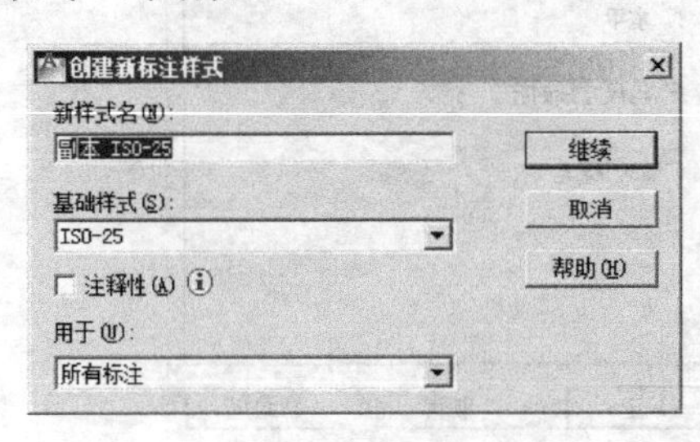

（a）默认

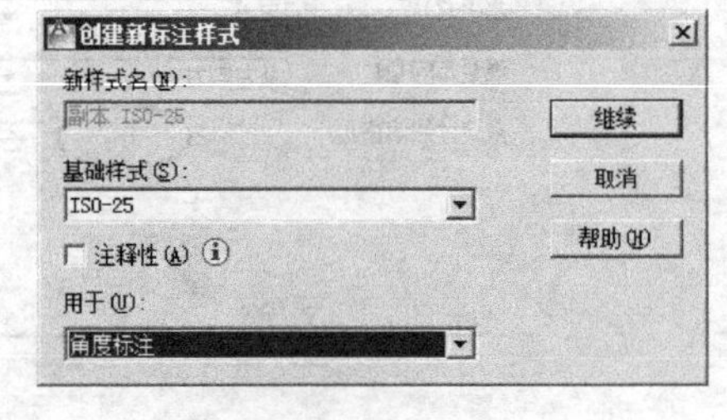

（b）用于“角度”标注

图 2-19　用于“角度标注”的“创建新标注样式”对话框

单击“创建新标注样式”对话框中的“继续”按钮，出现“新建标注样式：ISO-25：角度”对话框，如图 2-20 所示。在该对话框中，对“文字”和“调整”选项卡进行适当修改设置就能满足“角度”尺寸标注基本要求。

在如图 2-20 所示的“文字”选项卡中，从文字位置区域的“垂直”下拉列表内容中选取“外部”，用以控制标注出的角度尺寸数字书写在尺寸线以外；在文字对齐区域选取“水平”单选框，用以控制标注出的角度尺寸数字沿水平方向书写。

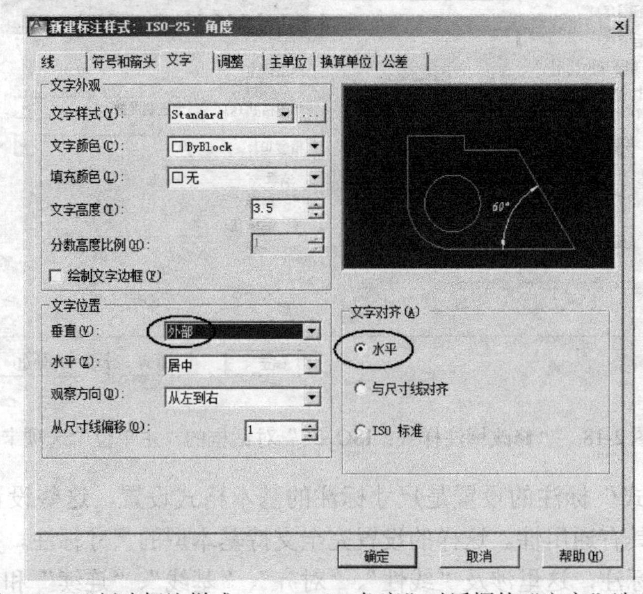

图 2-20　“新建标注样式：ISO-25：角度”对话框的“文字”选项卡

在如图 2-21 所示“调整”选项卡中，只要选中文字位置区域的“尺寸线上方，不带引线”单选框即可，它是用以控制标注出的角度尺寸数字不在默认位置时的放置方式。

提示

如果用户选择“尺寸线上方，带引线”单选框，标注小角度尺寸将自动引出标注。

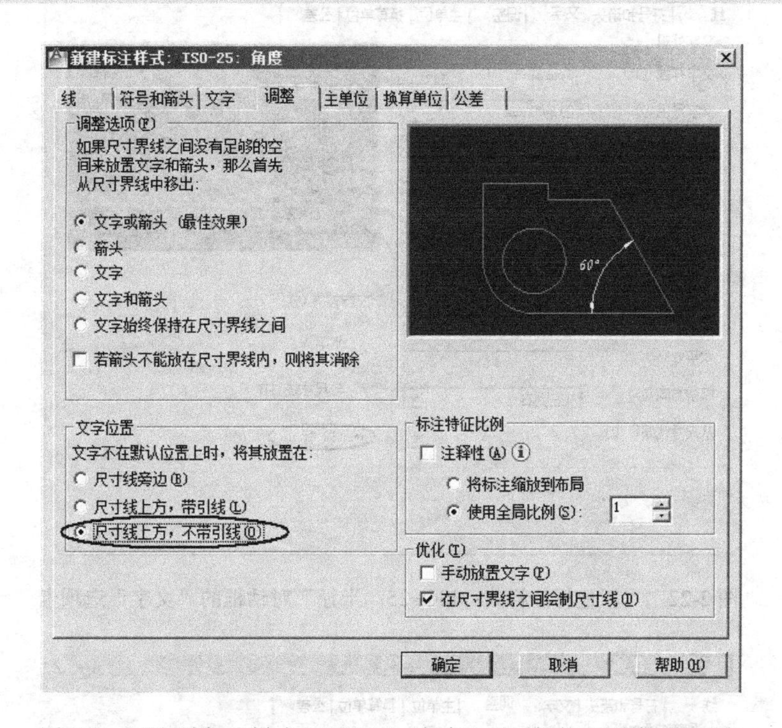

图 2-21 “新建标注样式：ISO-25：角度”对话框的“调整”选项卡

（3）用于“半径”标注的设置

用于“半径”标注的设置与用于“角度”标注的设置方法和操作流程基本相同。只要在如图 2-19 所示的“创建新标注样式”对话框中，从“用于”下拉列表中选取“半径标注”，单击“继续”按钮，出现“新建标注样式：ISO-25：半径”对话框。在对话框中，对“文字”和“调整”选项卡进行适当的设置即可达到“半径”尺寸标注基本要求。

在如图 2-22 所示“文字”选项卡中，在文字对齐区域选中“ISO 标准”单选框，它是控制当半径尺寸数字在尺寸界线之外时沿水平方向书写的，且在尺寸数字下方加下画线。

在如图 2-23 所示“调整”选项卡中，选中调整选项区域的“文字”单选框，是控制“如果尺寸界线之间没有足够的空间来放置文字和箭头，那么首先从尺寸界线中移出”文字的，如果尺寸界线之内可以放下箭头则继续摆放，否则就要移出；在优化区域选中“手动放置文字”复选框（勾选），用户可以手动操控将“文字”摆放到合适位置。

（4）用于“直径”标注的设置

用于“直径”标注的设置与用于“半径”标注的设置方法以及操作流程完全相同。在如图 2-19 所示“创建新标注样式”对话框内，从“用于”下拉列表中选取“直径标注”，单击“继续”按钮，出现“新建标注样式：ISO-25：直径”对话框，在对话框中和用于“半径”标注的设置一样对“文字”和“调整”选项卡进行相同的修改设置（参见如图 2-22 和图 2-23 所示设置），即可达到“直径”尺寸标注的基本要求。也就是说，用于直径尺寸标注的设置就是把用于半径尺寸标注的设置再“重复”操作一遍。

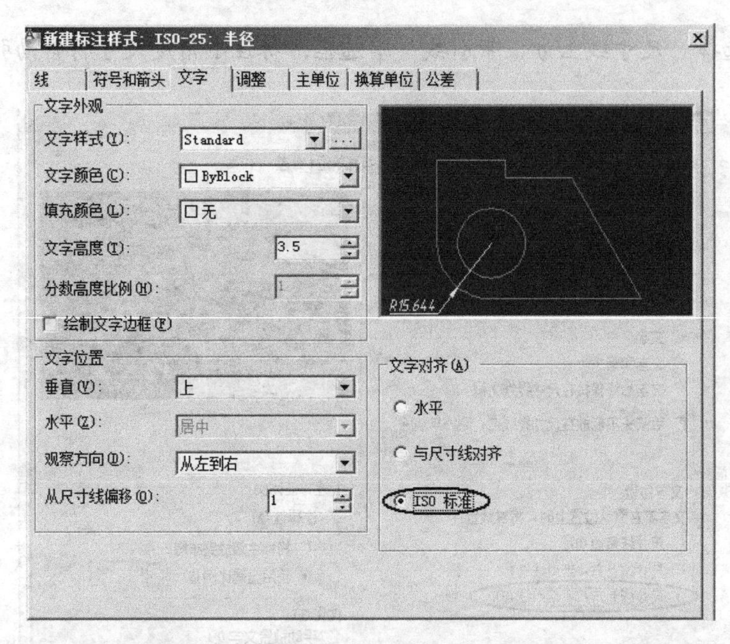

图 2-22 “新建标注样式：ISO-25：半径”对话框的“文字”选项卡

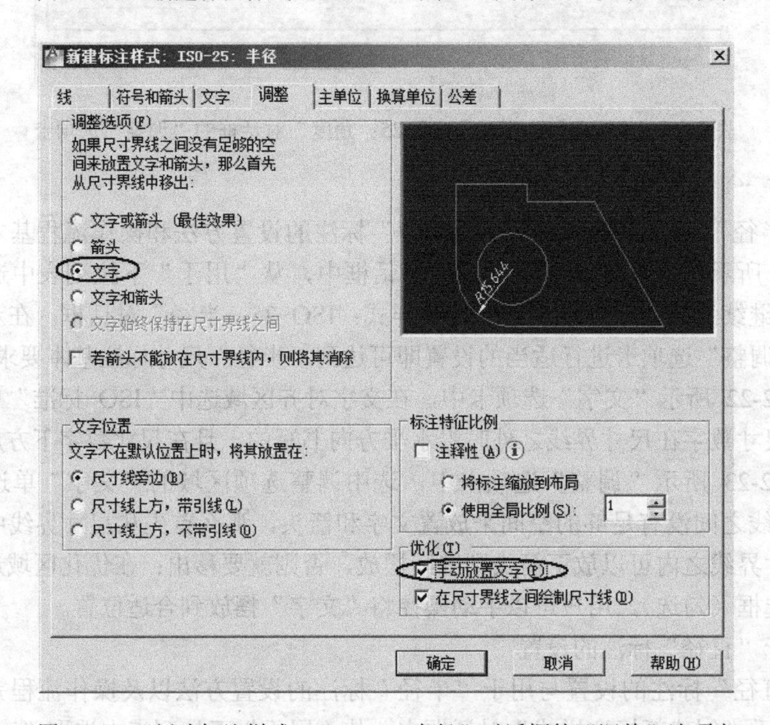

图 2-23 “新建标注样式：ISO-25：半径”对话框的“调整”选项卡

至此，尺寸标注的基本设置已经完成，但此时的“标注样式管理器”对话框又有了新

的变化，如图 2-24 所示。这里多了几个附属于“ISO-25”的尺寸标注样式。现在用户可以对机械电气 CAD 工程图样中的“一般”尺寸进行标注了！

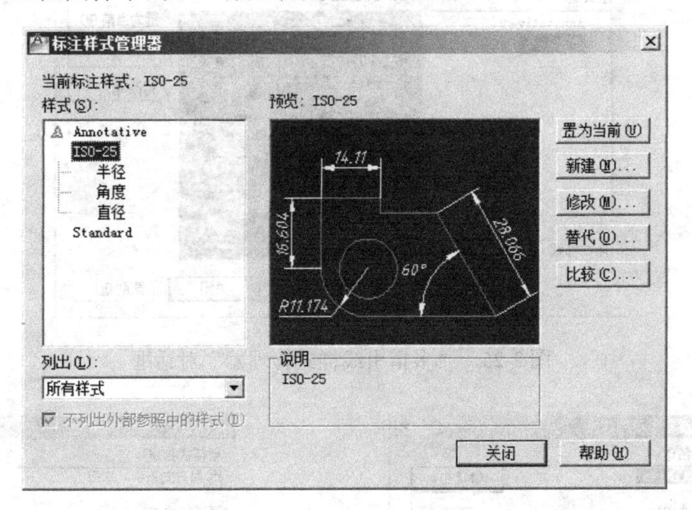

图 2-24　尺寸标注样式设置完成的“标注样式管理器”对话框

2.2.4　多重引线

工程图样除图线、文字和尺寸三类基本元素外，还有：表示投射方向的“箭头”、标注表面结构要求（如表面粗糙度要求）所需的“带点的指引线”和“带箭头的指引线”、标注尺寸（管螺纹、倒角、某些常见的工艺结构）时用到的“无头指引线”、几何公差基准符号和框格、图样修改符号和参考圆等。

上述所列基本元素大部分和“多重引线”有关。下面介绍几种“引线”的相关设置。

（1）“投射方向箭头、字母”样式的设置

要设置“投射方向箭头、字母”样式，首先要启动“多重引线样式”命令。

“多重引线样式”命令的启动方法如下：

按钮（单击）：常用 选项卡→注释面板→多重引线样式。

键盘（输入）：MLEADERSTYLE ↵。

“多重引线样式”命令的操作步骤及方法：

命令启动后，弹出“多重引线样式管理器”对话框，如图 2-25 所示。单击“新建”按钮，立即弹出“创建新多重引线样式”默认对话框，如图 2-26（a）所示。在“新样式名”的编辑框中，编辑文字：“投射方向箭头、字母”；在“基础样式”下拉列表框中，须选取“Standard”；如图 2-26（b）所示。

单击“继续”按钮，立即弹出“修改多重引线样式：投射方向箭头、字母”对话框。其中共有 3 张选项卡，它们分别是：引线格式、引线结构、内容。各选项卡中的变量（值），有一部分不满足我国国家标准，需要修改。

“引线格式”选项卡，须将“箭头”区的“大小”编辑为 3，如图 2-27 所示。

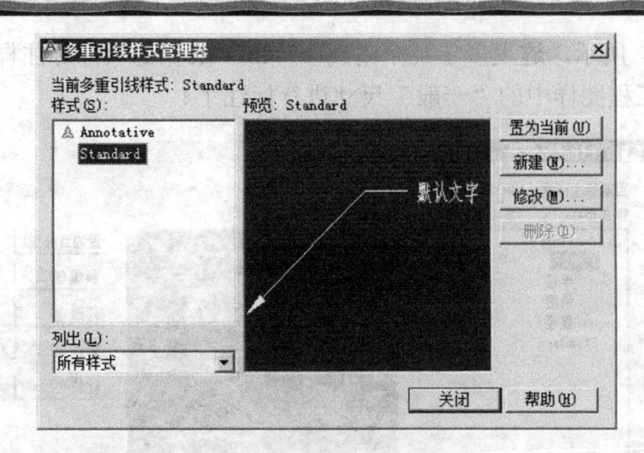

图 2-25 “多重引线样式管理器”对话框

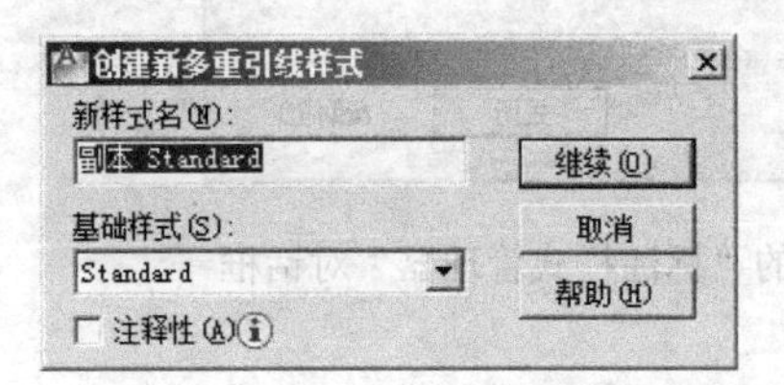

（a）“创建新多重引线样式”默认对话框

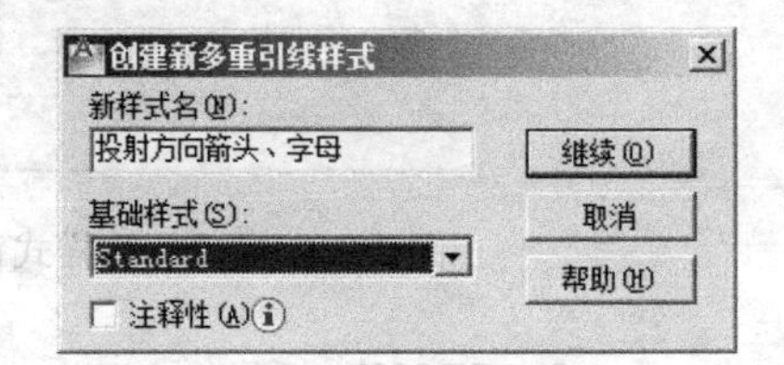

（b） 设置新样式的名称

图 2-26 “创建新多重引线样式”对话框

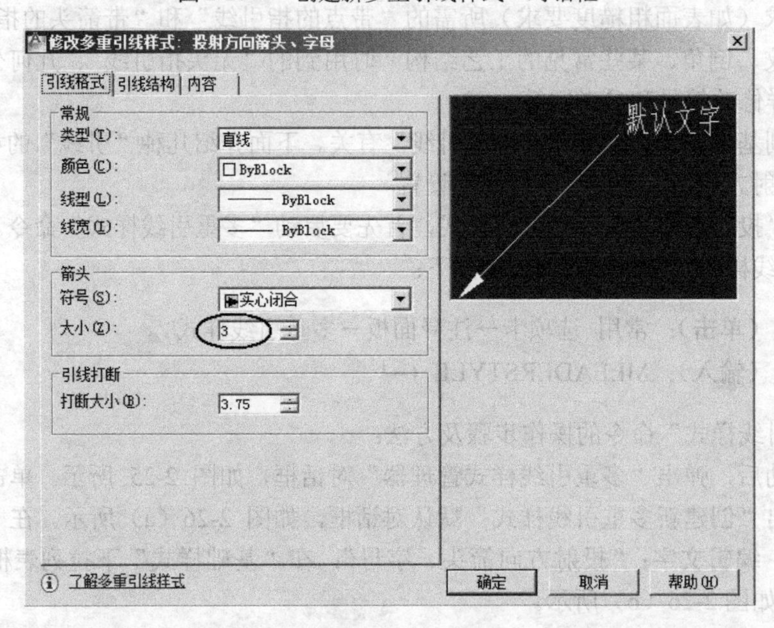

图 2-27 “修改多重引线样式：投射方向箭头、字母”对话框的“引线格式”选项卡

“引线结构”选项卡中，须将“基线设置”区的“自动包含基线”勾选去掉，如图 2-28 所示。

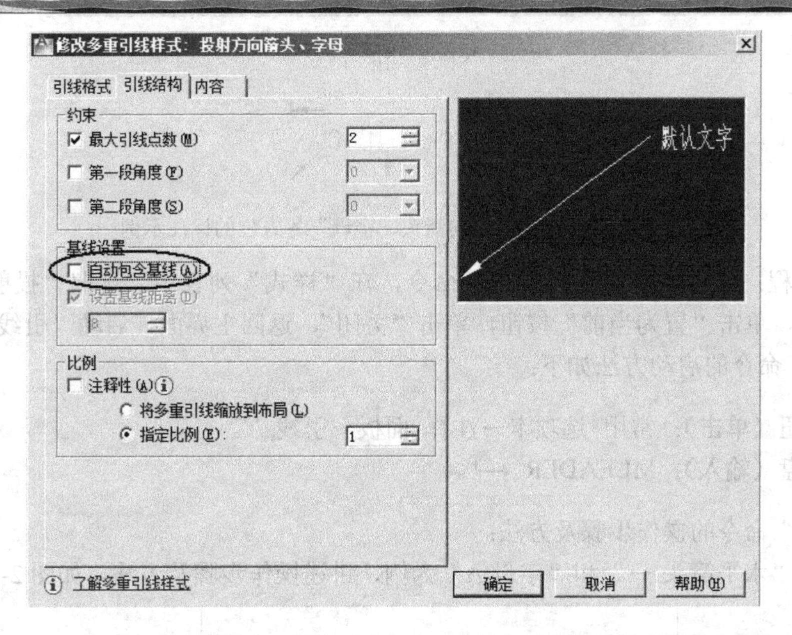

图 2-28　“修改多重引线样式：投射方向箭头、字母”对话框的“引线结构”选项卡

“内容”选项卡中，须将“文字选项”区的“文字高度”编辑为 3.5；在“引线连接”区的水平连接“连接位置——左”、“连接位置——右”下拉列表中，选择“第一行底部”；在“引线连接”区中，将“基线间隙”编辑为 1；如图 2-29 所示。

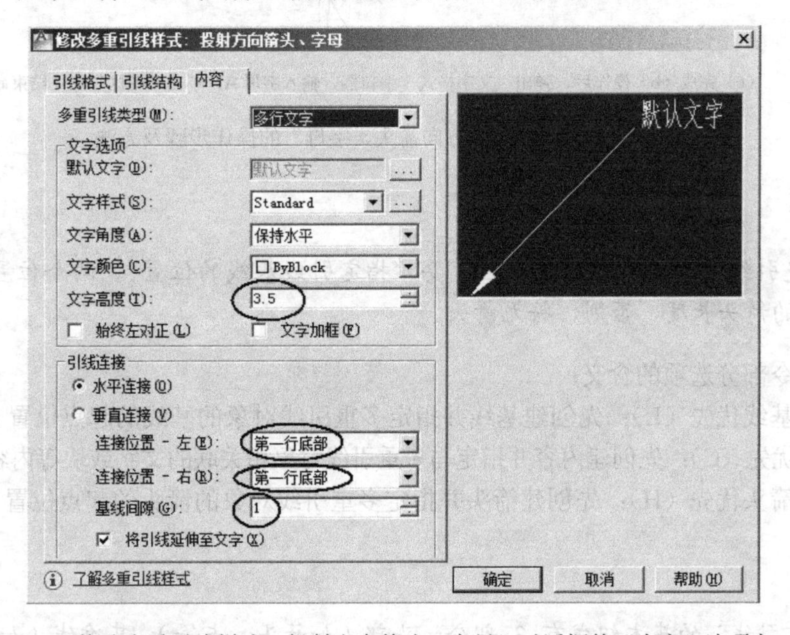

图 2-29　“修改多重引线样式：投射方向箭头、字母”对话框的“内容”选项卡

以上选项卡已设置完成。在绘制工程图样时，所要的各方位“投射方向箭头、字母”全部可以绘出，示例如图 2-30 所示。

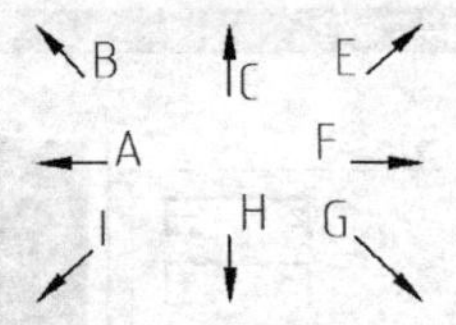

图 2-30　“投射方向箭头、字母”各方位的标注示例

绘制过程：启动“多重引线样式”命令，在“样式”列表中，选取“投射方向箭头、字母”样式，单击“置为当前”按钮，单击“关闭”，返回主界面。启动“引线”命令。

“引线”命令的启动方法如下：

按钮（单击）：常用 选项卡→注释 面板→引线。

键盘（输入）：MLEADER ↵。

“引线”命令的操作步骤及方法：

本书以“水平箭头 ←”和“字母 A”为例，讲述操作步骤及方法，如图 2-31 所示。

（a）在绘图区某处单击以“指定引线箭头的位置”　（b）在绘图区某处单击以“指定引线基线的位置”

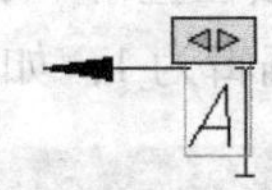

（c）完成（b）操作后，弹出“文字格式”编辑器，输入字母 A，单击绘图区任意处结束命令

图 2-31　“投射方向箭头、字母”的操作步骤及方法

注意

“指定引线箭头的位置”完成后，要“指定引线基线的位置”，两个位置之间距离必须大于 2 倍的箭头长度，否则，将无箭头。

该命令部分选项的含义：

引线基线优先（L）：先创建基线并指定多重引线对象的基线的起点位置。

内容优先（C）：先创建内容并指定与多重引线对象相关联的文字或块等内容的起点位置。

引线箭头优先（H）：先创建箭头并指定多重引线对象的箭头的起点位置（默认选项）。

提示

“多重引线”的基本组成有 3 部分：头部（如箭头、点等）、基准线（如有无基线等）、内容（即文字或块等）。绘图时，若想绘出的“多重引线”一步到位，应首先创建位置明确的部分，这就是 3 个“优先”选项的真正含义。

如果用户只需要多重引线的“前两部分”，在弹出的“文字格式”编辑器中，输入内容为“空格”，即可。

（2）“带箭头的指引线”样式的设置

要设置“带箭头的指引线”样式，还是要启动“多重引线样式”命令，命令启动后，参照图2-26所示操作步骤，在“新样式名”编辑框中，重新编辑文字“带箭头的指引线”，单击“继续”按钮，弹出“修改多重引线样式：带箭头的指引线”对话框。

由于“投射方向箭头、字母”和“带箭头的指引线”的“引线格式”选项卡设置完全相同，在此不再讲述，用户请参阅图2-27。

另外2个选项卡：“引线结构”、“内容”都需要重新设置，如图2-32、图2-33所示。

在“引线结构”选项卡中，“基线设置”区共有2个复选框，它们分别是：“自动包含基线”、“设置基线距离”。当“基础样式”为“Standard”时，它们的默认状态为“勾选”；“设置基线距离”的默认值为8，本书中编辑为1；如图2-32所示。

“内容”选项卡中，须将“文字选项”区的“文字高度”编辑为3.5；在“引线连接”区水平连接“连接位置——左”、“连接位置——右”下拉列表中，选“第一行加下画线”；在“引线连接”区中，将“基线间隙”编辑为1；如图2-33所示。

提示

两样式“内容”选项卡不同点：前者选“第一行底部”；后者选“第一行加下画线”。

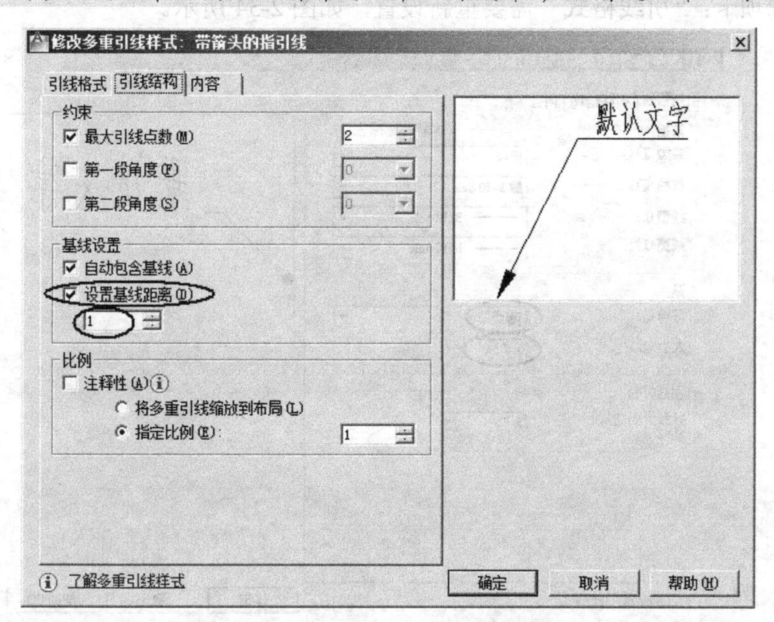

图2-32　“修改多重引线样式：带箭头的指引线”对话框的“引线结构”选项卡

（3）“带点的指引线”样式的设置

要设置“带点的指引线”样式，同样也要启动“多重引线样式”命令，命令启动后，参照图2-25所示的操作步骤，在“新样式名”编辑框中，重新编辑文字“带点的指引线”，单击“继续”按钮，弹出“修改多重引线样式：带点的指引线”对话框。

由于“带点的指引线”和“带箭头的指引线”的“引线结构”和“内容”选项卡设置完全相同，在此不再讲述，用户请参阅图2-32、图2-33。

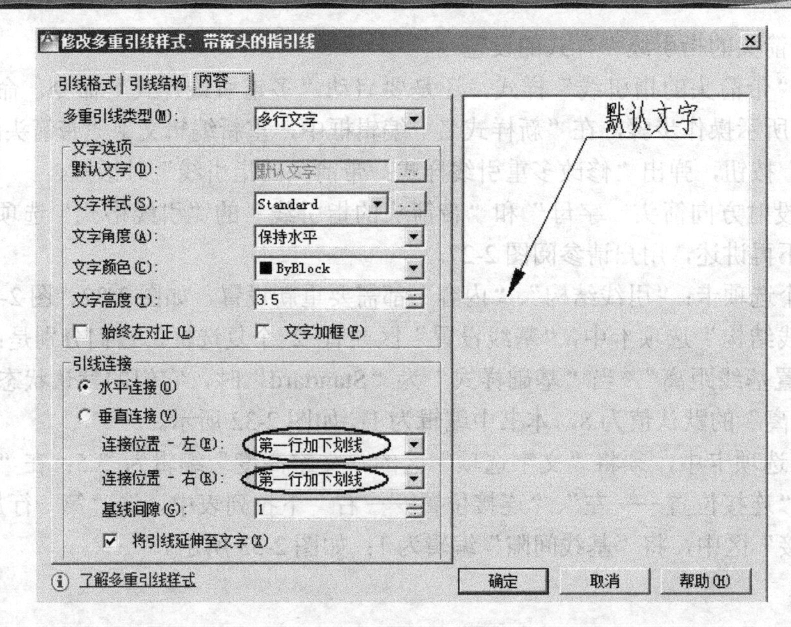

图 2-33　“修改多重引线样式：带箭头的指引线”对话框的“内容”选项卡

另一个选项卡：“引线格式”需要重新设置，如图 2-34 所示。

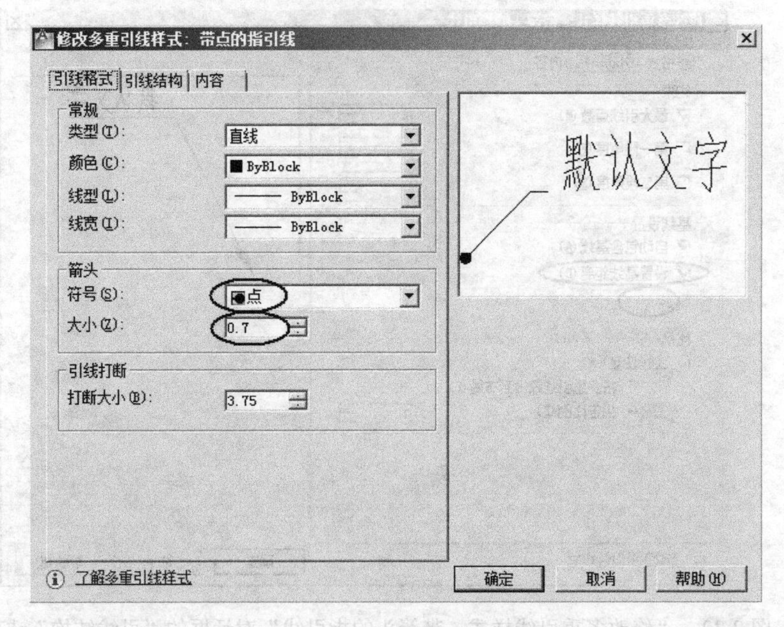

图 2-34　“修改多重引线样式：带点的指引线”对话框的“引线格式”选项卡

“引线格式”选项卡中，“箭头”区有 1 个“符号”下拉列表和 1 个“大小”编辑框，它们都需要修改，其他均为默认。当“基础样式”为“Standard”时，两者默认状态分别为“■实心闭合”和“4”。本书中将其修改为“■点”和“0.7”；如图 2-34 所示。

（4）“无头指引线”样式的设置

“无头指引线”和“带点的指引线”有 2 个选项卡设置相同，只是“引线格式”选项卡须重新设置，如图 2-35 所示。

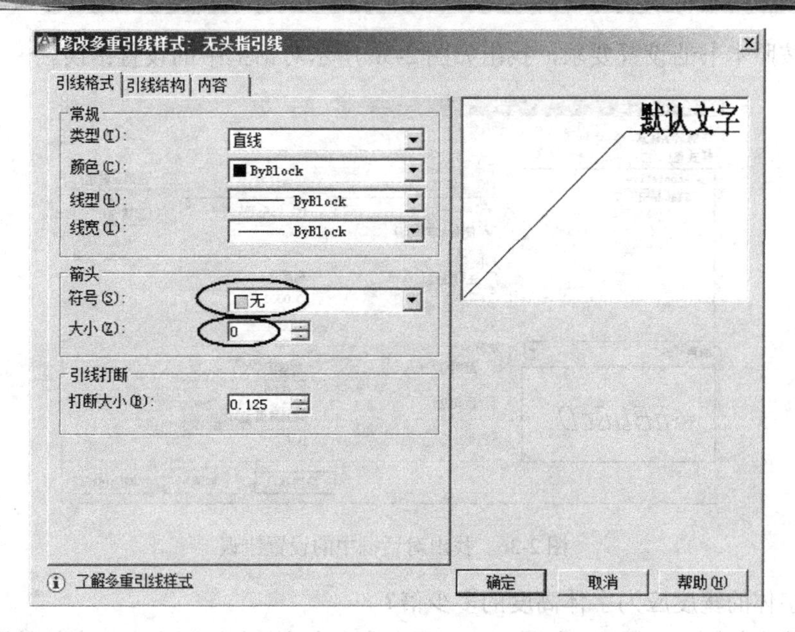

图2-35　“修改多重引线样式：无头指引线”对话框的“引线格式”选项卡

本章小结

贯彻执行国家标准是每个工程技术人员的责任。通过对本章的学习，用户可以自行设计“样板图”文件。用户在进行尺寸标注等设置时，要时刻关注国家标准的最新动向，要做到实时更新。在学习过程中，用户可以先使用“样板图形文件”来练习绘制图形和标注尺寸，熟练掌握AutoCAD后，再使用“样板图”文件。

思考与练习2

2-1　CAD工程制图图形文件的基本格式包含哪些内容？

2-2　CAD工程制图图形文件的基本幅面有几种？各幅面之间存在什么关系？

2-3　CAD工程制图图形文件的图纸幅面的图框格式有几种？

2-4　标题栏一般画在图纸的什么位置？标题栏中的文字方向一般为什么方向？

2-5　明细栏是哪种图样的一项必需的内容？一般明细栏应配置在什么上方？

2-6　画在图样中的明细栏内容应由下而上填写，这样更有利于什么？

2-7　在什么情况下明细栏可以续页？续页明细栏中的相关内容应该怎样填写？为什么？

2-8　CAD工程图样中的基本元素有哪些？它们都涉及哪些设置？

2-9　字体是有高度的（用 h 表示，单位mm），它代表字的什么？其公称尺寸系列是什么？

2-10　按照本书的设置要求，找出如图 2-36 所示对话框中的设置错误。

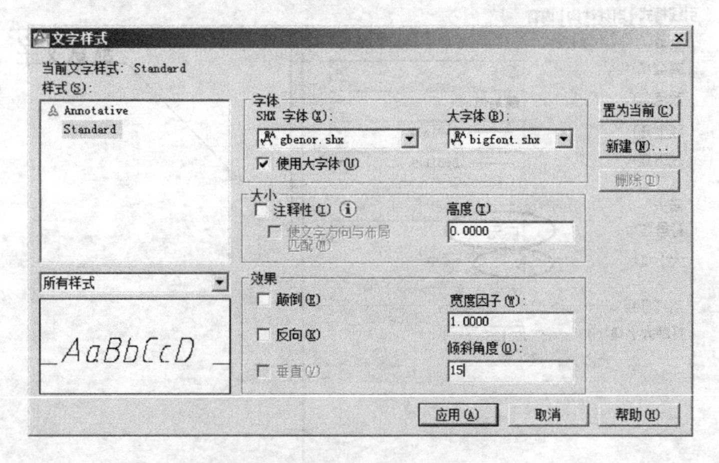

图 2-36　找出对话框中的设置错误

2-11　字体的宽度应为字体高度的多少倍？

2-12　找出如图 2-37（a）和图 2-37（b）所示对话框中的不同点，它们是用在什么设置上的？

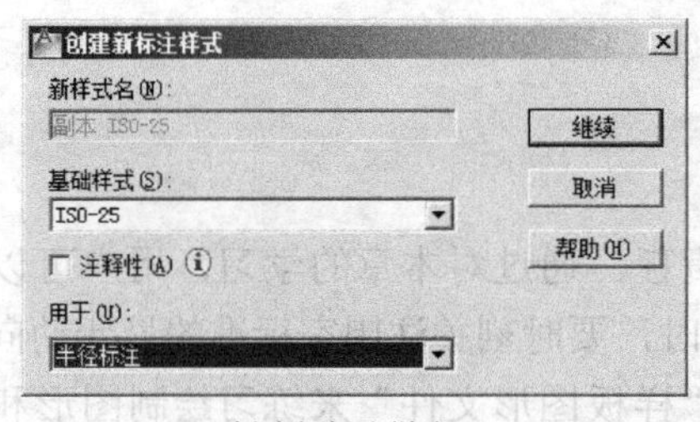

（a）创建新标注样式 1

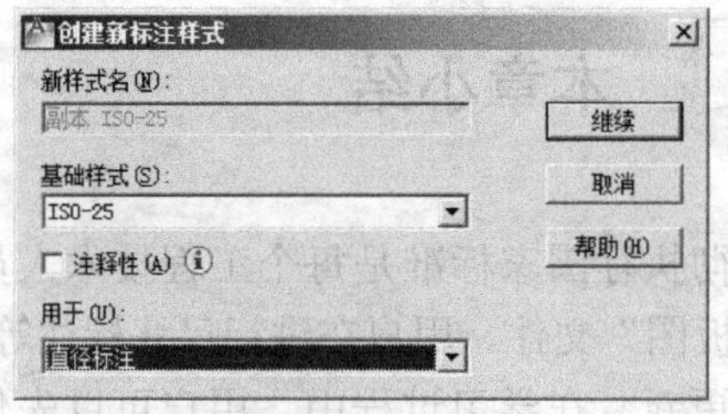

（b）创建新标注样式 2

图 2-37　找出两个“创建新标注样式”对话框中的不同

2-13　找出图 2-38 和图 2-24 两对话框中的不同点，为什么会有这样的不同？

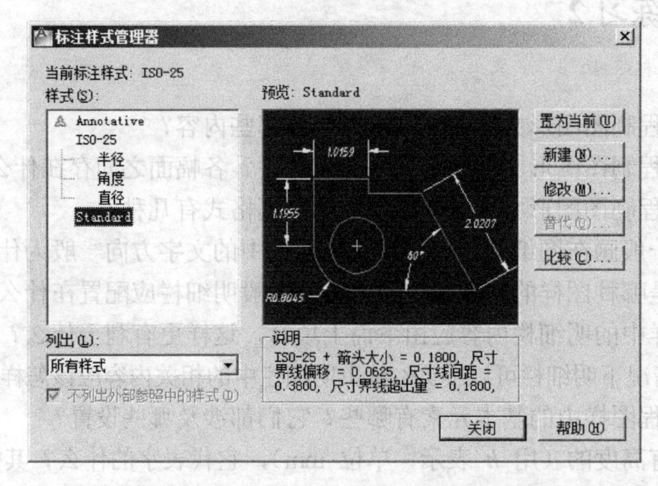

图 2-38　找出本图和图 2-24 所示对话框的不同

第3章　平面图形的绘制及尺寸标注

【本章学习要点】

- ◆ 常见几何图形的绘制方法
- ◆ 常用绘图及编辑命令的功能及操作
- ◆ 绘制平面图形的方法及标注尺寸

平面图形是由以相交或相切等形式出现的各种线段（直线段、圆弧等），以及线框（圆、椭圆等）所围成的封闭几何图形。常见几何图形是平面图形的基础，平面图形又是绘制各种二维图形及工程图样的基础。它的尺寸标注方法是各种二维图形及图样尺寸标注的基本方法。

3.1　常见几何图形的绘制

在绘制图形和图样过程中，常遇到几何图形的作图问题，例如绘制圆和椭圆、等分圆周、作正多边形、斜度及锥度等，下面就介绍绘制它们的基本作图方法。

3.1.1　等分圆周及绘制正多边形

在学习工程制图的初始阶段，作圆周等分是用绘图仪器进行的。现在要利用计算机绘图软件进行等分圆周的绘制，并在此基础上绘制圆的内接正多边形，生成CAD图形。

1．等分圆周

等分圆周需要的主要几何图形是圆。绘制图形和图样过程中，画圆的正确操作流程是：首先绘制出两正交直线（线型为细点画线，图层标识号为 05，屏幕上的颜色为红色），并以其作为绘制圆的基准线，然后再绘制圆，最后将圆周等分。

绘制基准线，就要启动“直线”命令，再绘制两段直线。

“直线”命令的启动方法如下：

按钮（单击）：常用 选项卡→绘图标题栏→直线╱。

键盘（输入）：LINE ↵。

“直线”命令的操作步骤及方法：

命令启动以后，按命令提示进行。绘制水平直线段操作步骤及方法如图 3-1 所示。

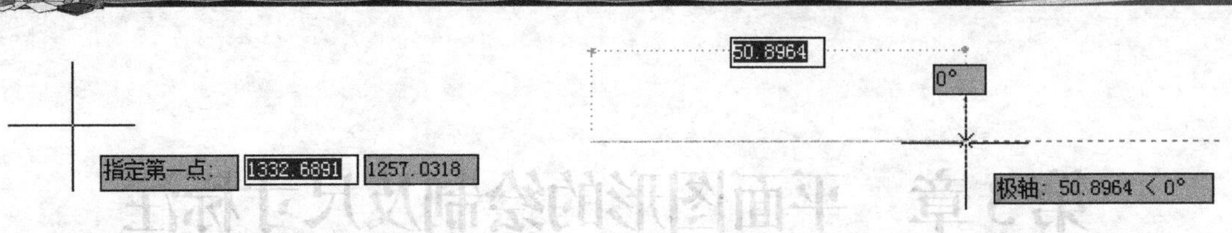

（a）在绘图区任意位置，单击指定直线的第一端点　　（b）在水平极轴约束下，指定直线的第二端点

（c）按 Enter 键，结束水平直线段的绘制

图 3-1　绘制水平直线段的操作步骤及方法

该命令部分选项含义：

放弃（U）：返回到上一点。

闭合（C）：使指定的最后一点与起点连成直线段并形成封闭图形（多边形）。

提示

按 Enter 键可结束直线段的绘制；按 Esc 键可取消或者终止直线段的绘制。

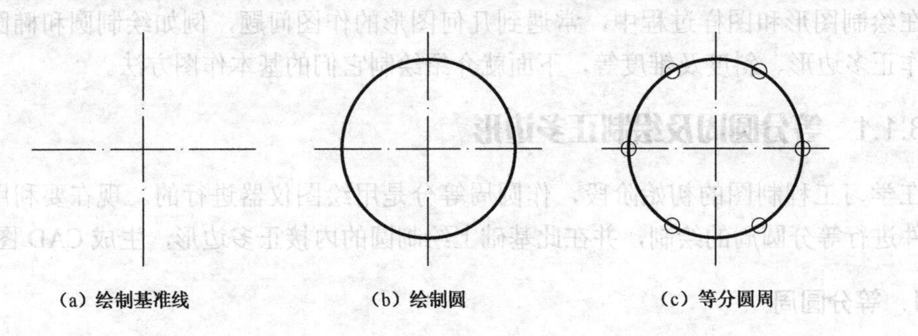

（a）绘制基准线　　（b）绘制圆　　（c）等分圆周

图 3-2　等分圆周

在水平直线段中上方，单击以指定直线的第一端点，使用铅垂极轴，单击以指定直线的第二端点，按 Enter 键结束铅垂直线段的绘制。使用“图层下拉列表 ”，将“两正交直线”编辑到“05 层”，结果如图 3-2（a）所示（此内容的操作步骤及方法略）。

基准线绘制完成后，启动“圆”命令，绘制一圆。

“圆”命令的启动方法如下：

按钮（单击）：常用 选项卡→绘图标题栏→圆。

键盘（输入）：CIRCLE ↵。

命令启动以后，按命令提示进行。下面用“圆心、半径”方式绘制圆，其操作步骤及方法如图 3-3 所示。

(a) 利用“自动捕捉”工具，单击指定圆心点

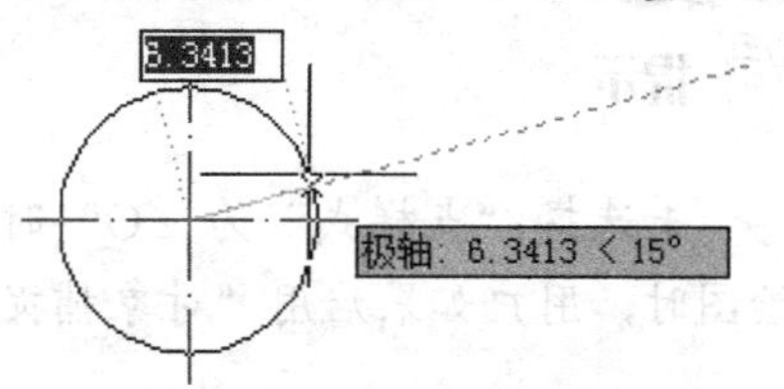

(b) 输入半径值，按 Enter 键画圆结束

图 3-3　用“圆心、半径”方式绘制圆的操作步骤及方法

该命令部分选项含义：

圆心、半径：点选或捕捉的点为圆心点，输入半径值画圆，并且结束命令。

三点（3P）：用点选或捕捉三点的方式画圆。

相切、相切、半径（T）：分别点选与其相切的两个已知对象，输入半径值画圆。

相切、相切、相切：分别点选与其相切的 3 个已知对象画圆。

圆绘制完成后，如图 3-2（b）所示，启动“定数等分”命令，等分圆周。

“定数等分”命令的启动方法如下：

按钮（单击）：常用 选项卡→绘图 面板→定数等分。

键盘（输入）：DIVIDE ↵ 。

命令启动以后，按命令提示进行。等分圆周的操作步骤及方法如图 3-4 所示。

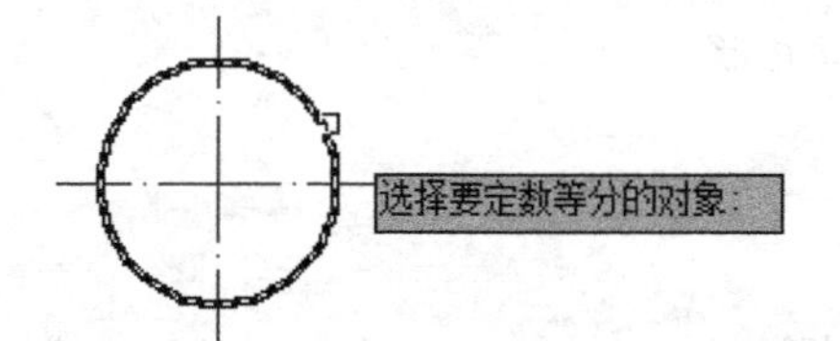

(a) 选择要定数等分的对象——圆

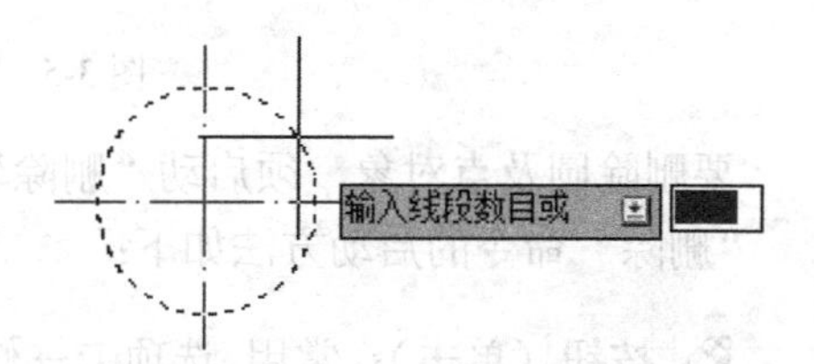

(b) 输入线段数目“6”，按 Enter 键结束命令

图 3-4　等分圆周（6 等分）的操作步骤及方法

等分圆周完成（6 等分），操作过程中分别启动了“直线”、“圆”和“定数等分”3 个命令。用户再思考一下，是否还有什么方法也可以把圆等分呢？

等分圆周后，须修改“点样式”对象类型为“O”，才能得到如图 3-2（c）所示结果。此时须启动“点样式”命令。

“点样式”命令的启动方法如下：

按钮（单击）：常用 选项卡→实用工具 面板→点样式。

键盘（输入）：DDPTYPE ↵ 。

“点样式”命令的操作步骤及方法：

命令启动以后，弹出“点样式”对话框（图略），从中选取“点样式”对象类型为“O”，单击“确定”按钮，立即显现各等分点的“模样”，如图 3-2（c）或 3-5（a）所示。

提示

未选择“点样式”为“O”时，用户看不见等分点，因为默认的“点样式”为“▪”。绘图时，用户如果启用“对象捕捉”工具中的“节点”，就能轻而易举地“捉到”它们。

2．绘制正多边形

掌握了等分圆周的方法，绘制圆内接正多边形就很容易了。启动“直线”命令，利用捕捉工具（“对象捕捉”快捷菜单等）分别捕捉“点对象”，顺次画出折线，正多边形完成，如图 3-5（b）所示。使用“图层下拉列表”，将“正六边形”编辑到“01 层”，图中的图线线宽（粗细）就显示出来了。如果用户需要的几何图形仅仅是正多边形，只要删除圆、点对象就大功告成了，如图 3-5（c）所示。

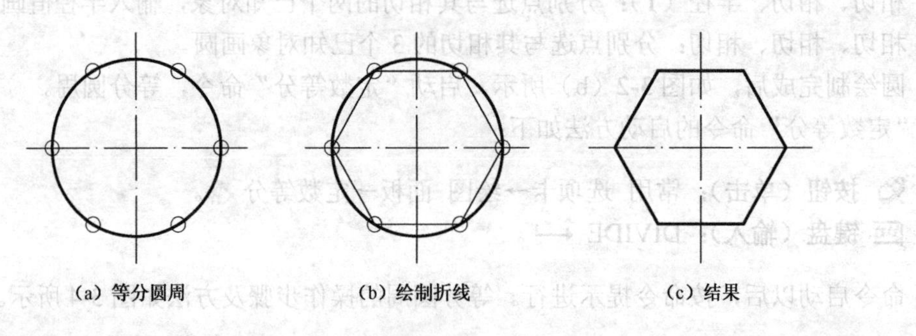

图 3-5　绘制圆的内接正多边形

要删除圆及点对象，须启动“删除”命令。

“删除”命令的启动方法如下：

按钮（单击）：常用 选项卡→修改标题栏→删除。

键盘（输入）：ERASE ↵。

命令启动以后，按命令提示进行。选择圆及点对象后，按 Enter 键，所选对象从屏幕中消失，结束命令。“删除”的操作步骤及方法如图 3-6 所示。

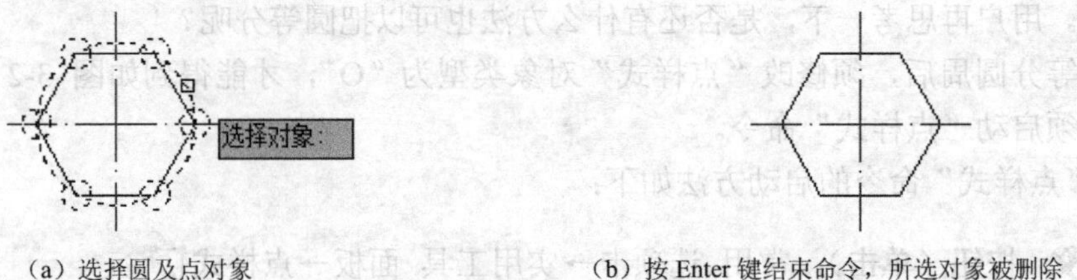

图 3-6　“删除”的操作步骤及方法

在等分圆周的基础上，绘制圆的内接正多边形，这是绘制正多边形的方法之一。

下面将直接启动“多边形”命令绘制正多边形。其绘制流程是：先绘制出基准线，然后再绘制正多边形，如图 3-7 所示。

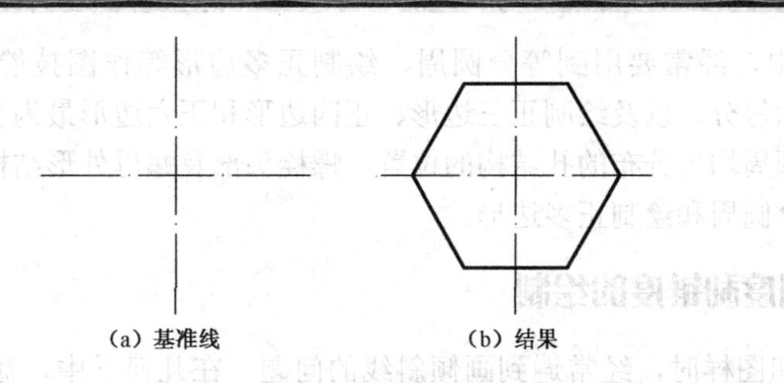

（a）基准线　　　　（b）结果

图3-7　用“多边形”命令绘制正多边形的流程

绘制正多边形，须启动“多边形”命令。“多边形”命令的启动方法如下：

按钮（单击）：常用 选项卡→绘图标题栏→ 下拉按钮→多边形。

键盘（输入）：POLYGON ↵。

命令启动以后，按命令提示进行。绘制“多边形”的操作步骤及方法如图3-8所示。

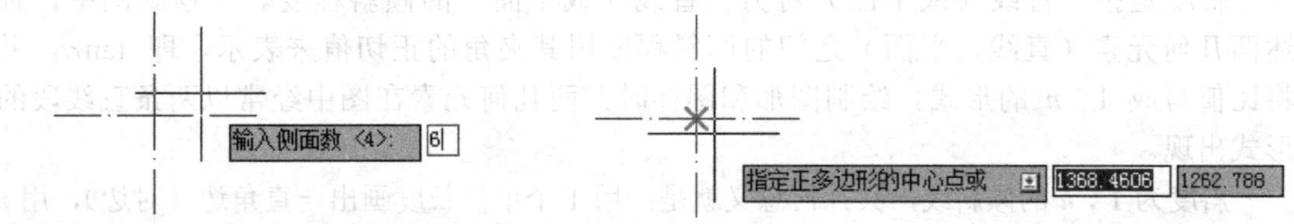

（a）输入要绘制的正多边形边数（默认值为4）　　（b）按Enter键后，指定（捕捉）正多边形的中心点

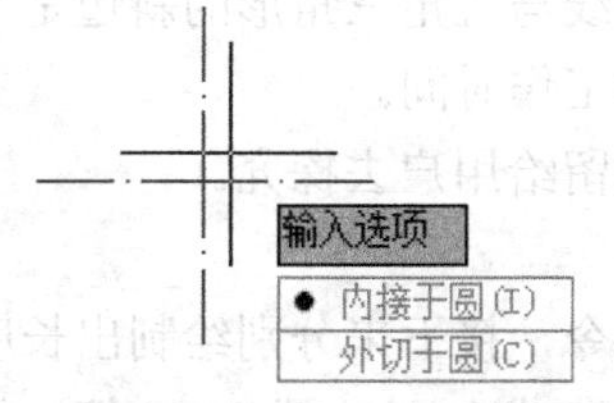

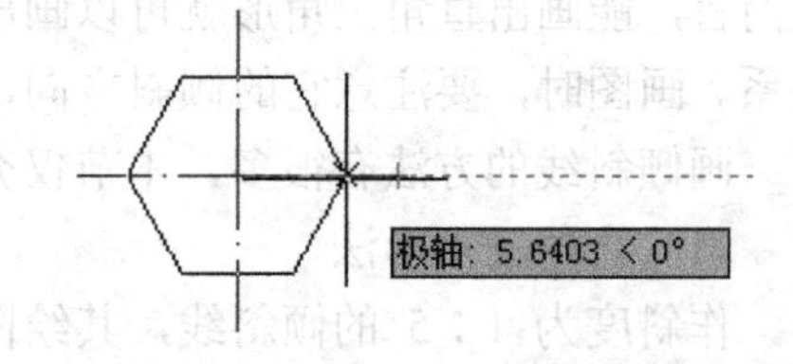

（c）中心点确定后，选择“内接于圆”选项　　（d）在水平极轴约束下，输入正多边形“外接圆”半径值

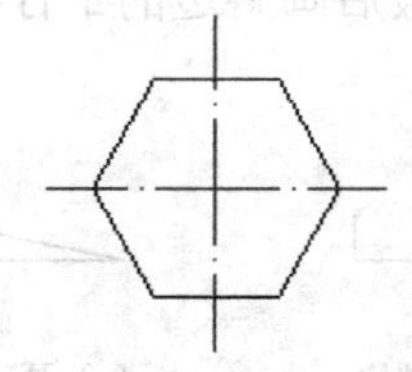

（e）输入半径值后，按Enter键结束命令

图3-8　“多边形”的操作步骤及方法

该命令部分选项含义：

边（E）：用指定边长的方式绘制正多边形（分别给出边的二个端点）。

内接于圆（I）：指定正多边形的中心点后，用输入正多边形“外接圆”半径值的方式绘制。

外切于圆（C）：指定正多边形的中心点后，用输入正多边形“内切圆”半径值的方式绘制。

工程制图中，经常要用到等分圆周、绘制正多边形等作图技能，尤其是作圆的三等分、四等分和六等分，以及绘制正三边形、正四边形和正六边形最为多见。工程实际中，要绘制零件上沿圆周均匀分布的孔结构的位置、螺栓头部及螺母外形结构某方向的视图，画图时就要用到等分圆周和绘制正多边形。

3.1.2　斜度和锥度的绘制

绘制图形和图样时，经常遇到画倾斜线的问题。在几何学中，倾斜线一般是由已知直线与水平线或铅垂线之间的夹角来确定的。在夹角已知的情况下，使用绘图仪器就可以画出倾斜线。工程制图中，若绘制与水平线或铅垂线成 15° 角整数倍的倾斜线，用绘图仪器更加容易实现。但绘制其他角度的倾斜线时，绘制方法略有不同，绘制时有些烦琐。无论什么样的倾斜线，如利用软件来绘制，将变得非常容易，下面就介绍其绘制方法。

1．斜度的绘制

斜度是指一直线（或平面）对另一直线（或平面）的倾斜程度。工程制图中，描述两几何元素（直线、平面）之间的倾斜程度用其夹角的正切值来表示，即 $\tan\alpha$，并将比值写成 1∶*n* 的形式。绘制图形和图样时，两几何元素在图中经常以两条直线段的形式出现。

斜度为 1∶*n* 的倾斜线，其几何意义就是：用 1 个单位长度画出一直角边（对边），用 *n* 个单位长度画出另一直角边（邻边），这时绘出的直角三角形其斜边一定与倾斜线平行。由此而言，能画出直角三角形就可以画出倾斜线，原理就是倾斜线与直角三角形的斜边是平行关系。画图时，要注意它的倾斜方向，以免浪费宝贵的学习和工作时间。

画倾斜线的方法有很多，本节仅介绍两种方法，其他方法留给用户去探究。

（1）直角三角形法

作斜度为 1∶5 的倾斜线，其绘图流程是调用“直线”命令，接下来分别绘制出长度为 1 个单位和 5 个单位（每“单位”长度可以随便确定，或 1mm，或 2mm，或 3mm 等）的两段线为两直角边，画直角三角形，最后画斜边的平行线即可，如图 3-9 所示。

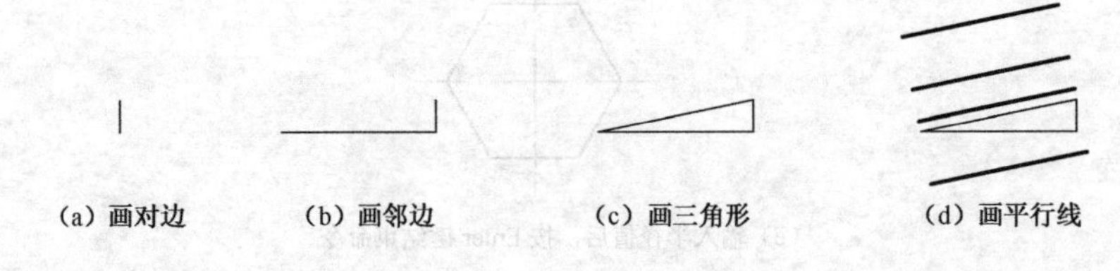

（a）画对边　（b）画邻边　（c）画三角形　（d）画平行线

图 3-9　画斜度为 1∶5 的倾斜线

画直角三角形斜边的平行线，可调用“偏移”命令。“偏移”命令的启动方法如下：

按钮（单击）：常用 选项卡→修改标题栏→偏移。

键盘（输入）：OFFSET ↵。

命令启动以后，按命令提示进行。“偏移”的操作步骤及方法如图 3-10 所示。

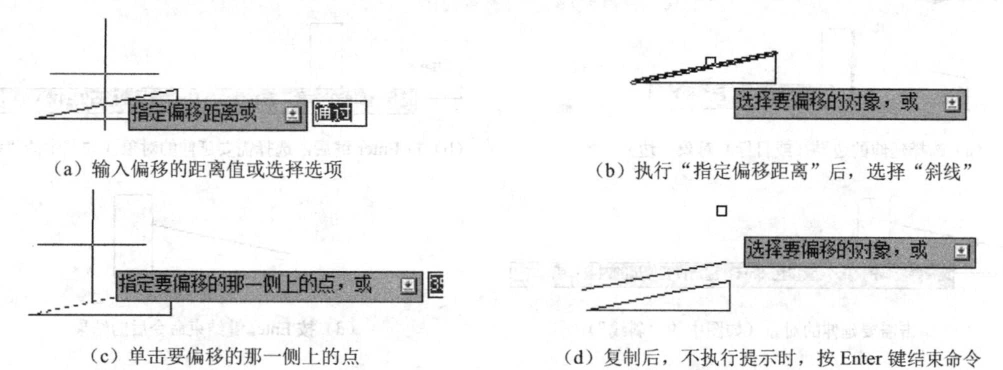

（a）输入偏移的距离值或选择选项　　（b）执行“指定偏移距离”后，选择“斜线”

（c）单击要偏移的那一侧上的点　　（d）复制后，不执行提示时，按 Enter 键结束命令

图 3-10　“偏移”的操作步骤及方法

该命令部分各选项含义：

通过（T）：指定等距线（如同心圆、平行线、等距曲线）要通过的点。

删除（E）：回答复制完成后是否删除源对象｛〔是（Y）/否（N）〕〈否〉｝。

多个（M）：可进行多重复制。在复制新对象的一侧，每单击一次出现一个新对象，直至停止操作。

（2）相对坐标法

同样是作斜度为 1∶5 的倾斜线，只要调用“直线”命令，然后利用捕捉工具（对象捕捉工具栏等）拾取到该倾斜线的一个端点（图 3-11（a）中左侧长度为 3 的线段上端点，它是倾斜线的起点，也是该线通过的一点），利用相对坐标“@5,1”确定另一个端点，即可完成该倾斜线方向线的绘制，如图 3-11（b）所示，该倾斜线长度的确定须调用“延伸”命令来实现。

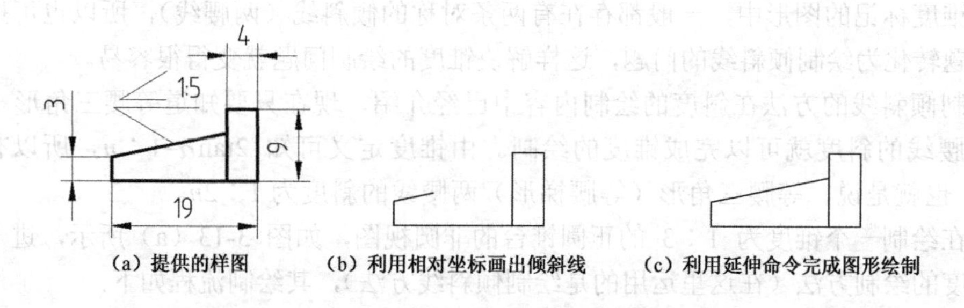

（a）提供的样图　（b）利用相对坐标画出倾斜线　（c）利用延伸命令完成图形绘制

图 3-11　用“直线”命令斜度为 1∶5 的倾斜线

在提供的样图中，斜度的标注是严格按照国家标准规定绘制的，如图 3-11（a）所示。绘制出倾斜线的方向线后，可得到如图 3-11（b）所示图形。如要完成如图 3-11（c）所示图形的绘制，就要调用“延伸”命令。“延伸”命令的启动方法如下：

按钮（单击）：常用 选项卡→修改标题栏→ 修剪 ·下拉按钮→延伸。

键盘（输入）：EXTEND ↵。

命令启动以后，按命令提示进行。“延伸”的操作步骤及方法如图 3-12 所示。

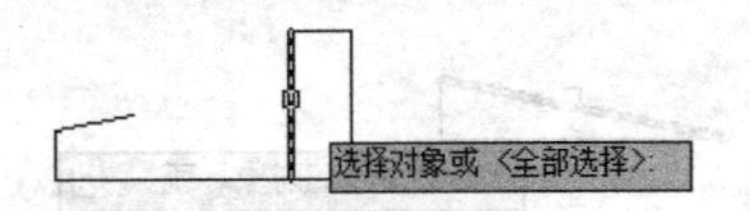

（a）选择延伸的边界（或目标）对象（边）

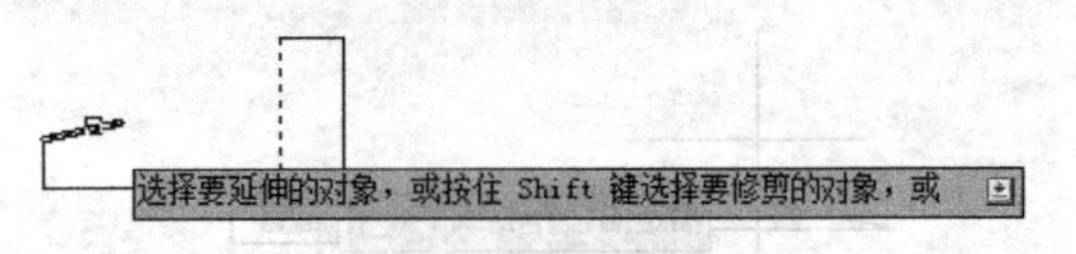

（b）按 Enter 键后，选择需要延伸的对象（如图中的“斜线”）

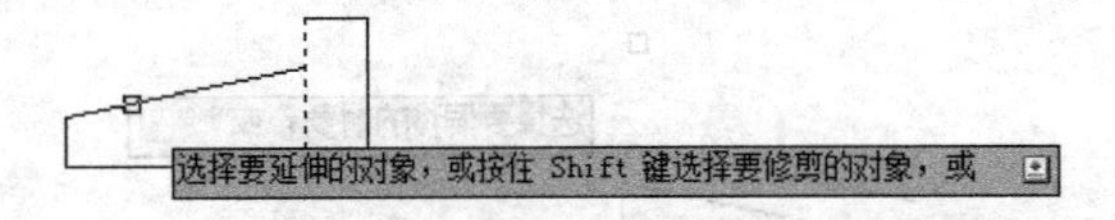

（c）单击需要延伸的对象（如图中的“斜线”）

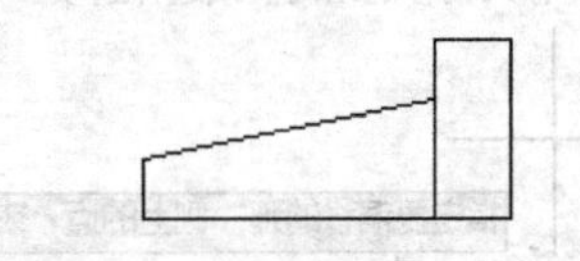

（d）按 Enter 键结束命令后的结果

图 3-12　“延伸”的操作步骤及方法

该命令部分选项含义：

窗交（C）：以交叉窗口方式选择要延伸的对象。

边（E）：设定要延伸的对象是否将其延伸到被选边界（目标）的隐含边上（即图线的延长线上）。

延伸（E）：可将要延伸的对象，延伸到所有被选中边界（目标）的隐含边上（即图线的延长线上）。

2. 锥度的绘制

锥度是指正圆锥（正圆锥台）底圆直径（两底圆直径之差）与其高之比。工程制图中，锥度用半锥角的正切值 2 倍来表示，即 $2\tan\alpha$，书写形式与斜度相同，是将比值写成 $1:n$。绘图时，正圆锥（正圆锥台）的非圆视图为等腰三角形（等腰梯形），它的两腰线均为倾斜线且对称。锥度按其定义很容易绘出，这种绘制方法将留给用户自行思考和探究。由于注有锥度标记的图形中，一般都存在有两条对称的倾斜线（两腰线），所以也可把锥度的绘制问题转化为绘制倾斜线的问题，这样解决锥度的绘制问题就变得很容易。

绘制倾斜线的方法在斜度的绘制内容中已经介绍，现在只要知道等腰三角形（等腰梯形）两腰线的斜度就可以完成锥度的绘制。由锥度定义可知 $2\tan\alpha=1:n$，所以有 $\tan\alpha=1:2n$。也就是说，等腰三角形（等腰梯形）两腰线的斜度为 $1:2n$。

现在绘制一个锥度为 1∶3 的正圆锥台的非圆视图，如图 3-13（a）所示，进一步总结一下锥度的绘制方法（在这里运用的是绘制倾斜线方法），其绘制流程如下：

① 调用“直线”命令绘制基准线，如图 3-13（b）所示（与 X 轴平行的线段长度任意，约为 22 即可；与 Y 轴平行的线段长度为 8）。

② 继续调用“直线”命令，绘制斜度为 1∶6（注意 1∶6 与锥度值 1∶3 的关系，利用相对坐标“@6,1”来确定直线另一个端点）的倾斜线，如图 3-13（c）所示。

③ 调用“偏移”命令，将长度 8 的线段向右复制间距为 18 的全等线，如图 3-13（d）所示。

④ 调用“延伸”命令，使倾斜线向右延伸至刚复制生成的全等线上，如图 3-13（e）所示。

⑤ 启动“修剪”命令，裁剪掉线段的多余部分，如图 3-13（f）所示。“修剪”命令的启动方法如下：

按钮（单击）：常用 选项卡→修改标题栏→修剪 -/--。

键盘（输入）：TRIM ↵。

命令启动以后，按命令提示进行。“修剪”的操作步骤及方法如图 3-14 所示。

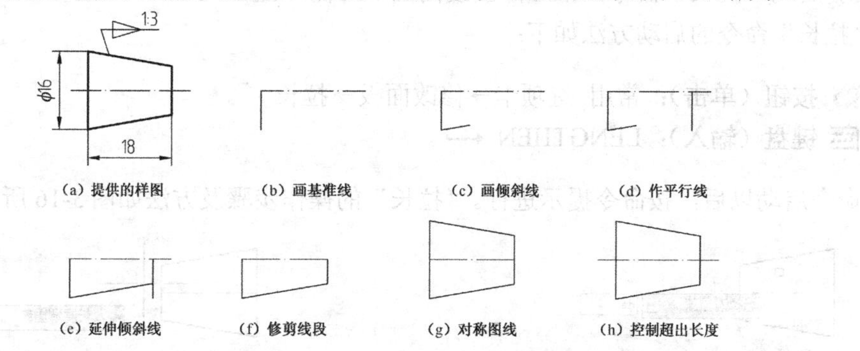

图 3-13 绘制锥度为 1∶3 的正圆锥台的非圆视图

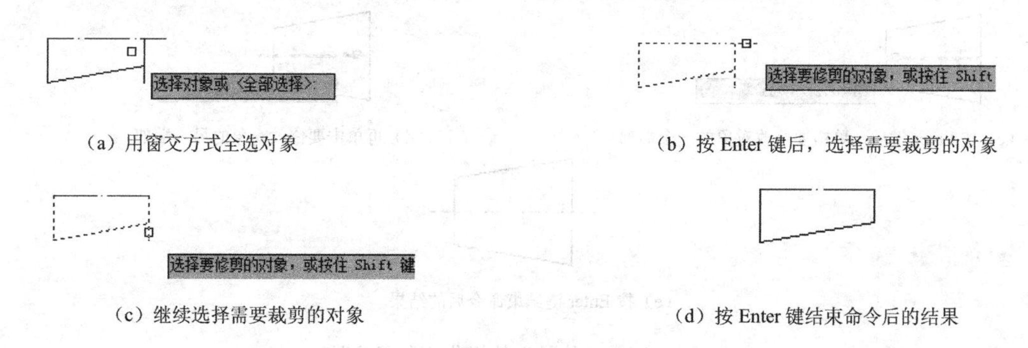

图 3-14 “修剪”的操作步骤及方法

⑥ 启动“镜像”命令，将图形中的细实线对称于细点画线，如图 3-13（g）所示。“镜像”命令的启动方法如下：

按钮（单击）：常用 选项卡→修改标题栏→镜像。

键盘（输入）：MIRROR ↵。

命令启动以后，按命令提示进行。“镜像”的操作步骤及方法如图 3-15 所示。

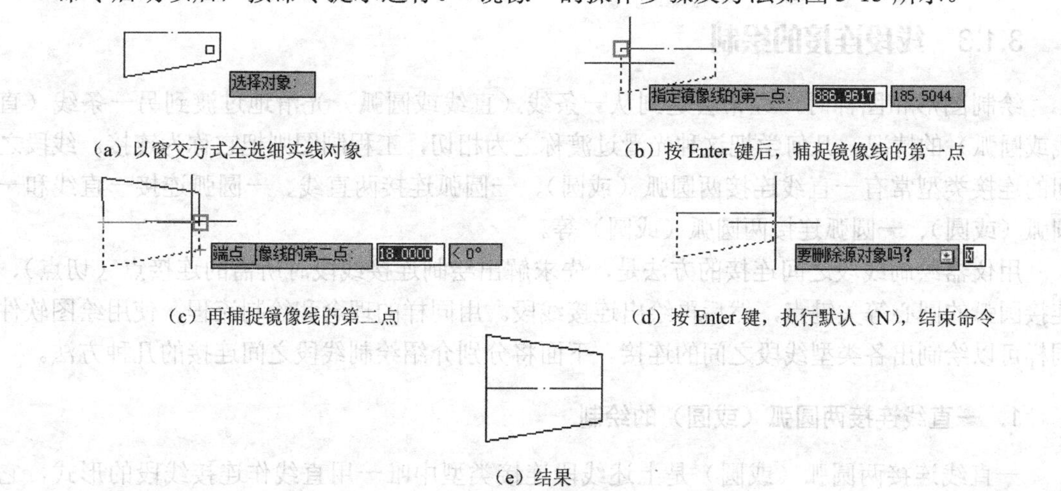

图 3-15 “镜像”的操作步骤及方法

⑦ 启动“拉长”命令，把细点画线向图形外侧伸出 2～5 mm，如图 3-13（h）所示。“拉长”命令的启动方法如下：

按钮（单击）：常用 选项卡→修改面板→拉长。
键盘（输入）：LENGTHEN ↵。

命令启动以后，按命令提示进行。“拉长”的操作步骤及方法如图 3-16 所示。

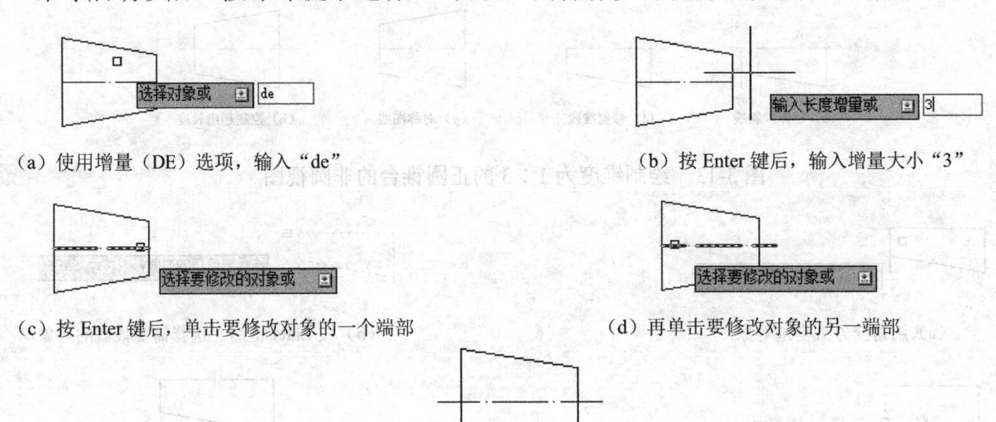

（a）使用增量（DE）选项，输入“de”
（b）按 Enter 键后，输入增量大小“3”
（c）按 Enter 键后，单击要修改对象的一个端部
（d）再单击要修改对象的另一端部
（e）按 Enter 键结束命令后的结果

图 3-16 “拉长”的操作步骤及方法

该命令部分选项含义：
增量（DE）：给出增量值（正值或负值），调整线段的长度（正值增长，负值缩短）。
全部（T）：给出长度值，可使线段长度调整为指定长度。

工程制图中，时常要用到绘制斜度和锥度等作图技能。工程实际中，铸造和锻造零件上的起模斜度、钩头楔键的斜面等结构以及圆锥轴头、圆锥销等外形结构在画图时就需要用到锥度绘制技能。

3.1.3 线段连接的绘制

绘制图形和图样时，经常会遇到从一条线（直线或圆弧）光滑地过渡到另一条线（直线或圆弧）的情况，几何学把这种光滑过渡称之为相切，工程制图则把它称为连接。线段之间的连接类型常有一直线连接两圆弧（或圆）、一圆弧连接两直线、一圆弧连接一直线和一圆弧（或圆）、一圆弧连接两圆弧（或圆）等。

用仪器绘制线段之间连接的方法是，先求解出绘制连接线段时所需的连接点（切点）、连接圆弧的圆心等关键点，然后再绘出连接线段。用同样的理念和绘制流程，使用绘图软件同样可以绘制出各类型线段之间的连接。下面将分别介绍绘制线段之间连接的几种方法。

1. 一直线连接两圆弧（或圆）的绘制

一直线连接两圆弧（或圆）是上述线段连接类型中唯一用直线作连接线段的形式，它的绘制方法很简单，只要利用好捕捉工具（对象捕捉工具栏等）就能完成绘制（当然还有

其他的绘制方法，用户可以探究）。其绘制流程如下：

绘制基准线，如图 3-17（a）所示。再绘制两个圆（或圆弧），如图 3-17（b）所示。最后再调用“直线”命令并利用捕捉工具分两次捕捉两切点即告完成，如图 3-17（c）所示。

注意

调用“直线”命令绘制连接线段时，事先要把对象捕捉工具栏调出备用。当提示指定第一点时，先把光标指向对象捕捉工具栏中捕捉到切点按钮（ ）并单击，再把光标移至某圆线上（光标所在位置最好在实际切点附近）捕捉一切点；当提示指定下一点或〔放弃(U)〕时，重复前面的操作过程，在另一圆线上捕捉另一切点，此时已完成连接线段的绘制，按 Enter 键结束直线命令。

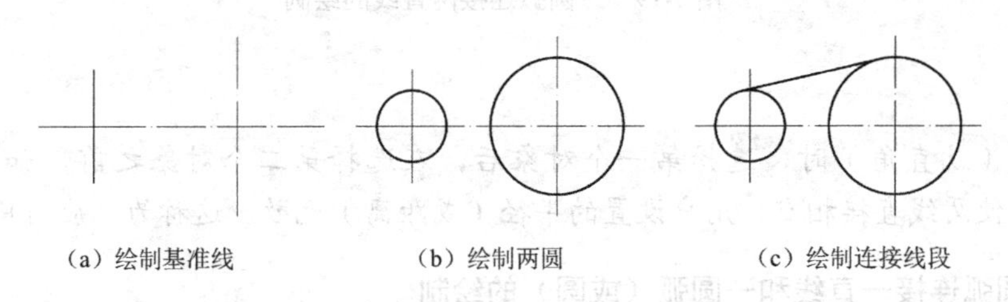

（a）绘制基准线　　（b）绘制两圆　　（c）绘制连接线段

图 3-17　一直线连接两圆（或圆弧）的绘制

2．一圆弧连接两直线的绘制

用一圆弧连接两直线，绘制方法有几种，这里只介绍直接调用一个命令就可以完成一圆弧连接两直线的绘制的方法。其绘制流程如下：先画出两相交直线，如图 3-18（a）和图 3-18（b）所示的左图，再调用“圆角”命令，就可以完成一圆弧连接两直线的绘制，如图 3-18（a）和图 3-18（b）所示的右图。“圆角”命令的启动方法如下：

按钮（单击）：常用选项卡→修改标题栏→圆角。

键盘（输入）：FILLET ↵。

命令启动以后，按命令提示进行。“圆角”的操作步骤及方法如图 3-18 所示，结果如图 3-19 所示。

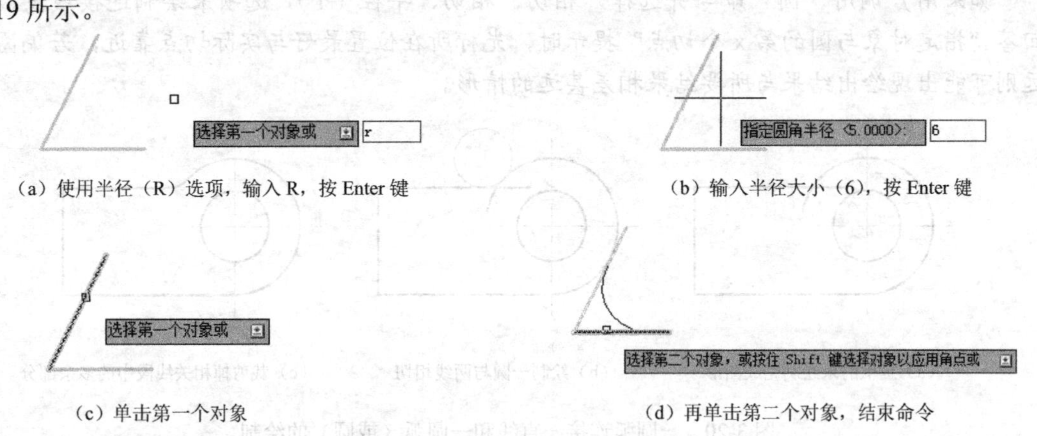

（a）使用半径（R）选项，输入 R，按 Enter 键　　（b）输入半径大小（6），按 Enter 键

（c）单击第一个对象　　（d）再单击第二个对象，结束命令

图 3-18　“圆角”的操作步骤及方法

该命令各选项含义：

多段线（P）：进行自封闭或连续多段线的圆角操作。

修剪（T）：可选择进行圆角操作后是否裁剪两对象，默认为修剪模式。

多个（M）：可连续进行多次圆角操作，直到按 Enter 键结束命令。

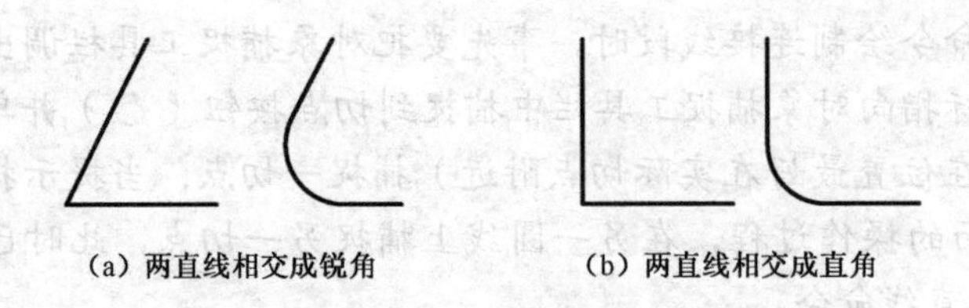

（a）两直线相交成锐角　　（b）两直线相交成直角

图 3-19　一圆弧连接两直线的绘制

提示

倒圆角（或直角）时，选择第一个对象后，在选择第二个对象之前，如果用户按住 Shift 键，会使两线直接相交，用户设置的半径（或距离）无效。这称为“应用角点”。

3．一圆弧连接一直线和一圆弧（或圆）的绘制

用户可以继续使用一圆弧连接两直线的操作方法绘制一圆弧连接一直线和一圆弧（或圆），其结果完全符合要求，本书将这种绘制方法留给用户自行思考和实践。下面将介绍调用“圆”和“修剪”命令来完成一圆弧连接一直线和一圆弧（或圆）的绘制方法。其绘制流程如下：

现有未完成图形，如图 3-20（a）所示，图中的直线和圆弧之间没有被圆弧光滑连接。在已知连接圆弧半径的情况下，用户可以运用绘制“圆”并与其共同相切的方法，解决该连接问题，如图 3-20（b）所示。最后调用“修剪”命令裁剪掉有关线段中的多余部分完成连接，如图 3-20（c）所示（用此方法绘制圆弧连接，其用意是欲实现相同结果可有多种手段）。

注意

如果用户调用“圆”命令并选择“相切、相切、半径（T）”选项来绘制连接线段，在回答“指定对象与圆的第 x 个切点”提示时，光标所在位置最好与实际切点靠近，若偏离太远则可能出现绘出结果与所要结果相差甚远的情形。

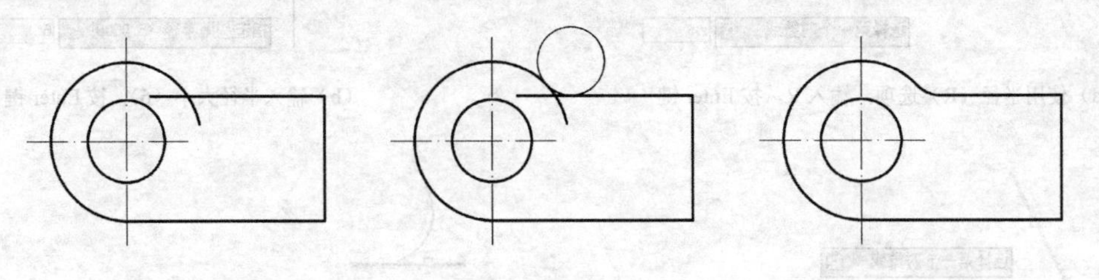

（a）提供的未绘制完成图形　　（b）绘制一圆与两线相切　　（c）裁剪掉相关线段中的多余部分

图 3-20　一圆弧连接一直线和一圆弧（或圆）的绘制

4．一圆弧连接两圆弧（或圆）的绘制

前面已介绍了两种用一圆弧连接两线段的绘制方法，是否还有其他方法也可以实现一圆弧连接两线段的绘制呢？答案是肯定的。按照仪器绘制线段之间连接的理念和绘制流程，使用绘图软件同样可绘制完成各类型线段之间的连接。下面在如图 3-17（c）所示图形的基础上，用一圆弧把两圆的底部光滑连接起来。其绘制流程如下：

启动“偏移”命令，分别作两已知圆的同心圆，间距均为 8，同心圆下方交点即是连接圆弧的圆心（注意：这里绘制的图形其连接圆弧均与两已知圆外切），如图 3-21（a）所示。

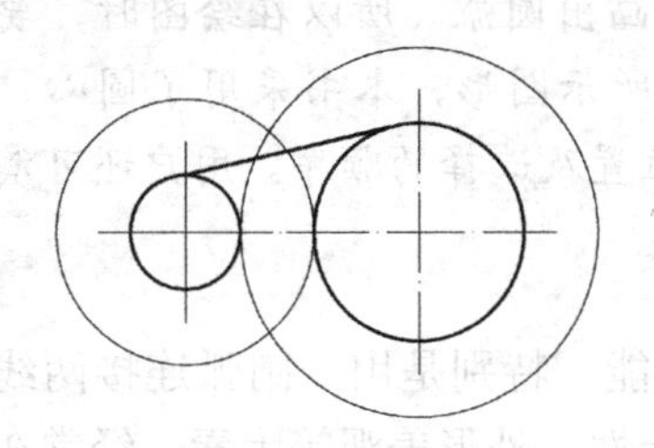

（a）复制生成的两组同心圆

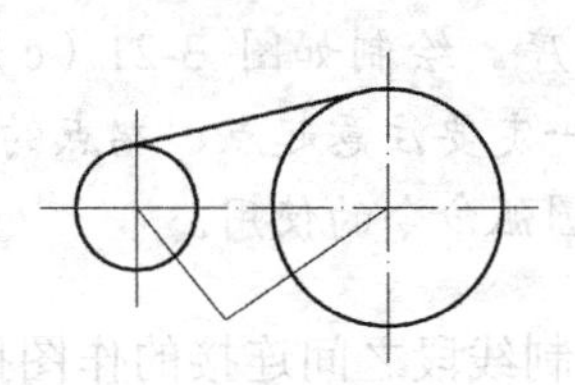

（b）分别作三圆心间连线

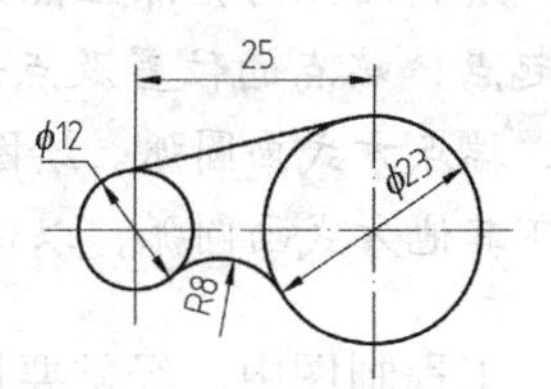

（c）绘制连接圆弧完成作图

图 3-21 一圆弧连接两圆弧（或圆）的绘制

启动“直线”命令，分别作两已知圆的圆心与连接圆弧圆心连线，两连线与两已知圆的交点即是连接圆弧与两已知圆的切点，如图 3-21（b）所示。

启动“圆弧”命令，依据前两步求解出的连接圆弧的圆心、起点（一个切点）、端点（另一个切点）、半径等条件完成连接圆弧的绘制，如图 3-21（c）所示。圆弧绘制完成后，须将各图线编辑到相应图层中，删除多余线条，完善图形。

“圆弧”命令的启动方法如下：

按钮（单击）：常用选项卡→绘图标题栏→圆弧。

键盘（输入）：ARC ↵。

命令启动以后，按命令提示进行。“圆弧”的操作步骤及方法如图 3-22 所示。

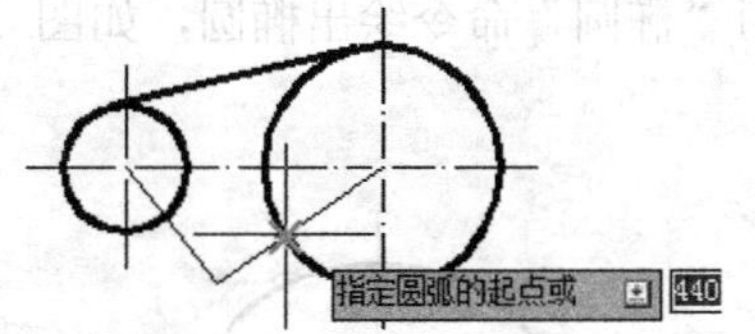

（a）使用捕捉工具，指定圆弧的起点

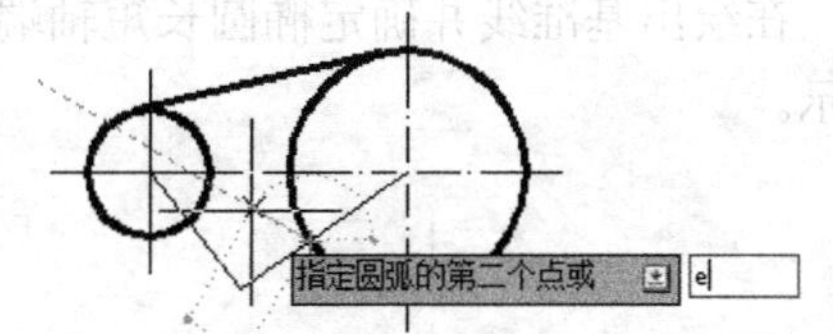

（b）使用端点（E）选项，输入“e”，按 Enter 键

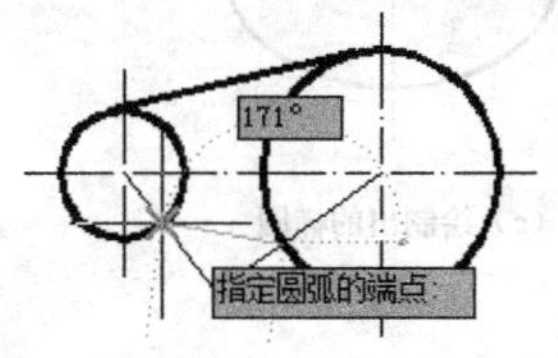

（c）使用捕捉工具，指定圆弧的端点

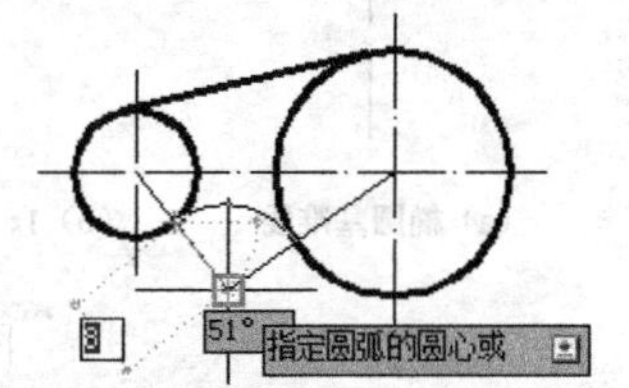

（d）指定圆弧的圆心点，结束命令

图 3-22 “圆弧”的操作步骤及方法

该命令各选项含义：

三点：默认的画圆弧方式，点选三点确定一圆弧。

圆心（C）：选中的点被指定为圆弧的圆心。

起点（S）：选中的点被指定为圆弧的起点。

端点（E）：选中的点被指定为圆弧的端点。

注意

绘制圆弧时，除三点方式外，其余方式均逆时针方向画出圆弧。所以在绘图时，要注意起点、端点的位置及点选的次序。绘制如图 3-21（c）所示图形，本书采用了圆心、起点、端点方式画圆弧。绘图时，一定要注意起点、端点的位置及选择的顺序。用户还可演练一下其他方式画圆弧，以体验画圆弧命令的使用。

工程制图中，经常要用到绘制线段之间连接的作图技能，特别是用一圆弧连接两线段的作图技能。工程实际中，考虑到零件的强度、使用的安全性、外形美观等因素，经常在零件结构中设计出圆角、球头等带有回转曲面的结构。所以，作为工程师必须掌握绘制线段连接的绘图技能，为设计出美观、耐用、安全的产品而努力。

3.1.4 椭圆的绘制

绘制图形和图样时，时常会遇到一些非圆平面曲线，例如椭圆、抛物线、双曲线和圆的渐开线等，它们都有各自的数学表达式，即二次方程或参数方程，这些曲线往往是一动点（或线上一点）按一定规律运动而形成的轨迹。

工程制图中，较常用的非圆平面曲线就是椭圆，在已知椭圆长轴和短轴长度的前提下，一般是用四心法绘制出一近似的椭圆。按仪器绘制椭圆的理念和绘制流程，使用绘图软件也可绘制完成，但绘图的步骤较多且较烦琐。

下面将介绍给用户一种既简单又方便的绘制椭圆的方法，只要调用一个命令即可完成椭圆的绘制。其绘制流程如下：

在绘出基准线并确定椭圆长短轴端点的基础上，调用“椭圆”命令绘出椭圆，如图 3-23 所示。

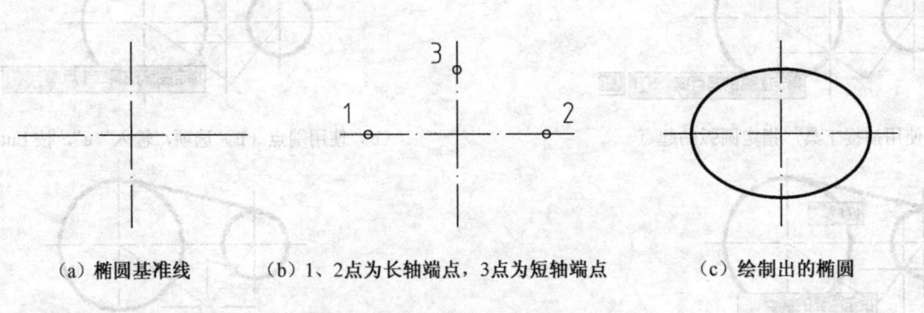

（a）椭圆基准线　（b）1、2点为长轴端点，3点为短轴端点　（c）绘制出的椭圆

图 3-23　椭圆的绘制流程

绘制椭圆，须启动“椭圆”命令。“椭圆”命令的启动方法如下：

按钮（单击）：常用 选项卡→绘图标题栏→椭圆。

键盘（输入）：ELLIPSE ↵。

命令启动以后，按命令提示进行。“椭圆”的操作步骤及方法如图3-24所示。

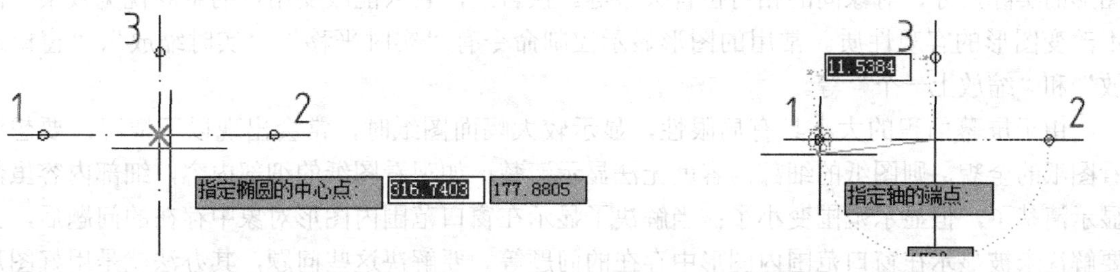

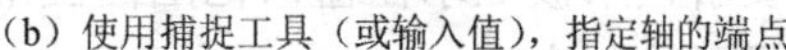

（a）使用捕捉工具，指定椭圆的中心点　　（b）使用捕捉工具（或输入值），指定轴的端点

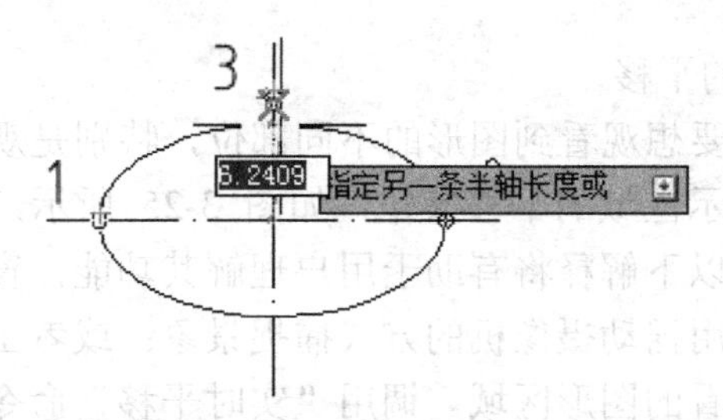

（c）使用捕捉工具（或输入值），指定另一条半轴长度，结束命令

图3-24　“椭圆”的操作步骤及方法

该命令各选项含义：

圆弧（A）：转为画椭圆弧方式。

中心点（C）：选定的点被指定为椭圆的圆心。

旋转（R）：通过给定角度确定短轴长度，角度范围 0°～89.4°，角度为 0°绘制的是圆。

明确椭圆的绘制流程，又熟悉“椭圆”命令的使用，要绘制椭圆就变得很容易了。工程实际中，如果零件斜面上存在有回转面形成的孔或凹坑等结构，或者回转体被斜面截切，其某方向的视图就会出现椭圆图形，此时就用到了绘制椭圆的技能。

注意

绘制椭圆前，一定要先把椭圆长短轴方向及端点位置确定好。

3.1.5　图形的显示控制与夹点编辑

为了使绘图更轻松、快捷，让图形的显示更清楚、更随意，就要学会使用图形显示控制命令和夹点编辑功能，它可以使绘图、编辑的速度更快、更准确。

1. 图形的显示控制

你想更清楚地观看到自己绘制的图形细节吗？你想随心所欲地浏览图形吗？你想在绘图时让自己的每次操作都准确无误吗？那就仔细研究一下图形的显示控制命令吧。

图形显示控制命令的主要作用就是改变图形在屏幕上显示状态，用户可以随意改变图形显示位置、显示范围等。图形的显示控制不会改变图形的实际性质，也就是说，不能改变图形的实际尺寸、对象间的相对位置关系等。换言之，它只能改变用户的主观视觉效果，而不改变图形的客观性质。常用的图形显示控制命令有“实时平移”、“实时缩放”、“窗口缩放”和“缩放上一个”等。

由于屏幕面积的大小具有局限性，显示较大幅面图纸时，常会出现以下情况：要想观看图纸的全貌，则图纸的细部内容就无法显示清楚；如观看图纸的细部内容，细部内容虽然显示清楚了，但显示范围变小了；当解决了显示在窗口范围内图形对象中存在的问题后，又要解决未被显示在窗口范围内图形中存在的问题等。要解决这些问题，其办法就是用好图形显示控制命令。

（1）窗口内显示区域的平移

绘制和编辑图形时，要想观看到图形的不同部位，特别是观看屏幕窗口中未被显示的图形，一般采用窗口内显示区域的平移操作，如图 3-25 所示，此图是动态观看和显示图形不同部位的操作结果。以下解释将有助于用户理解其功能，窗口内显示区域的平移就好像摄像师在摄像过程中采用摇动摄像机的方式捕捉景象；或者工程师在看图纸过程中用移动图纸的方法观看自己要看的图形区域。调用“实时平移”命令即可完成对不同区域图形的详细观看。

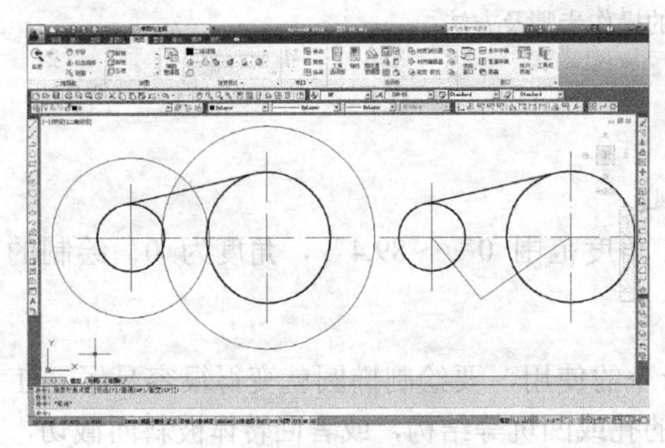

（a）显示图形的左半部分

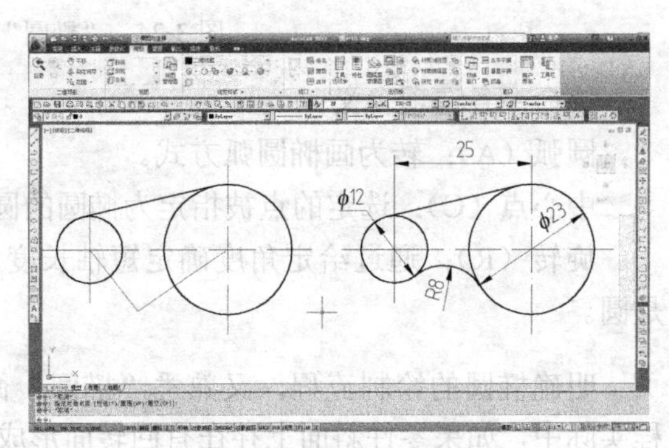

（b）显示图形的右半部分

图 3-25　启动平移命令，动态观看和显示图形

“平移”命令的启动方法如下：

按钮（单击）：视图 选项卡→二维导航标题栏→平移。

键盘（输入）：PAN ↵。

命令启动以后，按住鼠标左键（或中键）并拖动，用户可上下左右全方位观看图形。

注意

执行“实时平移”命令时，光标将变成手形。此时只要上下、左右拖动鼠标，即可观看到图形的不同区域。如图 3-25（a）所示为整个图形的左半部分，通过向左拖动鼠标，即可看到图 3-25（b）所示的部分图形。

（2）窗口内显示区域的动态缩放

绘制和编辑图形时，最好是能清楚而直接地观看到所涉及图形的所在区域（细部），并使之全屏显示。这样既有利于用户对图形进行绘制和编辑操作，同时又避免了其他图形对用户视线的干扰。倘若要观看图形的全貌，用户必须将图形显示在整个屏幕范围内。要实现上述操作，就必须调用“实时缩放”命令。

缩放有多种方式，本书仅介绍其中较常用的 3 种，亦即“实时缩放”、“窗口缩放”、“缩放上一个”，其他方式缩放由用户自行探究。

窗口内显示区域的动态缩放是系统默认的缩放方式——实时缩放。用户在实际操作过程中常会感觉到，窗口内显示的区域好像是被放大或者被缩小。以下解释将有助于用户理解其功能，窗口内显示区域的动态缩放就好像摄像师在摄像过程中采用前后拉动摄像机镜头的方法捕捉景象；或者工程师在看图纸过程中用靠近和远离图纸的方式观看自己要看的图形区域。

启动“实时缩放”命令，可以完成对图形的观看。启动方法如下：

按钮（单击）：视图 选项卡→范围·下拉按钮→实时。

键盘（输入）：ZOOM ↵↵。

命令启动以后，用户可按住鼠标左键并拖动，向上是放大，向下是缩小。

注意

执行该命令时，光标变成带有正负号的放大镜。实时缩放的操作方法有二：其一，向上、向下拖动鼠标（向上为放大，向下为缩小），即可缩放显示，缩放显示时是以屏幕的中心为基点的；其二，把光标放在要缩放的区域并贴近，向前、向后滚动鼠标的中间滚轮（向前为放大、向后为缩小），即可完成缩放显示。使用前一种操作方法，当该图形被放大、缩小到极限时，光标旁边的正号、负号消失，此时缩放操作不能再继续进行；后者无此现象。

（3）按拾取的矩形区域放大显示

绘制和编辑图形时，经常要选择指定区域（细部）进行操作，这样可使绘图的速度更快，选择编辑对象更准，图形的显示更清晰。调用“窗口缩放”命令显示指定区域，如图 3-26 所示。

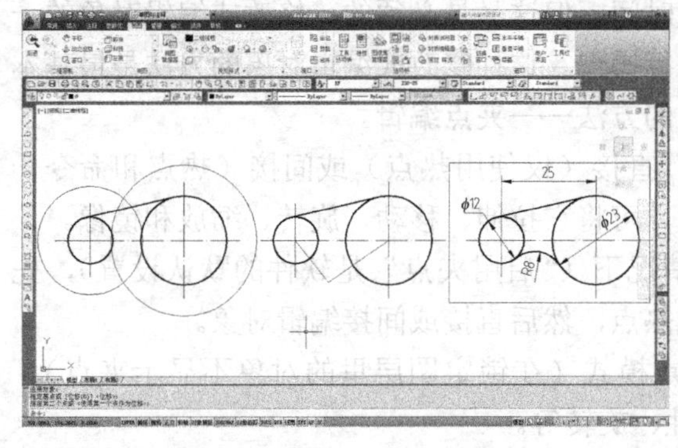

（a）划定窗口以显示这部分图形

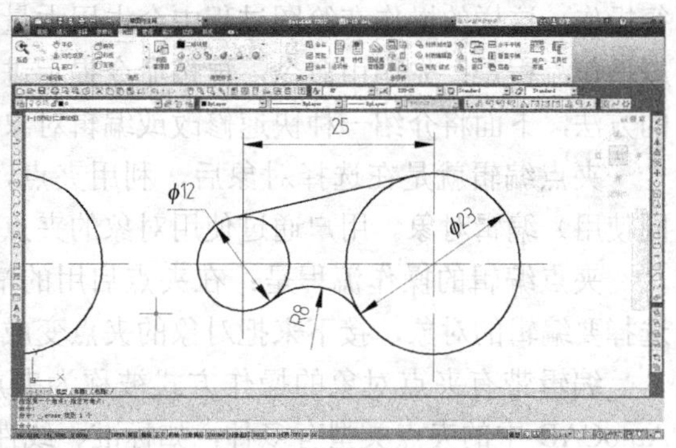

（b）显示拾取窗口里的图形（全图的右侧）

图 3-26　按拾取的窗口放大显示图形

“窗口缩放”命令的启动方法如下：

按钮（单击）：视图 选项卡→范围 ·下拉按钮→窗口。

键盘（输入）：ZOOM ↵ W ↵ 。

“窗口缩放”命令的操作步骤及方法：

命令启动以后，用户选择绘图区的适当位置单击指定窗口的一个角点，再单击指定窗口的另一个角点，完成窗口缩放。

（4）返回到前一个缩放显示画面

绘制和编辑图形时，经常要用到改变图形显示位置、显示范围等操作，这些改变图形在屏幕上显示状态的各次操作会被记录下来。在绘图过程中，若想再到前面某次屏幕显示状态去浏览或进行绘制和编辑图形，就要用到返回到前一个缩放显示画面的操作。请用户注意，虽然屏幕显示状态的各次操作被记录了，但恢复时最多只能返回 10 次。

现以如图 3-26 所示的图形为例，说明返回到前一个缩放显示画面的操作过程。假如当前的屏幕显示状态如图 3-26（b）所示，如用户绘制和编辑图形的操作已经完成，要想返回到如图 3-26（a）所示的屏幕显示状态，此时用户只要调用“缩放上一个”命令，就可以找回自己所要的屏幕显示状态。

“缩放上一个”命令的启动方法如下：

按钮（单击）：视图 选项卡→范围 ·下拉按钮→上一个。

键盘（输入）：ZOOM ↵ P ↵ 。

“缩放上一个”命令的操作步骤及方法：

命令启动以后，立即返回到前一个缩放显示画面。注意：用户每启动一次命令就返回一个显示画面，直到第 11 次时提示“没有保存的上一个视图”。

2．夹点编辑

绘制图形和图样时，常要修改或编辑对象，此时就要调用与修改或编辑有关的命令进行操作，这样的操作在绘图过程中会占用大量时间，但这又是必须的。修改或编辑对象的一般操作流程是：先调用命令，再按命令提示进行操作。这种修改或编辑对象的方法是最基本的方法，下面将介绍一种快速修改或编辑对象的方法——夹点编辑。

夹点编辑就是在选择对象后，利用夹点，直接（仅使用热点）或间接（热点和命令一同使用）编辑对象。用户通过使用对象的夹点，可将它拉伸、移动、旋转、缩放和镜像。

夹点编辑的操作流程是：在夹点启用的情况下（“启用夹点”是软件的默认设置），先选择要编辑的对象，接下来把对象的夹点变成热点，然后直接或间接编辑对象。

编辑带有夹点对象的操作方式被称为夹点模式（在锁定图层里的对象不显示夹点）。AutoCAD 中的夹点类型有多种，如标准、线性、旋转等。

“标准”类型的夹点其形状为实心的矩形，操纵方法是：可在绘图区任意方向移动夹点；“线性”类型的夹点其形状为实心的三角形，操纵方法是：在绘图区按规定方向或者沿

某一条轴往复移动夹点。

使用定点设备选中对象，它的关键部位（关键点）将显现夹点，如图3-27所示。

夹点又是选中对象上的被控制位置的标记。编辑对象时，被选中的夹点就像用夹子夹住一样可以被随意地操纵。

未被选中的夹点为冷点，其颜色为 150，该点不能被操纵；光标悬停在夹点上方时，它为温点，颜色为 11，准备被操纵；被选中的夹点为热点，颜色为 12，该点可以被操纵。夹点大小、颜色、夹点是否启用等，用户完全可以按照自己的喜好通过设置而改变。用户可在选择集选项卡的“未选中夹点颜色下拉列表”中，把原来颜色改为“蓝色”（“蓝色”为标准颜色，颜色索引号为5），试试看。

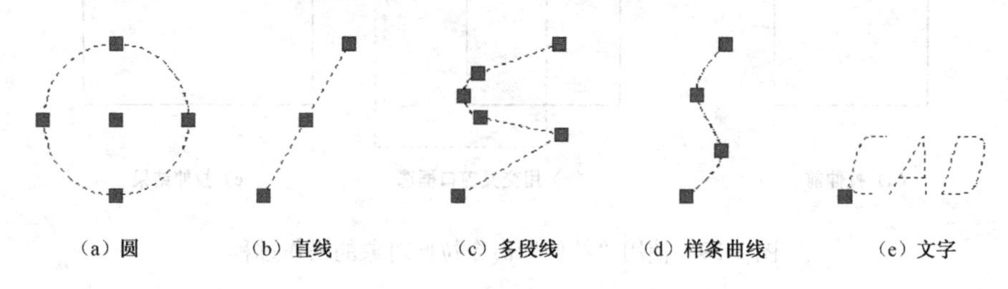

图3-27 常见对象的夹点

（1）使用夹点拉伸对象

拉伸就是把被选中对象的端部重新定位。使用夹点拉伸对象，就是通过移动热点到一个新的位置，如图3-28所示。

如果热点是对象的端点，此时软件默认为拉伸模式，对象将被拉伸；如果热点是文字、块参照、直线中点、圆心和点对象上的夹点，此时不是拉伸对象而是移动对象。

热点也可以有多个，需按下 Shift 键选取。拉伸时，它们之间的相对位置是保持不变的，如图 3-28（b）所示平行四边形上边部分。如果对象所有的夹点都是热点，此时不是拉伸对象而是移动对象。

多个热点拉伸的操作步骤：拾取热点完成后，选中其中任意一个热点，再移动鼠标到指定位置，或捕捉点、或输入坐标值，即完成拉伸。

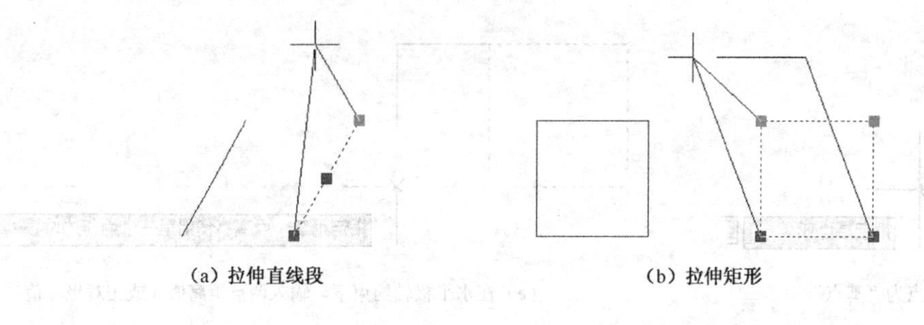

图3-28 使用夹点拉伸对象

拉伸有两种操作方式：一是使用夹点拉伸，二是启动命令拉伸。

使用夹点拉伸对象的操作流程是：先选中对象（对象上出现夹点），接下来是选中对象上的一个热点，然后将热点移动到新位置。特点是：通过移动热点实现拉伸。

启动命令拉伸对象的操作流程是：先启动“拉伸”命令，接下来是使用交叉窗口选择对象（对象上不出现夹点），然后指定基点并将其移动到新位置。启动命令拉伸对象的特点是：通过移动基点实现拉伸。

下面以拉伸矩形为例，介绍启动命令拉伸对象的操作过程，如图 3-29 所示。

要把如图 3-29（a）所示矩形拉伸成如图 3-29（c）所示矩形，可启动“拉伸”命令。方法如下：

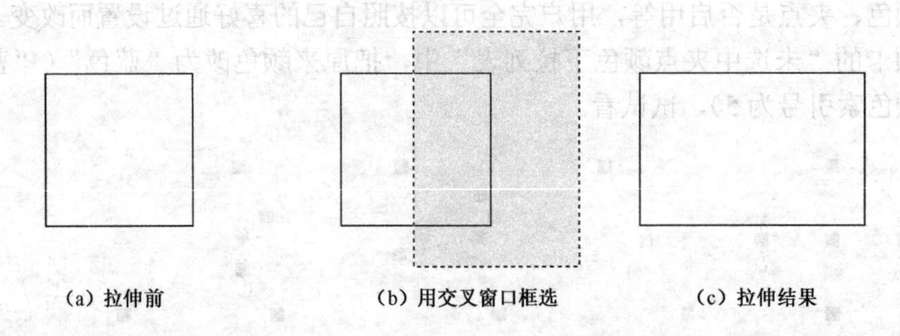

（a）拉伸前　　（b）用交叉窗口框选　　（c）拉伸结果

图 3-29　使用“拉伸”命令拉伸对象的操作过程

按钮（单击）：常用 选项卡→修改标题栏→拉伸。

键盘（输入）：STRETCH ↵。

命令启动以后，按命令提示进行。“拉伸”的操作步骤及方法如图 3-30 所示。

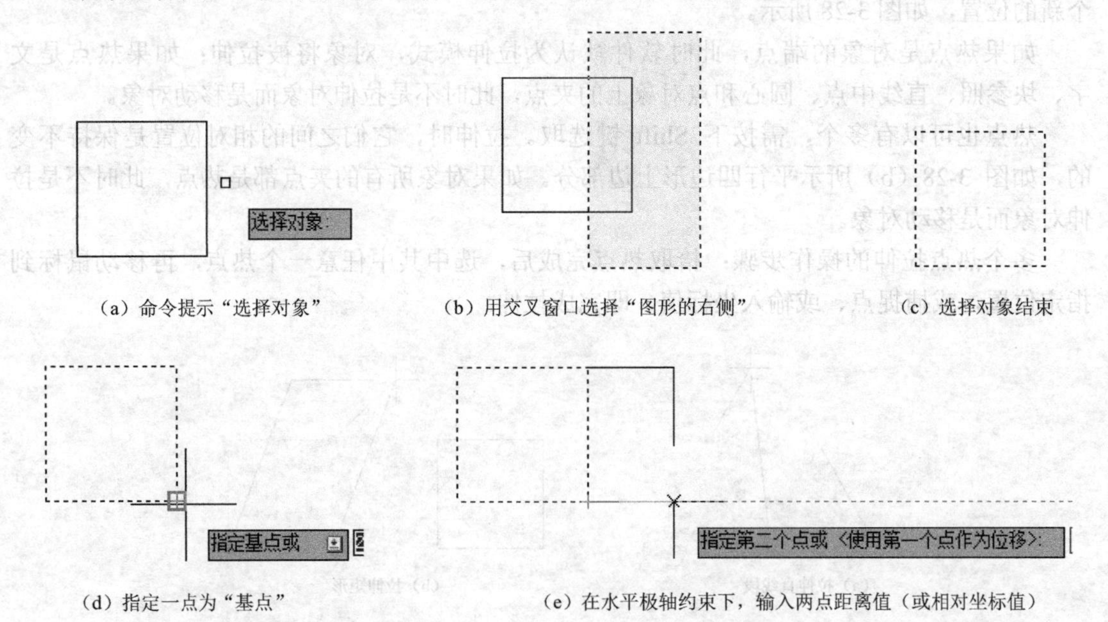

（a）命令提示“选择对象”　　（b）用交叉窗口选择“图形的右侧”　　（c）选择对象结束

（d）指定一点为“基点”　　（e）在水平极轴约束下，输入两点距离值（或相对坐标值）

图 3-30　“拉伸”的操作步骤及方法

用“拉伸”命令编辑对象的操作步骤及方法是：先启动“拉伸”命令，再用交叉窗口选择要拉伸对象的端部，然后指定基点并将框选到的点（区域）移动到新位置。

拉伸被交叉窗口完全包围的对象或单独选取的对象时，它们不被拉伸，而是被移动。

（2）使用夹点移动对象（既有直接编辑对象，也有间接编辑对象）

移动就是把被选中的对象按指定点重新摆放。

1）直接使用夹点移动对象

直接使用夹点移动对象，它的热点必须是文字、块参照、点对象、圆心、直线中点等对象上的夹点，或者是被选中对象的所有夹点都变成了热点。

移动上述热点就是移动被选中的对象，它与拉伸上述对象同类热点的结果完全相同，如图3-31所示。

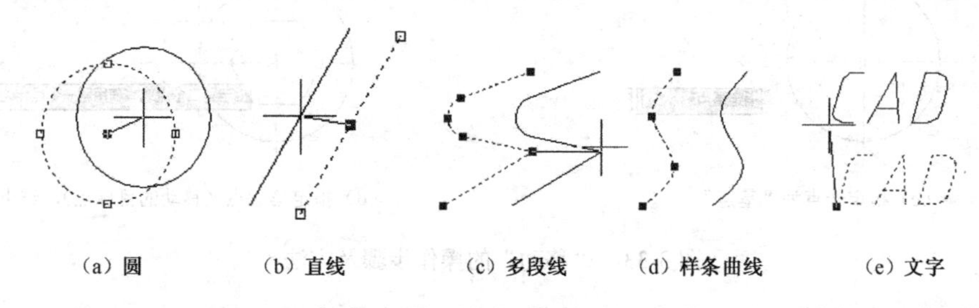

图3-31　使用夹点移动对象（注：c、d两图中的对象夹点全为热点）

2）间接使用夹点移动对象

间接使用夹点移动对象就是先选中要移动的对象（对象上出现了夹点），接下来拾取对象的任意一个夹点使之变成热点，然后启动“移动”命令，再按照命令提示进行操作。

间接使用夹点或启动命令移动对象的操作方法略有差异。建议用户读完下面内容后，比对两者之间的不同，总结它们各自的操作特点。

移动对象的方式有两大类：一是使用夹点移动，二是启动命令移动。

下面以“将图中六边形编辑到圆内”为例，介绍启动“移动”命令的操作过程，如图3-32所示。

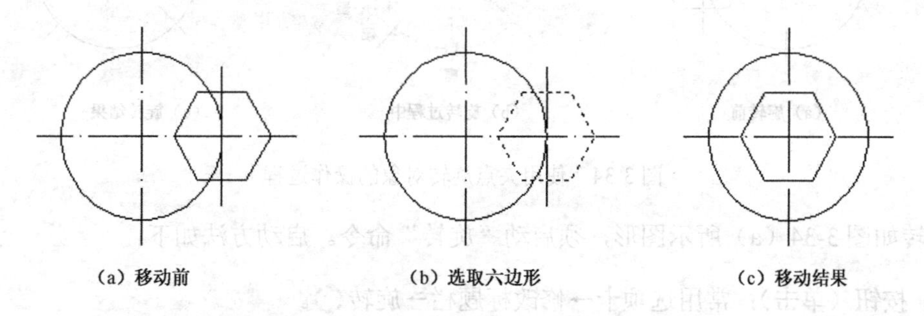

图3-32　使用“移动”命令移动对象的操作过程

移动如图3-32（a）所示右侧六边形到圆内，须启动“移动”命令。

“移动”命令的启动方法如下：

按钮（单击）：常用 选项卡→修改标题栏→移动。

键盘（输入）：MOVE ↵。

命令启动以后，按命令提示进行。“移动”的操作步骤及方法，如图3-33所示。注意：六边形移动到圆内后，须编辑（删除、缩短）细点画线，结果如图3-32（c）所示。

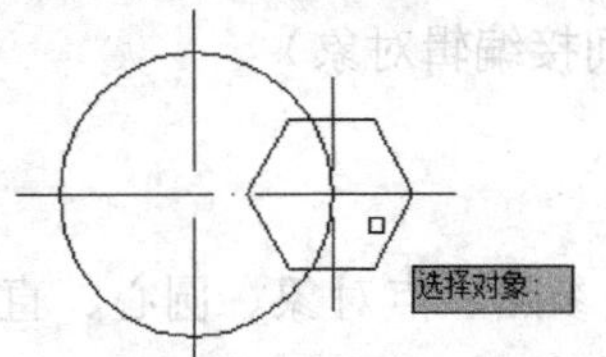

（a）命令提示“选择对象”

（b）选择“六边形”，按 Enter 键

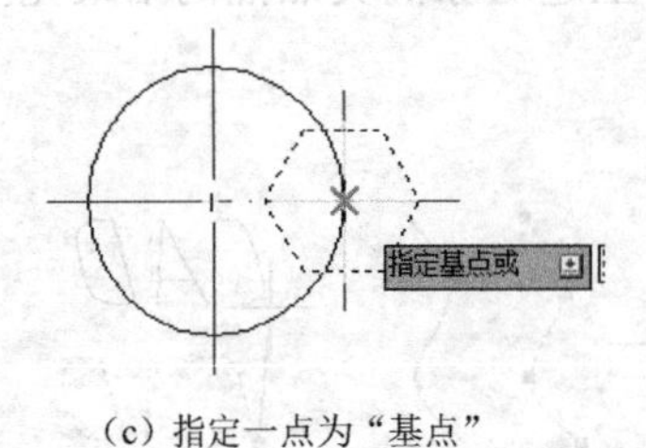

（c）指定一点为“基点”

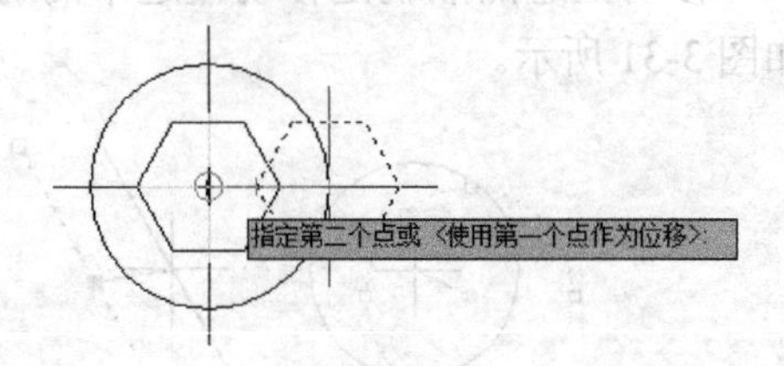

（d）指定第二点（移动的目标点），结束命令

图 3-33　“移动”的操作步骤及方法

（3）使用夹点旋转对象（只有间接编辑对象，无直接编辑对象）

旋转就是把被选中的对象围绕某点重新摆放。

间接使用夹点旋转对象就是先选中要旋转的对象（对象上出现了夹点），接下来拾取对象的任意一个夹点使之变成热点，然后启动“旋转”命令，再按照命令提示进行操作。

下面通过旋转一个对象，介绍使用夹点旋转对象的操作过程，如图 3-34 所示。

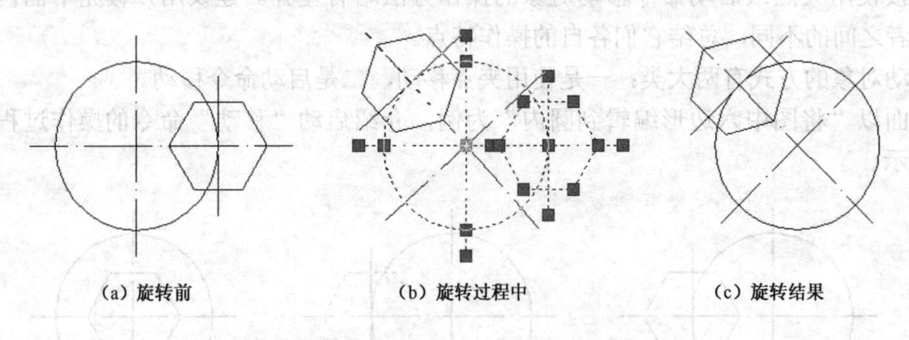

（a）旋转前　　（b）旋转过程中　　（c）旋转结果

图 3-34　使用夹点旋转对象的操作过程

旋转如图 3-34（a）所示图形，须启动“旋转”命令。启动方法如下：

按钮（单击）：常用选项卡→修改标题栏→旋转。

键盘（输入）：ROTATE ↵。

命令启动以后，按命令提示进行。“旋转”的操作步骤及方法如图 3-35 所示。

该命令各选项含义：

复制（C）：可连续进行多次旋转复制操作，直到按 Enter 键结束命令。

参照（R）：指定参照角度、通过拖动并指定极轴上某点或按指定新角度，来决定被选中对象重新摆放位置。

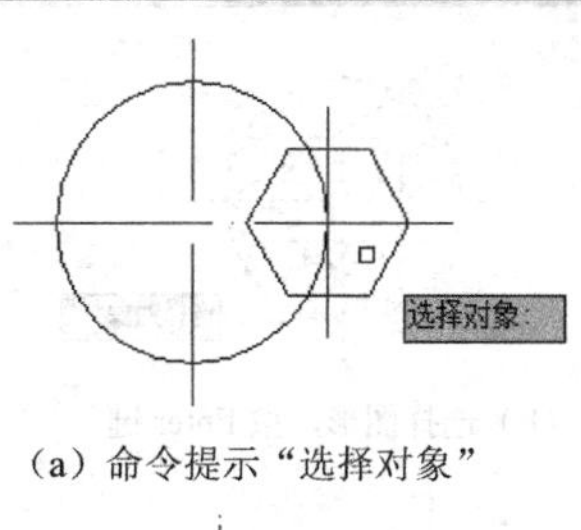

（a）命令提示“选择对象”

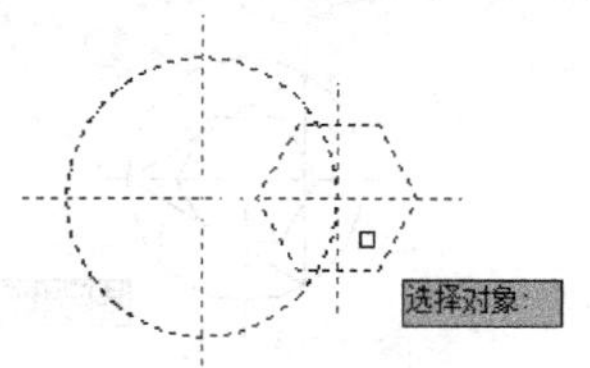

（b）选择图形，按 Enter 键

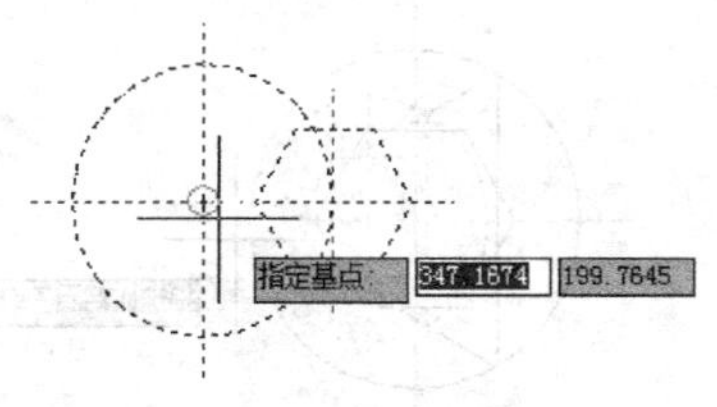

（c）指定一点为“基点”

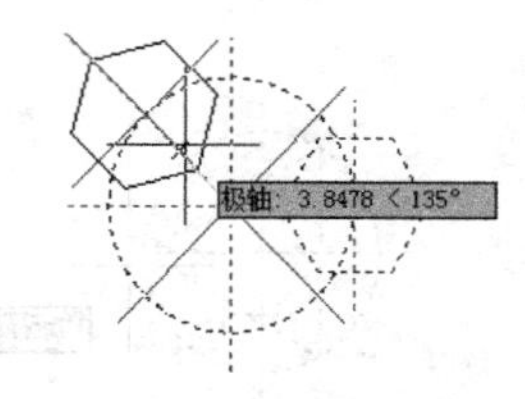

（d）指定第二点（旋转的目标点），结束命令

图 3-35　“旋转”的操作步骤及方法

间接使用夹点和启动“旋转”命令旋转对象的操作方法不同之处在于：选择要旋转的对象和启动命令的先后次序不同。间接使用夹点旋转对象时，当夹点中有一点为热点，它将自动被确定为基点，若有多个热点则与启动“旋转”命令一样须重新确定基点。

（4）使用夹点缩放对象

缩放就是把选中的对象以某点为中心改变其大小。

缩放又被称为比例缩放、变比等，就是相对于热点改变选定对象的实际大小，可以通过从夹点（热点）向外拖动并指定极轴上一点位置来增大对象尺寸，或通过向内拖动减小尺寸，也可以为相对缩放输入一个值。使用夹点缩放对象只有间接形式，没有直接使用夹点就可以缩放对象的形式。

间接使用夹点缩放对象，是先选择要缩放的对象（对象上出现了夹点——冷点），接下来点选一夹点使之变成热点，然后调用命令，按命令提示进行操作，如图 3-36 所示。

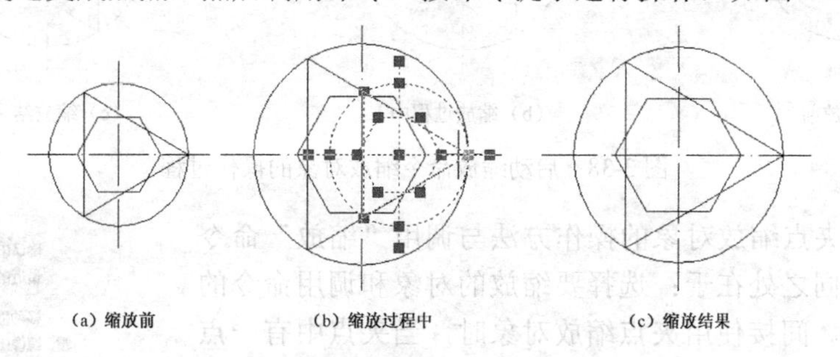

（a）缩放前　　（b）缩放过程中　　（c）缩放结果

图 3-36　间接使用夹点缩放对象的操作过程

间接使用夹点缩放对象的操作方法与启动“缩放”命令的操作方法有何不同呢？

下面通过缩放一个对象，说明启动“缩放”命令的操作过程，如图 3-37 所示。

“缩放”命令的启动方法如下：

按钮（单击）：常用 选项卡→修改标题栏→缩放。

键盘（输入）：SCALE ↵。

命令启动以后，按命令提示进行。“缩放”的操作步骤及方法如图 3-37 所示。

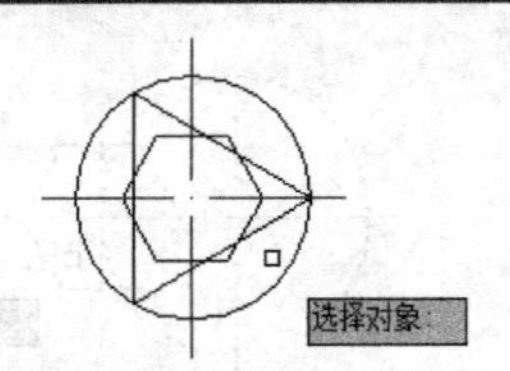

（a）命令提示“选择对象”

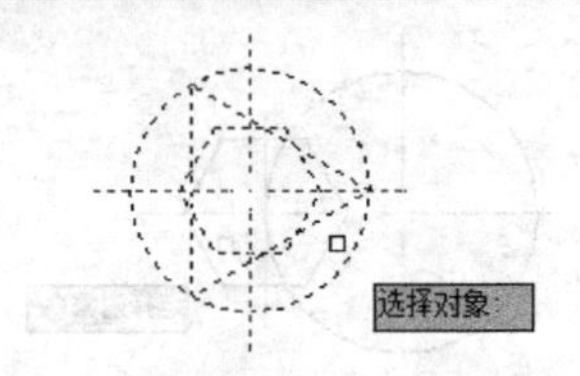

（b）选择图形，按 Enter 键

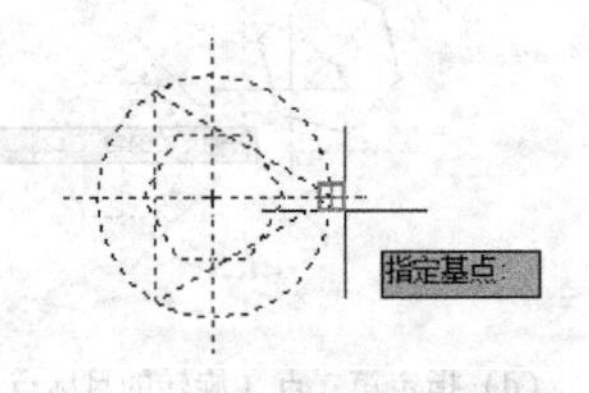

（c）指定一点为“基点”

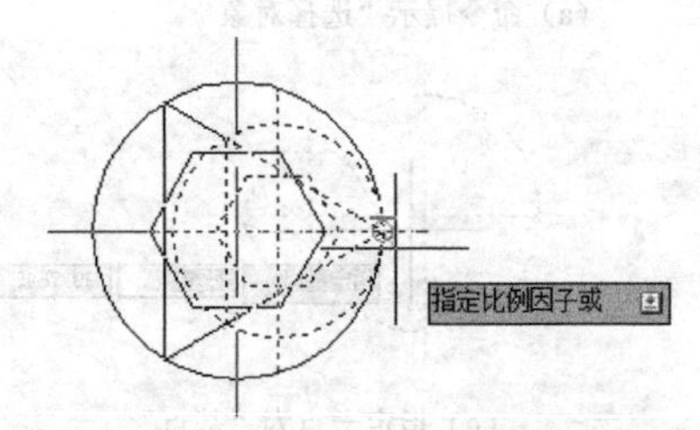

（d）输入比例值，按 Enter 键结束命令

图 3-37　“缩放”的操作步骤及方法

该命令各选项含义：

复制（C）：按新的比例复制对象，原对象保持不变。

参照（R）：指定参照长度、通过拖动指定极轴上某点或指定新长度，相对基点改变选定对象大小。

启动“缩放”命令缩放对象就是先启动命令，接下来选择要缩放的对象（对象上不出现夹点），然后指定基点，按命令提示进行操作，如图 3-38 所示。

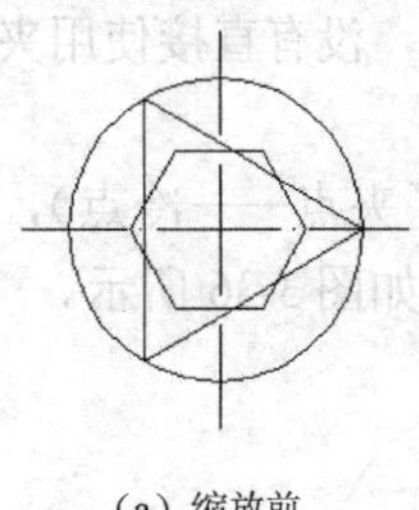

（a）缩放前

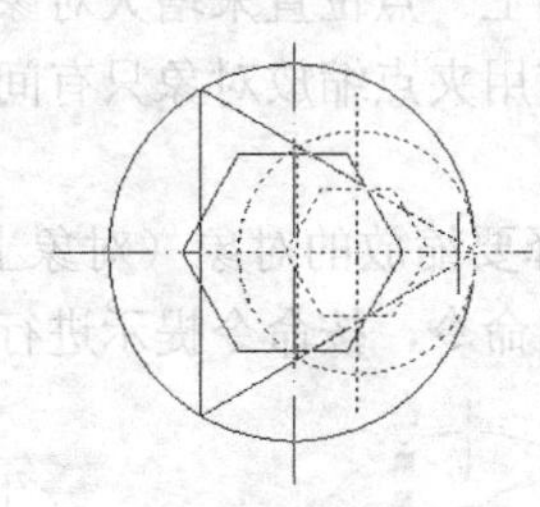

（b）缩放过程中

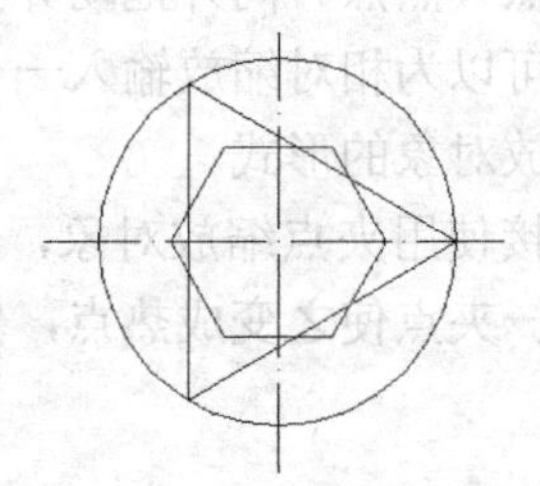

（c）缩放结果

图 3-38　启动缩放命令缩放对象的操作过程

间接使用夹点缩放对象的操作方法与调用“缩放”命令的操作方法不同之处在于：选择要缩放的对象和调用命令的先后次序不同。间接使用夹点缩放对象时，当夹点中有一点为热点，它将自动被确定为基点，若有多个热点则与调用“缩放”命令一样要重新确定基点。前者可连续进行多次变比复制操作（用户自行操作演练），后者只能按给定比例复制一次。

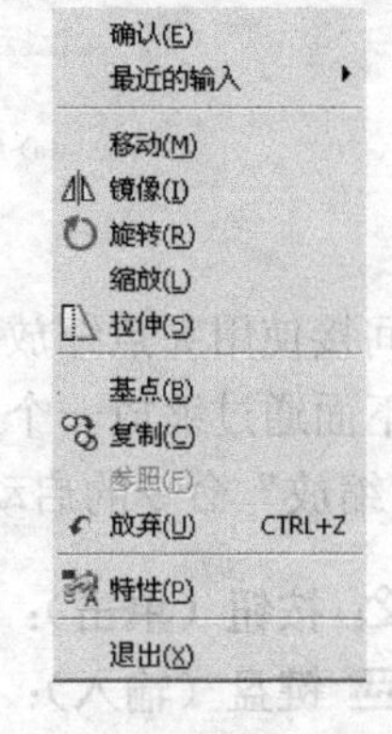

图 3-39　夹点编辑快捷菜单

在夹点编辑模式中，有 5 个编辑命令是可以通过拖动夹点（唯一热点）执行编辑操作的，它们分别是拉伸、移动、旋转、缩放和镜像，如图 3-39 所示。到此为止，已经介绍了 4 个编辑命令的夹点编辑操作，还有镜像命令的夹点编辑操作没

有介绍。镜像命令的夹点编辑操作留给用户自行思考和总结，并探究出使用和操作方法，这更有利于用户绘图技能和水平的提高。

夹点编辑过程中，当拖动的是唯一热点时，可以循环选择使用 5 个编辑命令，它们出现的顺序是拉伸、移动、旋转、缩放、镜像。如果想循环选择使用 5 个编辑命令，只要唯一热点启动，右击鼠标便出现如图 3-39 所示的夹点编辑快捷菜单，接下来按 Enter 键开始循环选择，直到想要的编辑命令出现在命令窗口时，立即停止按键，再根据命令提示进行相应操作。

使用夹点编辑模式，除了可以通过拖动对象的夹点（此时为热点）进行编辑操作外，用户还可以在对象的夹点处于冷点状态时，将这些对象作为修改编辑操作的预选对象，配合编辑命令使用，比如在执行删除、复制、修剪等命令之前。此时的操作步骤就是：先选择对象（对象上出现夹点），再调用命令并执行相应的操作。

3.2　平面图形的绘制

前面详细介绍了常见几何图形的绘制方法，它是绘制平面图形的基础。要想正确地绘制出平面图形，首先要对其进行分析，然后再着手绘制。对平面图形进行分析，可分两步进行，首先是尺寸分析，其次是线段分析。

在进行尺寸分析前，要找到尺寸基准，这样才有利于确定各个尺寸的类型。基准是用以确定各线段相对位置，以及确定尺寸位置的点、线。通常将对称图形的对称线、大圆的对称中心线或圆心、重要的轮廓线（直线）等作为基准。

平面图形通常在水平及垂直两个方向有基准。且在同一个方向上可以有几个基准，其中之一为主要基准，其余均为辅助基准。在如图 3-40 所示的拨叉图形中，$\phi10$ 圆的两条对称中心线分别为水平方向和垂直方向的主要基准，图形左侧轮廓线（铅垂的直线）是水平方向的一个辅助基准，图形中 $\phi6$ 圆的水平方向对称中心线是垂直方向的一个辅助基准。在学习或工作的不同阶段，选择基准时，其结果会存在差异，但随着对知识掌握和理解的不断深入，最终会达成共识乃至得到统一。

3.2.1　平面图形的尺寸分析

现以如图 3-40 所示的拨叉图形为例，对平面图形中尺寸进行分析。

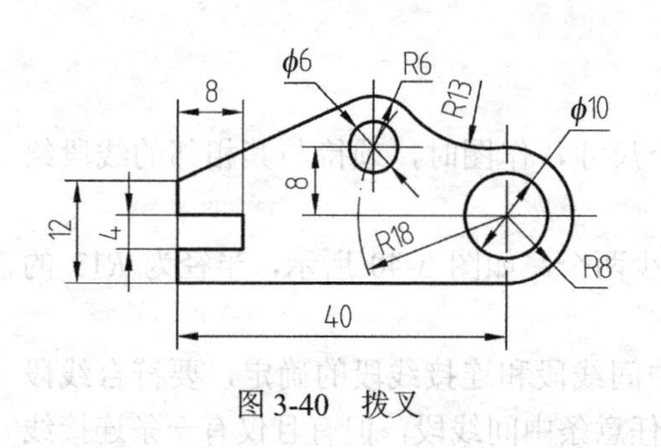

图 3-40　拨叉

平面图形中的尺寸，按其在图形中的作用和性质的不同，可分为两种类型，其一为定形尺寸，其二为定位尺寸。

1．定形尺寸

定形尺寸是确定平面图形中线段或线框的形状、大小的尺寸，如图 3-40 所示的 4、$\phi10$、$R8$ 等。这类尺寸可分别表示直线段的长度、圆的直径、圆弧的半径，以及角度的大小等。

2．定位尺寸

定位尺寸是确定平面图形中线段或线框间相对位置的尺寸，如图 3-40 所示的 40、12、8、*R*18 等。这类尺寸可分别表示直线段上某点的坐标、直线段相对基准倾斜角度、圆及圆弧的圆心坐标等。

3.2.2 平面图形的线段分析

众所周知，平面内的直线段可用其两个端点来确定位置，此时已知直线段两端点的定位尺寸（坐标）。此外，平面内直线段还可用一个端点和其相对倾斜角度（定位尺寸）及其长度（定形尺寸）来确定位置。平面内的直线段也可用一个端点和其相对倾斜角度及另一个端点的其中一个坐标（定位尺寸）来确定位置等。由上述内容可见，平面内直线段的位置被确定的条件是：必须有 4 个尺寸。

平面内的圆可用其直径（定形尺寸）及圆心点（定位尺寸）来确定位置，它的位置被确定的条件是：需要有 3 个尺寸。

在几何作图中，平面内的圆弧段可用其半径（定形尺寸）及圆心点（定位尺寸）来确定位置。在标注尺寸时，也多标注其半径和圆心点的位置尺寸，所以它的位置被确定的条件是：需要有 3 个尺寸（几何作图内容以外的有些图形里的圆弧段除外）。

以上分析是说明平面图形中线段位置被确定的条件，即确定它们所必需的尺寸。

由此，在平面图形中，按所给出的尺寸是否齐全，线段一般分为以下 3 种类型：已知线段、中间线段、连接线段。

1．已知线段

注有完全的定形尺寸和定位尺寸，作图时，可以直接根据给定条件即可绘出的线段。

就是说，确定线段所必需的尺寸完整。如图 3-40 所示，直径为ϕ10、ϕ6 的圆；半径为 *R*8、*R*6 的圆弧段；长度为 8、4 的直线段，它们的定形尺寸和定位尺寸齐全。

2．中间线段

注有的定形尺寸和定位尺寸不完整，但只缺少一个尺寸，作图时，须待与其相邻的线段绘出后，用作图方法确定其位置和大小的线段。

就是说，确定该线段所必需的尺寸不完整，但只缺少一个。如图 3-40 所示图形底部长度为 40 的水平直线段。

3．连接线段

注有的定形尺寸和定位尺寸不完整，缺少两个尺寸，作图时，须待与其相邻的线段绘出后，用作图方法确定其位置和大小的线段。

就是说，确定该线段所必需的尺寸不完整，缺少两个。如图 3-40 所示，半径为 *R*13 的圆弧段、图形左上角那一条倾斜的直线段。

必须指出，线段连接是有规律的。图形中的中间线段和连接线段的确定，要符合线段连接的一般规律，即在两条已知线段之间，可以有任意条中间线段，但有且仅有一条连接线

段。也就是说缺少两个尺寸的线段，在两已知线段之间最多只能有一条。

3.2.3 平面图形的绘制

找到了平面图形的基准，完成了平面图形的尺寸和线段分析，倘若能够进一步进行平面图形中几何元素的特殊位置关系及相互间的相对位置关系分析，更是十分必要的，这更有利于正确而迅速地绘出平面图形，同时也为后续平面图形的尺寸标注提供方便。

平面图形中几何元素的特殊及相对位置通常有：表示图形中特殊位置线的水平线、铅垂线，表达两元素间相对位置关系的平行、垂直、相切、对中、对齐和对称，表明两元素定形尺寸大小一样的相等。

到此，绘制平面图形的前期分析工作完成了，现在应该着手绘制平面图形了，绘制平面图形的基本流程是：绘制基准线，绘制已知线段，绘制中间线段，绘制连接线段，最后经检查整理完成图形，如图 3-41 所示。

提示

软件中使用样板图、调用命令绘制 CAD 图形的方法与在一张图纸上用仪器绘制图形的方法有所不同。CAD 制图具有图层的概念（请参阅 2.2 节），所以在绘制 CAD 图形时可以分成两大画法：其一，在不顾及图层概念的情况下，尽管在当前层绘制图形，待图形绘制完成后，再对不同元素进行分门别类归档。这种方法适用于能完全掌控 CAD 图形特性的用户且图形较为简单或图形较大而分块处理等情况，特点是集中修改编辑，不需频繁变更当前图层，从而节省时间；其二，考虑图层概念的存在，在绘制图形元素时，可根据要绘制的元素应在图层等信息而随时变更当前图层，使图形元素及时归档。

1. 绘制基准线

在如图 3-40 所示的拨叉图形中，$\phi10$ 圆的两条对称中心线分别为水平方向和垂直方向的主要基准，图形左侧轮廓线（垂直的直线）是水平方向的一个辅助基准，图形中$\phi6$ 圆的水平方向对称中心线是垂直方向的一个辅助基准，等等，如图 3-41（a）所示。基准确定后，调用相关命令绘制基准线，绘制如图 3-40 所示图形将用到“直线”、“圆弧”或“圆”等绘图命令和“偏移”和“修剪”等修改命令。基准线绘制完成后，用户可以把各元素放入各线应在的图层。图形中，细点画线的图层标识号为 05，其屏幕上的颜色为红色；粗实线的图层标识号为 01，其屏幕上的颜色为白色（对于较简单的图形，用户可以在当前层把图形绘制编辑完成后，再修改编辑各元素到应在的图层）。

2. 绘制已知线段

在如图 3-40 所示的拨叉图形中，直径为$\phi10$、$\phi6$ 的圆、半径为 $R8$、$R6$ 的圆弧段，以及长度为 8、4 的各直线段均为已知线段（图形左侧轮廓线是两段，其最上和最下点相对于主要基准的 X 坐标值是–40，Y 坐标值是 4 和–4，长为 4）。可以调用“直线”、“圆弧”和“圆”等绘图命令和“偏移”和“修剪”等修改命令绘制这些线段，如图 3-41（b）所示。

3．绘制中间线段

在如图 3-40 所示的拨叉图形中，只有图形底部的那条水平直线段为中间线段。可以调用“直线”命令，捕捉半径为 *R*8 的圆弧段与垂直方向的主要基准线的交点，用户绘制一水平线与水平方向的辅助基准线图配左侧轮廓线相交即可完成；或捕捉左侧轮廓线最下端点，绘制一水平线与半径为 *R*8 的圆弧段相切，如图 3-41（c）所示。

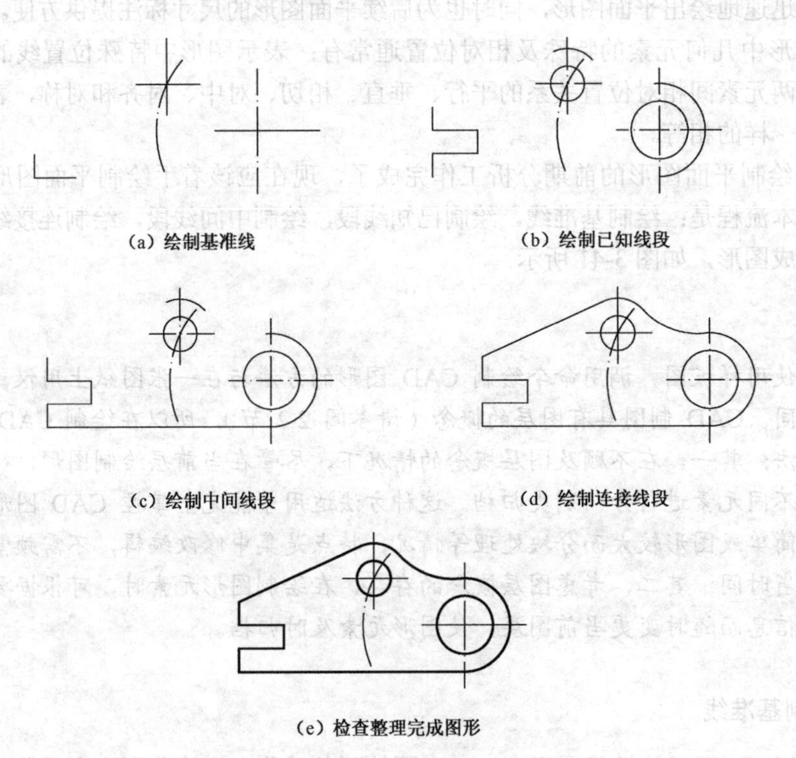

图 3-41　拨叉平面图形的绘制流程

4．绘制连接线段

在如图 3-40 所示的拨叉图形中，有两条线段为连接线段，它们是半径为 *R*13 的圆弧段和图形左上角那条倾斜线。调用“直线”命令绘制倾斜线（自动捕捉左侧直线最上“端点”和 *R*8 圆弧上的“切点”），调用“圆角”命令绘制半径为 *R*13 的圆弧段，如图 3-41（d）所示。

5．检查整理完成图形

检查整理图形就是要找出所绘制的图形与所提供样图的不同点，其具体内容可以有：是否有漏画的图线；是否有多余的图线没有被删除或修剪；细点画线的超出长度是否符合规定的要求；各类图形元素是否分门别类归档；图形中图线的线型与所提供样图是否一致等。最后还可以按顺序分别关闭相关图层，检查是否有遗漏或多画的图形元素，漏画补齐、多余则删除，打开全部图层，检查整理完毕，结果如图 3-41（e）所示。

3.3 平面图形的尺寸标注

对平面图形进行尺寸标注，其实质就是要确定出图形中线段或线框的形状和大小，以及它们之间的相对位置，标注出它们的定形尺寸和定位尺寸。标注尺寸是一项很重要的工作，一定要确保标注出的尺寸能够达到“正确、完整、清晰、合理”的要求。

用户进行平面图形尺寸标注，首先要确定标注尺寸的基准，基准是标注尺寸的起点（请参阅 3.2 节）。值得一提的是，标注同一图形的尺寸，选定的基准不同，可以有不同的尺寸标注结果。接下来是进行线段分析并划分线段类型，进行线段分析的目的是了解线段被确定时所需尺寸情况（请参阅 3.2.2 节）。同样值得注意的是，对同一图形而言，划分线段类型，也影响尺寸标注的结果。已知线段要按完全的尺寸标注，中间线段要少标注一个尺寸，要根据线段在图形中的不同作用和与其相邻线段的连接关系，确定出哪个尺寸不需标注。一般情况下，该尺寸是不能独立和不能直接确定的，是通过作图在连接时自然形成的。连接线段则要少标注两个尺寸，这也要根据线段在图形中的不同作用和与其相邻线段的连接关系，确定出哪两个尺寸不标注。最后检查和调整标注出的尺寸，对标注出的尺寸进行检查和适当调整，目的是让所标注出的尺寸更加合理，不相互矛盾，便于测量和制造，符合国家标准有关规定。

平面图形的尺寸标注方法是各种图形及图样尺寸标注的基本方法。使用软件标注尺寸，首先要分清各尺寸的标注类型，然后再调用相关的尺寸标注命令进行标注。根据不同尺寸的标注类型软件提供了一套完整的命令，其中包括“线性”、“直径”、“半径”、“角度”等标注类型。下面就以如图 3-40 所示的拨叉图形为例进行尺寸标注，通过调用相关命令，让用户了解其功能和操作方法。

3.3.1 线性尺寸标注

尺寸是表达几何元素大小的量，在图形和工程图样中经常用到的尺寸有线性尺寸和角度等。所谓线性尺寸是指两点间的距离，比如各元素的长、宽、高、中心距、直径、半径、弦长等。这里重点介绍各元素的长、宽、高、中心距等线性尺寸标注，而对直径、半径等线性尺寸的标注将在后续内容中单独介绍。

在软件所提供的一套完整尺寸标注命令中，能够标注出各几何元素的长、宽、高、中心距等线性尺寸的相关命令有“线性”、“对齐”、“基线”、“连续”等。

在如图 3-40 所示的拨叉图形中，符合上述条件的线性尺寸共有 5 个。要标注这 5 个尺寸，只要调用“线性”命令即可完成，如图 3-42 所示。

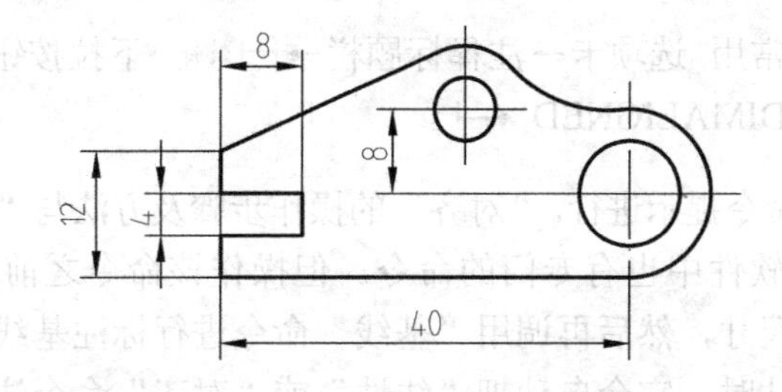

图 3-42 启动“线性”命令标注拨叉的线性尺寸

要标注线性尺寸，就需要启动“线性”命令。下面通过标注如图 3-42 所示的最下方的“40”尺寸，来说明启动“线性”命令的操作过程，如图 3-43 所示。“线性”命令的启动方法如下：

按钮（单击）：常用 选项卡→注释标题栏→线性。

键盘（输入）：DIMLINEAR ↵。

命令启动以后，按命令提示进行。“线性”的操作步骤及方法如图 3-43 所示。

（a）指定第一个尺寸线原点

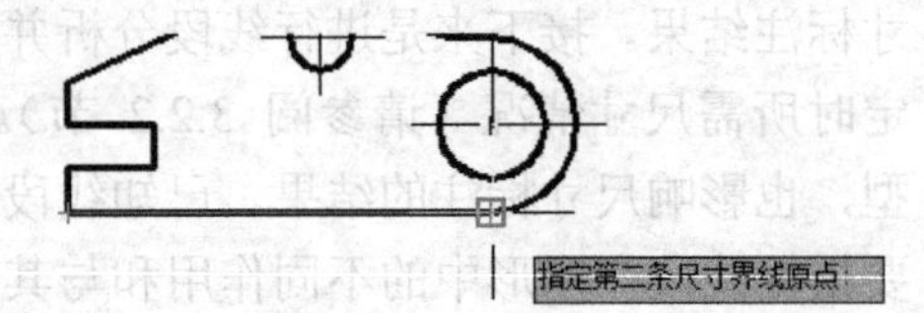

（b）指定第二个尺寸线原点

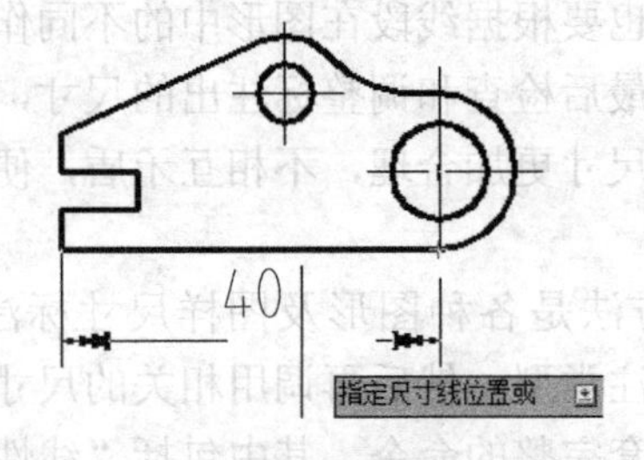

（c）单击一点确定尺寸线位置，结束命令

图 3-43 “线性”的操作步骤及方法

该命令部分选项含义：

多行文字（M）：进入多行文字模式编辑尺寸数字内容，编辑完成单击确认。

文字（T）：进入单行文字模式编辑尺寸数字内容，编辑完成按 Enter 键确认。

调用“线性”命令标注如图 3-43 所示的尺寸，在此仅仅是用到了“线性尺寸标注”的一小部分功能。“线性尺寸标注”命令可以标注出多种组合形式的线性尺寸，它包括尺寸线与线段（对象）间相互平行的对齐型尺寸；以第一个尺寸为参照的后注尺寸线间相互平行的基线型尺寸；以第一个尺寸为参照的后注尺寸线共线对齐的连续型尺寸等。除此之外，还可以标注出尺寸数字或尺寸整体倾斜的尺寸，以及改变尺寸数字内容等功能。

标注对齐型尺寸，软件中有专门的命令。要标注出图 3-44 右上角的数字为“15”的线性尺寸，启动“对齐”命令即可完成。“对齐”命令的启动方法如下：

按钮（单击）：常用 选项卡→注释标题栏→线性 下拉按钮→对齐。

键盘（输入）：DIMALIGNED ↵。

命令启动以后，按命令提示进行。“对齐”的操作步骤及方法与“线性”相同。

标注基线型尺寸，软件中也有专门的命令。但操作该命令之前，必须先调用“线性”或“对齐”命令标注一尺寸，然后再调用“基线”命令进行标注基线型尺寸。此时注意，调用“基线”命令标注尺寸时，它会自动把“线性”或“对齐”命令注出尺寸的第一条尺寸界线原点默认为是自己的，用户还须指定第二条尺寸界线原点；否则，须按 Enter 键后重新选

择第一条尺寸界线。

要标注出如图 3-44 所示左侧的尺寸数字分别为 12、15 和 18 的 3 个线性尺寸，启动“基线”命令即可完成，该命令的功能及操作如下：

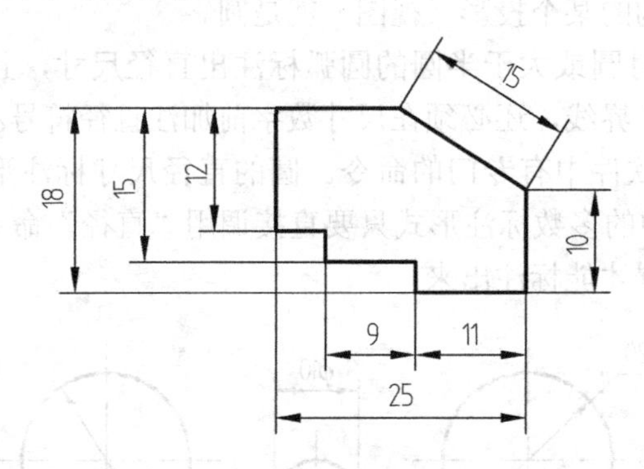

图 3-44　启动“对齐”、“基线”、“连续”命令标注尺寸

按钮（单击）：注释 选项卡→标注标题栏→ 下拉按钮→基线。

键盘（输入）：DIMBASELINE ↵。

“基线”命令的操作步骤及方法：

命令启动以后，按命令提示进行。“基线”的操作步骤及方法略。

该命令部分选项含义：

选择（S）：取消基线型尺寸默认的第一条尺寸界线，重新选取新的第一条尺寸界线（直接按 Enter 键，也可重新选择第一条尺寸界线）。

标注连续型尺寸也有专门的命令，它的操作方法基本和标注基线型尺寸一样。

要标注出如图 3-44 所示底部的尺寸数字分别为 9、11 的 2 个线性尺寸，启动“连续”命令即可完成。“连续”命令的启动方法如下：

按钮（单击）：注释选项卡→标注标题栏→连续。

键盘（输入）：DIMCONTINUE ↵。

命令启动以后，按命令提示进行。“连线”的操作步骤及方法略。

该命令部分选项含义：

选择（S）：取消连续型尺寸默认的第一条尺寸界线，重新选取新的第一条尺寸界线（直接按 Enter 键，也可重新选择第一条尺寸界线）。

通过“线性”、“对齐”、“基线”和“连续”4 个命令功能及操作的介绍，发现“线性”、“对齐”两个命令的操作相对独立，而“基线”、“连续”两个命令的操作则要依存于“线性”、“对齐”两个命令；“线性”命令的应用范围相对较大，“对齐”、“基线”和“连续”3 个命令的应用范围具有一定的局限性。“线性”命令可以注出“对齐”、“基线”和“连续”3 个命令能注出的所有尺寸形式，望读者进一步总结。

3.3.2 圆的尺寸标注

绘制图形和图样时，圆这一常用的几何图形会经常在图中出现。如果形体中存在有完整的回转体结构，该结构的某个投影（视图）就是圆。

工程制图中，要求对圆或大于半圆的圆弧标注出直径尺寸，且标注时尺寸线一般通过圆心，并以圆周线为尺寸界线，还必须在尺寸数字前加注直径符号ϕ。

标注圆直径尺寸，软件中有专门的命令。圆的直径尺寸标注形式有很多种，常用的形式如图 3-45 所示，图中的多数标注形式只要直接调用“直径”命令即可完成，而少数形式则需要改变一下相关设置才能标注出来。

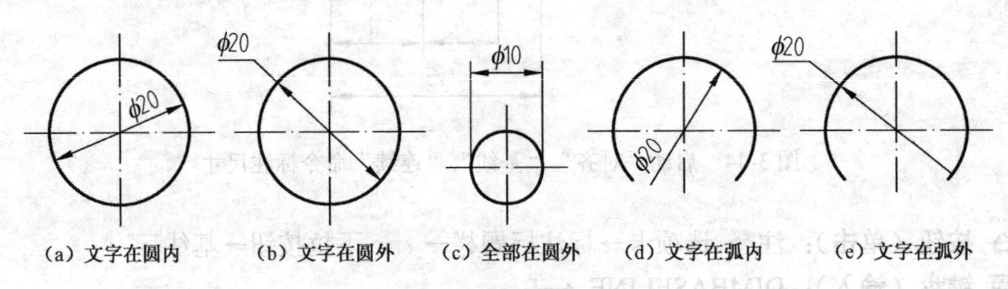

图 3-45　圆的直径尺寸标注

“直径”命令的启动方法如下：

按钮（单击）：常用 选项卡→注释标题栏→├┤线性 ·下拉按钮→直径。

键盘（输入）：DIMDIAMETER ↵。

命令启动以后，按命令提示进行。“直径”的操作步骤及方法如图 3-46 所示。

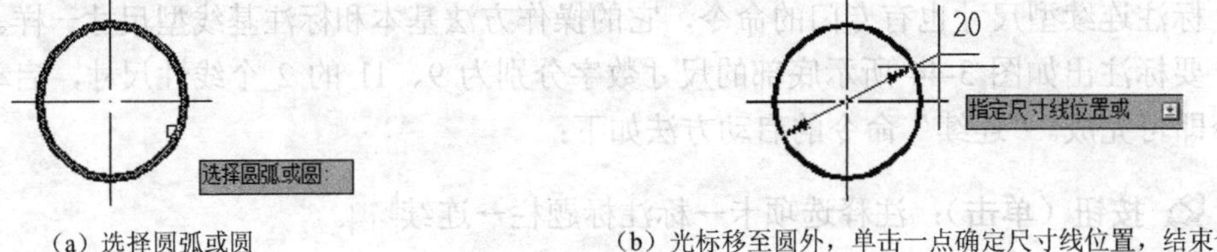

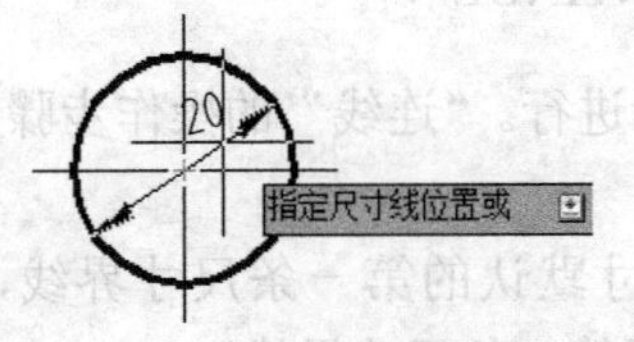

图 3-46　“直径”的操作步骤及方法

在如图 3-45 所示图形中，(a)、(b) 图是在标注样式设置的基础上，直接启动“直径”命令标注出来的，而 (c)、(d)、(e) 图则是间接标注出来的。

如图 3-45 (c) 所示的标注形式，是启动“线性”命令标注出来的。当执行到“线性”命令的第 3 步，命令提示用户指定尺寸线位置时，输入 T，进入单行文字模式，编辑尺寸数字为%%c10，按 Enter 键确认，再回到需要指定尺寸线位置，单击或捕捉一点作为尺寸线位置，完成标注。请读者记住这种标注形式，标注回转体非圆视图的直径尺寸时经常使用。当

然，要实现同样的标注形式，还会有很多方法，读者可以自行探究，并从中找出一种适合自己的标注方法。

如图 3-45（d）、图 3-45（e）所示的标注形式是在启动“直径”命令之前，对标注样式进行设置后得到的。在标注样式管理器中，单击“替代”按钮，进入替代当前样式对话框。在“线”选项卡的尺寸界线区单击“尺寸界线 1”复选框；调出“符号和箭头”选项卡，在箭头区的第一个下拉列表中选择“无”，单击“确定”按钮并关闭。再返回主界面，启动“直径”命令标注尺寸。

在如图 3-40 所示的拨叉图形中，圆的直径尺寸只有 2 个，它们是$\phi6$、$\phi10$，直接启动“直径”命令即可完成标注，如图 3-47 所示。

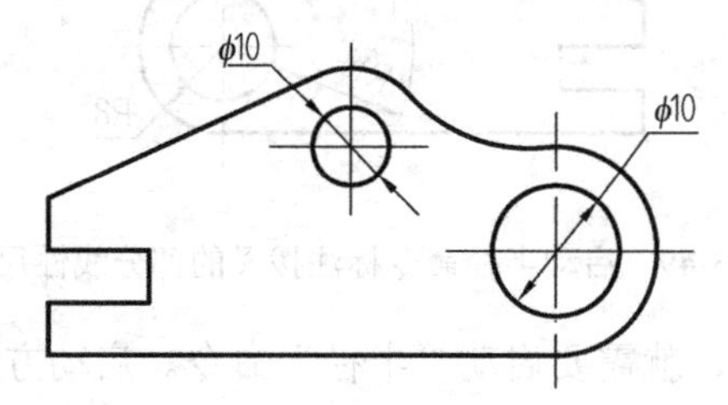

图 3-47　调用“直径”命令标注拨叉的部分线性尺寸

绘制图形和图样时，图线应尽量相交在画上。如果对称中心线没有相交在画上，建议加注圆心标记符号，该符号的标注须启动“圆心标记”命令完成。“圆心标记”命令的启动方法如下：

按钮（单击）：注释 选项卡→标注 面板→圆心标记⊕。
键盘（输入）：DIMCENTER ←┘。

命令启动以后，按命令提示进行。“圆心标记”的操作步骤及方法如图 3-48 所示。

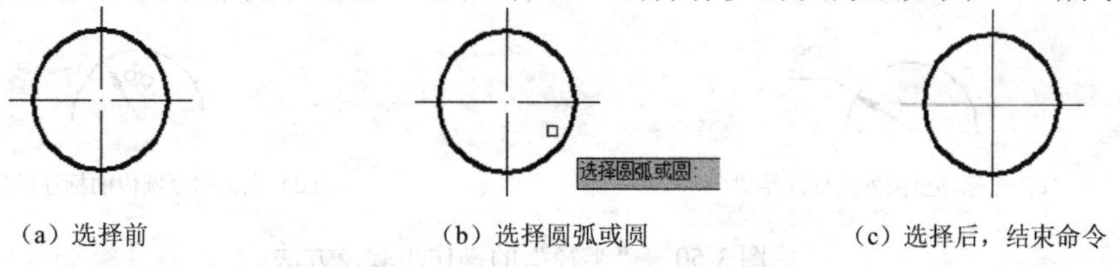

（a）选择前　　（b）选择圆弧或圆　　（c）选择后，结束命令

图 3-48　“圆心标记”的操作步骤及方法

圆心标记符号是由两条正交直线段组成的，线段的长度可以在标注样式设置中的“符号和箭头选项卡”圆心标记编辑框内编辑，标准规定其长度一般应控制在 12*d* 左右（*d* 为所选图线宽度组别中细线的宽度）。本书使用的圆心标记大小为 3，“符号和箭头选项卡”圆心标记大小编辑框内的默认值 2.5。本书建议加注的圆心标记应与对称中心线同图层。

3.3.3　圆弧的尺寸标注

绘制图形和图样时，圆弧会经常在图中出现。这是因为如果形体中存在有部分回转体结构，那么该结构的某个投影（视图）一定是圆弧。工程制图中，要求对小于或等于半圆的

圆弧标注半径尺寸，标注时尺寸线一般要自圆心引向圆弧，并以圆弧线为尺寸界线，使用单箭头且指向圆弧，半径尺寸注写在反映圆弧的图形上，还必须在尺寸数字前加注半径符号 *R*。

标注圆弧的半径尺寸，软件中有专门的命令。圆弧的半径尺寸标注形式有很多种，常用的形式如图 3-49 所示，图中的标注形式可以直接调用“半径”命令完成，但有一个尺寸是通过修改后得到的，这个问题将留给用户去探究。

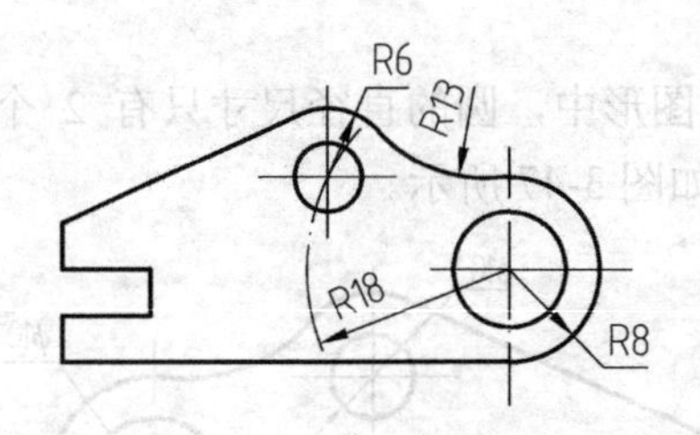

图 3-49　启动半径命令标注拨叉的部分线性尺寸

要标注圆弧的半径尺寸，就需要启动“半径”命令。启动方法如下：

按钮（单击）：常用 选项卡→注释标题栏→线性 下拉按钮→半径。

键盘（输入）：DIMRADIUS ↵。

命令启动以后，按命令提示进行。“半径”的操作步骤及方法如图 3-50 所示。

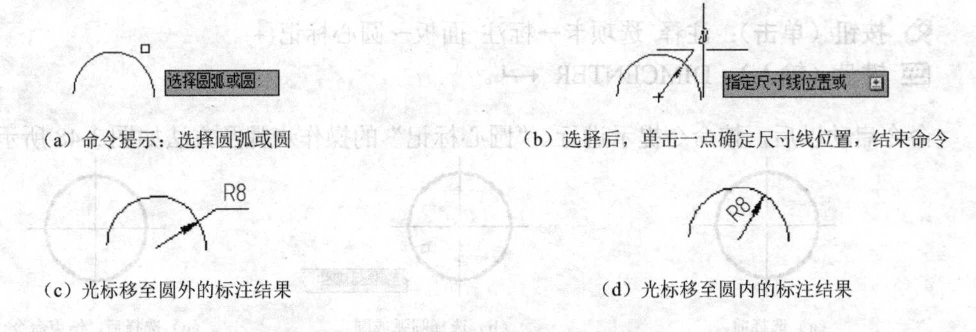

（a）命令提示：选择圆弧或圆　（b）选择后，单击一点确定尺寸线位置，结束命令

（c）光标移至圆外的标注结果　（d）光标移至圆内的标注结果

图 3-50　“半径”的操作步骤及方法

当圆弧半径过大，在图纸范围内无法标注圆心位置时，可以把尺寸线折弯进行标注。制图标准中，根据需要或不需要注出圆心位置，把标注半径过大的圆弧尺寸分为两种形式，如图 3-51 所示。图中的标注形式可以直接启动“折弯”命令完成。“折弯”命令的启动方法如下：

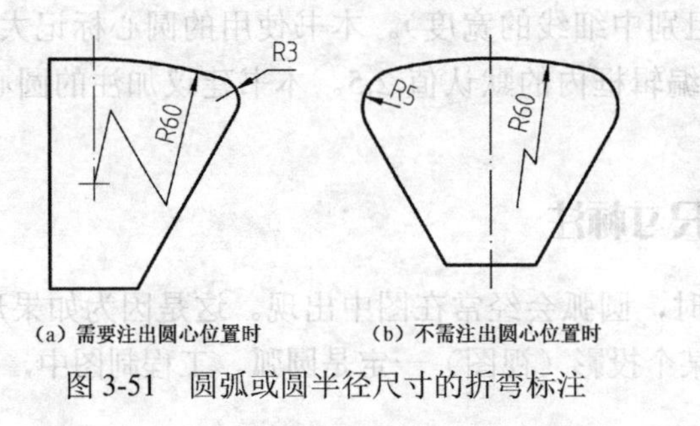

（a）需要注出圆心位置时　（b）不需注出圆心位置时

图 3-51　圆弧或圆半径尺寸的折弯标注

按钮（单击）：常用 选项卡→注释标题栏→⊢ 线性 ·下拉按钮→折弯。

键盘（输入）：DIMJOGGED ↵ 。

命令启动以后，按命令提示进行。“折弯”的操作步骤及方法如图 3-52 所示。

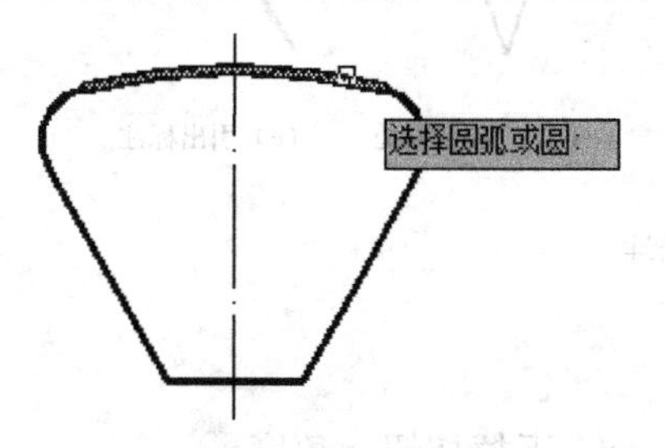

（a）命令提示：选择圆弧或圆

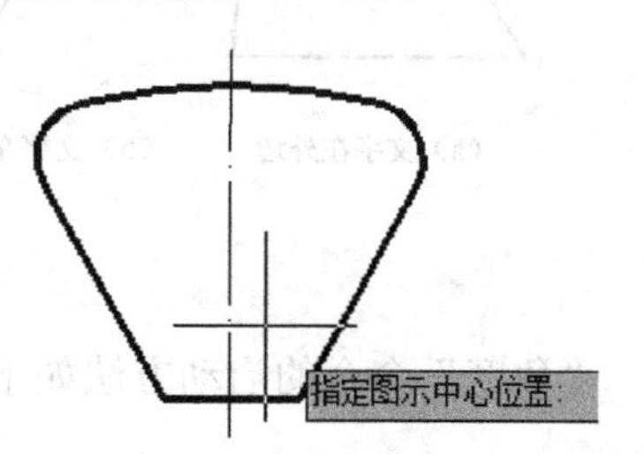

（b）选择后，单击一点确定中心位置

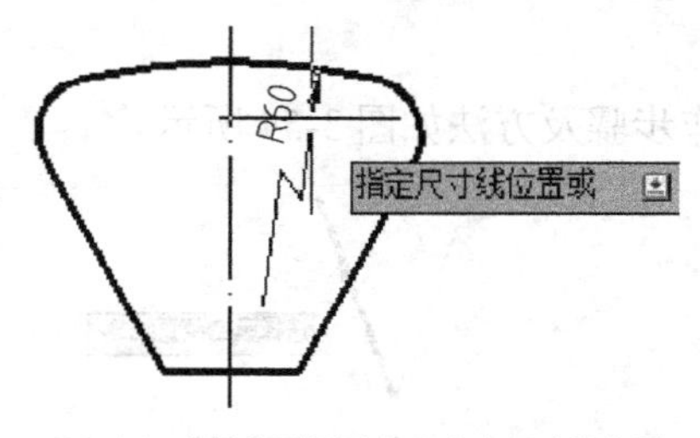

（c）光标移至圆弧内，确定尺寸线位置

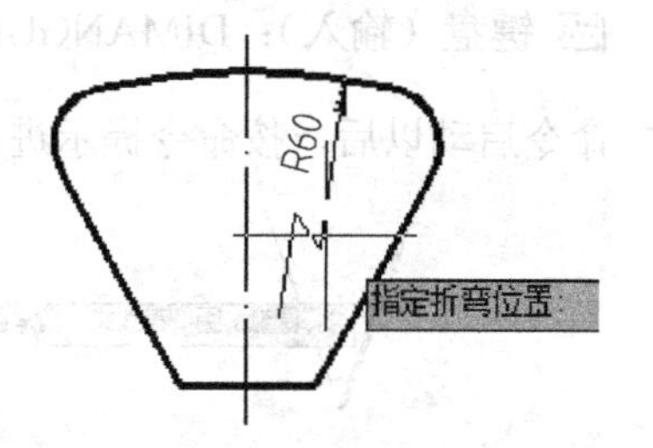

（d）光标移至合适位置，确定折弯位置，结束命令

图 3-52　“折弯”的操作步骤及方法

在如图 3-52（a）所示图形中，折弯的尺寸线端点绘制在细点画线上，这里暗指圆弧的圆心就在细点画线上，该图表达出了圆弧圆心所在位置。在如图 3-52（b）所示图形中，折弯的尺寸线端点不在细点画线上，这表明圆弧的圆心位置不需要注出，那么它到底在哪儿？用户仔细观察图形就会发现，由于该图形为对称图形，所以圆弧的圆心位置必在对称线上。

在使用软件的过程中，如果善于捕捉操作时出现的各种现象，再经仔细分析，会发现很多信息：调用“折弯”命令标注圆弧或圆的半径尺寸，与箭头相连的那一段尺寸线，其方向永远是指向圆弧或圆的圆心。你观察到了吗？

3.3.4　角度尺寸的标注

角度是指两几何元素间夹角的大小。国家标准中规定标注角度尺寸时，其尺寸界线应沿径向引出，尺寸线画成圆弧，其半径根据需要适当选取，圆心为该角的顶点。角度数字一律水平书写，一般注写在尺寸线的上方、外边，或注写在尺寸线的中断处，也可引出标注。

角度尺寸的标注形式有很多种，常用的形式如图 3-53 所示，图中数字在外边的标注形式为本书推荐形式，在设置好标注样式基础上，只要直接调用“角度”命令即可完成。其他形式的标注要经修改编辑才能实现。

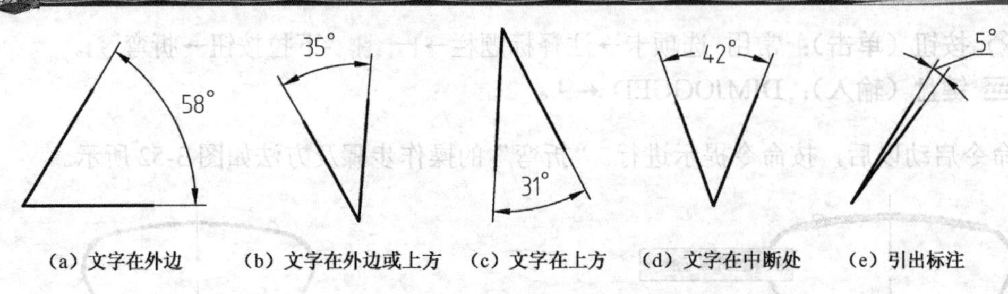

（a）文字在外边　（b）文字在外边或上方　（c）文字在上方　（d）文字在中断处　（e）引出标注

图 3-53　角度尺寸的标注

“角度”命令的启动方法如下：

按钮（单击）：常用 选项卡→注释标题栏→线性 下拉按钮→角度。
键盘（输入）：DIMANGULAR ↵。

命令启动以后，按命令提示进行。“角度”的操作步骤及方法如图 3-54 所示。

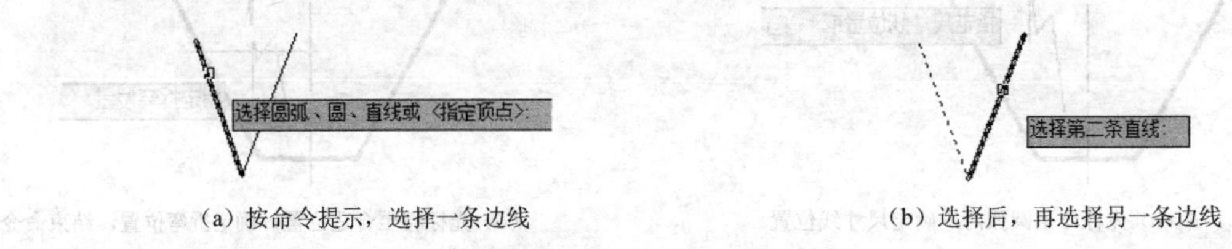

（a）按命令提示，选择一条边线　（b）选择后，再选择另一条边线

（c）光标移至合适位置，单击确定尺寸线位置

图 3-54　“角度”的操作步骤及方法

在如图 3-53 所示图形中，（a）、（b）图是在设置好标注样式基础上，直接调用“角度”命令标注出来的。（c）、（d）、（e）图则是在调用“角度”命令标注出尺寸的基础上，经编辑后才能实现。下面介绍常用的编辑方法。

如图 3-53（c）所示的标注形式，是调用“角度”命令后标注出尺寸，利用夹点编辑操作，让尺寸数字的夹点变为热点，将尺寸数字移动到尺寸线上方即可。

如图 3-53（d）所示的标注形式，同样是在调用“角度”命令标注出尺寸后，选中或单击该尺寸，再调用“特性”命令，在出现的“特性选项板”中，找出文字选项卡，把其中的垂直放置文字下拉列表展开，单击“置中”后关闭特性选项板，按 Esc 键取消夹点，即完成尺寸数字在中断处的标注形式。

如图 3-53（e）所示的标注形式与如图 3-53（d）所示的标注形式的操作基本相似，此时找出的是调整选项卡，将其中文字移动下拉列表展开，单击“移动文字时添加引线”后关闭特性选项板，按 Esc 键取消夹点，即完成引出标注形式。

3.3.5　倒角的尺寸标注

倒角是应用在机械零件上的一种简单工艺结构，它的主要作用是导向。除此之外，它还可以起美化零件和去除零件表面交线处毛刺的作用，有时它也会对机械设备的使用性能、密封、噪声等产生一定的影响。

常用的倒角种类可分为倒圆角和倒直角。

平面图形中，倒圆角的图形结构常以两线之间用圆弧光滑连接的形式出现。这种图形的绘制方法，在 3.1.3 节中已经进行了详细讲述，其实质就是解决线段之间连接问题。倒圆角就是用一圆弧把两线段连接起来，标注尺寸时，也要对该连接圆弧进行尺寸标注（请参阅 3.3.3 节）。由于该圆弧在图形中是个连接线段，只需标注出它的定形尺寸即可。由此可见，绘制倒圆角及进行尺寸标注都很容易解决。

平面图形中，倒直角的图形结构常以两线之间用斜线连接的形式出现，特别是两正交直线段之间用一段斜线连接的形式最为多见，如图 3-55（c）所示。绘制这样的图形，调用“直线”命令可以完成，但这不是最简便方法。本书将介绍只要调用一个命令即可绘制出此图形的方法。要想绘制出如图 3-55 所示图形，其流程是：首先绘出如图 3-55（b）所示图形，再调用“倒角”命令绘出如图 3-55（c）所示图形，最后再调用“直线”命令补画一条直线段如图 3-55（d）所示。

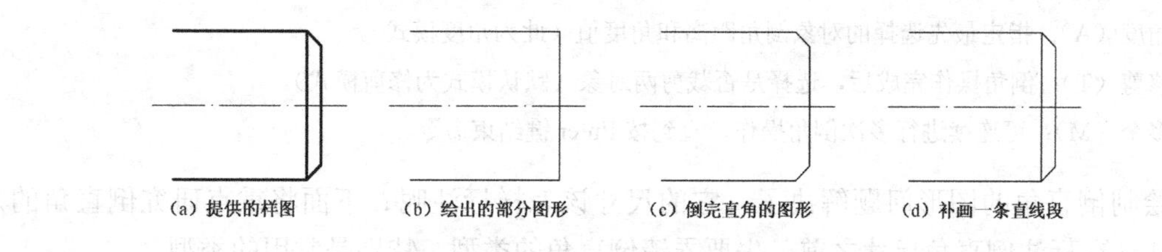

图 3-55　倒直角图形的绘制流程

要绘制如图 3-55（c）所示图形，就需要启动“倒角”命令。“倒角”命令的启动方法如下：

按钮（单击）：常用 选项卡→修改标题栏→圆角 ·下拉按钮→倒角。

键盘（输入）：CHAMFER ↵。

命令启动以后，按命令提示进行。“倒角”的操作步骤及方法如图 3-56 所示。

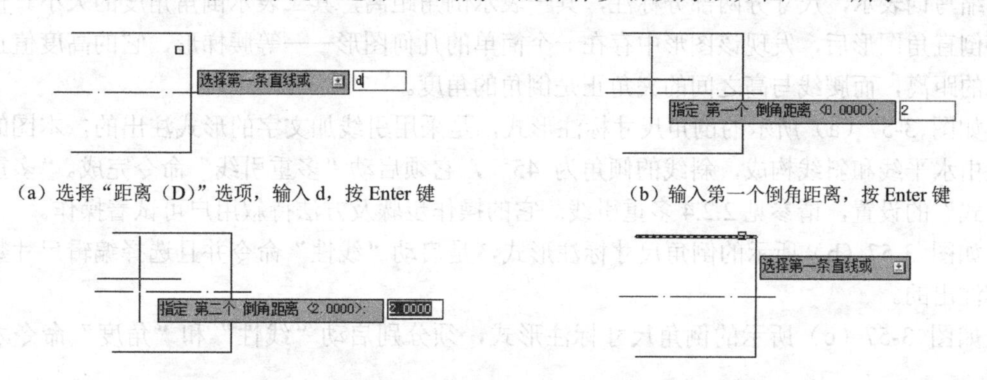

图 3-56　“倒角”的操作步骤及方法

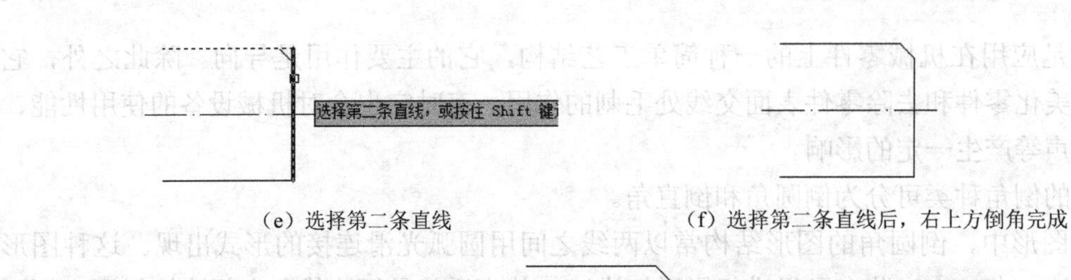

（e）选择第二条直线　　　　　（f）选择第二条直线后，右上方倒角完成

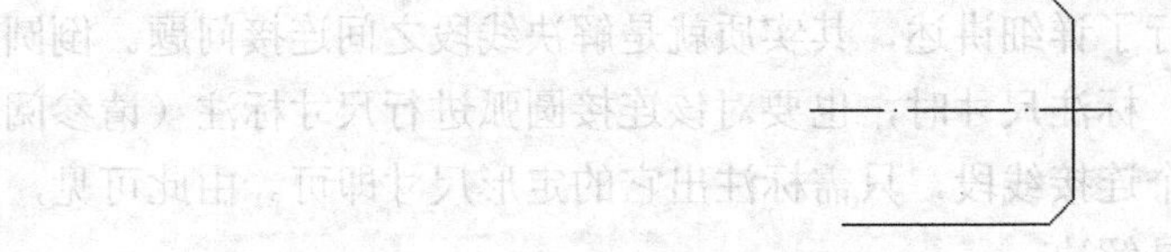

（g）重复 d、e、f 操作，右下方倒角完成

图 3-56　“倒角”的操作步骤及方法（续）

该命令部分选项含义：

多段线（P）：对自封闭或连续多段线的倒角操作。

距离（D）：按选择对象的先后顺序，分别给出两条线的倒角距离（此为距离模式）。

角度（A）：指定最先选择的对象倒角距离和角度值（此为角度模式）。

修剪（T）：倒角操作完成后，选择是否裁剪两对象（默认模式为修剪模式）。

多个（M）：可连续进行多次倒角操作，直到按 Enter 键结束命令。

绘制倒直角的图形问题解决了，它的尺寸该怎样标注呢？下面将重点研究倒直角的尺寸标注。在标注倒直角尺寸之前，先要弄清倒直角的类型，特别是常用的类型。

工程制图中，常用的倒直角类型有两种：45°倒角和非 45°倒角。

绘制图形时，45°类型的倒角，其两条线的倒角距离是相等的，可以利用倒角命令中的距离模式绘制；绘制非 45°类型倒角的图形，须确定一条线的倒角距离和斜线的倾斜角度，然后利用“倒角”命令中的角度模式进行绘制。

标注倒直角的尺寸时，针对不同类型有不同的标注形式。国家标准规定：45°倒角应采用缩写词 C 表示，其尺寸数字为 C×，其中的×为数字，代表倒角距离。非 45°倒角不采用缩写词表示，尺寸分两部分标注，其一表示倒角距离，其二表示倒角角度的大小。仔细观察倒直角图形后，发现该图形中存在一个简单的几何图形——等腰梯形，它的高度值正是倒角的距离，而腰线与高之间的夹角正是倒角的角度。

如图 3-57（a）所示的倒角尺寸标注形式，是采用引线加文字的形式注出的，本图的引线是由水平线和斜线构成，斜线的倾角为 45°，它须启动“多重引线”命令完成。“多重引线样式”的设置，请参见 2.2.4 多重引线。它的操作步骤及方法待叙用户可试着操作。

如图 3-57（b）所示的倒角尺寸标注形式，是启动“线性”命令并且选择编辑尺寸数字内容注出的。

如图 3-57（c）所示的倒角尺寸标注形式，须分别启动“线性”和“角度”命令才能注出。

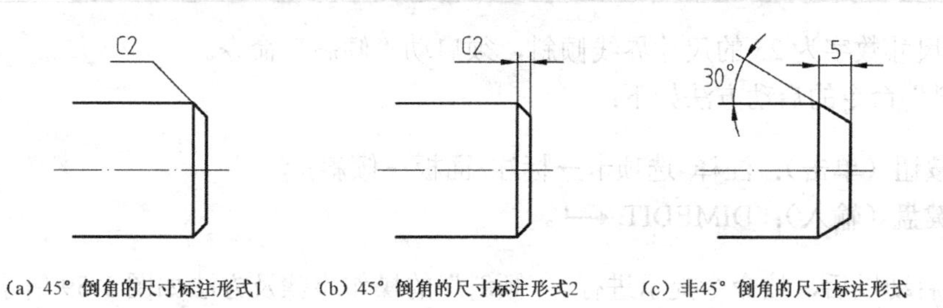

（a）45° 倒角的尺寸标注形式1　（b）45° 倒角的尺寸标注形式2　（c）非45° 倒角的尺寸标注形式

图3-57　倒直角的尺寸标注形式

3.3.6　编辑尺寸标注

标注尺寸时可能会遇到需要变更尺寸数字内容、改变尺寸数字的倾斜角度、改变尺寸界线的倾斜角度和变更尺寸数字位置等问题。如须把原尺寸数字××变更为ϕ××的标注形式；或需要把尺寸数字摆放到指定位置的标注形式等。要解决上面所提及的问题有多种方法，如可以利用夹点编辑操作解决；可以在标注尺寸过程中解决；尺寸注出后再启动专门命令编辑标注来解决等。当然，就上述列举的某一种方法而言，它不可能把所有问题都解决，但是它们各有各的特点。启动专门命令进行编辑尺寸标注，这是一种新方法，这里将重点介绍。

在如图 3-58（a）所示图形中，尺寸数字为 10 的数字被该图形的对称中心线通过；尺寸数字为 25 的尺寸界线过于靠近轮廓线；尺寸数字为ϕ5 的圆一共有 6 个，并且按圆周均匀分布。由于以上 3 个尺寸或多或少地存在某些缺陷，因此必须对其进行编辑修改。

以上 3 个尺寸中，尺寸数字为 10 的数字位置需要编辑；尺寸数字为 25 的尺寸界线倾斜角度需要编辑；尺寸数字为ϕ5 的前缀和后缀需要编辑。

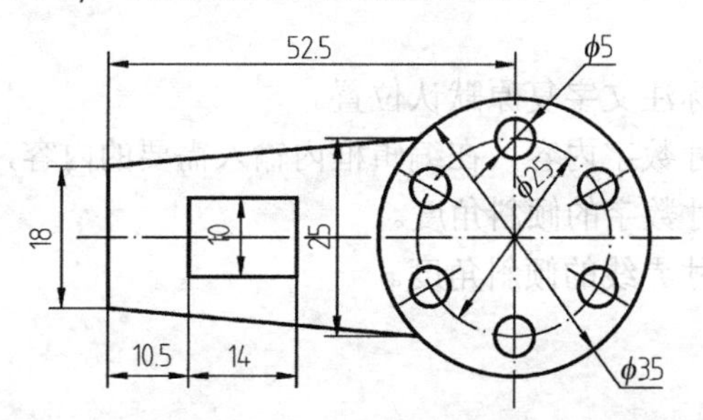

（a）尺寸数字为10、25、ϕ5三个尺寸没有被编辑时的图形及尺寸标注

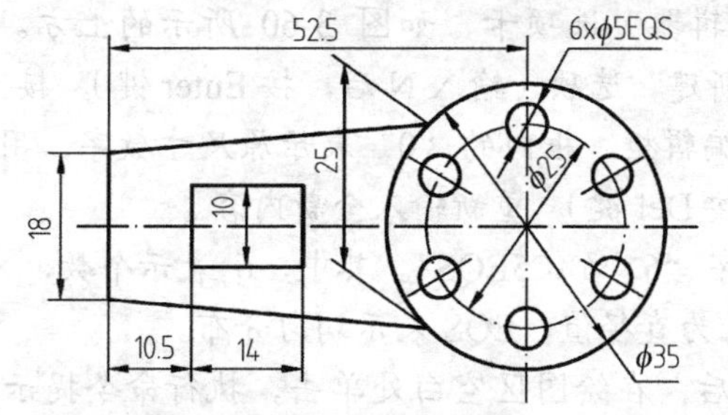

（b）尺寸数字为10、25、ϕ5三个尺寸被编辑后的图形及尺寸标注

图3-58　编辑尺寸标注

要让尺寸数字为25的尺寸界线倾斜，须启动“倾斜”命令。

“倾斜”命令的启动方法如下：

按钮（单击）：注释 选项卡→标注 面板→倾斜。

键盘（输入）：DIMEDIT ↵。

命令启动以后，按命令提示进行。“倾斜”的操作步骤及方法如图3-59所示。

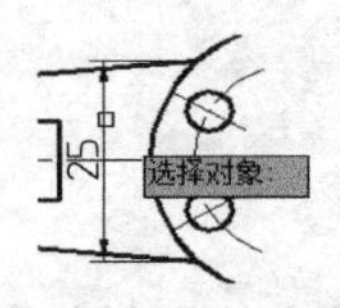

（a）按命令提示，选择对象，按Enter键

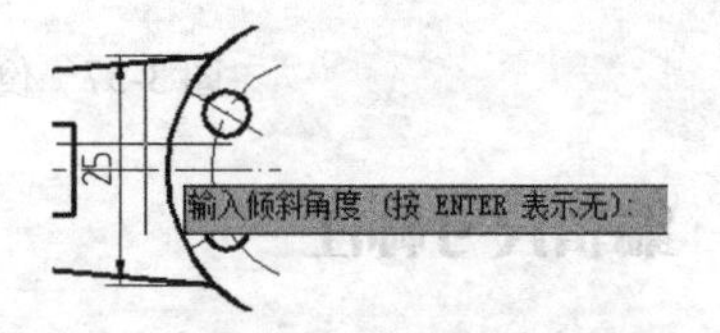

（b）输入倾斜角度“-35”，按Enter键

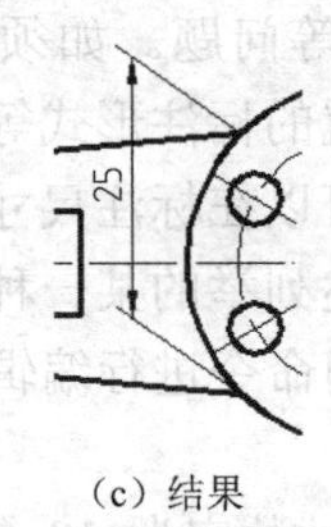

（c）结果

图3-59 “倾斜”的操作步骤及方法

注意

输入倾斜角度时，软件默认“倾斜角从 UCS 的 X 轴进行测量”。

该命令各选项含义：

默认（H）：将旋转标注文字复原默认位置。

新建（N）：变更尺寸数字内容，在编辑框内输入需要的内容，单击左键确认。

旋转（R）：改变尺寸数字的倾斜角度。

倾斜（O）：改变尺寸界线的倾斜角度。

提示

单击“倾斜”按钮后，按Enter键两次。选“新建”选项（输入N后，按Enter键），绘图窗口出现“文字编辑器”选项卡，如图3-60所示的上方。（注：输入“DIMEDIT”后，按命令提示，选“新建”选项（输入N后，按Enter键），接下来的操作与上同）

在选项卡下方有个编辑框，框内的“0”表示原尺寸数字，用户可在其前后填写前缀、后缀；也可将其删除（按Del键），重新输入全新内容。

例如，输入尺寸数字“6×%%C5EQS”。其中，6表示个数，×为隔离符号，%%C为控制符中的直径符号 ϕ，5为直径值，EQS表示均匀分布。

尺寸数字输入完成后，在绘图区空白处单击，执行命令提示去选择注出的某个尺寸，该尺寸数字就被“新内容”替换。

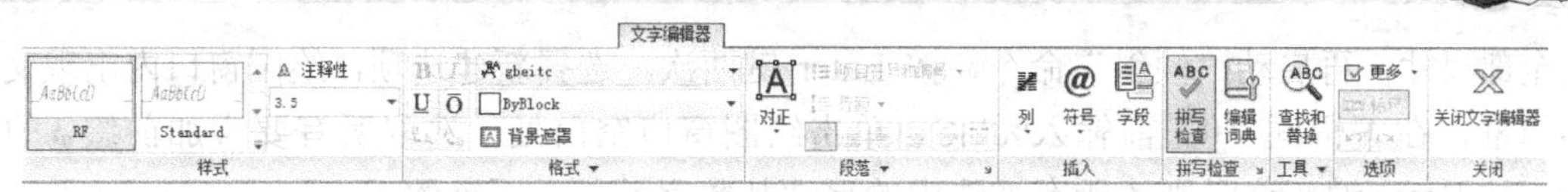

图3-60 “文字编辑器”选项卡及其编辑框

在如图3-58（b）所示图形中，6×ϕ5EQS就是使用“DIMEDIT”命令的“新建”功能实现的。把图3-58（a）所示尺寸数字ϕ5增添前缀6×（×可用小写英文字母x代替）和后缀EQS，就变成了如此模样。（注：此编辑方法，参见上页“提示”中的内容）

在如图3-58（b）所示图形中，尺寸数字为25的尺寸界线，也可使用“DIMEDIT”命令的“倾斜”功能实现。当命令提示输入倾斜角度时，输入“–35”，即可改变尺寸界线的水平状态，使其倾斜。（注：此编辑方法，参见“图3-59”）

在如图3-58（a）所示图形中，编辑尺寸数字为10的数字位置，使其变成如图3-58（b）所示形式，就不能再启动“DIMEDIT”命令，须启动“文字角度”命令。

要改变尺寸数字为10的数字位置，须启动“文字角度”命令。

“文字角度”命令的启动方法如下：

按钮（单击）：注释 选项卡→标注 面板→文字角度。

键盘（输入）：DIMTEDIT ↵。

“文字角度”命令的操作步骤及方法（图略）：

单击“文字角度”命令后，按Esc键一次，再按Enter键，选择尺寸（单击尺寸的各个元素即可），执行命令提示“为标注文字指定新位置”，改变数字位置。或者输入DIMTEDIT，选择尺寸（单击尺寸的各个元素即可），执行命令提示“为标注文字指定新位置”，改变数字位置。

该命令各选项含义：

左对齐（L）：改变尺寸数字位置，使其靠近左尺寸界线。

右对齐（R）：改变尺寸数字位置，使其靠近右尺寸界线。

居中（C）：改变尺寸数字位置，使其靠近中心。

默认（H）：把被改变的尺寸数字位置复原。

角度（A）：可改变尺寸数字的倾斜角度，输入数值后按Enter键确认。

标注尺寸前，已经对标注样式进行了相关设置，但标注出的部分尺寸，还是与国家标准相关要求不符。要更快更好地做好工作、完成任务，就要想出更好的解决问题办法。比如用“线性”命令去标注直径尺寸（特别是在回转体非圆视图中标注直径尺寸），在不改变标注样式设置又不在标注过程中去编辑尺寸数字等情况下（因为这样既麻烦又慢），将采取什么办法把前缀ϕ填写在尺寸数字前呢？现介绍一种方法仅供用户参考，希望用户能继续深入探究，寻找出更好的方法。

调用“线性”命令标注直径尺寸，较快捷增添前缀ϕ的方法是：先用“线性”命令标注出全部尺寸，再启动“倾斜”命令，按 Enter 键两次，选择新建选项，绘图窗口内出现文字编辑框，在编辑框“0”前输入%%C，单击绘图窗口空白处，选取所有要添加前缀ϕ的尺寸，按 Enter 键，这时刚才所有被选中的尺寸其数字前都有了前缀ϕ。

上述方法就是有效地利用了“把所有具备相同要求的对象一并变更或改变”这个功能。

本章小结

常见几何图形的绘制方法是绘制平面图形的基础，本章从常见几何图形绘制入手，逐步接触和掌握常用绘图及编辑命令的功能及操作。内容由浅入深，引用图形由简到繁。通过对平面图形的尺寸和线段分析，运用所学命令去完成平面图形的绘制。对尺寸进行分类，按尺寸的不同类型，分别标注尺寸，掌握平面图形尺寸标注的方法。本章内容是下一章“表达机件的常用方法”的基础，掌握好平面图形的绘制及尺寸标注，将为今后的学习打下良好的理论基础。

思考与练习 3

3-1　绘制一段斜度为 1∶8 的倾斜线，再将该线段三等分。

3-2　任意绘制一直线段，改变其总长为 20，接下来用增量绝对值 3 使该线段变短，直到不能再缩短为止，最后把线段总长定为 7，试问以上操作应该调用哪几个命令？

3-3　要绘制出两对象间的连接圆弧，可以有多少种方法？各用到了哪些命令？

3-4　能使一直线段变长的方法有几种？总结一下每种方法各有什么特点。

3-5　使用夹点编辑对象与调用编辑命令编辑对象有何不同？

3-6　夹点编辑模式中的 5 个编辑命令是什么？怎样循环选择使用它们？它们的编辑操作各有什么特点？

3-7　平面图形中的尺寸分为哪几种类型？线段分为哪几种类型？名称是什么？各有何特点？

3-8　绘制如图 3-61 所示的盖板平面图形。

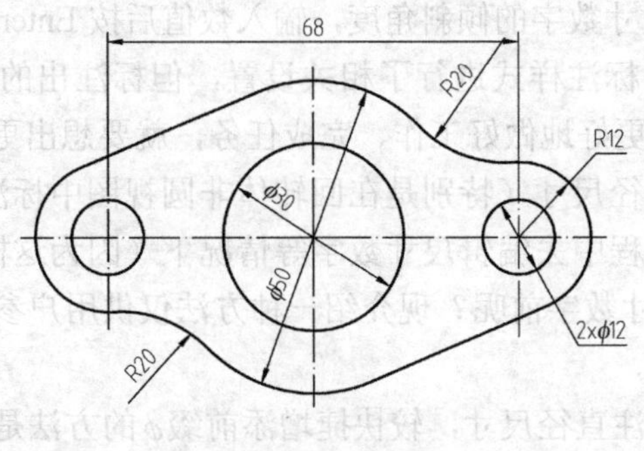

图 3-61　盖板

3-9　绘制如图 3-62 所示的瓶起子平面图形。

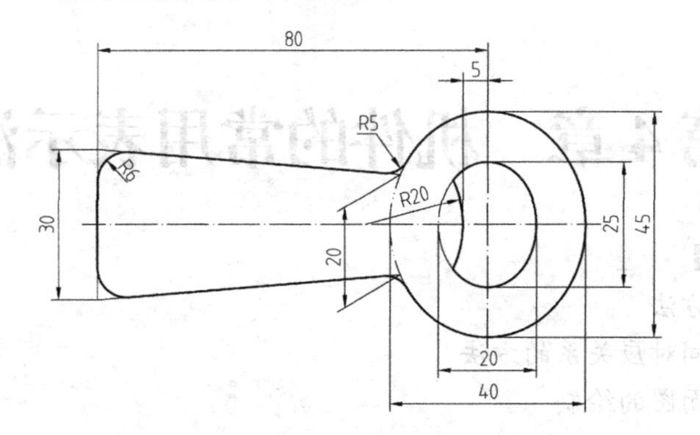

图 3-62　瓶起子

3-10　绘制如图 3-63 所示的几何图形。

3-11　绘制如图 3-64 所示的平面图形。

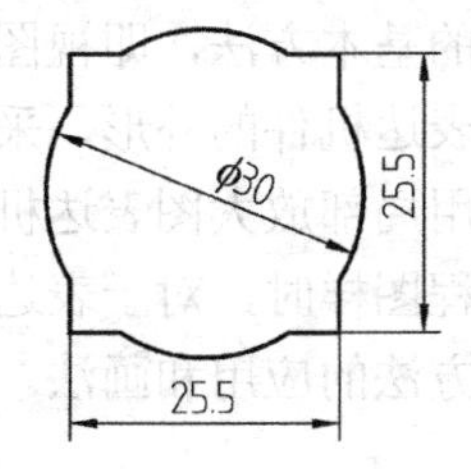

图 3-63　几何图形

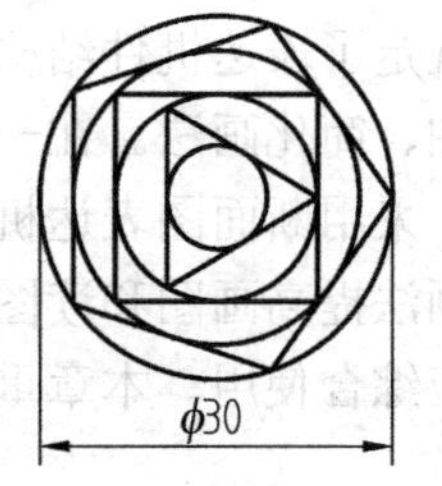

图 3-64　平面图形

3-12　绘制如图 3-65 所示的扳手平面图形。

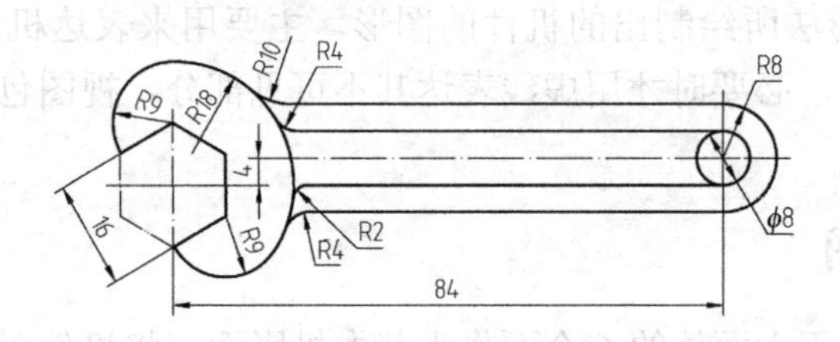

图 3-65　扳手

第 4 章　机件的常用表示法

【本章学习要点】

◆ 视图的绘制方法

◆ 实现图形之间对应关系的方法

◆ 剖视图、断面图的绘制

◆ 剖面符号的绘制方法

◆ 局部放大图和简化表示法的绘制

工程实际中，由于机件作用的不同，其结构形状是多种多样的。为使工程图样能完整、清晰地表达机件各部分的结构形状，使制图简便和读图方便，《技术制图》、《机械制图》国家标准规定了表达机件结构形状及绘制工程图样的基本方法，即视图、剖视图、断面图、局部放大图、简化画法。在一般情况下，采用视图表达机件的外形，采用剖视图表达机件的内部结构，采用断面图表达机件某截面的形状，采用局部放大图表达机件某部分细小结构，采用简化画法提高画图和读图的效率。实际绘制工程图样时，对于表达机件结构形状的各种基本方法应综合使用。本章重点介绍这些常用表达方法的应用和画法。

4.1　视图

视图是采用正投影法所绘制出的机件的图形，主要用来表达机件的外形。视图一般只绘制出机件的可见部分，必要时才用虚线表达其不可见部分。视图包括基本视图、向视图、局部视图、斜视图。

4.1.1　基本视图

如图 4-1 所示，把正六面体的 6 个面作为基本投影面，将机件置于正六面体内，按照正投影法，将机件分别向 6 个基本投影面投射，所得的图形称为基本视图。基本视图共有 6 个，分别为主视图、俯视图、左视图、后视图、仰视图、右视图。规定正立投影面不动，其余各投影面按如图 4-1 所示箭头所指方向展开，使它们都与正立投影面共面，将 6 个基本投影面展开后各视图的配置如图 4-2 所示（视图上方带括号的汉字只为提示）。

6 个基本视图的配置反映了机件的上下、前后和左右的位置关系，各视图间仍然保持“长对正、高平齐、宽相等”的对应关系。

实际绘图中，应依据机件结构的复杂程度和其特点，在正确、完整、清晰地表达出机件结构形状的前提下，力求制图简便，可选择合适数量的基本视图来表达机件。为了读图方便，在机件结构形状已表达清楚的前提下，某些视图可仅绘出可见部分。

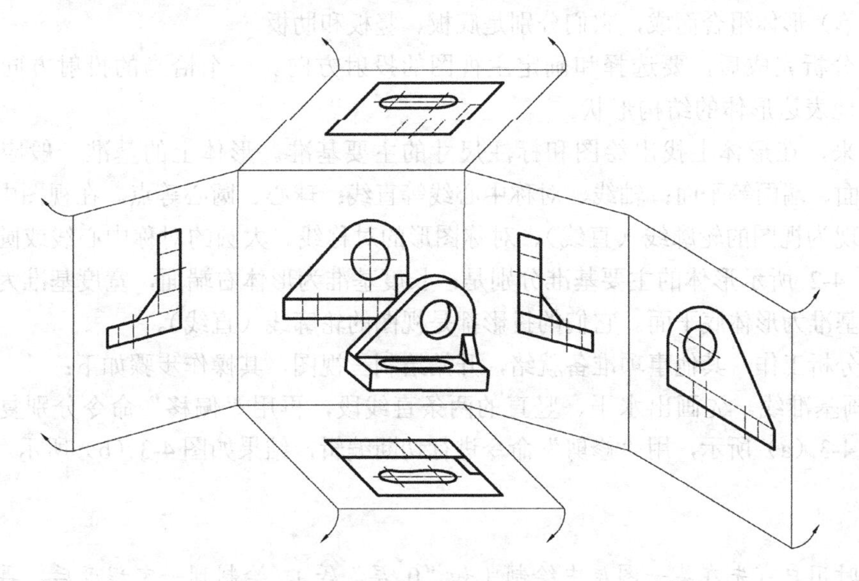

图4-1　基本视图的形成及展开

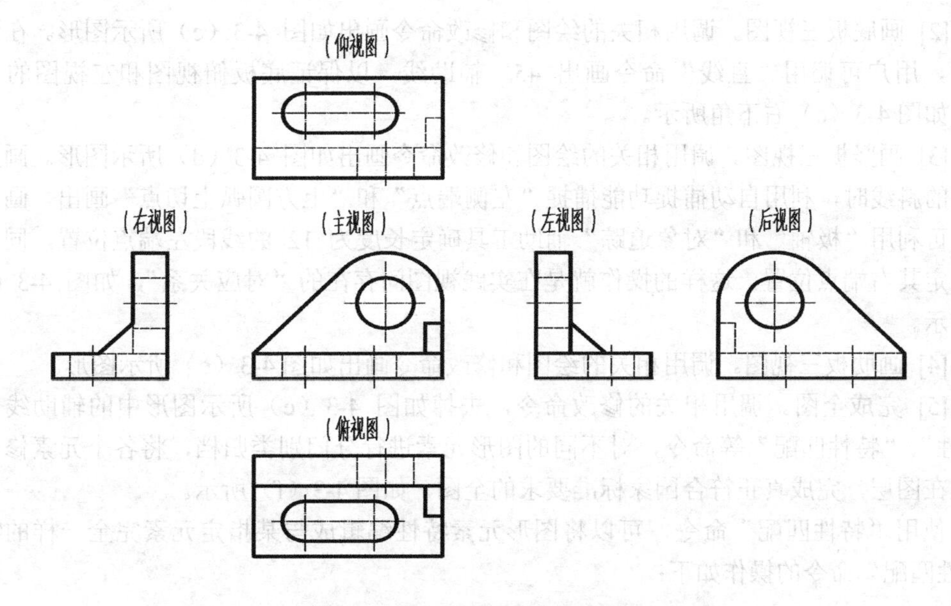

图4-2　基本视图的名称及配置

1．三视图的绘制

三视图是将机件分别向三个投影面（正立、右侧立、水平）投射所得到的图形，它是基本视图的一部分。绘制不太复杂的机件，一般常采用主视图、俯视图和左视图3个基本视图来表达机件的结构和形状。现以绘制如图4-2所示的主、俯、左三视图为例，介绍它们绘图过程。

画组合体视图时，首先应对其进行形体分析。图4-2所示形体是叠加类组合体，由3个基本（简单）形体组合而成，它们分别是底板、竖板和肋板。

形体分析完成后，要选择和确定主视图的投射方向。一个恰当的投射方向，非常有利于清楚地表达形体的结构形状。

接下来，在形体上找出绘图和标注尺寸的主要基准。形体上的基准一般应是：对称面、大平面、端面等平面；轴线、对称中心线等直线；球心、圆心等点。在视图中它们的投影通常显现为视图的轮廓线（直线）、对称图形的对称线、大圆的对称中心线或圆心等几何元素。图 4-2 所示形体的主要基准分别是：长度基准为形体右端面，宽度基准为形体后端面，高度基准为形体底平面。它们的投影都是视图的轮廓线（直线）。

完成分析工作，其他事项准备就绪，开始绘制三视图，其操作步骤如下：

[1] 画基准线。先画出水平、竖直的两条直线段，再用“偏移”命令分别复制出等距线，如图 4-3（a）所示，用“修剪”命令进行切断编辑，结果如图 4-3（b）所示。

提示

绘图时用户可先在某一图层中绘制（如“0 层”等），绘制到一定程度后，再将各元素修改编辑到应在图层。图 4-3（a）～（e）中图线全显示为“细实线”，是采用此法的结果。

[2] 画底板三视图。调用相关的绘图和修改命令画出如图 4-3（c）所示图形。在绘图过程中，用户可调用“直线”命令画出 45° 辅助线，以保证底板俯视图和左视图的对应关系，如图 4-3（c）右下角所示。

[3] 画竖板三视图。调用相关的绘图和修改命令画出如图 4-3（d）所示图形。画竖板主视图的斜线时，利用自动捕捉功能捕捉“左侧端点”和“上方圆弧上切点”画出。画左视图时，可利用“极轴”和“对象追踪”辅助工具确定长度为 12 的线段左端点位置，同样也可以确定其右端点位置，这样的操作就是在实践视图间存在的“对应关系”，如图 4-3（d）右侧所示。

[4] 画肋板三视图。调用相关的绘图和修改命令画出如图 4-3（e）所示图形。

[5] 完成全图。调用相关的修改命令，去掉如图 4-3（e）所示图形中的辅助线。调用“特性”、“特性匹配”等命令，对不同的图形元素进行分门别类归档，将各个元素修改编辑到应在图层，完成真正符合国家标准要求的全图，如图 4-3（f）所示。

使用“特性匹配”命令，可以将图形元素特性编辑成与某指定元素完全一样的特性，“特性匹配”命令的操作如下：

按钮（单击）：常用 选项卡→剪贴板标题栏→特性匹配。

键盘（输入）：MATCHPROP↵。

“特性匹配”命令的操作步骤及方法：

命令启动以后，命令提示“选择源对象”，源对象就是“样板”；选择了源对象，提示“选择目标对象”，目标对象就是“毛坯”，需要改造，目标对象可以是一个或若干个；选择时，可“拾取”或“框选”，选中后对象即刻变化；默认情况下，所有可用特性均可自动从选定的第一个对象复制到其他对象上；不再“选择目标对象”时，按 Enter 键结束命令。

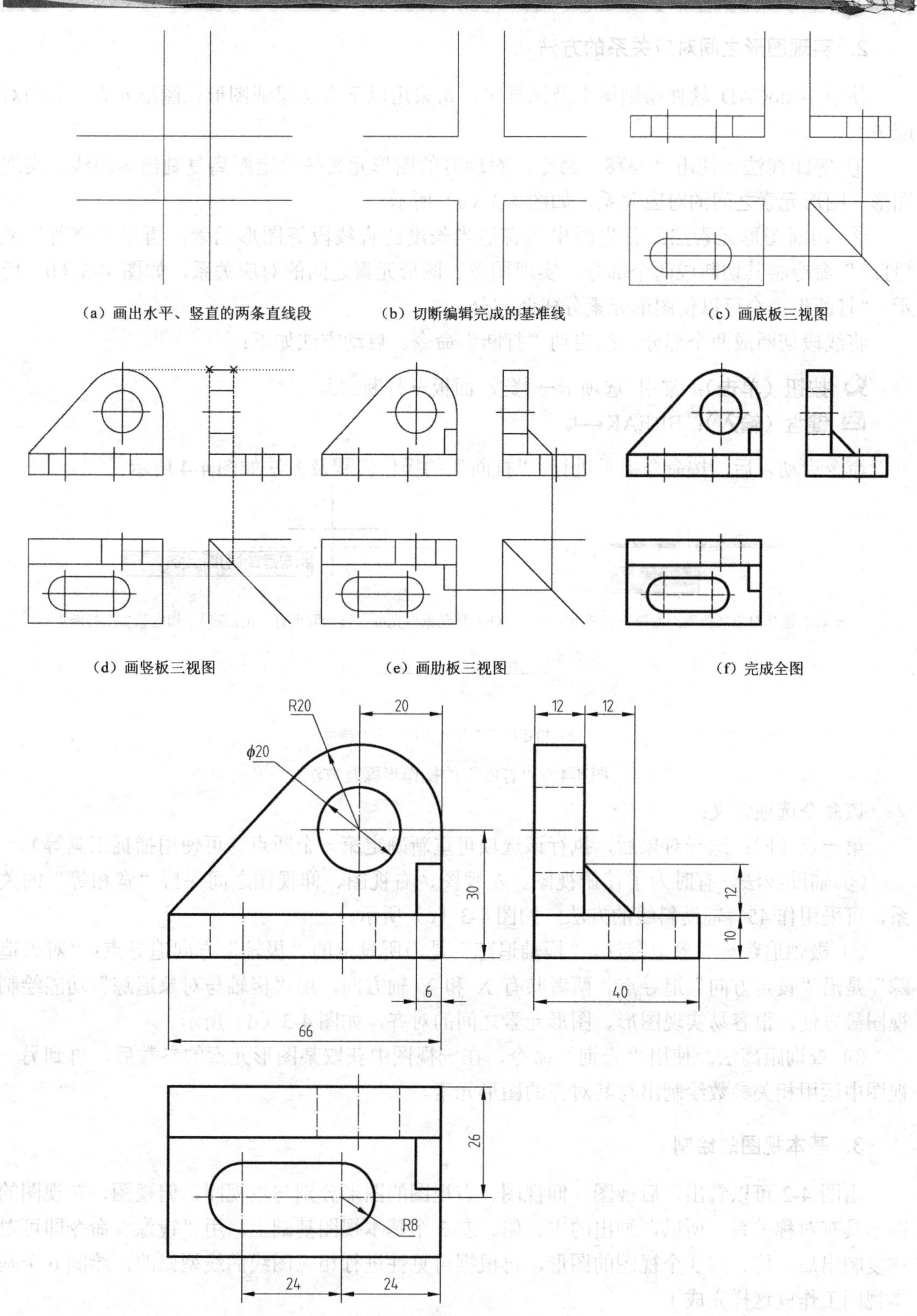

(g) 标注完尺寸的全图

图 4-3　三视图的绘制

2．实现图形之间对应关系的方法

使用 AutoCAD 软件绘制图形及图样时，常采用以下方法保证图形、图形元素之间的对应关系。

① 等距线法。使用“偏移”命令，对现有的图形元素按给定距离复制出等距线，实现图形、图形元素之间的对应关系，如图 4-3（a）所示。

② 切断图形元素法。首先画出具有适当长度的直线段等图形元素，再用“修剪”或“打断”命令将其切断成两个部分，实现图形、图形元素之间的对应关系，如图 4-3（b）所示。“打断”命令可以使图形元素分成两部分。

将线段切断成两个部分，须启动“打断”命令。启动方法如下：

按钮（单击）：常用 选项卡→修改 面板→打断。

键盘（输入）：BREAK↵。

命令启动以后，按命令提示进行。“打断”的操作步骤及方法如图 4-4 所示。

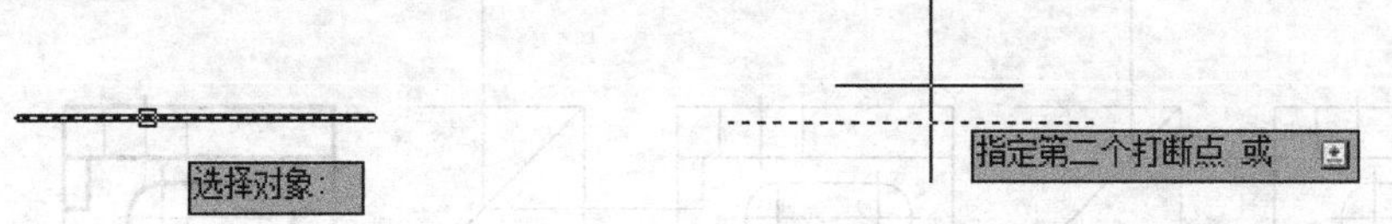

（a）选择对象（拾取点为第一打断点）　　（b）移动鼠标光标（离拾取点有一定距离），指定第二个打断点

（c）指定第二个打断点后，命令结束

图 4-4　“打断”的操作步骤及方法

该命令选项含义：

第一点（F）：选择对象后，执行该选项可重新确定第一个断点（可使用捕捉工具等）。

③ 辅助线法。有时为了使俯视图、左视图、右视图、仰视图之间保持“宽相等”的关系，可采用作 45° 辅助斜线的方法，如图 4-3（c）所示。

④ 极轴追踪与对象追踪法。“极轴追踪”是沿所设定的“极轴”方向追寻点；“对象追踪”是沿“设定方向”追寻点。两者共有 X 和 Y 轴方向，用“极轴与对象追踪”功能绘制视图最方便，很容易实现图形、图形元素之间的对齐，如图 4-3（d）所示。

⑤ 查询距离法。使用“查询”命令，在一视图中获取某图形元素的参数后，再到另一视图中运用相关参数绘制出与其对齐的图形元素。

3．基本视图的绘制

由图 4-2 可以看出，后视图、仰视图、右视图的图形分别与主视图、俯视图、左视图的图形具有对称关系，所以在画出的主、俯、左 3 个基本视图基础上，用“镜像”命令即可对称复制出后、仰、右 3 个视图的图形，再根据可见性进行相应图线的线型修改，绘制 6 个基本视图工作就这样完成了。

4.1.2　向视图

在同一张图纸上，若视图按照如图 4-2 所示配置时，一律不标注视图名称。国家标准中把这种配置称为按投影关系配置。按投影关系配置的视图名称是依据位置而确定的，各位置均有固定的视图名称。为了合理利用图纸的幅面，可以将某些视图（一般为后、仰、右 3 个视图）自由配置，此时的图形被称为向视图，如图 4-5 所示。

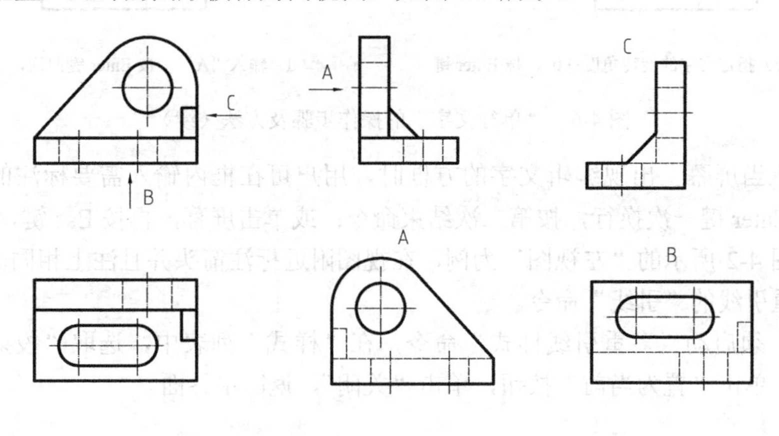

图 4-5　向视图

向视图必须进行标注，在对应视图的上方标注出视图的名称×（×为大写拉丁字母，注写时按照 A、B、C　的顺序选取），并在相应的视图附近用箭头指明投射方向，标注上相同的字母。

对向视图进行标注，可调用“多重引线”与“单行文字”命令来实现（本书推荐后者），现以如图 4-5 所示的“A 向视图”为例，在其上方标注出视图的名称，这时就要启动“单行文字”命令。启动方法如下：

按钮（单击）：常用 选项卡→注释标题栏→A下拉列表→单行文字A。
键盘（输入）：DTEXT↵。

命令启动以后，按命令提示进行。“单行文字”的操作步骤及方法如图 4-6 所示。

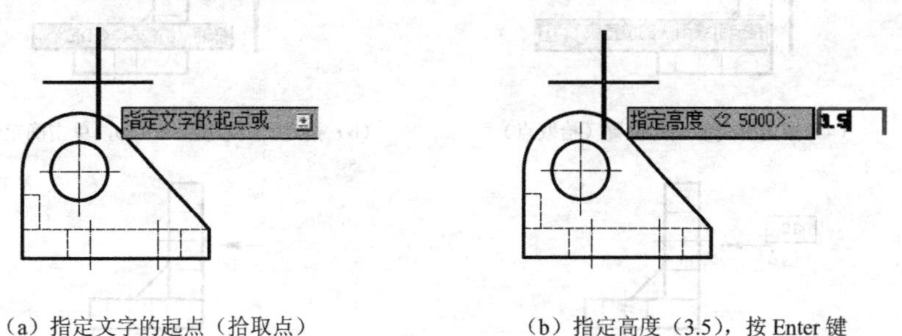

（a）指定文字的起点（拾取点）　　（b）指定高度（3.5），按 Enter 键

图 4-6　“单行文字”的操作步骤及方法

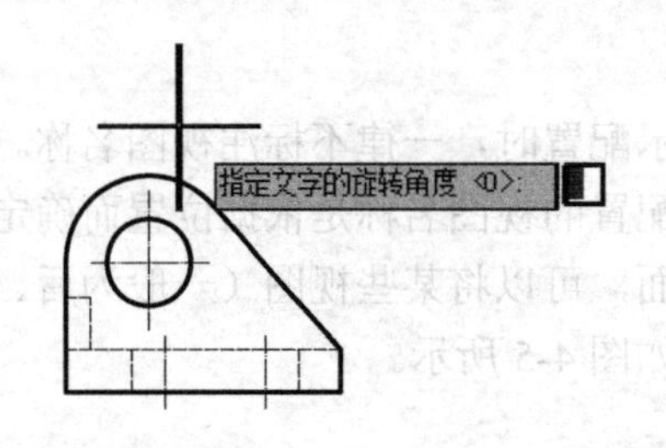

（c）指定文字的旋转角度（0），按 Enter 键

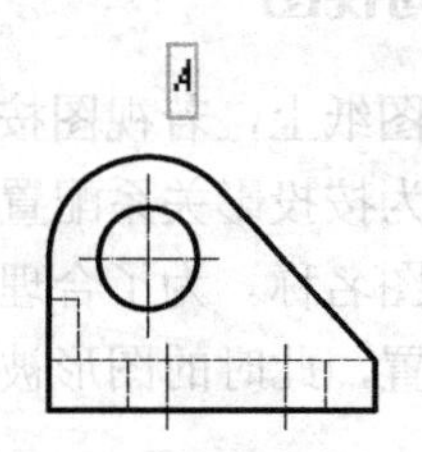

（d）输入“A”，按 Enter 键两次，命令结束

图 4-6 “单行文字”的操作步骤及方法（续）

操作时，当屏幕上出现编辑文字的方框时，用户可在框内输入需要标注的文字。输入文字后，按 Enter 键一次换行，按第二次结束命令；或单击屏幕，再按 Esc 键，结束命令。

现以如图 4-2 所示的“左视图”为例，在视图附近标注箭头并且注上相同的字母，这时就要启动多重引线的“引线”命令。

标注前，须启动“多重引线样式”命令，在“样式”列表中，选取“投射方向箭头、字母”样式，单击“置为当前”按钮，单击“关闭”，返回主界面。

注意

“多重引线样式”的设置参见 2.2.4 节。如果用户没有对其进行相关设置，以下操作步骤及方法会有所不同。下面演示的是：“投射方向箭头、字母”样式。

“引线”命令的启动方法如下：

按钮（单击）：常用 选项卡→注释标题栏→引线。

键盘（输入）：MLEADER↵。

命令启动以后，按命令提示进行。“引线”的操作步骤及方法如图 4-7 所示。

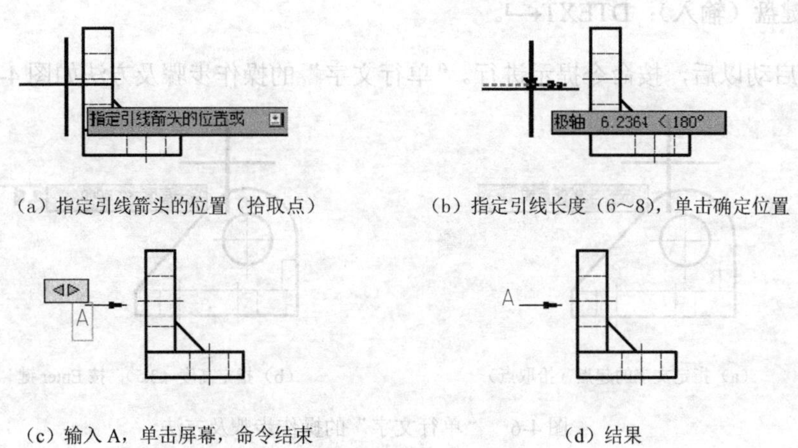

（a）指定引线箭头的位置（拾取点）

（b）指定引线长度（6～8），单击确定位置

（c）输入 A，单击屏幕，命令结束

（d）结果

图 4-7 “引线”的操作步骤及方法

4.1.3　局部视图

将机件的某一部分向基本投影面投射所得图形称为局部视图。它用于表示机件的局部外形，一般使用在没有必要画出整个基本视图的情况下，如图4-8所示。

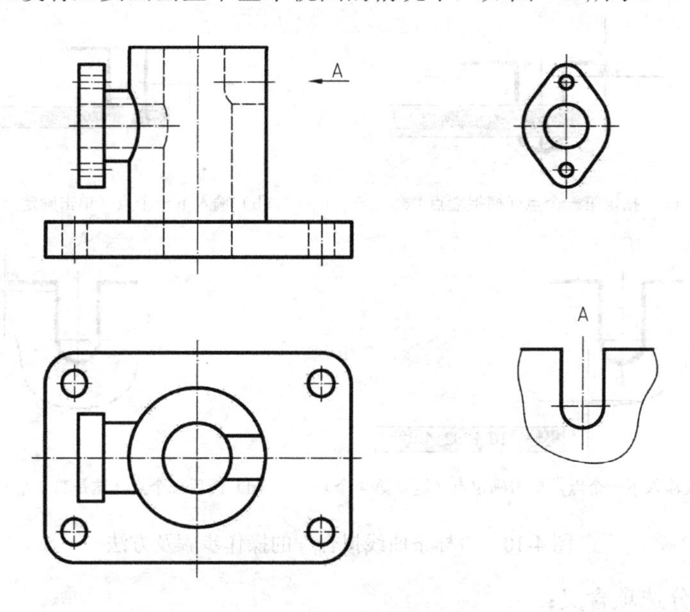

图4-8　局部视图

局部视图与基本视图未按投影关系配置，或虽按投影关系配置，但它们中间有其他图形隔开时，需要标注，其标注方法与向视图相同。

画局部视图时，通常用波浪线表示局部视图的断裂边界。当所表达的局部结构是完整的，且外轮廓线又成封闭时，波浪线可省略不画，如图4-8所示右上角图形。

用波浪线表示断裂边界时，波浪线应该画在机件实体表面的投影区域内，不得超出实体轮廓线之外，也不得画在无实体的空腔处。如图4-9所示为波浪线画法正误对比。

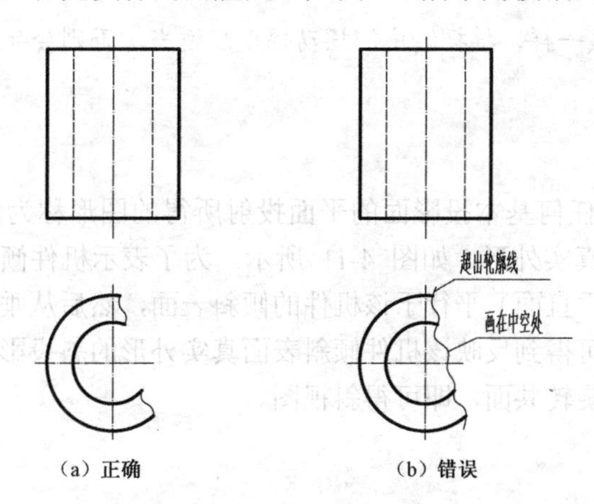

图4-9　波浪线画法正误对比

用波浪线表示形体断裂边界，须启动“样条曲线拟合”命令。启动方法如下：

按钮（单击）：常用 选项卡→绘图 面板→样条曲线拟合。

键盘（输入）：SPLINE↵。

命令启动以后，按命令提示进行。“样条曲线拟合”操作步骤及方法如图 4-10 所示。

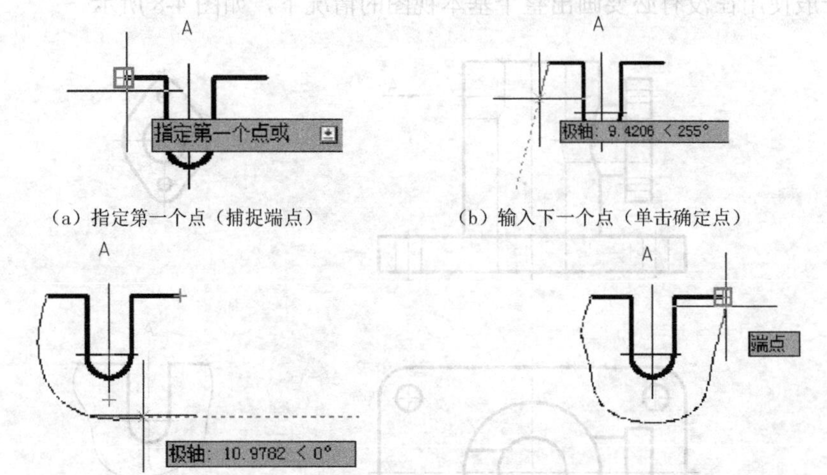

（a）指定第一个点（捕捉端点）　（b）输入下一个点（单击确定点）

（c）继续输入下一个点，单击确定点（这是第 4 个）　（d）最后一个点（这是第 9 个），按 Enter 键结束命令

图 4-10　“样条曲线拟合”的操作步骤及方法

该命令行部分选项含义：

方式（M）：确定使用拟合点还是使用控制点来创建样条曲线。

对象（O）：将二维或三维的二次或三次样条曲线拟合多段线转换成等效的样条曲线。

起点切向（T）：指定样条曲线起点的相切条件。

端点相切（T）：指定样条曲线终点的相切条件。

闭合（C）：定义第一个点与最后一个点重合，把样条曲线封闭成环。

提示

样条曲线和绘制折线一样，摇摆绘出，摆动幅度应适当，否则会导致平直或过度弯曲。

4.1.4　斜视图

将机件向不平行于任何基本投影面的平面投射所得的图形称为斜视图。斜视图主要用来表达机件倾斜部分的真实外形，如图 4-11 所示。为了表示机件倾斜部分的真实外形，设置一新投影面（投影面垂直面）平行于该机件的倾斜表面，然后从垂直于此倾斜表面的方向向这个新投影面投射，可得到反映该机件倾斜表面真实外形的斜投影，再将这个新投影面绕与其垂直的投影面交线旋转共面，即可得斜视图。

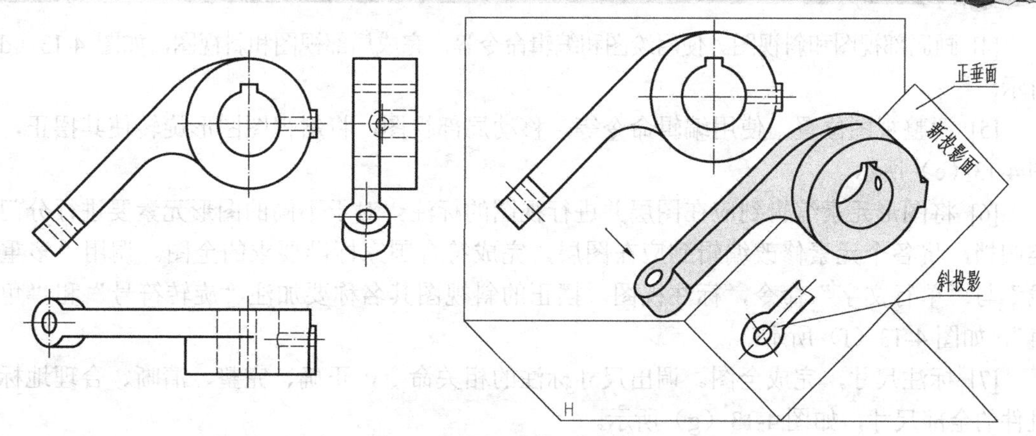

图 4-11　三视图及斜视图的形成

通常斜视图是按照向视图的配置形式配置并标注的，如图 4-12（a）所示，必要时允许将斜视图旋转配置，如图 4-12（b）所示。旋转配置后，必须标注“旋转符号”，表示斜视图名称的大写拉丁字母应靠近旋转符号的箭头一侧，顺时针旋转为“ ↷ ×”，逆时针旋转为“× ↶ ”（×为斜视图的名称，按 A、B、C　的顺序选取）。如需要给出旋转角度时，角度数字应写在字母后面，如图 4-12（b）所示。

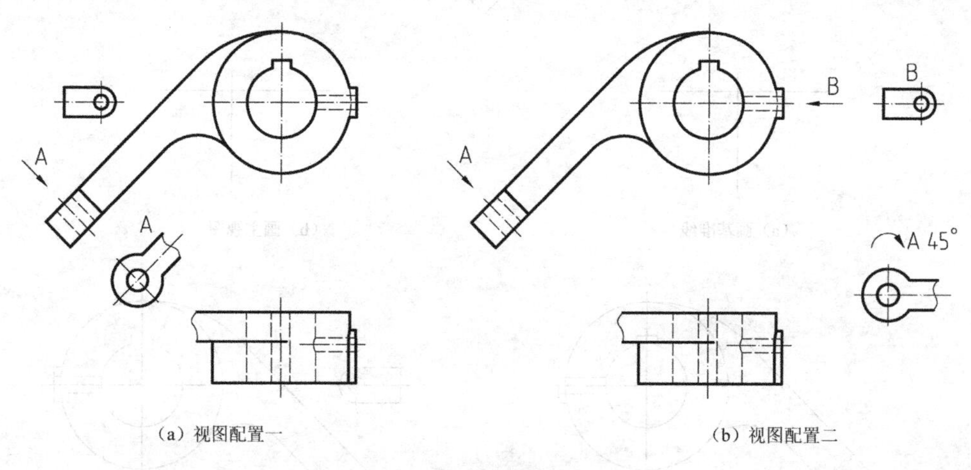

图 4-12　斜视图与局部视图

斜视图一般只须画出机件倾斜部分的外形（仅绘出可见部分的轮廓线），断裂边界用波浪线表示，其波浪线的画法与局部视图相同。

现以如图 4-11 所示机件为例，选择如图 4-12（b）所示的视图配置方案，画出表达该机件的一组视图，并介绍该机件的绘图过程及操作步骤。

[1] 画基准线。调用“直线”命令，利用极轴等辅助工具绘制各视图的主要基准线（大圆的对称中心线、后端面的投影轮廓线、圆筒的轴线），如图 4-13（a）所示。本例绘图过程中，从图 4-13（a）到图 4-13（e）均在“0 层”中绘制。

[2] 画主视图。使用绘图和编辑命令等，画主视图，如图 4-13（b）所示。

[3] 画局部视图。使用绘图和编辑命令等，完成局部视图，如图 4-13（c）所示。

[4] 画局部视图和斜视图。使用绘图和编辑命令等，完成局部视图和斜视图，如图 4-13（d）所示。

[5] 调整视图位置。使用编辑命令等，移动局部视图，将斜视图图形旋转使其摆正，如图 4-13（e）所示。

[6] 将图形元素编辑到应在图层并进行视图的标注。对于不同的图形元素要进行分门别类归档，将各个元素修改编辑到应在图层，完成符合国家标准要求的全图。调用“多重引线”与“单行文字”命令，标注视图，摆正的斜视图其名称要加注“旋转符号”和“角度值”，如图 4-13（f）所示。

[7] 标注尺寸，完成全图。调出尺寸标注的相关命令，正确、完整、清晰、合理地标注机件的全部尺寸，如图 4-13（g）所示。

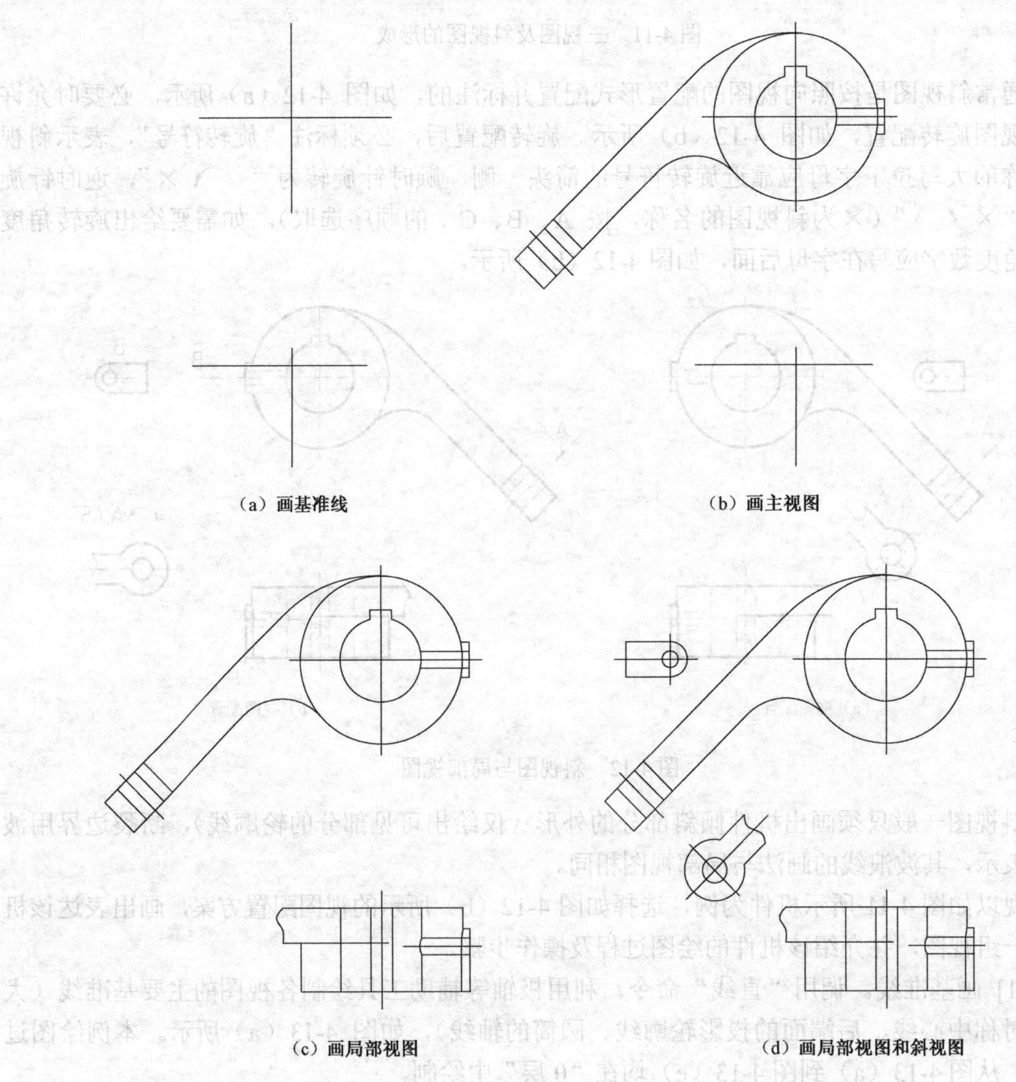

（a）画基准线　（b）画主视图

（c）画局部视图　（d）画局部视图和斜视图

图 4-13　斜视图的绘制

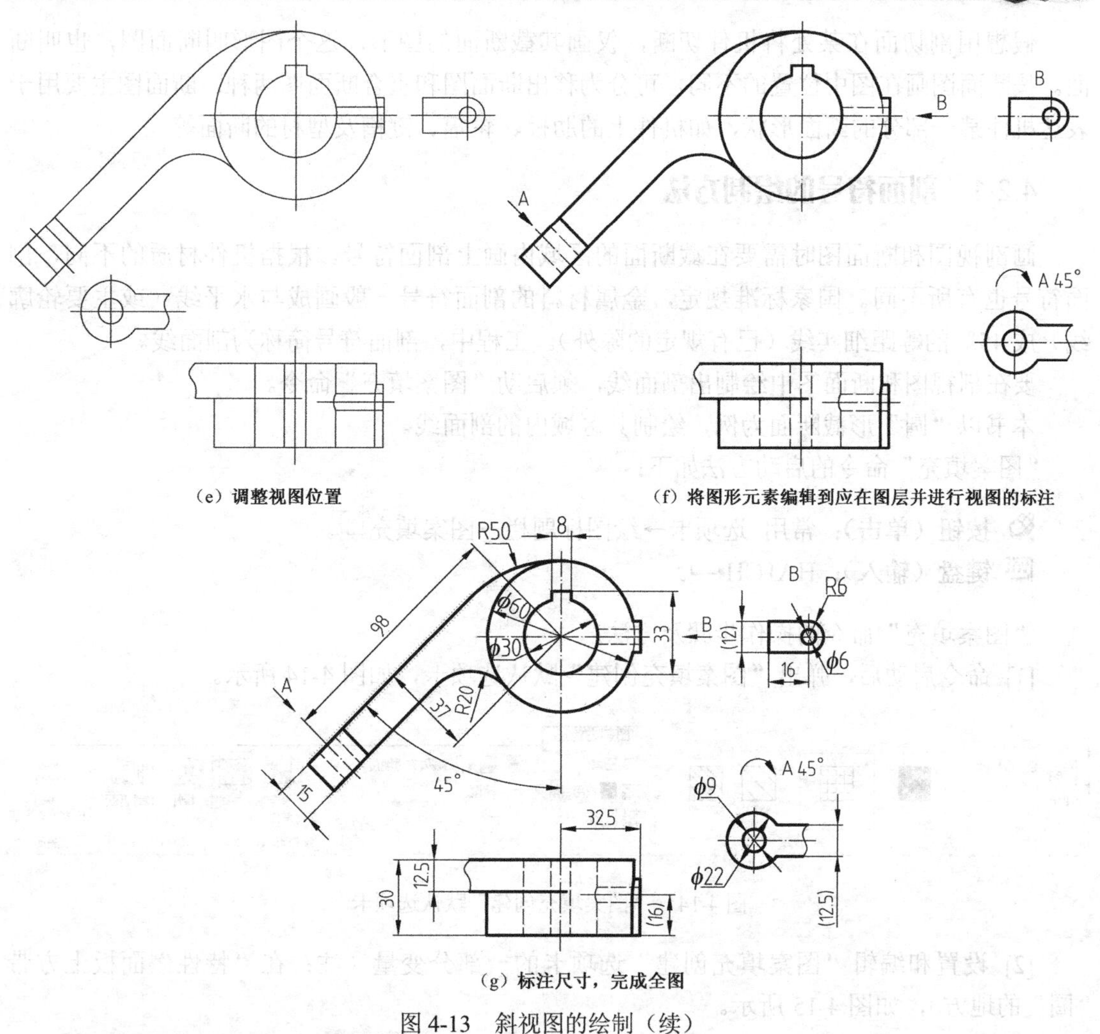

（e）调整视图位置

（f）将图形元素编辑到应在图层并进行视图的标注

（g）标注尺寸，完成全图

图 4-13　斜视图的绘制（续）

4.2　剖视图、断面图的绘制

当机件的内部结构和形状较复杂时，如果仍用视图表达，图形中会出现过多的虚线，导致虚、实线交错重叠的现象，这样对画图、读图和标注尺寸等都会带来困难。为此，对机件中不可见的内部结构形状常采用剖视图表达。

所谓剖视图就是假想用剖切面剖开机件，把处在观察者与剖切面之间的部分移去，将剩余部分向投影面投射，并在截断面内画上剖面符号后所得到的图形。

根据剖切后移去范围的不同，剖视图可分为全剖视图、半剖视图和局部剖视图。

按剖切面相对于投影面位置的不同，分为正（投影面平行面）、斜（投影面垂直面）两种剖切平面（正剖切平面的“正”字可省略）。剖切面可以是平面，也可以是柱面。

按剖切面的组合数量和形式的不同，又可分为单一剖切面、几个平行的剖切平面、几个相交的剖切面。

假想用剖切面在某处将机件切断，仅画其截断面的图形，这个图形叫断面图，也叫断面。按断面图画在图中位置的不同，可分为移出断面图和重合断面图两种。断面图主要用于表达机件某一部分的断面形状，如机件上的肋板、轮辐、键槽及型材的断面等。

4.2.1　剖面符号的绘制方法

画剖视图和断面图时需要在截断面的区域内画上剖面符号。根据机件材质的不同，剖面符号也有所不同。国家标准规定，金属材料的剖面符号一般画成与水平线（或主要轮廓线）成 45° 的等距细实线（已有规定的除外）。工程中，剖面符号简称为剖面线。

要在剖视图和断面图中绘制出剖面线，须启动“图案填充”命令。

本书以“圆”形截断面为例，绘制其区域内的剖面线。

“图案填充”命令的启动方法如下：

按钮（单击）：常用 选项卡→绘图标题栏→图案填充。

键盘（输入）：HATCH↵。

“图案填充”命令的操作步骤及方法：

[1] 命令启动后，弹出“图案填充创建”默认选项卡，如图 4-14 所示。

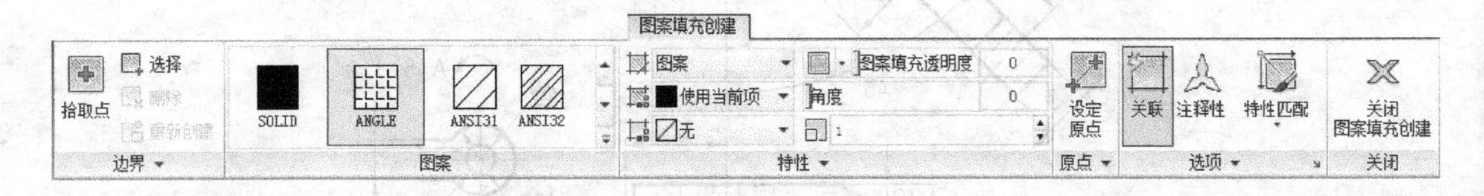

图 4-14　“图案填充创建”默认选项卡

[2] 设置和编辑“图案填充创建”选项卡的一部分变量（注：在“特性”面板上方带“圈”的地方），如图 4-15 所示。

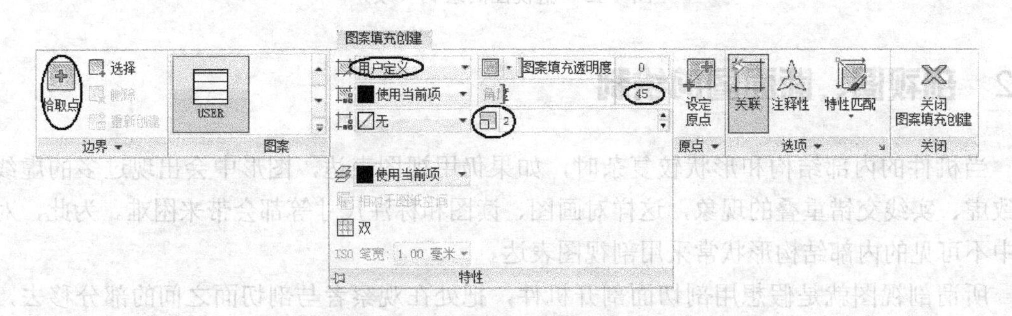

图 4-15　设置后的“图案填充创建”选项卡

[3] 单击图 4-15 左上角的“拾取点”按钮（带“圈”的地方），把鼠标光标移至绘图区的“圆”形截断面内（注：封闭区域的内部显示图案填充预览），绘制剖面线，操作步骤及方法如图 4-16 所示。

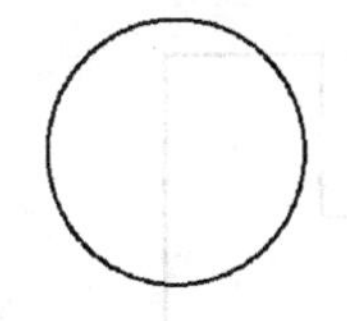

（a）“圆”形截断面

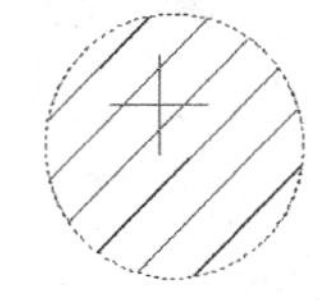

（b）在内拾取点，圆变成虚线

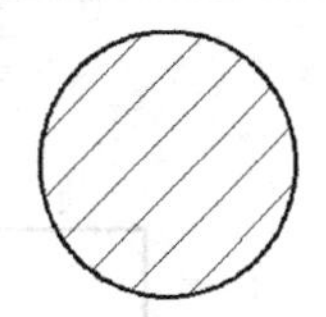

（c）按 Enter 键结束命令，显示结果

图 4-16　绘制“剖面线”的操作步骤及方法

如图 4-16（c）所示的剖面线，表示机件为“金属材料”；非金属材料该怎样绘制呢？在如图 4-15 所示的选项卡中，展开的“特性”面板左下方有“双”按钮，单击它，参照图 4-16（b）、（c）操作，即可绘出非金属材料机件剖面线，如图 4-17（b）所示。

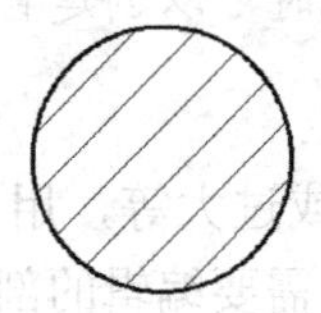

（a）表示机件为“金属材料”

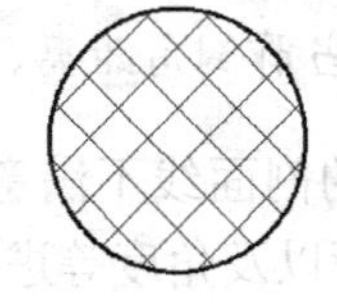

（b）表示机件为“非金属材料”

图 4-17　“金属材料”与“非金属材料”剖面线

该命令行各选项含义：

拾取内部点（K）：在构成封闭区域的内部，围绕指定点确定填充边界。

选择对象（S）：将“拾取内部点”转为“选择对象”模式（功能等同于单击卡中的“选择”按钮），再根据选定构成封闭区域的对象确定边界。

设置（T）：弹出的“图案填充和渐变色”对话框，设置相关变量后，再绘制剖面线。

构成封闭区域的各实体可以是：直线、圆或圆弧、多段线、图纸空间中的视区等。当拾取点不能被一封闭的区域包围时，此时间隙已经超出所设置的允许间隙（默认值为 0），软件立即弹出“图案填充—边界定义错误”对话框，如图 4-18 所示。

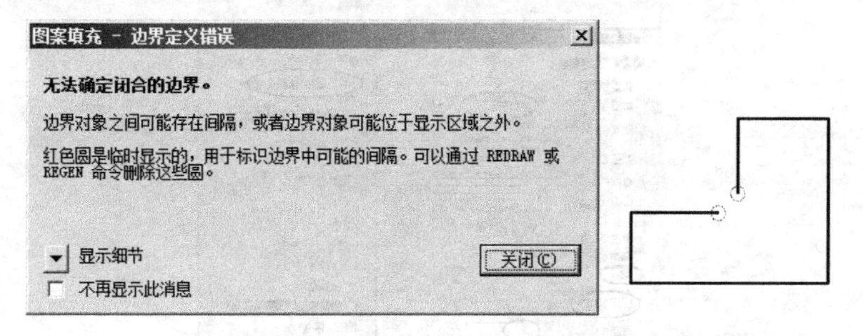

图 4-18　“图案填充—边界定义错误”对话框

当弹出“图案填充—边界定义错误”对话框后，应退出图案填充命令，按提示查看（找出如图 4-18 所示图形中的“小圆圈”），准备编辑要填充边界。

对如图 4-19（a）所示的不封闭边界，建议用户采用“倒角”或者“倒圆角”命令中的“应用角点”功能，这样可快速编辑到如图 4-19（b）所示结果（使边界封闭）。

图 4-19　编辑图案填充边界

提示

使用“倒角”、“倒圆角”两命令，当提示选择第二个对象时，用户若按住 Shift 键后，再选择对象，则该对象就是要“应用角点”的对象，此时可以创建直接相交的两相交直线，这时使用“0”值替代当前倒角距离、倒圆角半径。

假如用户对绘制的剖面线不满意，比如间距过小或过大等，用户可对绘制的图案填充对象类型、比例、间距以及角度等进行编辑。此时单击需要编辑的剖面线；在弹出的“图案填充编辑器”选项卡（如图 4-20 所示）中重新设置相关变量；最后，单击“关闭图案填充编辑器”按钮完成编辑（图略）。

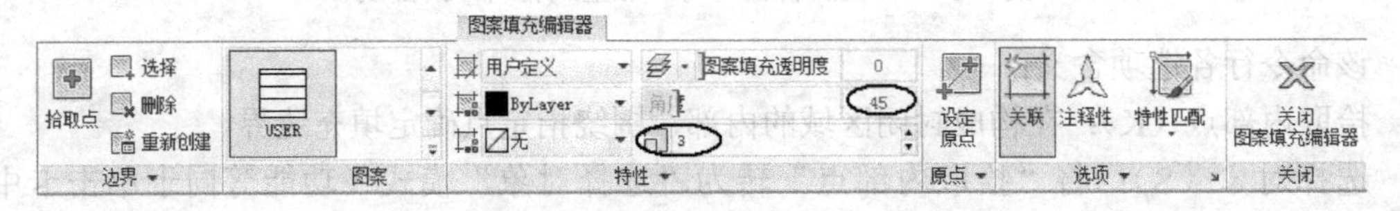

图 4-20　“图案填充编辑器”选项卡

提示

如果用户不习惯新的图案填充“选项卡”模式，可在启动命令后，选“设置（T）”选项，弹出“图案填充和渐变色”对话框，设置相关变量后，再绘制剖面线，如图 4-21 所示。

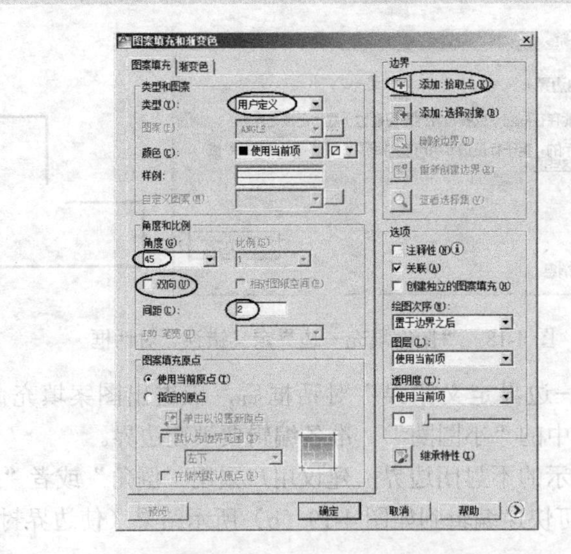

图 4-21　设置后的“图案填充和渐变色”对话框

4.2.2　剖视图的种类

根据剖切之后移去范围的不同，剖视图可分为全剖视图、半剖视图和局部剖视图 3 种类型。

1. 全剖视图

假想用剖切面将机件切开，把处于观察者与剖切面之间的部分全部移走，对剩余部分向投影面投射，在截断面内画上剖面符号后所得到的图形称为全剖视图。

当机件的外形比较简单（或者已在其他视图中表达清楚）、内部结构又较复杂，并且是不对称形体时，经常采用全剖视图表示其内部结构形状。

如图 4-22 所示（该机件所用剖切面为单一平面，剖切时通过形体的前后对称面），绘制机件全剖视图的一般过程及操作步骤如下。

[1] 调出“样板图”文件。绘图前，用户应首先打开样板图（×.dwt）或打开一个具有基本设置的样板图形文件（×.dwg）。

[2] 画基准线。调用“直线”命令，绘制如图 4-22（a）所示的基准线（圆筒轴线和底面的投影轮廓线、大圆垂直方向对称中心线和形体前后对称面的投影线）。绘图时，从图 4-22（a）到图 4-22（e）仍画在“0 层”。

[3] 画圆筒图形。使用绘图和编辑命令等，绘制如图 4-22（b）所示的圆筒的主、俯视图。其中主视图是切开圆筒后，全部移走前面部分，再向投影面投射所得的视图；俯视图是圆筒的水平投影图。

[4] 画底板图形。使用绘图和编辑命令等，绘制如图 4-22（c）所示的底板的主、俯视图。其中主视图是切开底板后，全部移走前面部分，再向投影面投射所得的视图；俯视图是底板的水平投影图。

[5] 画肋板图形。使用绘图和编辑命令等，绘制如图 4-22（d）所示的肋板的主、俯视图。其中主视图是切开肋板后，全部移走前面部分，再向投影面投射所得视图。该图形是按照剖切机件上的肋、轮辐等简化画法绘制的。因为该肋板被纵向剖切（即沿着肋板的厚度切开），要用粗实线将它与邻接部分隔开；俯视图是肋板的水平投影图。

[6] 画剖面符号。调用“图案填充”命令，在如图 4-22（e）所示主视图截断面内绘制剖面线。绘制时，肋板主视图的截断面内，按规定不画剖面线。

[7] 将图形元素编辑到应在图层并进行视图的标注。对于不同的图形元素要进行分门别类归档，将各个元素修改编辑到应在图层，完成符合国家标准要求的全图。由于剖切面通过的是机件的对称面且为单一剖切平面，剖视图按投影关系配置，中间又无图隔开，剖视图不必标注，如图 4-22（f）所示。

[8] 标注尺寸，完成全图。调出尺寸标注的相关命令，正确、完整、清晰、合理地标注机件的全部尺寸，如图 4-22（g）所示。

提示

绘制剖视图与绘制视图的显著区别在于，是否调用“图案填充”命令画剖面符号。

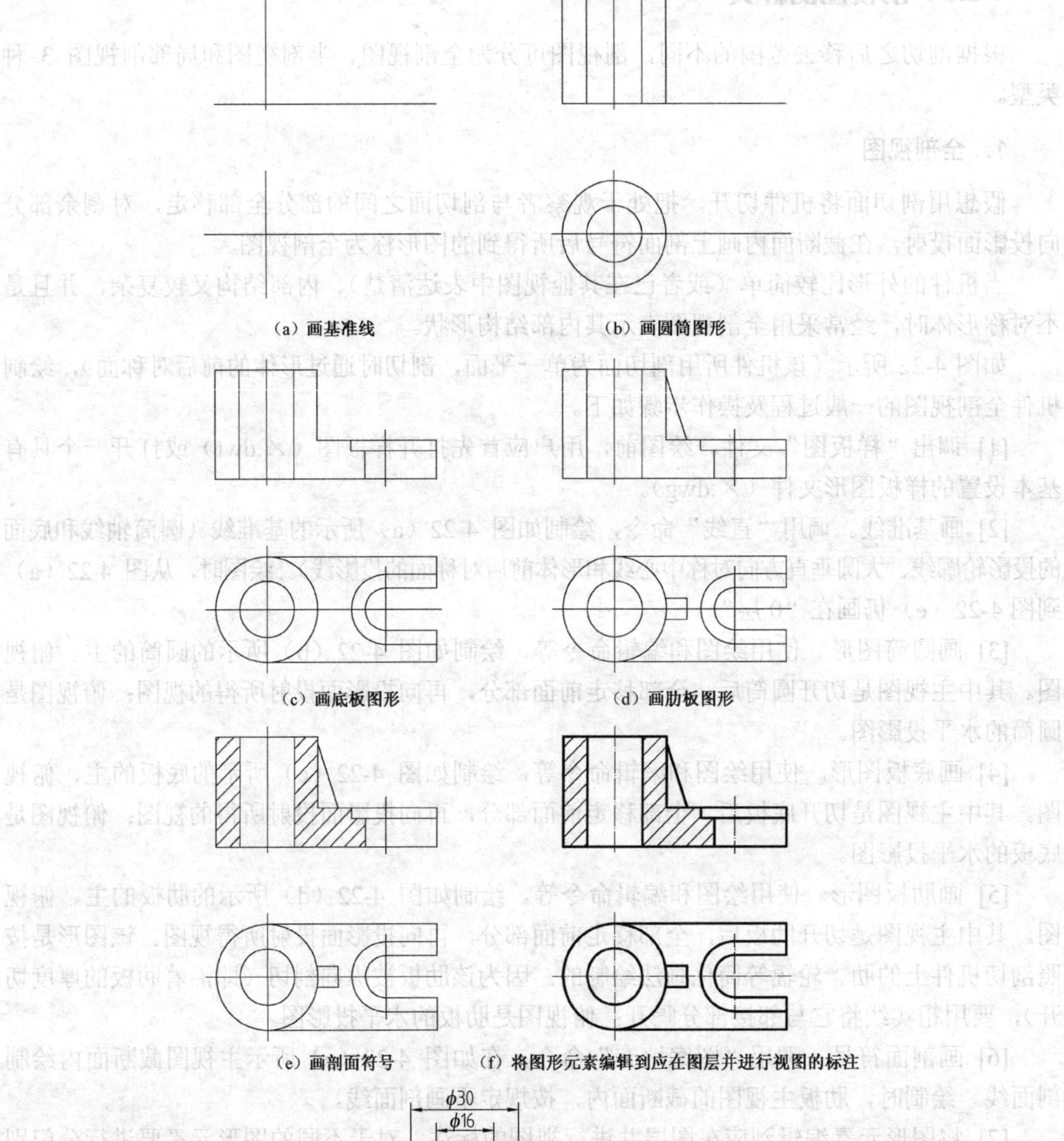

（a）画基准线　（b）画圆筒图形

（c）画底板图形　（d）画肋板图形

（e）画剖面符号　（f）将图形元素编辑到应在图层并进行视图的标注

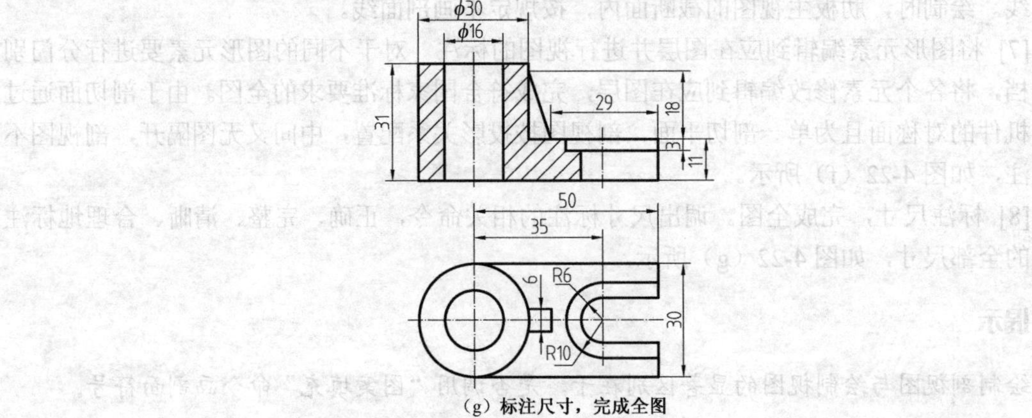

（g）标注尺寸，完成全图

图 4-22　全剖视图的绘制

2．半剖视图

假想用剖切面将机件切开，把处于观察者与剖切面之间的部分移走一半，对剩余部分向投影面投射，在截断面内画上剖面符号后所得到的图形称为半剖视图。

当机件的内、外部结构都比较复杂，并且是对称形体时，为了同时表示形体的内、外部结构经常用半剖视图绘出。

画图时，以对称面投影线（细点画线）为界，一般将图形的左（上）边画成外形图（仅绘出可见部分的轮廓线），右（下）边画成剖视图。

如图 4-23 所示（该机件所用剖切面为单一平面，剖切时通过形体的前后对称面），绘制机件半剖视图的一般过程及操作步骤如下。

[1] 调出“样板图”文件。绘图前，用户应首先打开样板图（×.dwt）或打开一个具有基本设置的样板图形文件（×.dwg）。

[2] 画基准线。调用“直线”命令绘制如图 4-23（a）所示的基准线（台阶圆筒的轴线和底面的投影轮廓线、大圆垂直方向对称中心线和形体前后对称面的投影线）。绘图时，从图 4-23（a）到图 4-23（e）仍画在“0 层”。

[3] 画台阶圆筒图形。使用绘图和编辑命令等，绘制如图 4-23（b）所示台阶圆筒的主、俯视图。其中主视图是切开台阶圆筒后，移走前面部分的一半，再向投影面投射所得的图形；俯视图是台阶圆筒的水平投影图。

[4] 画底板图形。使用绘图和编辑命令等，绘制如图 4-23（c）所示的底板的主、俯视图。其中主视图是切开底板后，移走前面部分的一半，再向投影面投射所得视图；俯视图是底板的水平投影图。

[5] 画切口图形。使用绘图和编辑命令等，绘制如图 4-23（d）所示的切口的主、俯视图。

[6] 画剖面符号。调用“图案填充”命令，在如图 4-23（e）所示主视图截断面内绘制剖面线。

[7] 将图形元素编辑到应在图层并进行视图的标注。对于不同的图形元素要进行分门别类归档，将各个元素修改编辑到应在图层，完成符合国家标准要求的全图。由于剖切面通过的是机件的对称面且为单一剖切平面，剖视图按投影关系配置，中间又无图隔开，剖视图不必标注，如图 4-23（f）所示。

[8] 标注尺寸，完成全图。调出尺寸标注的相关命令，正确、完整、清晰、合理地标注机件的全部尺寸，如图 4-23（g）所示。

注意

绘制图形结构较复杂的大型剖视图时，为使编辑图形更方便，当调出“图案填充”命令后，在出现的“图案填充和渐变色”对话框中，把“选项”区的“创建独立的图案填充”复选框“勾选”，此后用户每次单击所形成的各个封闭区域（边界显示为虚线）内，剖面线将各自独立存在，需要时可以对其进行单独修改和编辑。

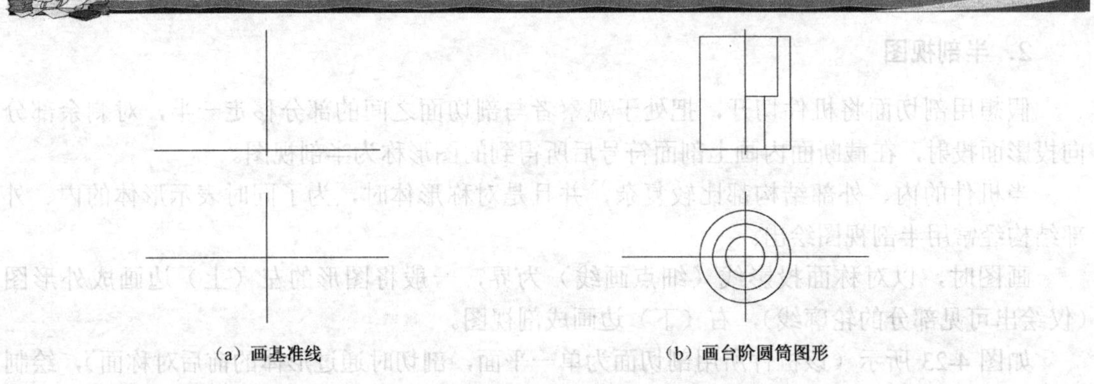

（a）画基准线　　　　　　　　（b）画台阶圆筒图形

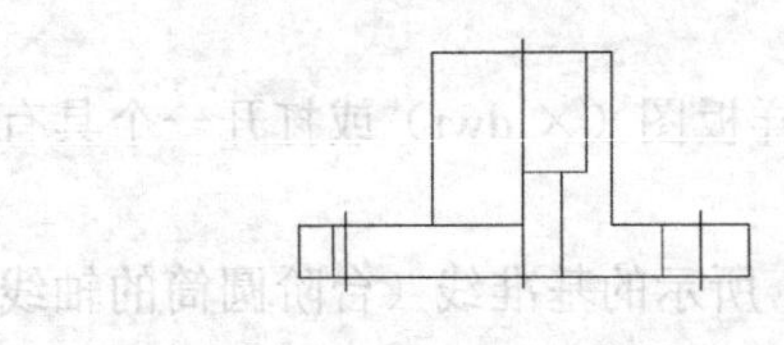

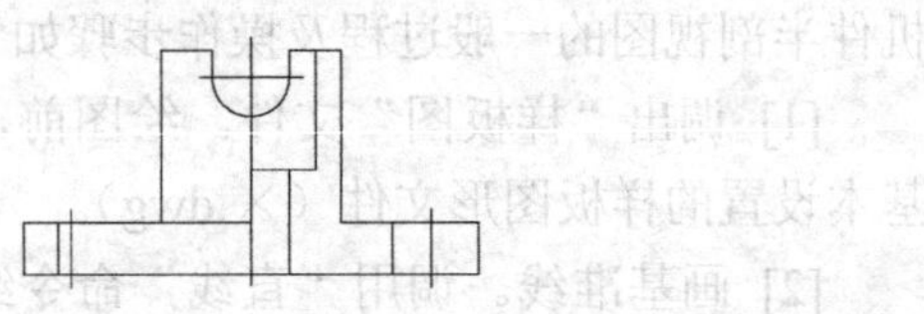

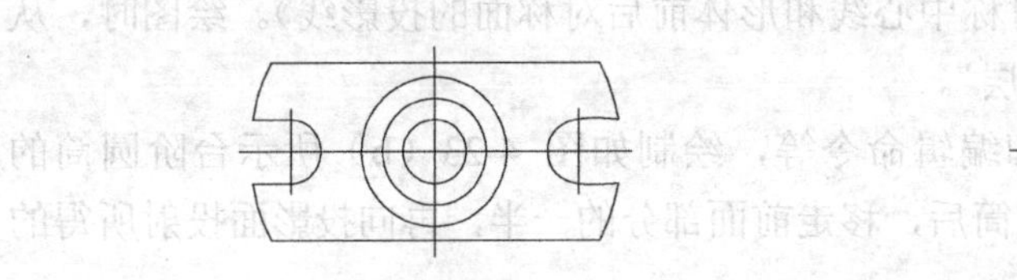

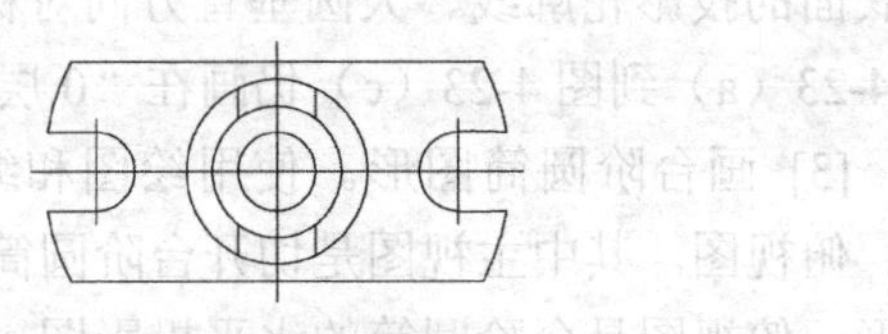

（c）画底板图形　　　　　　　　（d）画切口图形

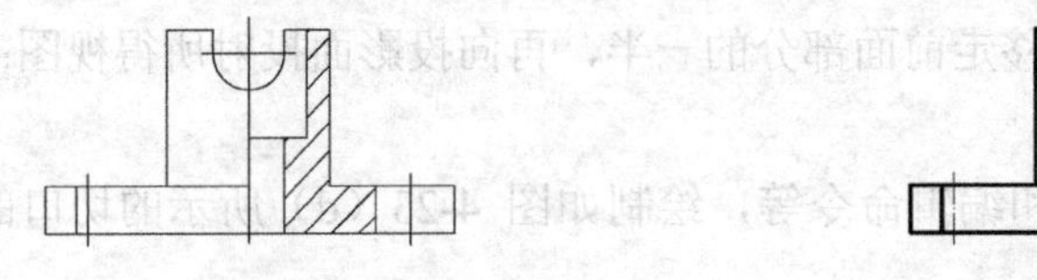

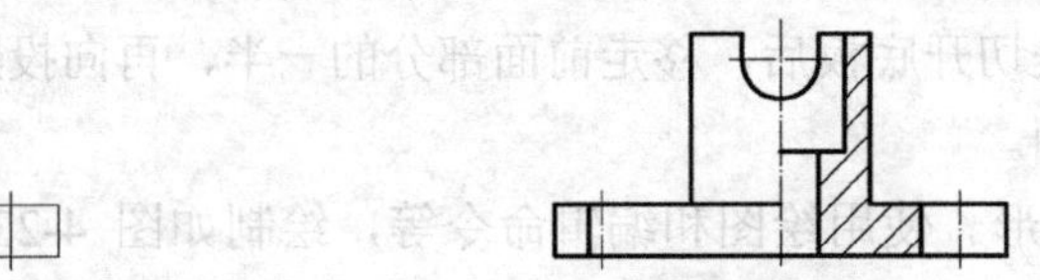

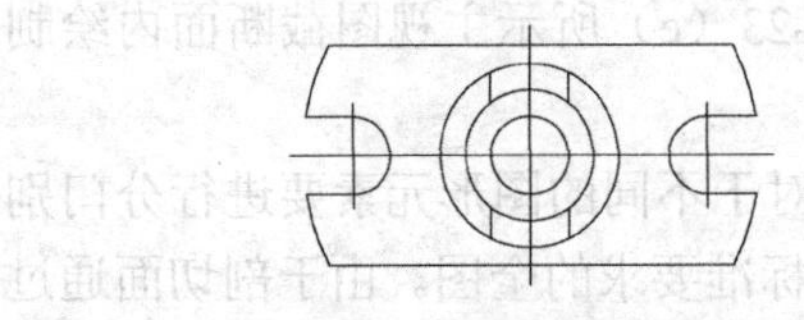

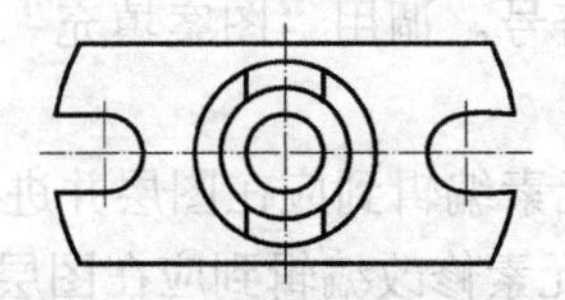

（e）画剖面符号　　　　　　　　（f）将图形元素编辑到应在图层并进行视图的标注

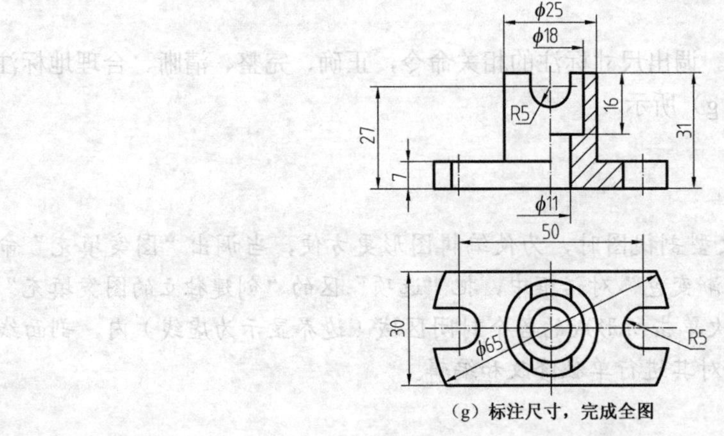

（g）标注尺寸，完成全图

图 4-23　半剖视图的绘制

3. 局部剖视图

假想用剖切面将机件切开，把处于观察者与剖切面之间的部分移走指定的局部，对剩余部分向投影面投射，在截断面内画上剖面符号后所得到的图形称为局部剖视图。

当机件的内、外部结构都比较复杂，并且是不对称形体时，为了同时表示形体的内、外部结构，经常用局部剖视图绘出。此时，全、半剖视图在表示这类形体时均不合适。

画图时，以留下和移走部分的断裂处分界线投影线（波浪线）为界，留下部分的图形画成外形图（仅绘出可见部分的轮廓线），移走局部这部分的图形画成剖视图。

如图4-24所示，绘制机件局部剖视图的一般过程及操作步骤如下。

[1] 调出“样板图”文件。绘图前，用户应首先打开样板图（×.dwt）或打开一个具有基本设置的样板图形文件（×.dwg）。

[2] 画基准线。调用“直线”命令绘制如图4-24（a）所示的基准线（形体的左右对称面和底面的投影线、形体的左右对称面和后端面的投影线）。绘图时，从图4-24（a）到图4-24（e）仍画在“0层”。

[3] 画形体的外形图。使用绘图和编辑命令等，绘制如图4-24（b）所示的主、俯视图，仅绘出可见部分的轮廓线。

[4] 补画移走部分轮廓线。使用绘图和编辑命令等，补绘如图4-24（c）所示移走部分的主、俯视图中出现的轮廓线（主视图中的右下角、俯视图的中后部位）。

[5] 画波浪线并整理图形。调用“样条曲线”命令，绘制留下和移走部分的断裂处分界线的投影线，如图4-24（d）所示；使用编辑命令等，整理图形。

[6] 画剖面符号。调用“图案填充”命令，在如图4-24（e）所示主、俯视图截断面内绘制剖面线。

[7] 将图形元素编辑到应在图层并进行视图的标注。对于不同的图形元素要进行分门别类归档，将各个元素修改编辑到应在图层，完成符合国家标准要求的全图。由于剖切面均为单一剖切平面，剖切位置很明确，此时不必标注，如图4-24（f）所示。

[8] 标注尺寸，完成全图。调出尺寸标注的相关命令，正确、完整、清晰、合理地标注机件的全部尺寸，如图4-24（g）所示。

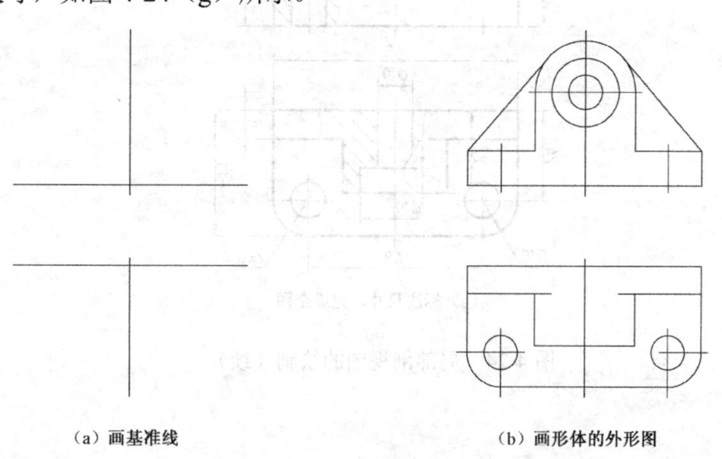

（a）画基准线　　（b）画形体的外形图

图4-24 局部剖视图的绘制

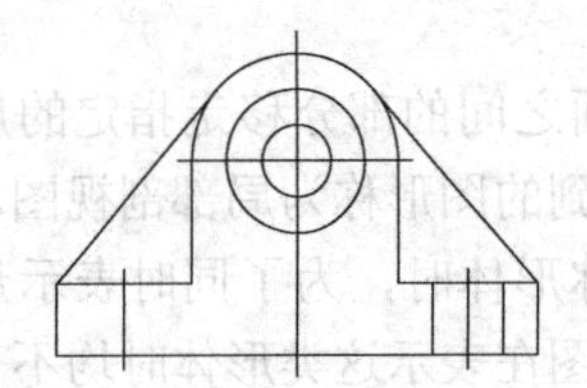

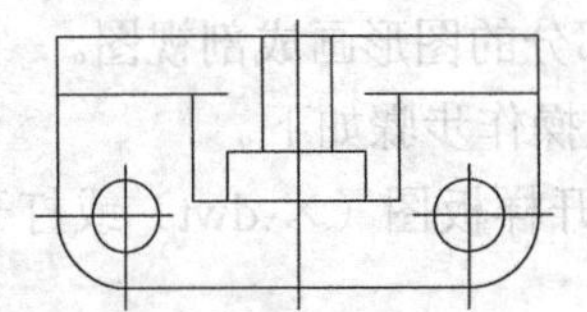

（c）补画移走部分轮廓线

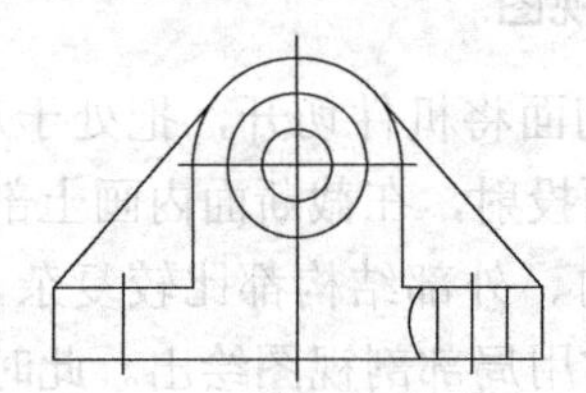

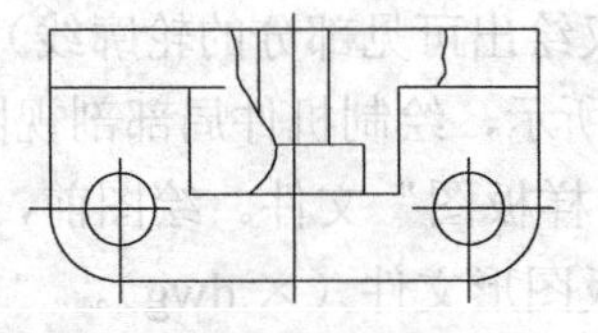

（d）画波浪线并整理图形

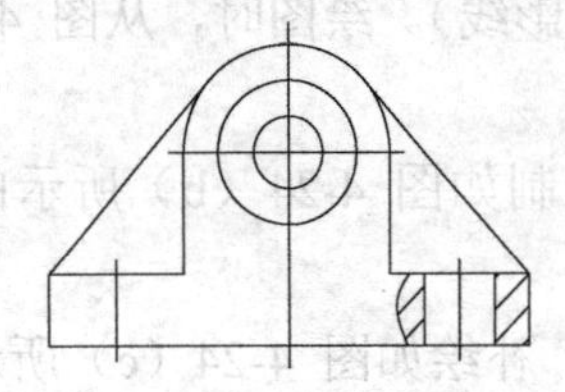

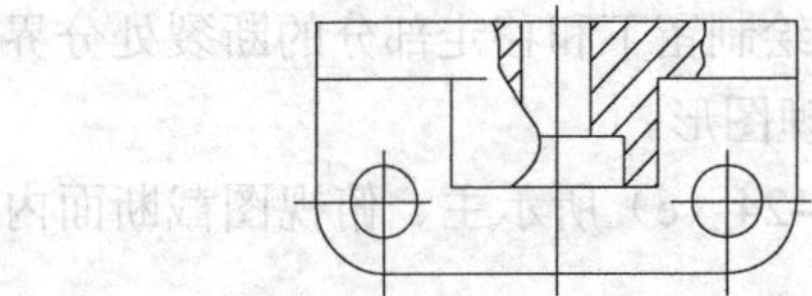

（e）画剖面符号

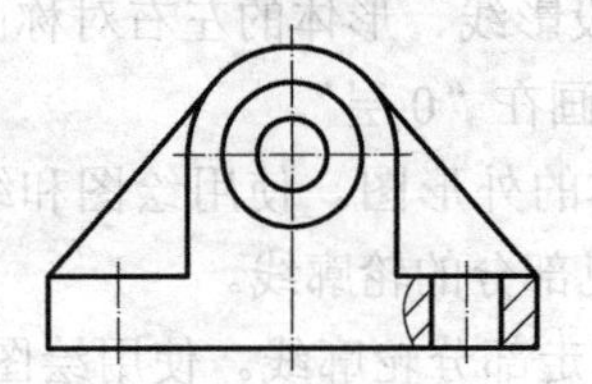

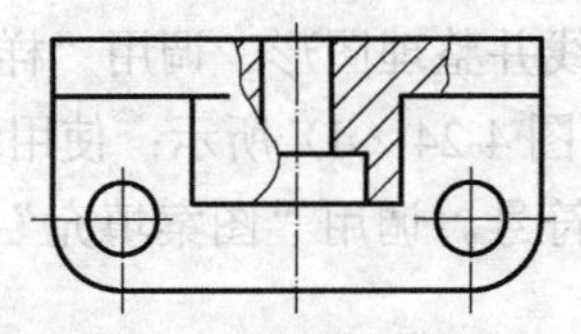

（f）将图形元素编辑到应在图层并进行视图的标注

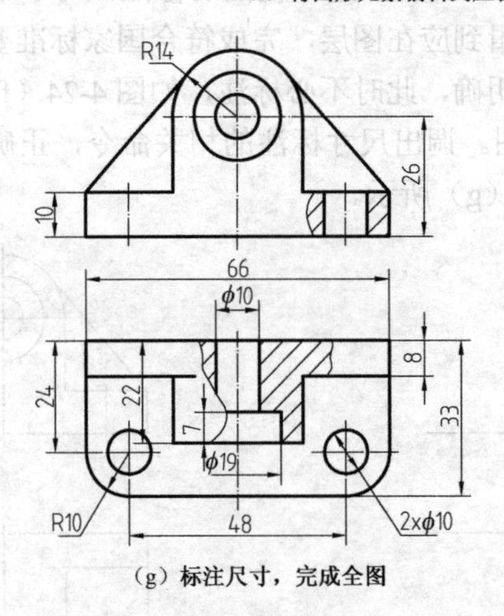

（g）标注尺寸，完成全图

图 4-24　局部剖视图的绘制（续）

4.2.3　剖切方法

由于机件的内部结构形式多种多样，所以绘制剖视图时采用的剖切方法也不尽相同。为此，国家标准规定了相应的剖切面体系，按剖切面的组合数量和形式的不同可分为单一剖切面、几个平行的剖切平面、几个相交的剖切面3种类型。上述3种剖切面均可剖得全剖视图、半剖视图和局部剖视图，用户可根据需要适时选用。使用不同类型的剖切面剖切机件的方法即为剖切方法。

1. 单一剖切面剖切

用一个剖切面剖开机件的方法称为单一剖切面剖切。

前述的全剖视图、半剖视图、局部剖视图均是使用单一剖切面剖切所获得的图形，那里的单一剖切面是投影面平行面，按照国家标准规定它们应叫正单一剖切面（正单一剖切面的“正”字可省略）。此外，单一剖切面还有另一种形式，它就是投影面垂直面，按照国家标准规定它称为斜单一剖切面。

当机件具有倾斜部分且需要表示其内部结构时，常采用斜单一剖切面剖切，如图4-25所示。在不引起误解的情况下，允许按斜视图的旋转图形方式配置该剖视图（此内容略）。

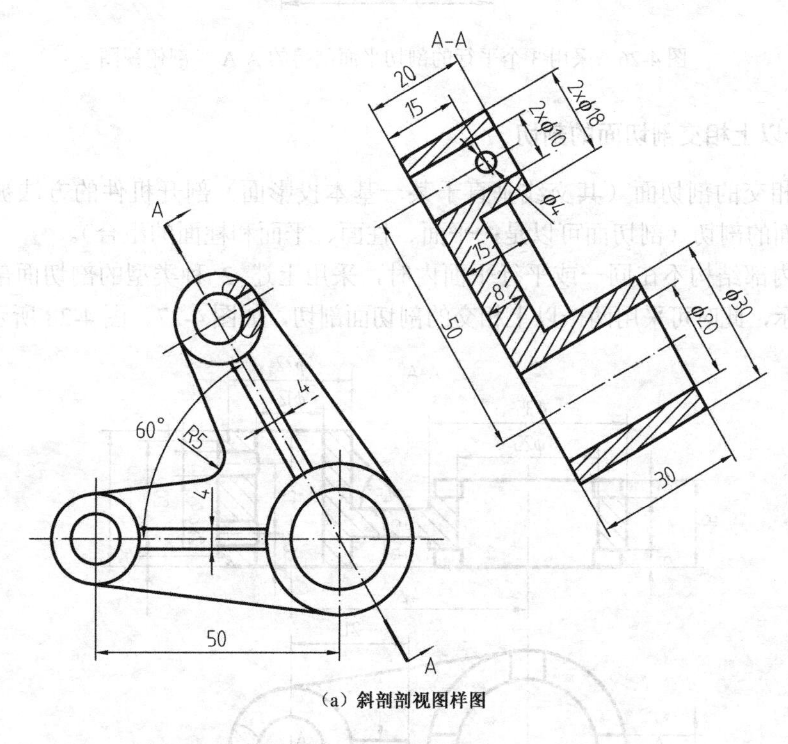

（a）斜剖剖视图样图

图4-25　采用斜单一剖切面剖得的A-A全剖视图

2. 两个以上平行剖切平面的剖切

用几个平行的剖切平面剖开机件的方法被称为两个以上平行剖切平面的剖切。该剖切方法主要用于表示外形简单、内部层次较多而难以用单一剖切面剖切的机件，它可剖得全剖视图、半剖视图和局部剖视图，如图 4-26 所示。

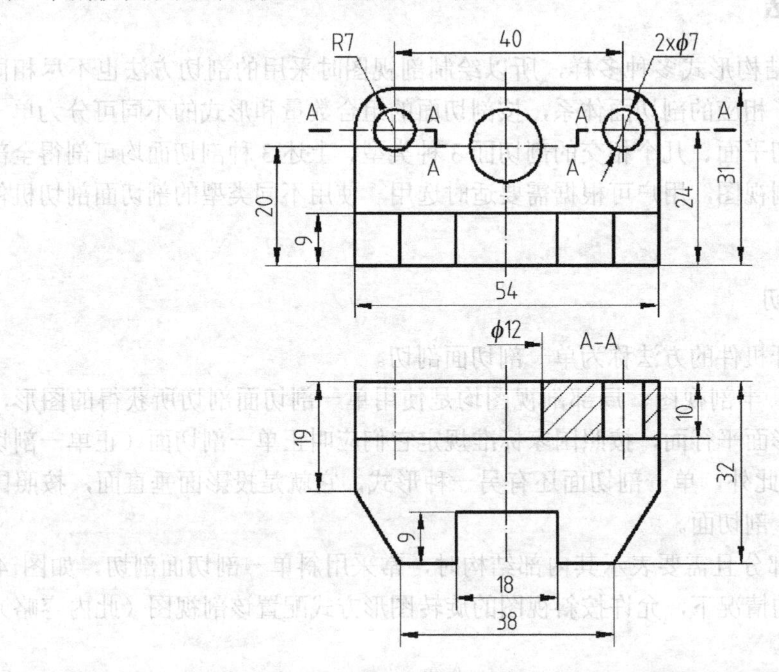

图 4-26　采用 3 个平行的剖切平面剖得的 A-A 半剖俯视图

3．两个以上相交剖切面的剖切

用几个相交的剖切面（其交线垂直于某一基本投影面）剖开机件的方法被称为两个以上相交剖切面的剖切（剖切面可以是：平面、柱面、平面和柱面的组合）。

当机件内部结构不在同一或平行平面内时，采用上述 2 种类型的剖切面剖切后，不能对其全面表示，此时可采用两个以上相交的剖切面剖切，如图 4-27、图 4-28 所示。

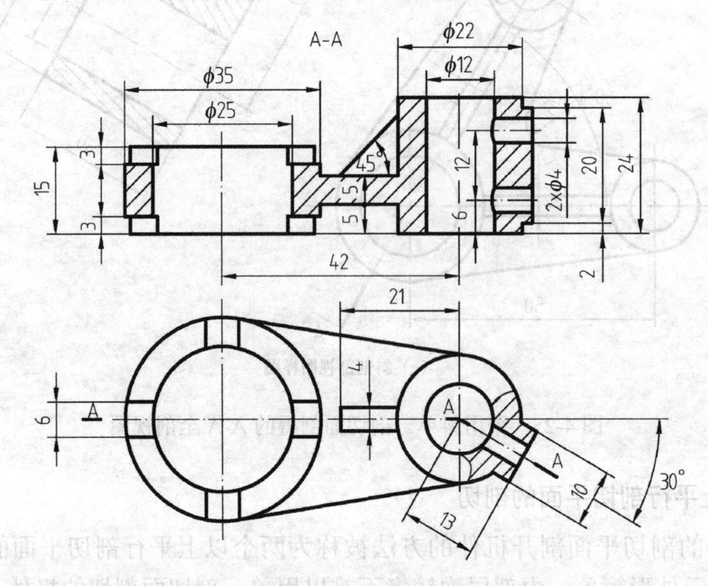

图 4-27　采用 2 个相交的剖切面剖得的 A-A 全剖主视图

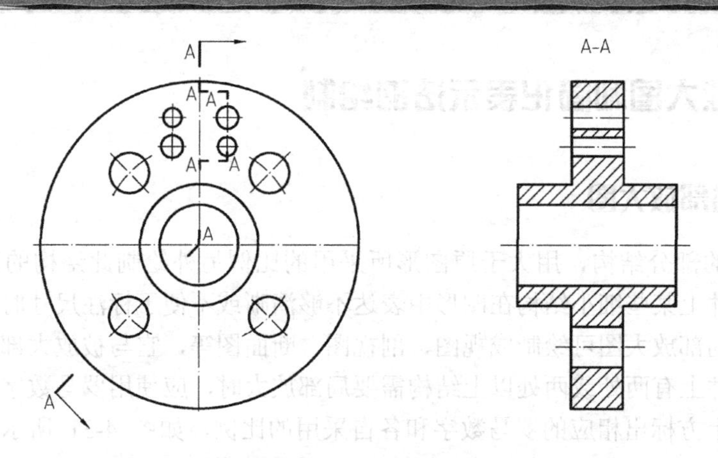

图 4-28　采用 4 个相交的剖切面剖得的 A-A 全剖主视图

图 4-28 未标注尺寸，用户如绘制本例题，其尺寸可从图中量取、取整数。

4.2.4 断面图

假想用剖切面在某处将机件切断，仅画其截断面的图形，这个图形叫断面图，也叫断面。按断面图画在图中位置的不同，可分为移出断面图和重合断面图两种。断面图主要用于表达机件某一部分的断面形状，如机件上的肋板、轮辐、键槽及型材的断面等。

1. 移出断面图

绘制在视图之外的断面图被称为移出断面图。移出断面图的轮廓线用粗实线绘制，其图形通常配置在剖切符号或剖切线的延长线上，也可按投影关系配置或画在视图的中断处，必要时可配置在其他适当位置，如图 4-29 所示（注：其他配置方式请参阅制图相关内容）。

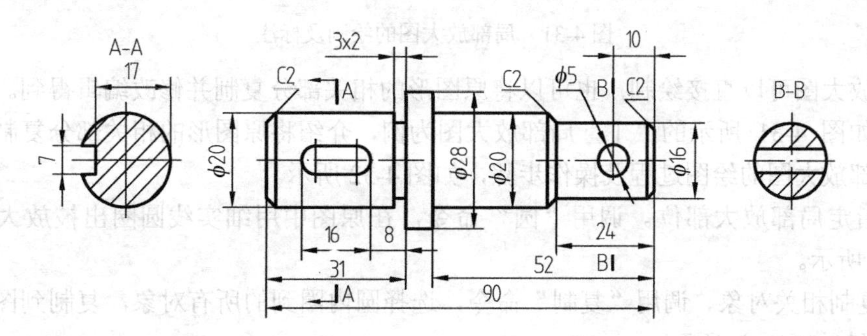

图 4-29　按投影关系配置的移出断面图

2. 重合断面

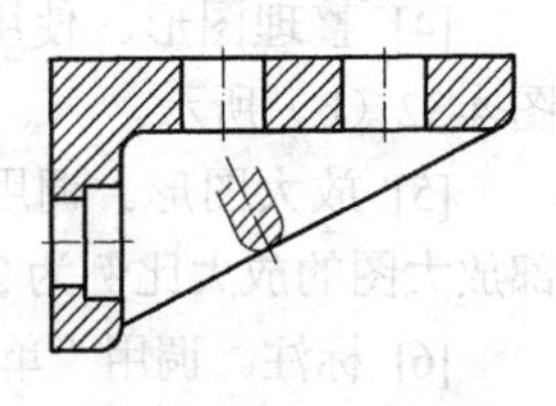

图 4-30　重合断面图

绘制在视图之内的断面图被称为重合断面图。重合断面图的轮廓线用细实线绘制，一般用在断面形状简单，不影响图形清晰的情况下，如图 4-30 所示。当其轮廓线与视图中轮廓线重叠时，后者仍应连续画出，不可中断。

4.3 局部放大图和简化表示法的绘制

4.3.1 局部放大图

将机件上的部分结构，用大于原图形所采用的比例另外绘制此结构的图形，称为局部放大图。当机件上某些细小结构在图形中表达不够清晰或不便于标注尺寸时，均使用局部放大图来表达。局部放大图可绘制成视图、剖视图、断面图等，它与被放大部分的表达方式无关；当同一机件上有两处或两处以上结构需要局部放大时，应使用罗马数字依次标明，并在局部放大图的上方标出相应的罗马数字和各自采用的比例，如图 4-31 所示。若机件上只有一处结构需要放大，只须在局部放大图上方标出所采用的放大比例。

1. 局部放大图的绘制方法

局部放大图的放大比例及标注方法均要符合国家标准《机械制图》和《技术制图》的规定，如图 4-31 所示。

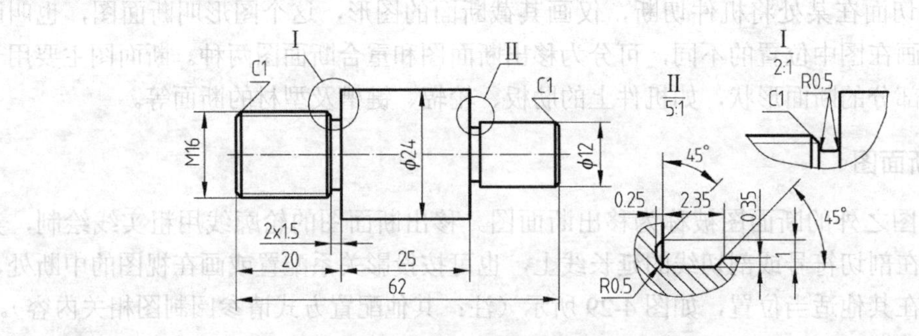

图 4-31　局部放大图的绘制及标注

局部放大图可以直接绘制，也可以将原图形的相关部分复制并修改编辑得到。

现以如图 4-31 所示的“Ⅰ”局部放大图为例，介绍将原图形的相关部分复制并修改编辑得到局部放大图的绘图过程及操作步骤，如图 4-32 所示。

[1] 指定局部放大部位。调用“圆”命令，在原图中用细实线圆圈出被放大的部位，如图 4-31 所示。

[2] 复制相关对象。调用“复制”命令，选择圆内圈到的所有对象，复制到图中的合适位置，如图 4-32（a）所示。

[3] 画波浪线。调用“样条曲线”命令，绘制波浪线，如图 4-32（a）所示。

[4] 整理图形。使用绘图和编辑命令等，裁剪多余图线并补画如“圆角”等图线，如图 4-32（b）所示。

[5] 放大图形。调用“缩放”命令，将编辑好的图形“放大”到需要的结果（“Ⅰ”局部放大图的放大比例为 2:1），如图 4-32（c）所示“图形”。

[6] 标注。调用“单行文字”命令，标注罗马数字及放大比例，如图 4-32（c）上方所示（注：该图中只标注了“放大比例”）。

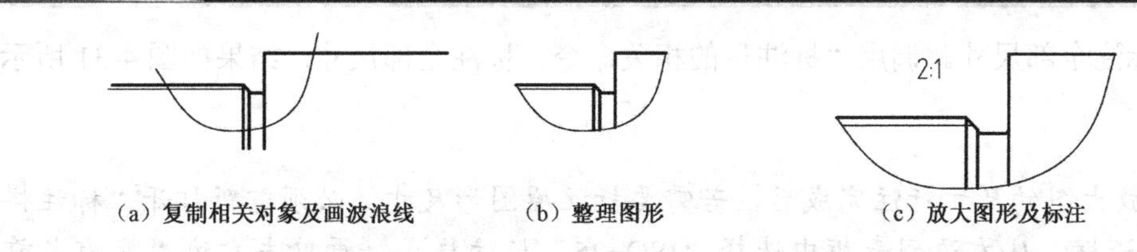

（a）复制相关对象及画波浪线　　（b）整理图形　　（c）放大图形及标注

图 4-32　局部放大图的绘制过程

 **注意**

若用户要在局部放大图中填充剖面线，较好的方法是：先放大图形，后填充剖面线。否则，剖面线就会随图形一起被放大，剖面线间距也随之改变。假如操作反了，也没关系，立即启动“特性匹配”命令或者编辑“图案填充”（见前述），经操作仍能得到同样结果。

2．局部放大图的尺寸标注

国家标准规定，局部放大图上标注的比例是指该图形尺寸与机件实际尺寸的线性之比，而与原图形采用的比例无关。局部放大图应标注实际尺寸。

AutoCAD 提供的标注尺寸功能默认为绘制图形的实际尺寸。当使用 1:1 的比例绘制图形时，标注的尺寸恰为机件的实际尺寸；若标注局部放大图（或缩小图）的尺寸时，须改变标注样式中测量单位的比例因子（其数值为放大或缩小比例的倒数），才能准确标注实际尺寸。

现以如图 4-31 所示标注的“Ⅱ”局部放大图的全部尺寸为例，介绍局部放大图尺寸标注设置的过程及操作步骤。

[1] 设置临时标注样式。调用“标注样式”命令，弹出“标注样式管理器”对话框，如图 2-26 所示，单击“替代”按钮，设置临时标注样式（若单击“修改”按钮，则影响全局的标注结果），弹出“替代当前样式：ISO-25”对话框，如图 4-33 所示，选择“主单位”选项卡，在“测量单位比例”区域的“比例因子”编辑框中输入“0.2”，单击“确定”按钮，返回到“标注样式管理器”对话框，单击“关闭”按钮，返回到绘图区进行相应的尺寸标注。

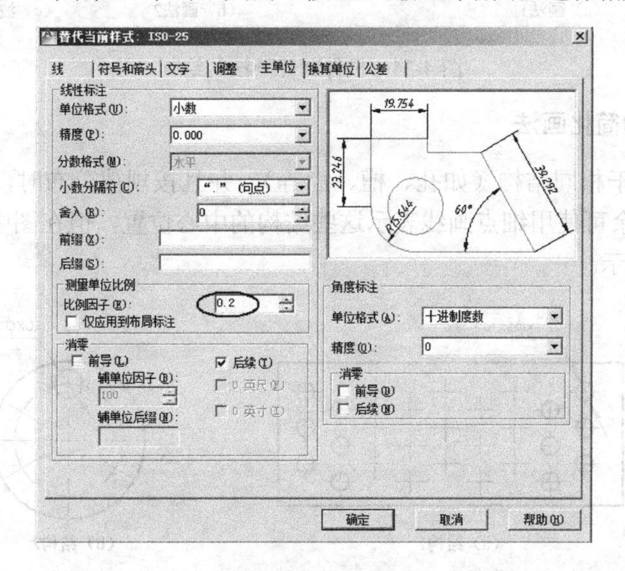

图 4-33　“替代当前样式：ISO-25”对话框

[2] 标注全部尺寸。调用“标注”的相关命令，标注全部尺寸，结果如图 4-31 所示。

注意

局部放大图的尺寸标注完成后，若需要标注原图形尺寸，必须重新打开“标注样式管理器”对话框，从左边列表框中选择“ISO-25”标注样式，再单击右边“置为当前”按钮，然后关闭对话框，才可以标注原图形尺寸（也可直接删除“替代样式”）。

4.3.2 简化表示法

简化表示法是按照国家标准所规定的画法来表达机件上的特殊结构，以使绘图简便，提高工作效率。下面仅介绍与 AutoCAD 绘图命令相关的一些图形绘制方法。

1. 断开画法

对于较长的机件（如轴、杆、型材、连杆等）沿长度方向一致或按一定规律变化时，可将机件断开后缩短绘制，但尺寸须按实际长度标注，如图 4-34 所示。

绘制如图 4-34 所示图形的过程及操作步骤如下。

[1] 完成图形的绘制。使用绘图和编辑命令等，绘制图形。

[2] 调用“样条曲线”命令，绘制图形断开处的波浪线（关闭捕捉和正交模式）。在绘制如图 4-34（b）所示的波浪线时，样条曲线上最好有 5 个夹点，如图 4-34（c）所示，这样有利于编辑上方、下方曲线的弯曲程度，尽可能使其一致。

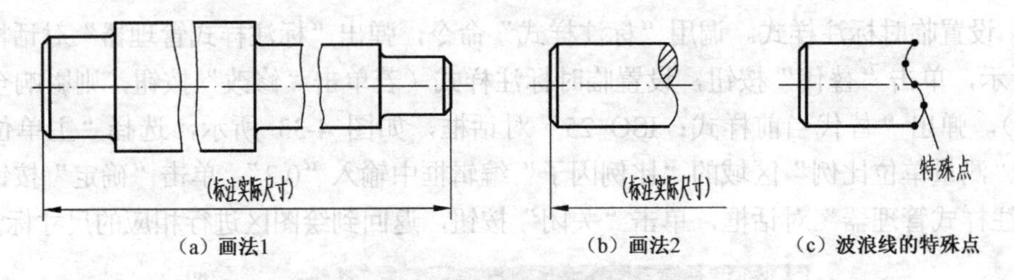

图 4-34　机件断开画法的绘制

2. 相同结构的简化画法

当机件上有若干相同结构（如孔、槽、齿等），并且按规律分布时，允许只画出一个或几个完整结构，其余可使用细点画线表示这些结构的中心位置，但在图中必须标注该结构的总数，如图 4-35 所示。

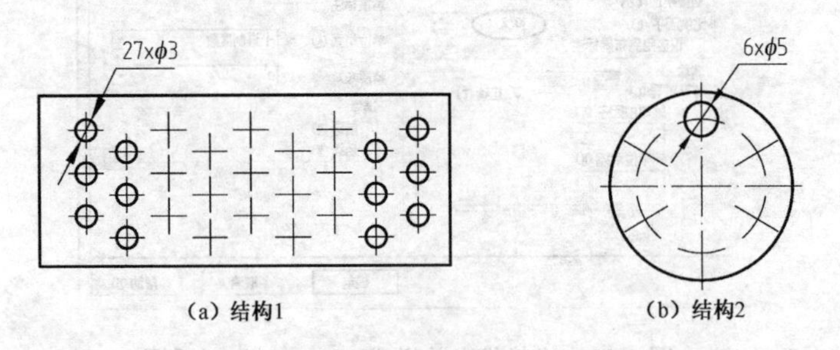

图 4-35　相同结构的简化画法

（1）矩形阵列结构的绘制方法

绘制如图4-35（a）所示图形的过程及操作步骤如下：

[1] 构建阵列对象。分析图形中阵列对象（基本图元组）分布规律，使用绘图和修改命令等，完成一组阵列对象的绘制，如图 4-36（a）所示。在如图 4-35（a）所示的图形中，阵列对象是“两个圆的4段对称中心线”。

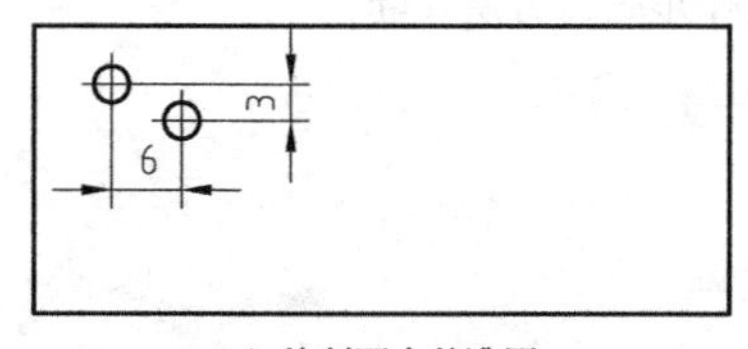

（a）绘制一组阵列对象（4段对称中心线）

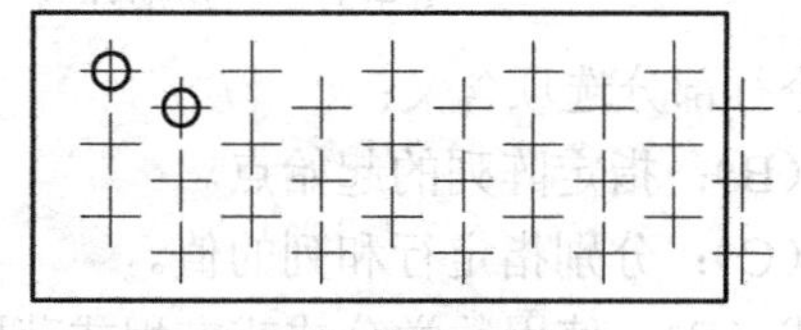

（b）使用矩形阵列命令后的结果

图4-36 矩形阵列结构的绘制过程

[2] 启动阵列命令。要完成矩形阵列的绘制，就需要启动“矩形阵列”命令。

“矩形阵列”命令的启动方法如下：

按钮（单击）：常用 选项卡→修改标题栏→矩形阵列。

键盘（输入）：ARRAYRECT↵。

命令启动以后按命令提示进行。“矩形阵列”的操作步骤及方法如图4-37所示。

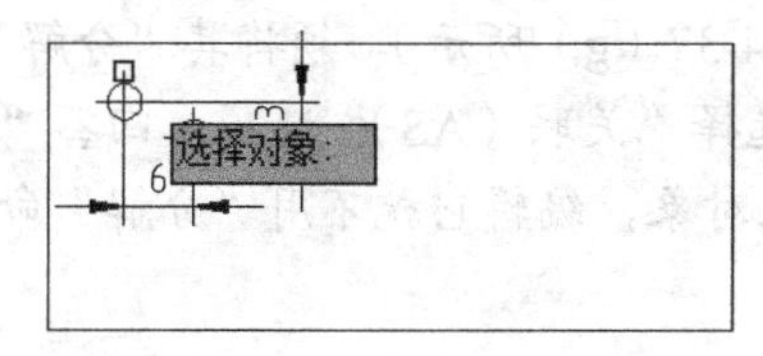

（a）根据命令提示选择对象，选择后，按Enter键

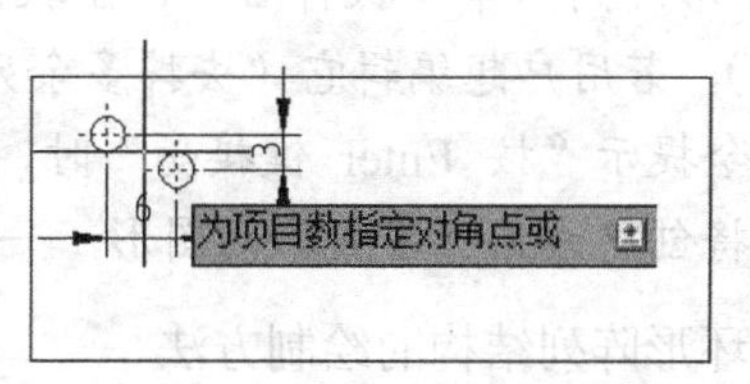

（b）输入“计数（C）”选项，按Enter键

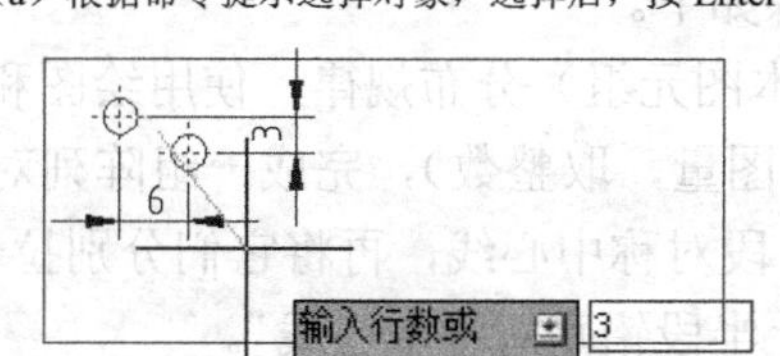

（c）输入行数（3），按Enter键

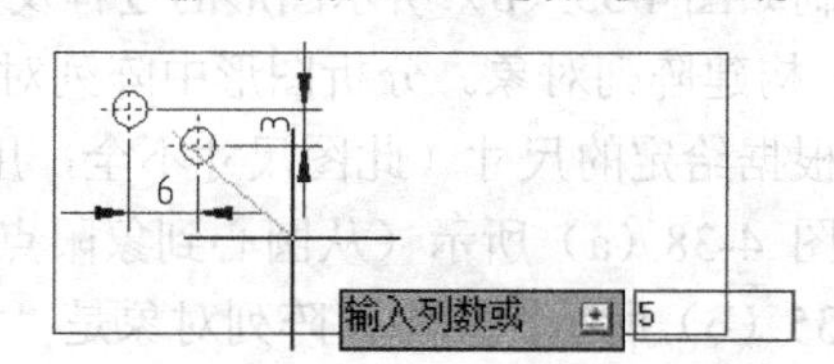

（d）输入列数（5），按Enter键

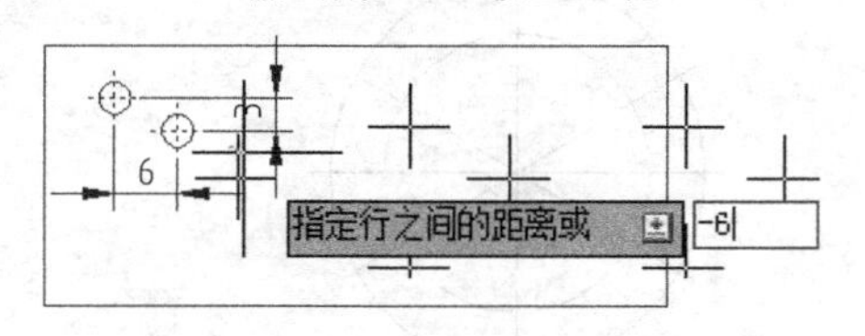

（e）选择“间距（S）”选项，按Enter键；输入行间距（-6），按Enter键

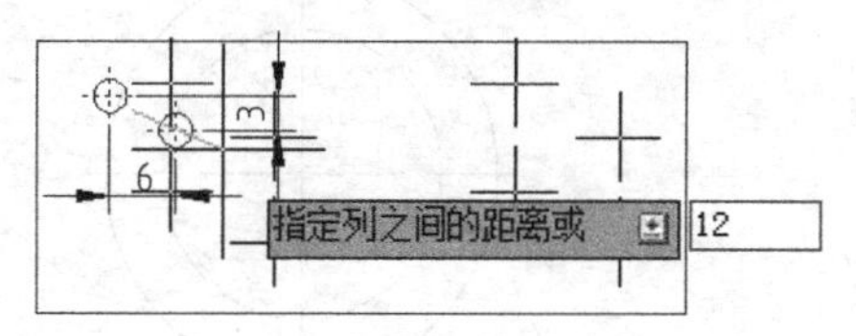

（f）输入列间距（12），按Enter键

图4-37 “矩形阵列”的操作步骤及方法

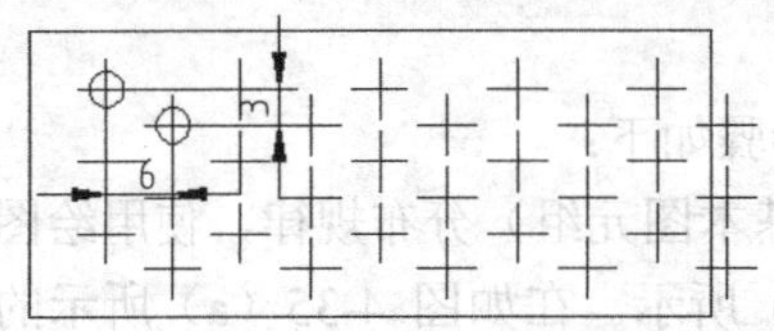

（g）按 Enter 键接受，完成矩形阵列操作

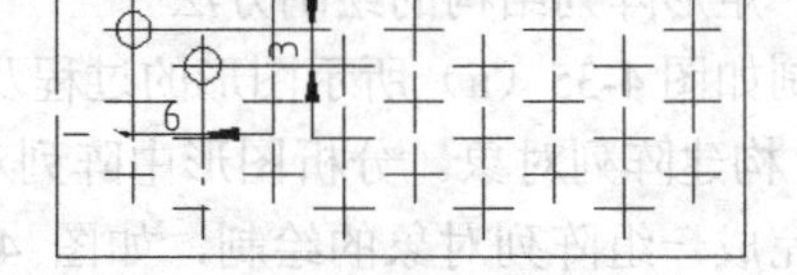

（h）执行分解、删除命令，去掉多余列，阵列结果

图 4-37　“矩形阵列”的操作步骤及方法（续）

该命令行部分选项含义：

基点（B）：指定阵列的起始点。

计数（C）：分别指定行和列的值。

表达式（E）：使用数学公式或方程式获取值。

间距（S）：分别指定行间距和列间距。

关联（AS）：指定是否在阵列中创建图形作为关联阵列对象，或作为独立对象。

退出（X）：退出命令。

[3] 编辑。如图 4-37（g）所示，最后的一列为多余列，要去掉该列，用户需要启动分解、删除命令完成，阵列结果如图 4-37（h）所示。

[4] 完成图形。启动“复制”命令，将 2 个“圆”复制到图形相应位置，完成图形的绘制。最后标注尺寸，如图 4-35（a）所示。

“矩形阵列”命令执行后，由于软件默认将阵列对象创建为相互关联的图形（该图形类似于块），若用户想编辑它（去掉多余列，如图 4-37（g）所示），须将其“分解”才行。

在命令提示“按 Enter 键接受”时，用户先选择“关联（AS）”选项，回答“否”后，阵列对象将创建为相互不关联的图形——各自独立对象，编辑它就不用“分解”命令了。

（2）环形阵列结构的绘制方法

绘制如图 4-35（b）所示图形的过程及操作步骤如下。

[1] 构建阵列对象。分析图形中阵列对象（基本图元组）分布规律，使用绘图和修改命令等，根据给定的尺寸（此图尺寸不全，用户可按图量，取整数），完成一组阵列对象的绘制，如图 4-38（a）所示（从圆心到象限点绘制 4 段对称中心线，再将它们分别拉长）。在如图 4-35（b）所示图形中，阵列对象是“大圆的上半段铅垂对称中心线”。

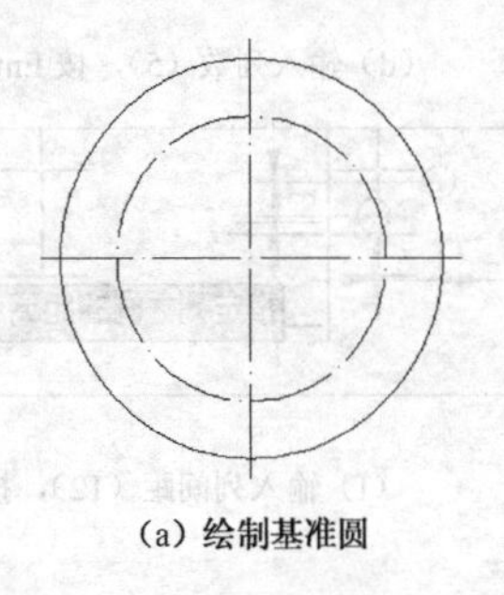
（a）绘制基准圆

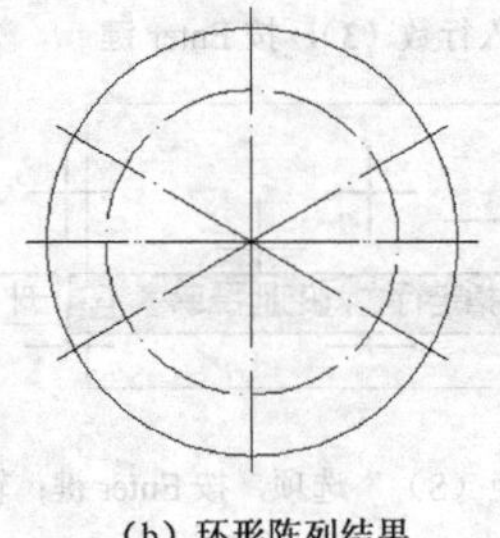
（b）环形阵列结果

图 4-38　环形阵列结构的绘制过程

[2] 启动阵列命令。要完成环形阵列的绘制，就需要启动“环形阵列”命令。“环形阵列”命令的启动方法如下：

按钮（单击）：常用 选项卡→修改标题栏→阵列·下拉列表→环形阵列。
键盘（输入）：ARRAYPOLAR↵。

命令启动以后，按命令提示进行。“环形阵列”的操作步骤及方法如图 4-39 所示。

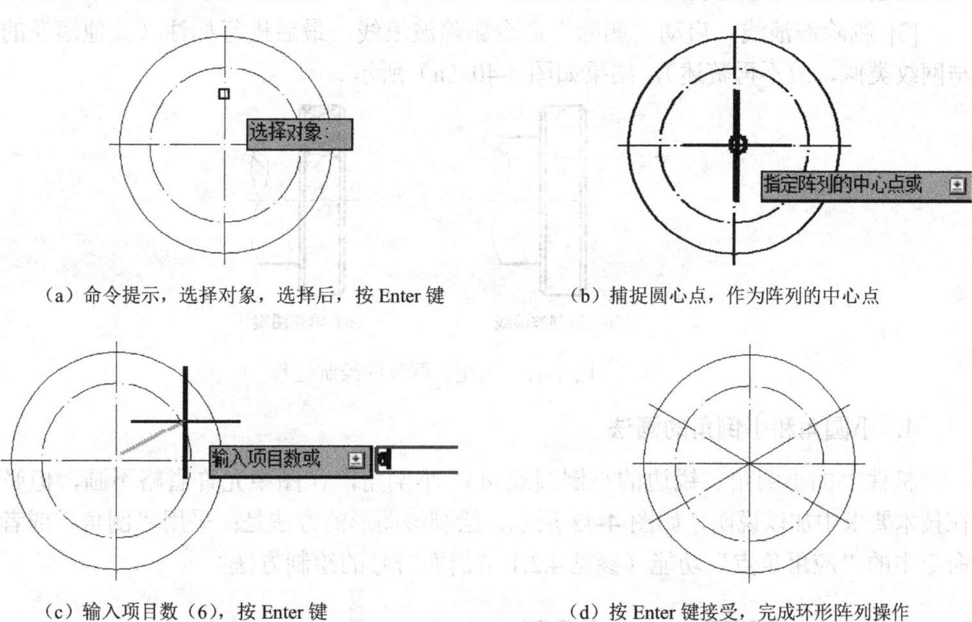

（a）命令提示，选择对象，选择后，按 Enter 键　（b）捕捉圆心点，作为阵列的中心点

（c）输入项目数（6），按 Enter 键　（d）按 Enter 键接受，完成环形阵列操作

图 4-39　“矩形阵列”的操作步骤及方法

[3] 完成图形。使用绘图和修改命令等绘制小圆，打断小圆 4 段对称中心线，最后标注尺寸，结果如图 4-39（d）所示。

3．机件上网纹、滚花的画法

机件上的滚花，可在轮廓线内用粗实线完全或部分地表示出来（GB/T 4458.1—2002）；标注时，将标记注写在无头指引线的基准线上。如图 4-40 所示。

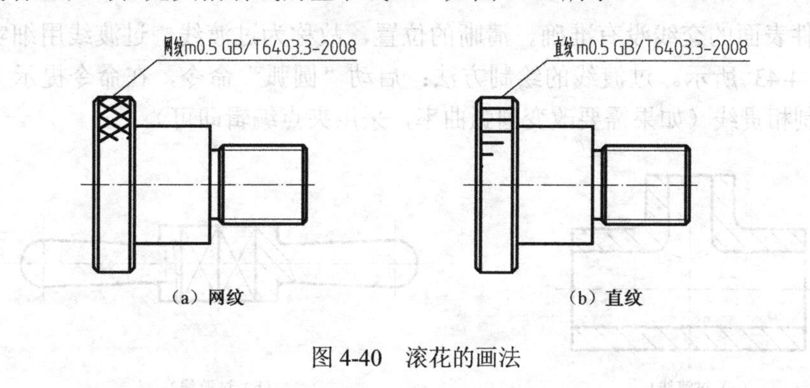

（a）网纹　（b）直纹

图 4-40　滚花的画法

绘制如图 4-40（a）所示滚花图形的过程及操作步骤如下：

[1] 绘制波浪线。启动“样条曲线拟合”命令，绘制波浪线，如图 4-41（a）所示。

[2] 进行图案填充。启动“图案填充”命令，弹出“图案填充创建”选项卡。选择“用户定义”；将角度、距离编辑为 30、2；在展开的“特性”面板左下方单击“▦双”按钮；单击“拾取点”按钮；把鼠标光标移至填充区内（注：显示图案填充预览），绘制剖面线；结果如图 4-41（b）所示。

[3] 删除波浪线。启动“删除”命令删除波浪线，最后进行标注（其他滚花的绘制方法与网纹类似，故不再赘述），结果如图 4-40（a）所示。

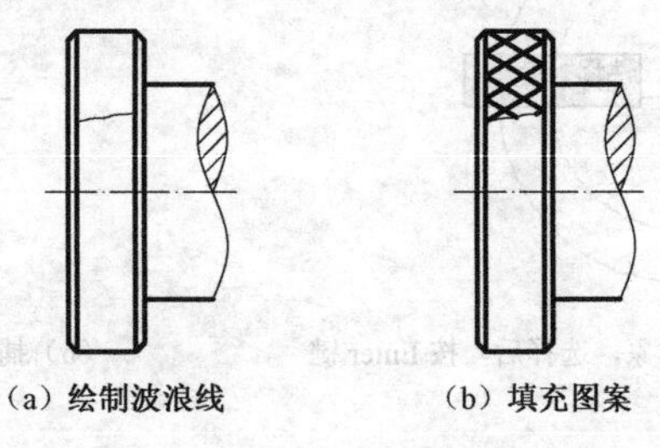

（a）绘制波浪线　　（b）填充图案

图 4-41　滚花、网纹的绘制过程

4．小圆角和小倒角的画法

机件上的小圆角、锐边的小倒圆或 45° 小倒角，在图中允许省略不画，但必须标注或在技术要求中加以说明，如图 4-42 所示。绘制该图形的方法是：采用“倒角”或者“圆角”命令中的“应用角点”功能（参见 4.2.1 节剖面符号的绘制方法）。

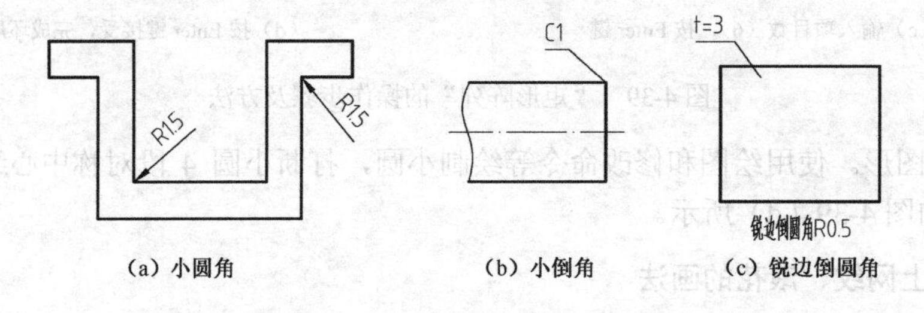

（a）小圆角　　（b）小倒角　　（c）锐边倒圆角

图 4-42　小圆角和小倒角的画法

5．铸造零件过渡线的画法

铸造零件表面的交线没有准确、清晰的位置，故称为过渡线。过渡线用细实线绘出，其画法如图 4-43 所示。过渡线的绘制方法：启动“圆弧”命令，在命令提示下输入“三点”方式绘制相贯线（如果需要改变圆弧曲率，采用夹点编辑即可）。

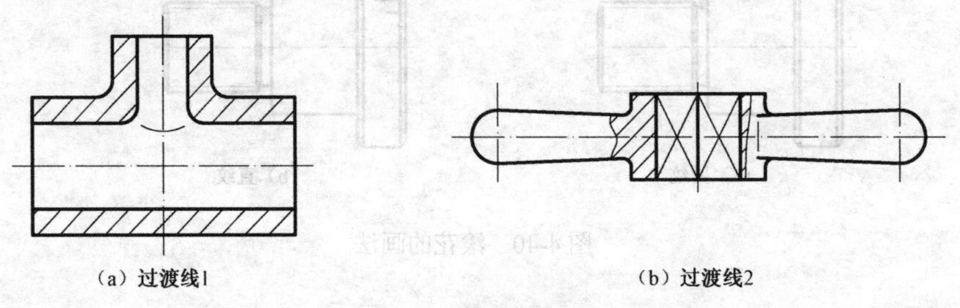

（a）过渡线1　　（b）过渡线2

图 4-43　过渡线的画法

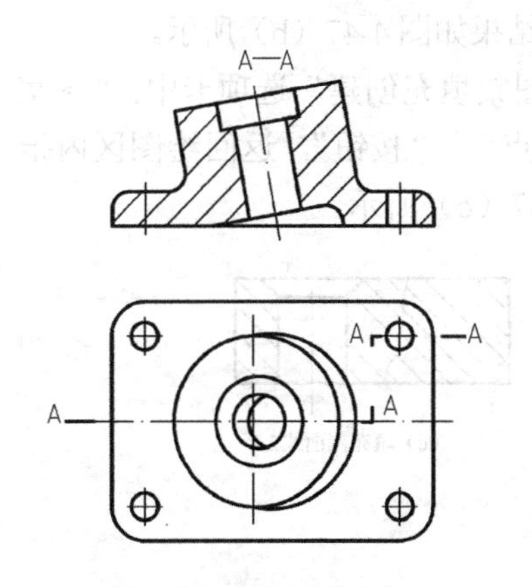

图 4-44　倾斜圆的画法

6．与投影面倾斜≤30° 的圆的画法

国家标准规定：若圆或圆弧与投影面倾斜角度≤30°时，其投影可采用圆或圆弧代替的简化画法，如图 4-44 所示。绘制反映倾斜部分的图形时（图 4-44 的主视图），建议用户选择“将倾斜部分摆正”的方式绘制，待图形绘制完成后再旋转为“真正”的倾斜角度。

7．对称机件的简化画法

对称机件的图形允许只画一半或者四分之一，并在对称中心线的两端绘制两条与其垂直的平行细实线“符号”，如图 4-45 所示。

绘制对称图形时，一般的方法是先绘制一半，再启动“镜像”命令复制出另一半。绘制图如 4-45 所示的图形时，可先绘出主视图的一半，再“镜像”另一半图形。使用绘图辅助工具等绘制俯视图，启动“修剪”命令裁去另一半。绘出平行细实线符号后，为了保证 4 个符号的一致性，建议启动“复制”和“旋转”等命令完成。

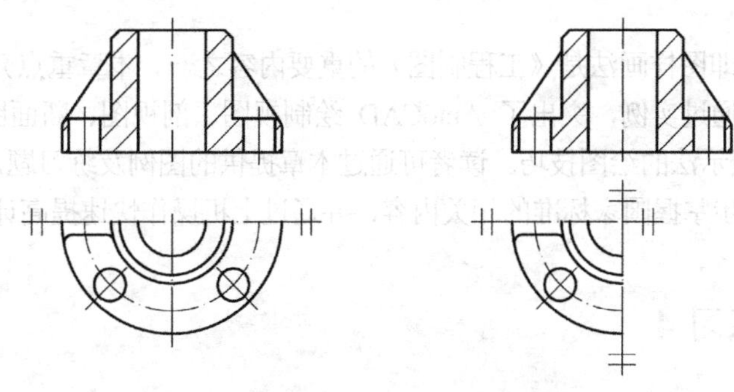

图 4-45　对称机件的简化画法

8．剖中剖的画法

在剖视图中可以再作一次局部剖视，但两者剖面线应画成同方向、同间隔，而且要互相错开，并在指引线的基准线上注写出局部剖视图的名称（如果剖切位置比较明显，可不必标注），如图 4-46 所示。

绘制剖中剖图形时，需要在剖视图中再画局部剖视图，其关键是二者的剖面线要错开。

绘制如图 4-47（c）所示图形过程及操作步骤如下。

[1] 绘制波浪线。绘制完整体及局部剖图形后，启动“样条曲线”命令画波浪线，如图 4-47（a）所示。

[2] 图案填充 1。启动“图案填充”命令，弹出“图案填充创建”选项卡。在“图案”下拉列表中选择“用户定义”；在“角度”编辑框中编辑为 45，“图案填充间距”编辑

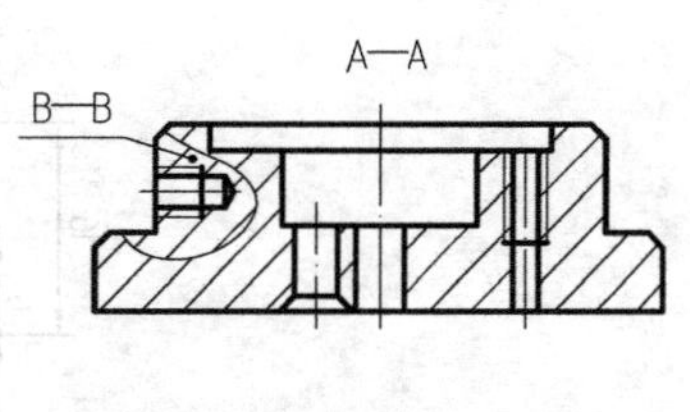

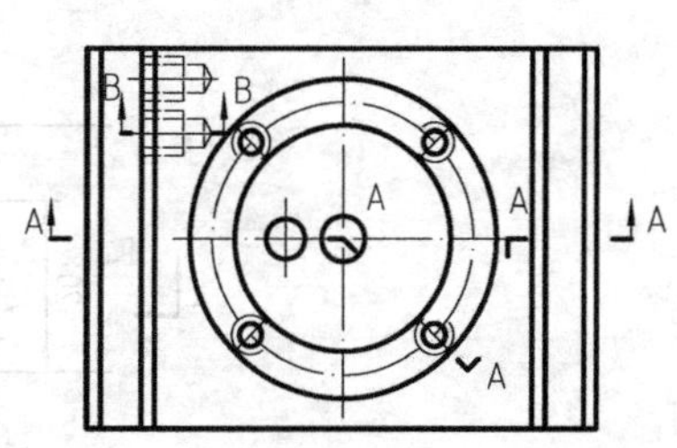

图 4-46　剖中剖的画法

为2。返回绘图区拾取点。单击“关闭图案填充创建”按钮，结果如图4-47（b）所示。

[3] 图案填充 2。启动“图案填充”命令，在弹出的“图案填充创建”选项卡中，“图案填充 1”的相关设置不需要修改。此时用户须单击“设定原点” “按钮”，返回绘图区内拾取点两次。单击“关闭图案填充创建”按钮，结果如图4-47（c）所示。

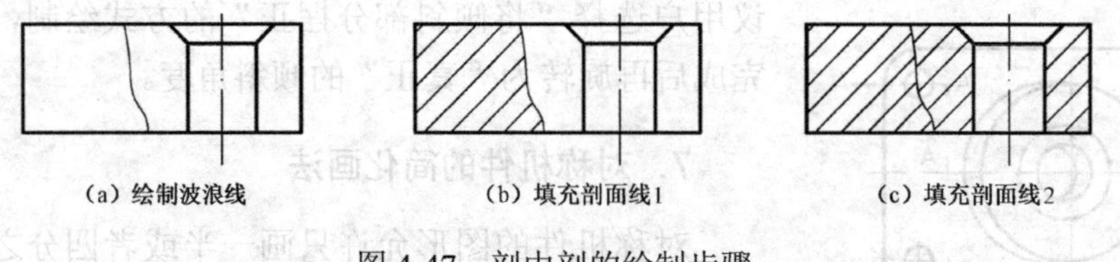

图4-47　剖中剖的绘制步骤

注意

上述两个选项卡的设置区别仅在“设定原点”按钮是否启用，其他参数必须相同，这样才能保证剖面线同方向、同间隔、互相错开的规定要求。

本章小结

机件的表达方法即图样画法是《工程制图》的重要内容之一。本章重点介绍了机件的 5 种表达方法及其应用，并通过实例，突出了 AutoCAD 绘制视图、剖视图、断面图、局部放大图及简化画法这 5 种不同表示法的绘图技巧。读者可通过本章提供的图例及练习题，熟悉和巩固所学的相关理论知识，进一步掌握国家标准的相关内容，并通过上机操作快速提高计算机绘图能力。

思考与练习 4

4-1　绘制如图4-48所示的图形。

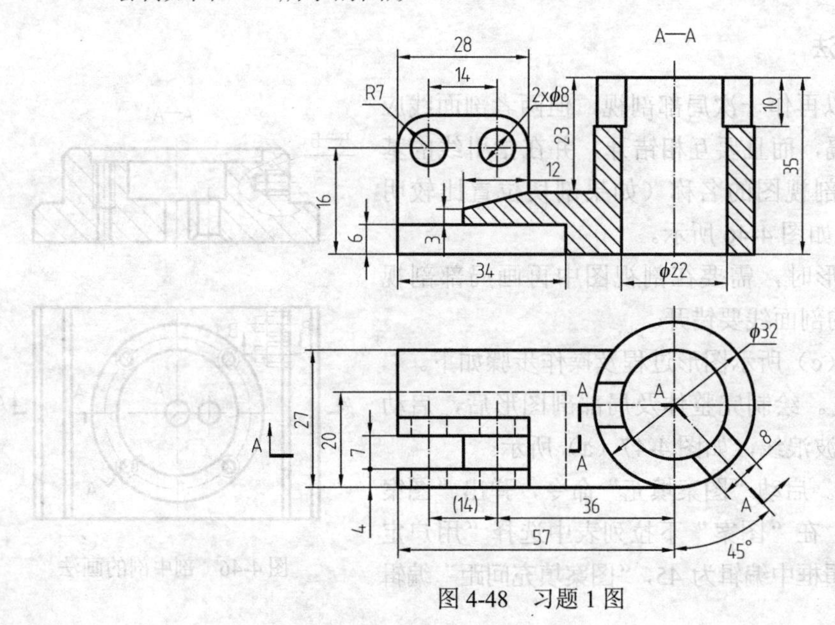

图4-48　习题1图

4-2　绘制图 4-49 所示的图形。

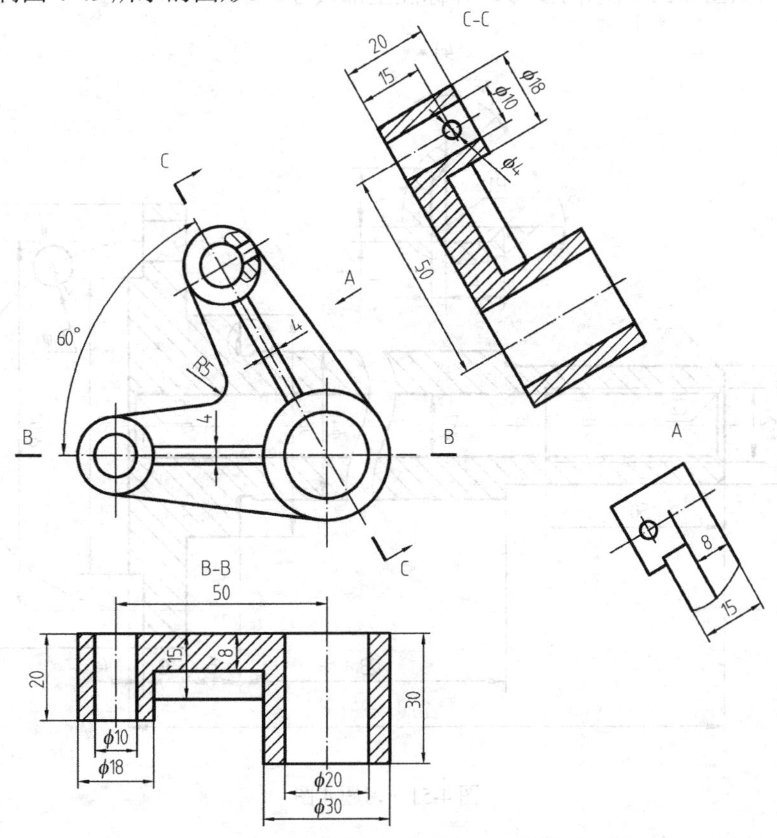

图 4-49　习题 2 图

4-3　绘制如图 4-50 所示的图形。

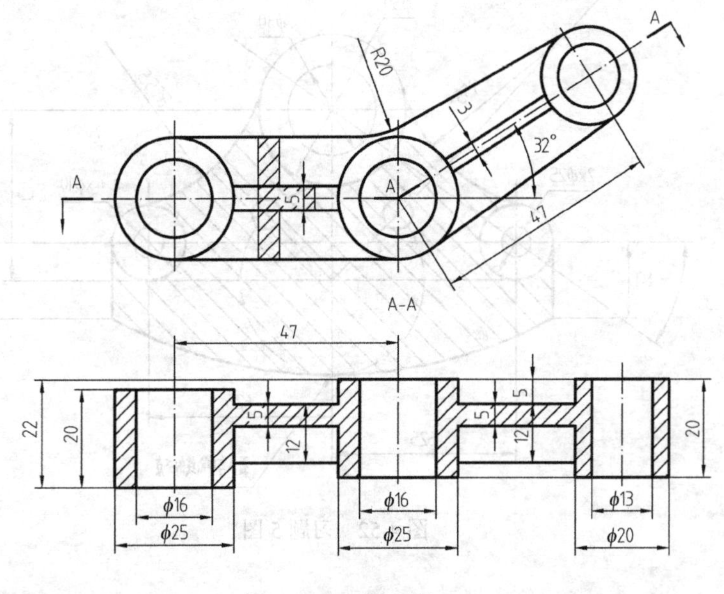

图 4-50　习题 3 图

4-4　绘制如图 4-51 所示的图形，并标注全部尺寸。

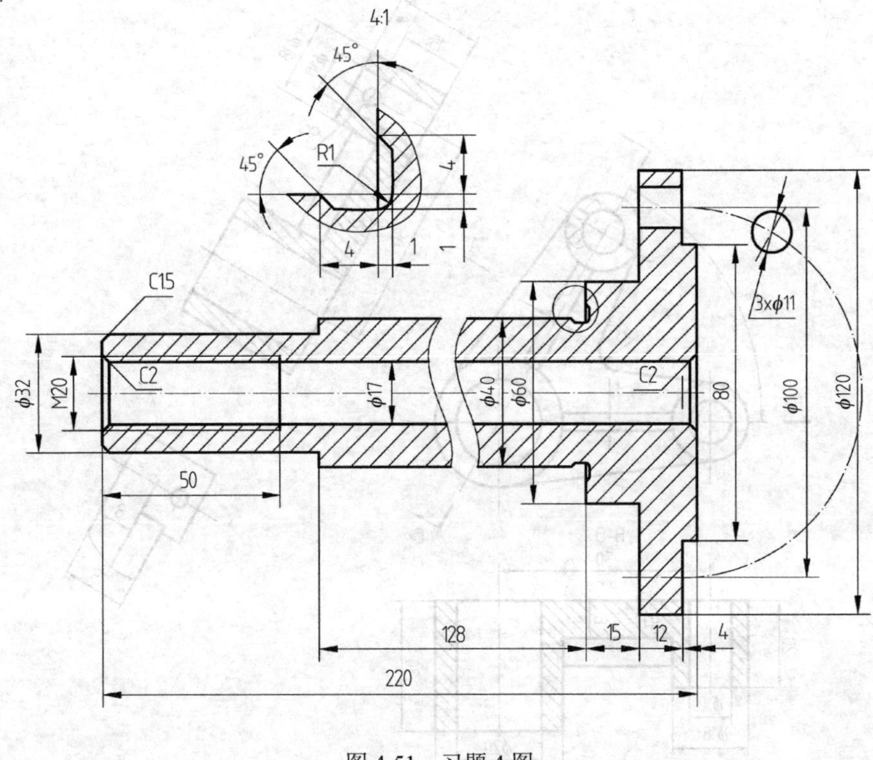

图 4-51　习题 4 图

4-5　绘制如图 4-52 所示的图形，计算阴影面积是多少？

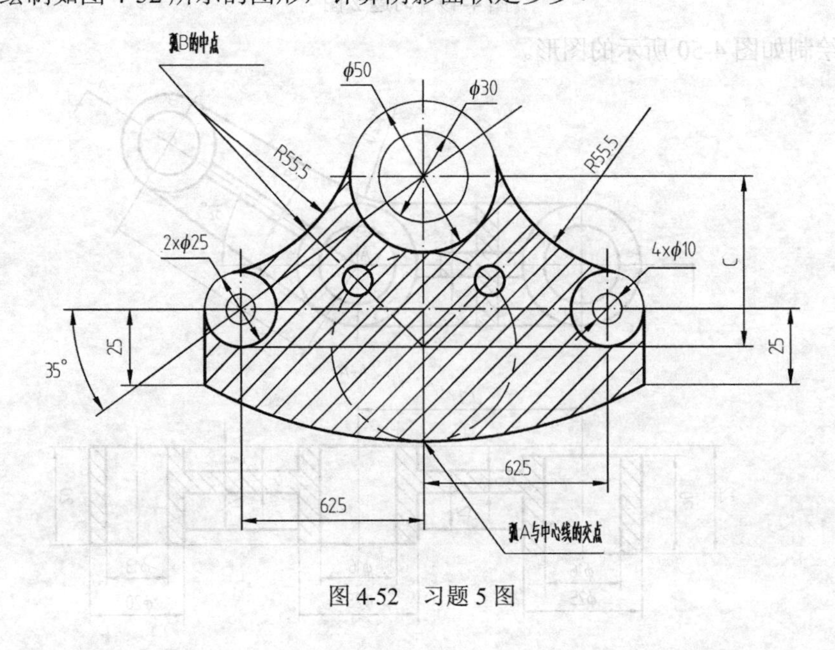

图 4-52　习题 5 图

第 5 章　机械工程图样的绘制

【本章学习要点】

- ◆ 机械工程图样的基本内容
- ◆ 绘制 CAD 工程图样的方法和技巧
- ◆ 图块的创建、应用及编辑
- ◆ 属性定义、应用及编辑方法
- ◆ 文字的注写及编辑方法
- ◆ 表面结构、尺寸公差和几何公差的标注方法
- ◆ 多重引线的应用

机械工程图样是表示机器、仪器或其他机械设备，以及它们的组成部分的形状、大小和结构的图样。生产中常用的图样是零件和装配图样。机械工程图样是机械制造以及生产过程中的重要技术文件。

机械工程图样必须按照国家标准《技术制图》、《机械制图》和《CAD 工程制图规则》的相关规定绘制完成。

本章主要介绍用 AutoCAD 绘制机械工程图样的基本功能及画图的方法和技巧，以提高画图工作效率。

5.1　零件工程图样的绘制

零件工程图样简称为零件图，它是制造和检验机器零件时使用的图样，主要用于表示零件的形状、结构、尺寸和技术要求，它是生产过程中的重要技术文件。一张完整的零件图应包含以下内容：

① 一组图形。用于表示零件的内、外形状和结构的所有图形。

② 完整的尺寸。标注零件制造和检验时所必需的全部尺寸。

③ 技术要求。用规定的符号或文字等注写出零件在制造和检验时应达到的各项技术指标要求，如表面结构、极限与配合、几何公差、热处理、表面处理等。

④ 标题栏。用于说明零件名称、数量、材料、画图比例、相关人员签名等基本内容的表格。

5.1.1　一组图形

零件图的图形是根据《技术制图》、《机械制图》等国家标准，用视图、剖视图、断面图、局部放大图、简化画法 5 种机件表示法，绘出零件内、外部形状和结构的一组图形。

根据零件的结构形状和特点，零件主要分为 4 种类型。

1. 轴套类零件

轴套类零件包括各种轴、销轴、衬套、轴套等，该类零件的基本形体主要是回转体，其特征是轴向尺寸大于径向尺寸，主要在车床上加工。

在表示轴套类零件时，主视图一般按加工位置将轴线水平放置，通常将轴的大端放在左侧，小端放在右侧，采用一个主要图形（主视图）表示出主体结构。对于轴上的一些局部结构，主视图可采用局部剖视图来表示。对于其他结构，如键槽、退刀槽也可采用断面图、局部视图或局部放大图等进行补充表示。

【例 5-1】　绘制齿轮轴零件图，如图 5-1 所示。

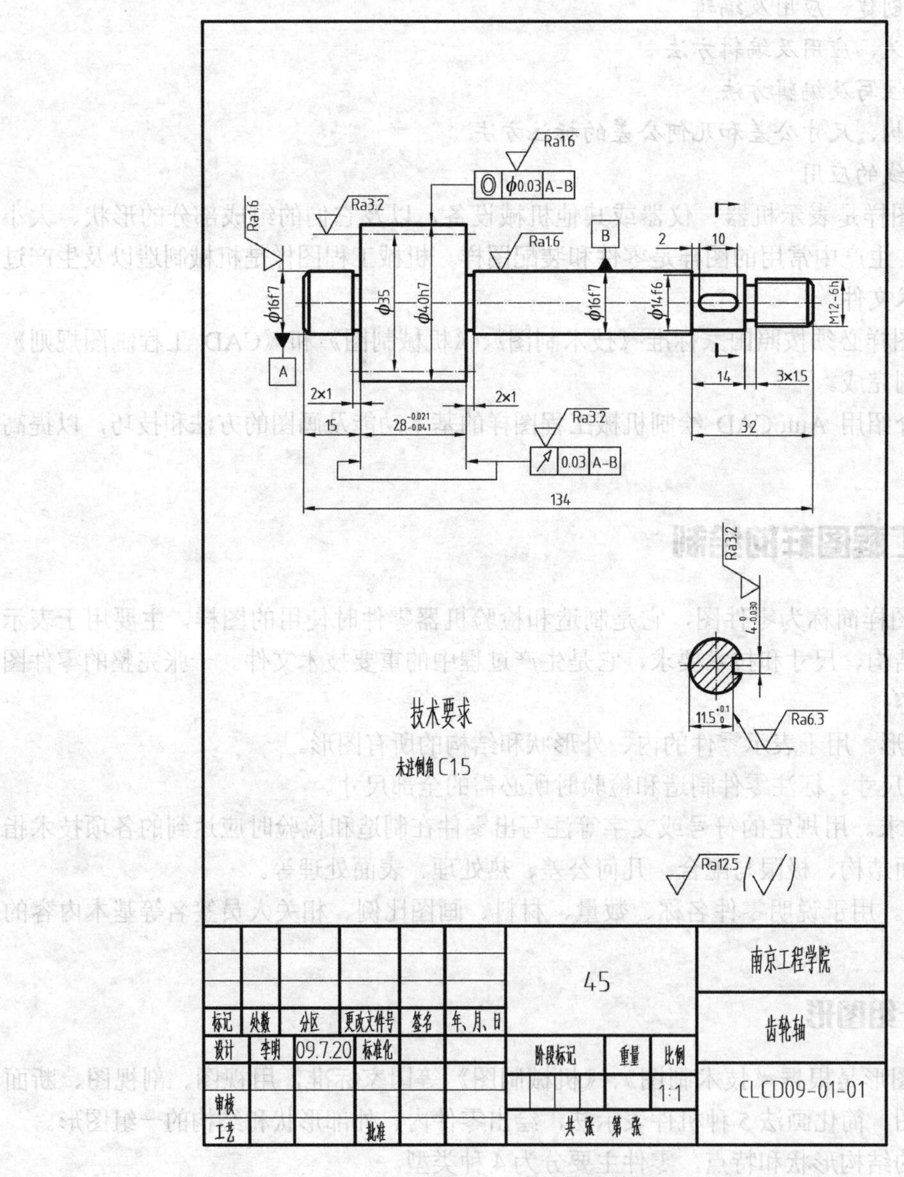

图 5-1　齿轮轴零件图

[1] 调用样板图，根据轴的结构特点和尺寸，按 1:1 的比例绘制基准线，如图 5-2（a）所示。

[2] 调用“直线”、“矩形”等命令分别绘制齿轮轴的各部分形体，如图 5-2（b）所示。

[3] 调用“倒角”、“偏移”、“圆”等命令绘制轴上的各种工艺结构（倒角、退刀槽、键槽等），如图 5-2（c）所示。

[4] 调用“特性匹配”或“对象特性”命令修改线型；调用“多段线”命令画出剖切符号；绘制断面图并调用“图案填充”命令画出剖面线，如图 5-2（d）所示。

提示

使用 AutoCAD 绘制零件图，由于用户的操作习惯和绘图方式因人而异，因此即使是同一张零件图，绘制过程也各不相同。但应注意尽量直接使用零件图中所给出的尺寸，以免计算错误造成的尺寸误差。

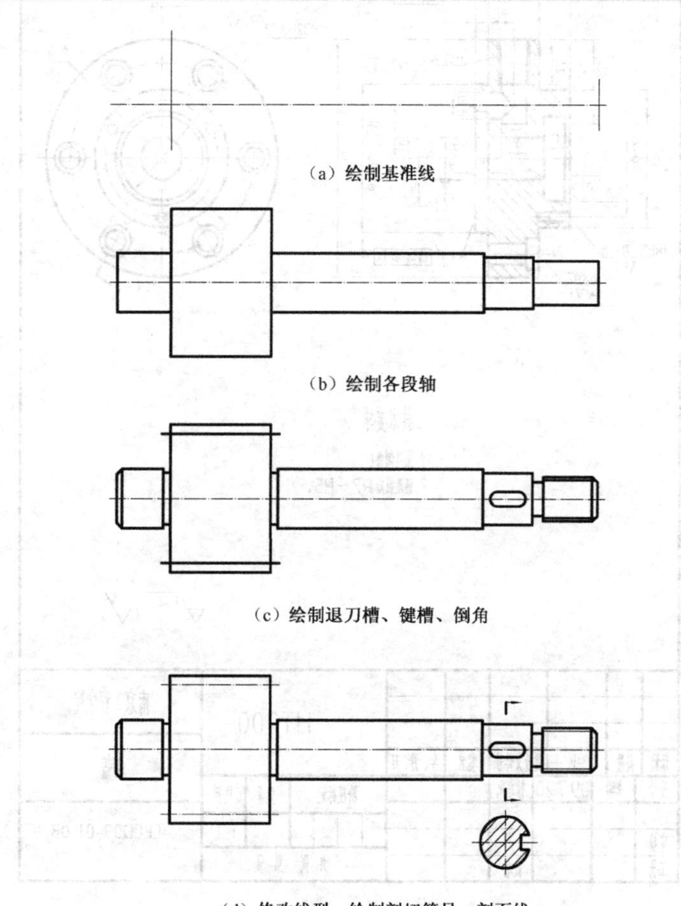

（a）绘制基准线

（b）绘制各段轴

（c）绘制退刀槽、键槽、倒角

（d）修改线型、绘制剖切符号、剖面线

图 5-2　绘制齿轮轴图形的过程

2. 盘盖类零件

盘盖类零件包括各种齿轮、手轮、皮带轮、法兰盘、端盖、压盖、阀盖等，基本形状

是扁平的回转体，一般径向尺寸大于轴向尺寸，主要回转面和端面是在车床上加工。

在表达盘盖类零件时，主视图一般按加工位置将轴线水平放置，并且采用全剖视表达其内部结构。对于盘盖的形状及其上的其他结构，如凸缘、均布的圆孔、肋等，采用左视图（必要时可增加右视图）来表达，还可采用断面图、局部视图或局部放大图等进行补充表达。

【例 5-2】 绘制端盖零件图，如图 5-3 所示。

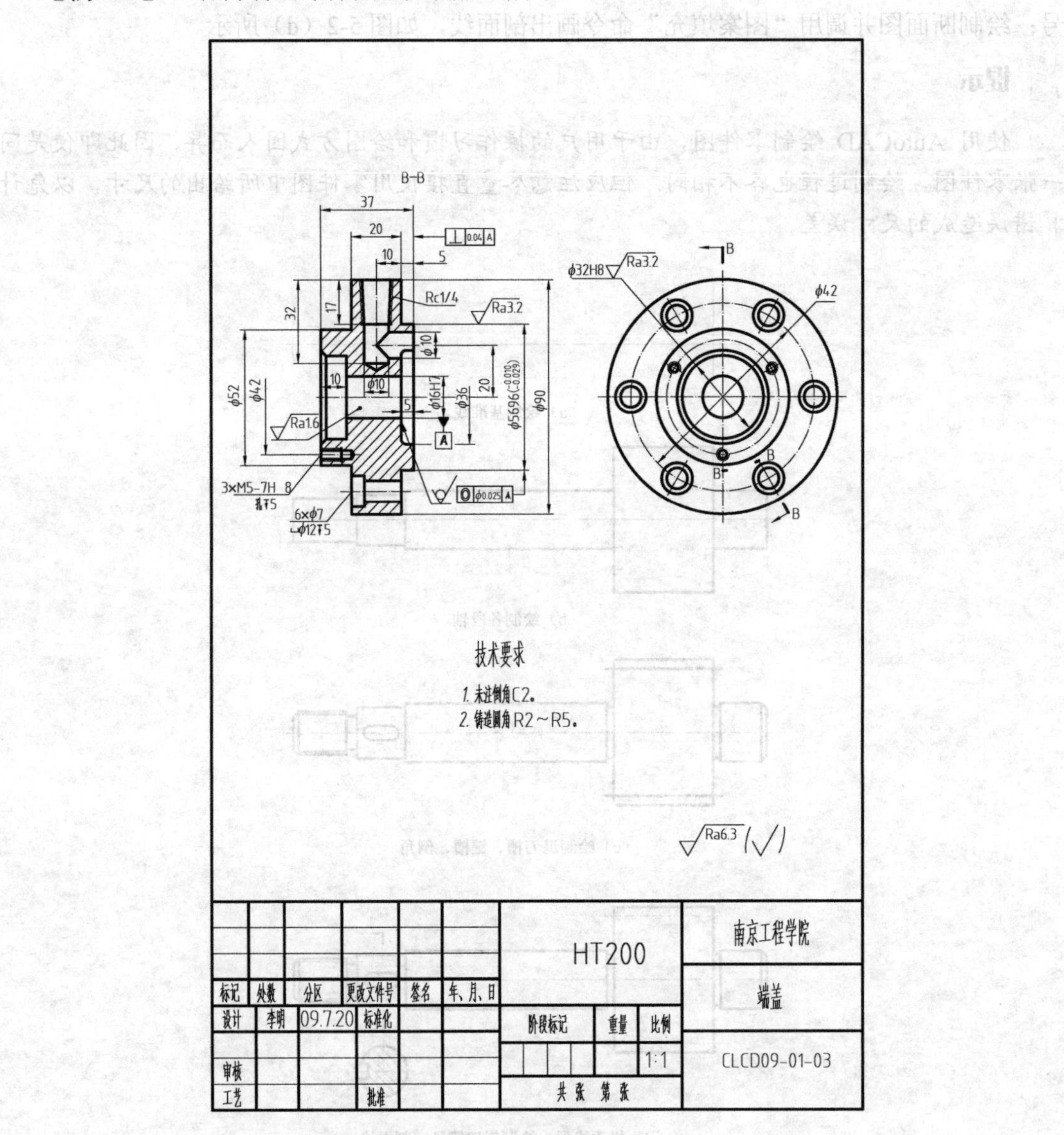

图 5-3 端盖零件图

[1] 启动“样板文件”或者“样板图”，先绘制基准线，如图 5-4（a）所示。

[2] 启动“圆”、“阵列”等命令，绘制左视图，如图 5-4（b）所示。

[3] 启用“对象捕捉、对象追踪”功能绘制主视图，如图 5-4（c）所示。

[4] 填充剖面线，绘制剖切符号，如图 5-4（d）所示。

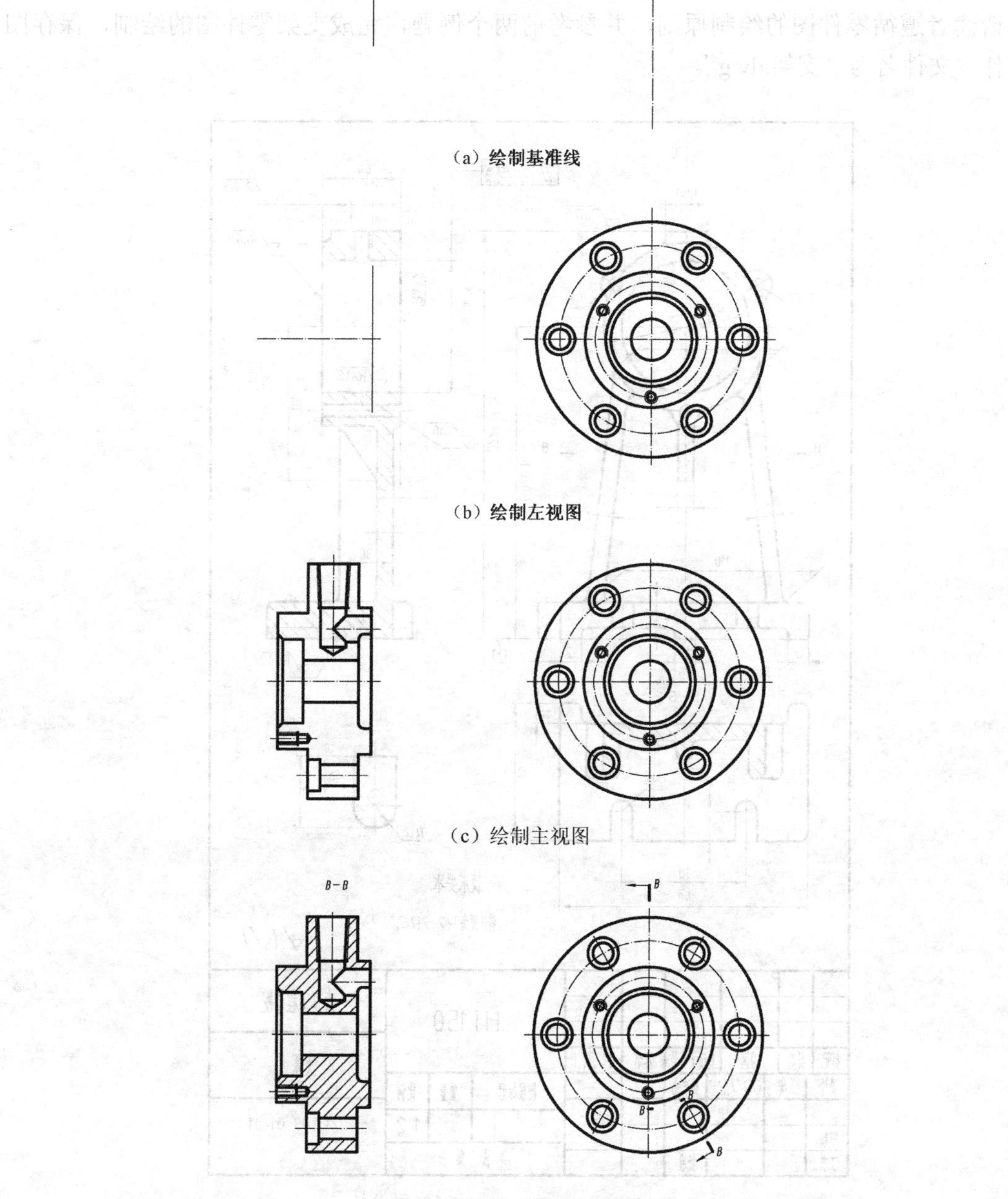

（a）绘制基准线

（b）绘制左视图

（c）绘制主视图

（d）填充剖面线、绘制剖切符号

图 5-4　绘制端盖图形的过程

3．叉架类零件

叉架类零件包括各种连杆、托架、拨叉、踏脚座等，这类零件形状比较复杂，通常由工作部分、安装部分和连接部分组成，且加工位置多变。连接部分多为肋板。

在表达叉架类零件时，一般采用两个或两个以上的主要图形。主视图主要考虑工作位置和形状特征，内部结构常用局部剖视；外部形状采用局部视图；连接部分采用断面图等方法。

【例 5-3】　绘制支架零件图，如图 5-5 所示。

请读者遵循零件图的绘制原则，并参考前两个例题，完成支架零件图的绘制，保存图形文件，文件名为“支架.dwg”。

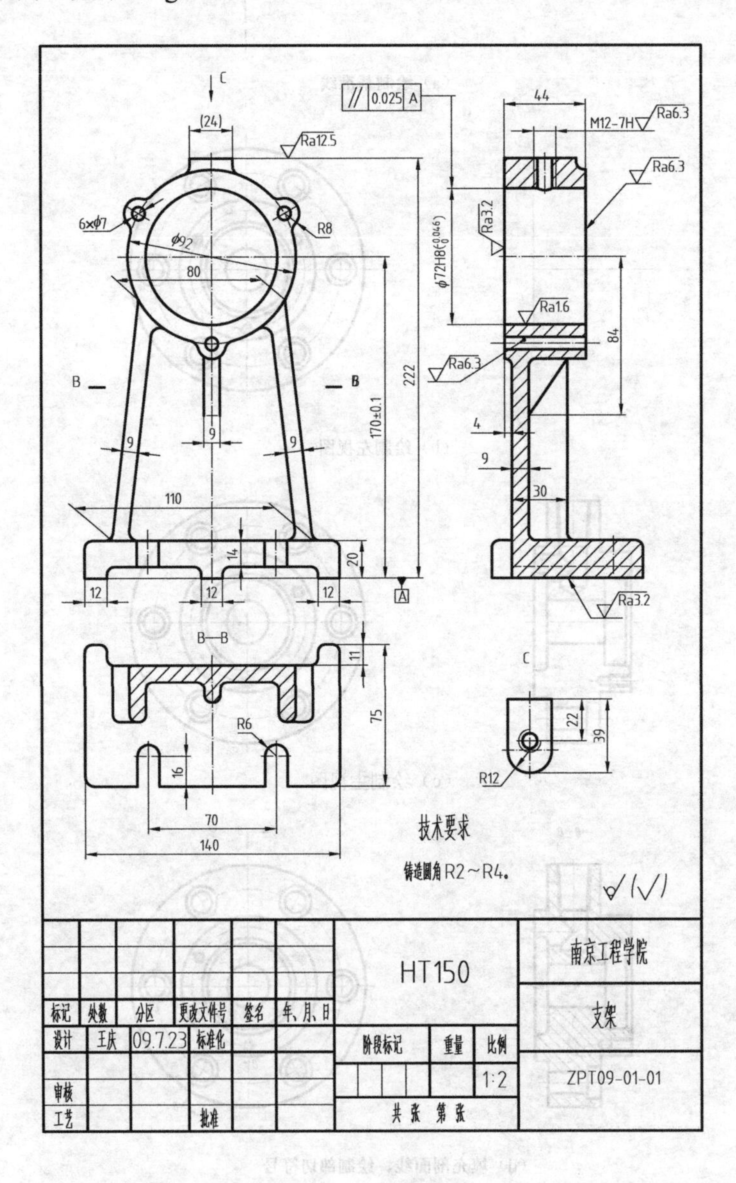

图 5-5　支架零件图

4．箱体类零件

箱体类零件包括各种泵体、阀体、缸体、机壳、减速器箱体、行程开关外壳等。这类零件的结构、形状最复杂，且加工位置的变化更多。

在表达箱体类零件时，一般采用 3 个主要图形。主视图主要考虑工作位置和形状特征，内部结构常用剖视图；其他图形应根据实际情况采用不同的剖视；对于零件上的其他结构，如凹坑、凸台、轴承孔、加强肋板等，可采用局部视图、断面图等。

【例 5-4】　绘制泵体零件图，如图 5-6 所示。

请读者分析该零件的结构特点，并根据箱体类零件的表达原则，练习此零件图的绘制。

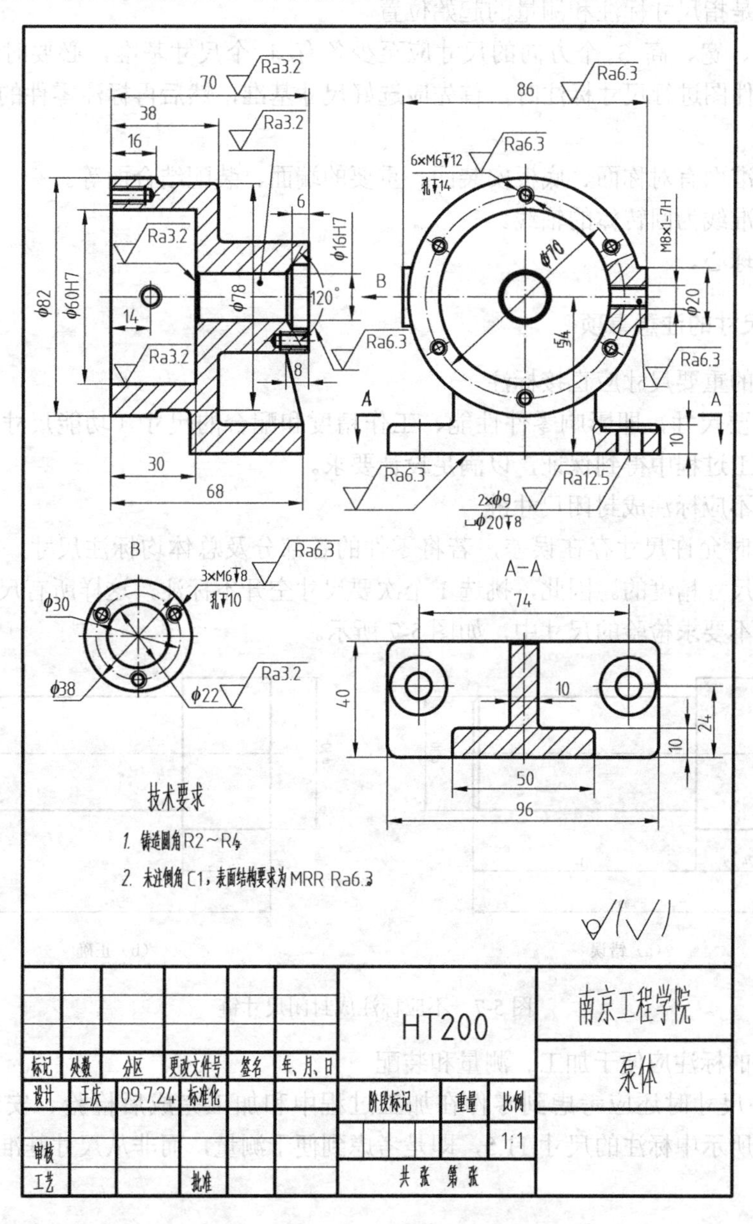

图 5-6　泵体零件图

5.1.2 尺寸标注

零件图上的尺寸是零件加工、测量和检验的主要依据，尺寸标注不仅要求正确、完整、清晰，还要求一定要合理，即标注的尺寸既要符合设计要求，以保证零件在机器或部件中的使用性能，又要符合加工工艺要求，使零件便于制造、测量和检验。

标注尺寸要做到上述要求，需要较多的机械设计、加工制造等方面的知识，还要有丰富的生产实践经验。本节将介绍一些有关尺寸标注的基本知识。

1. 尺寸基准

尺寸基准是指尺寸标注和测量的起始位置。

零件的长、宽、高 3 个方向的尺寸应至少各有 1 个尺寸基准，必要时还应有辅助基准。因此对零件图进行尺寸标注时，首先应选好尺寸基准，然后再标注零件的定形尺寸和定位尺寸。

常用的基准面有对称面、底板安装面、重要的端面、装配结合面等。

常用的基准线为回转体的轴线。

基准点是球心。

2. 标注尺寸的注意事项

（1）零件的重要尺寸应直接标注

零件的重要尺寸，即影响零件性能、工作精度和配合的尺寸（功能尺寸）应该直接标注，使其在加工过程中得到保证，以满足设计要求。

（2）尺寸不应标注成封闭尺寸链

零件加工时允许尺寸存在误差，若将零件的各部分及总体均标注尺寸，在实际生产中是无法保证其尺寸精度的。因此，挑选 1 个次要尺寸空开不标注，这样所有尺寸的加工误差全部积累于此不要求检验的尺寸中，如图 5-7 所示。

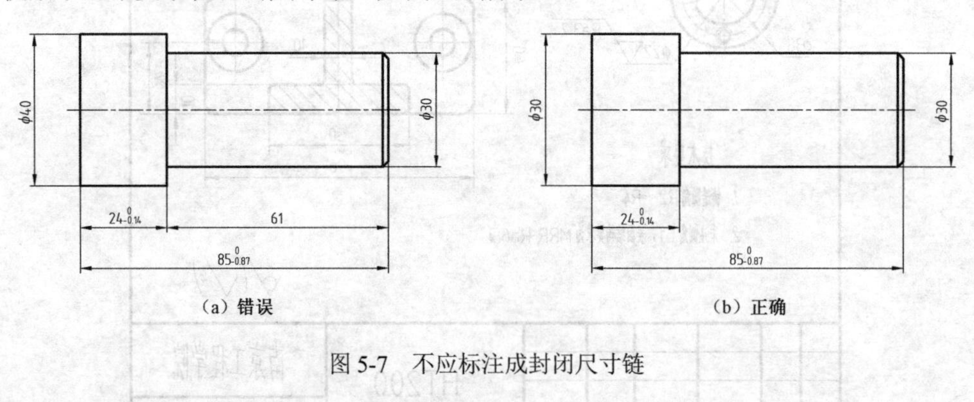

图 5-7　不应标注成封闭尺寸链

（3）尺寸的标注应便于加工、测量和装配

标注零件尺寸时还应考虑到零件在加工过程中和加工完成后检验、安装时的尺寸测量。如图 5-8 所示中标注的尺寸 11.5，即是考虑到便于测量，而非从尺寸基准（中心线）标注的尺寸 4.5。

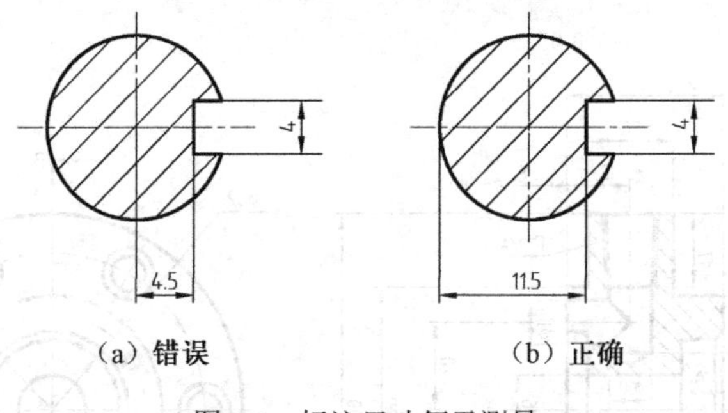

图 5-8　标注尺寸便于测量

3．典型零件的尺寸标注

（1）轴套类零件

标注轴套类零件尺寸时，一般以水平绘制的轴线作为径向尺寸基准（也是高度和宽度方向的尺寸基准），由此标注出不同的定形尺寸ϕ。

以重要端面、安装面（轴肩）或工艺面等作为长度尺寸基准，由此标注出不同的定形尺寸和定位尺寸。

对于零件上的常见工艺结构，如退刀槽、越程槽、倒角等，应按其规定标注，如图 5-9 所示。

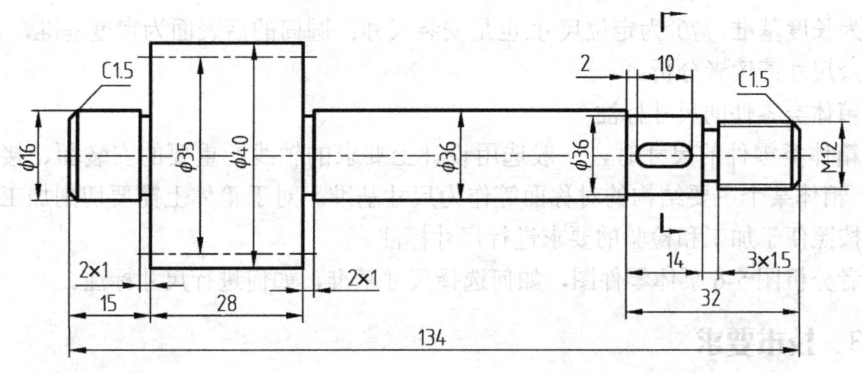

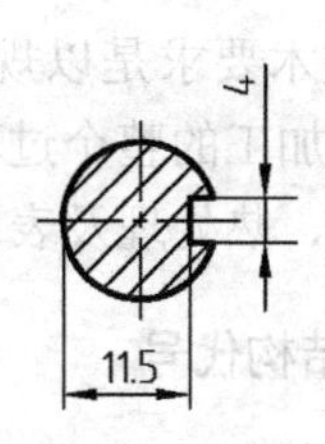

图 5-9　齿轮轴的尺寸标注

（2）盘盖类零件的尺寸标注

标注盘盖类零件尺寸时，一般以回转体的轴孔轴线作为径向尺寸基准（有时也是高度和宽度方向的尺寸基准），由此标注出不同的定形尺寸。

以重要端面作为长度尺寸基准，由此标注出不同的定形尺寸和定位尺寸。

对于零件上的常见工艺结构，如均匀分布的沉孔、螺孔等，应按规定标注，如图 5-10 所示。

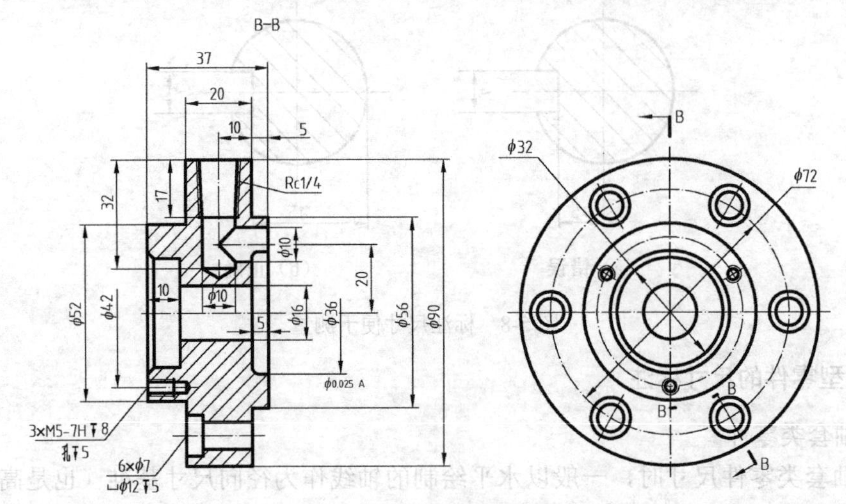

图 5-10　端盖的尺寸标注

（3）叉架类零件的尺寸标注

标注叉架类零件的尺寸时，一般以安装基面或零件的对称面作为尺寸基准。

以图 5-5 为例：支架底面为高度基准，170 ± 0.1 为定位尺寸，也是安装尺寸；零件的左右对称面为长度基准，70 为定位尺寸,也是安装尺寸；圆筒的后表面为宽度基准，16 为安装尺寸。其余尺寸请读者分析。

（4）箱体类零件的尺寸标注

标注箱体类零件的尺寸时，一般选用设计上要求的轴线、重要的安装面、接触面（或加工面）、箱体某个主要结构的对称面等作为尺寸基准。对于箱体上需要切削加工的部分，应尽可能按照便于加工和检验的要求进行尺寸标注。

请读者分析图 5-6 泵体零件图，如何选择尺寸基准，如何进行尺寸标注。

5.1.3　技术要求

零件图中的技术要求是以规定的图形符号、数字、代号或文字等注写在零件图中，用于说明在零件生产加工的整个过程中，对零件提出的具体要求。例如，表面结构、尺寸公差与配合、几何公差、热处理及表面处理等方面在技术指标上应达到的要求。

1. 标注表面结构代号

对零件表面结构提出要求是评定零件表面质量的一项重要技术指标，它对零件的耐磨性、抗腐蚀性、耐疲劳性及装配与使用性能等均有直接的影响。

对表面结构有要求的表示法涉及的参数有 R 轮廓（表面粗糙度参数）、W 轮廓（波纹度参数）、P 轮廓（原始轮廓参数）。

（1）表面结构完整图形符号的规定画法

根据国家标准 GB/T 131—2006，表面结构完整图形符号的规定画法如图 5-11（a）所示，其中，$H_1=\sqrt{2}\,h$（h 为零件图中的数字和字母高度），H_2 的值如图所示；水平线长度取决于其上下所标注内容的长度。补充要求的注写位置如图 5-11（b）所示，在“a”、“b”、

“d”、“e”区域中的所有字母高度应等于 h；区域“c”中的字体可以是大写字母、小写字母或汉字，这个区域的高度可以大于 h，以便能够写出小写字母的尾部。

图形符号和附加标注的尺寸

数字和字母高度 h	2.5	3.5	5	7
符号线宽 d'	0.25	0.35	0.5	0.7
字母线宽 d	0.25	0.35	0.5	0.7
高度 H_1	3.5	5	7	10
高度 H_2（最小值）	7.5	10.5	15	21

注：H_2 取决于标注内容

（a）完整图形符号的规定画法

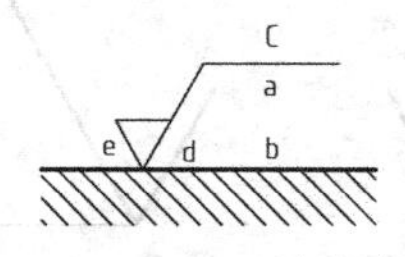

位置a：注写表面结构的单一要求。
位置a和b：注写两个及多个要求。
位置c：注写加工或加工工艺要求。
位置d：注写表面纹理和方向要求。
位置e：注写加工余量要求。

（b）有补充要求的注写位置

图 5-11　去除材料的表面结构完整图形符号及补充要求的注写位置

表面结构的几种图形符号，如图 5-12 所示。

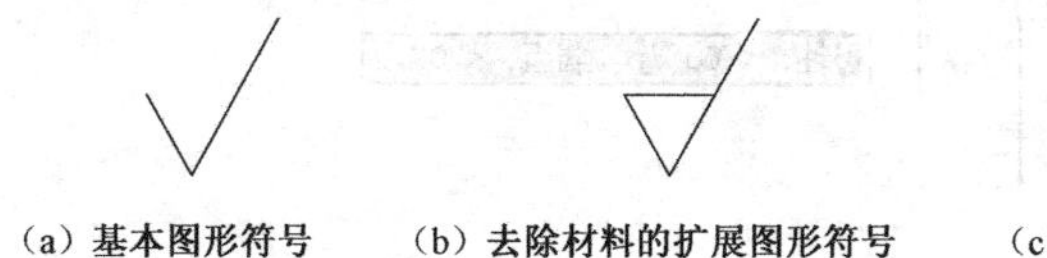

（a）基本图形符号　（b）去除材料的扩展图形符号　（c）不去除材料的扩展图形符号

图 5-12　3 种表面结构图形符号

（2）定义表面结构代号图块

1）绘制图块的图形

AutoCAD 提供的最实用的工具之一就是“块”功能。块（Block）是由用户定义的图形对象的集合，它可以包含多个图形。在绘制零件图的过程中，经常会遇到一些需要重复绘制的图形，如键槽、表面结构图形符号、标准件等。对于这些图形，将它们分别创建为图块，在需要绘制或标注时，将创建的图块插入即可。利用“块”功能，不仅可以提高画图效率，而且还可以保证画图的准确性，同时还可以节省存储空间（块的存储空间相当于一线段）。

由于表面结构图形符号的大小与尺寸数字高度有关系，因此，为了适用于各种情况的应用，一般按字体高度为“1”时，根据比例来绘制表面结构图形符号，将来插入符号时，只须输入放大比例即可。

提示

在 AutoCAD 默认的 0 层上绘制图块（颜色和线型为 ByLayer），其所有对象以及信息均被保存在 0 层，插入时，它的特性随当前图层而显示。

同样是在 AutoCAD 默认的 0 层上绘制图块，如果用户改变了对象的颜色、线型、线宽后，插入时，其特性则以用户改变的颜色、线型、线宽为优先显示，与当前图层无关。

① 表面结构基本图形符号的绘制如图 5-13 所示。

[1] 启动“直线”命令，绘制长度为 1.4mm 的直线。

[2] 启动“直线”命令，使用极轴追踪、对象捕捉等功能，先捕捉直线下端点，接下来将光标悬停在直线上端点，稍候向右移动鼠标光标，出现如图 5-14 所示模样，单击，即可画出斜线，按 Enter 键，结束直线命令。

[3] 启动“镜像”命令，复制出另一斜线。

[4] 启动“拉长”命令，选择“百分数（P）”选项，输入长度百分数为 200，再单击要修改对象被拉长端的端部。

[5] 启动“删除”命令，删除长度为 1.4mm 的直线段，完成基本符号的绘制。

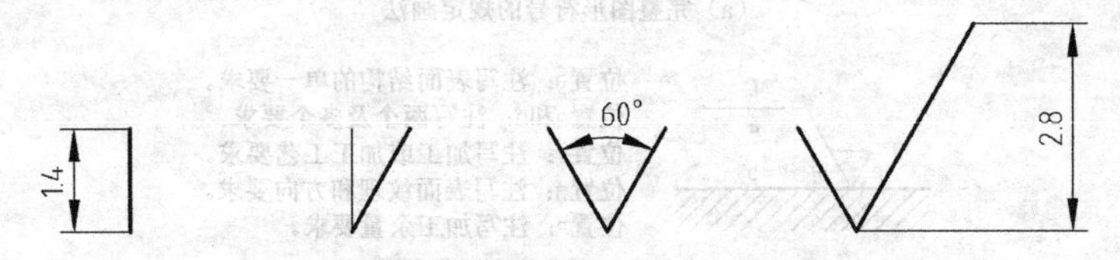

图 5-13 表面结构基本符号的绘制方法

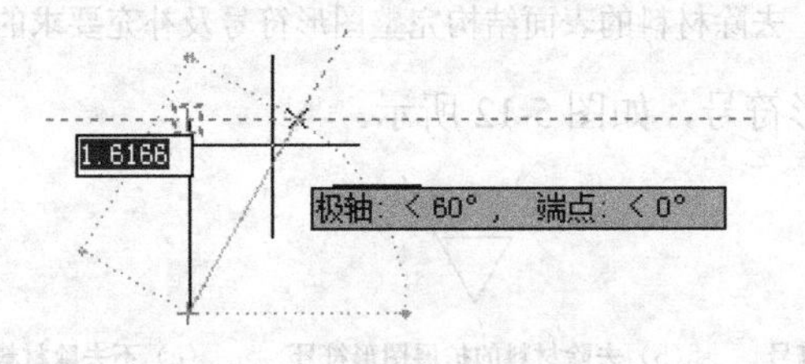

图 5-14 使用极轴追踪画斜线

② 去除材料的表面结构完整图形符号的绘制，如图 5-15 所示。

[1] 启动“多边形”命令，绘制高度为 1.4 的等边三角形，如图 5-15（a）所示。

[2] 启动“旋转”命令，将等边三角形旋转，如图 5-15（b）所示。

（a） 高度为 1.4 的等边三角形　（b） 旋转　（c）分解、拉长

图 5-15 去除材料的表面结构扩展图形符号绘制方法

[3] 启动“分解”命令，将等边三角形打散。启动方法如下：

按钮（单击）：常用 选项卡→修改标题栏→分解。

键盘（输入）：EXPLODE↵。

“分解”命令的操作步骤及方法：

命令启动以后，提示“选择对象”，单击等边三角形，按 Enter 键，结束分解命令。

[4] 与“表面结构基本图形符号的绘制”第 4 步操作相同，结果如图 5-15（c）所示。

③ 不去除材料的表面结构扩展图形符号的绘制，如图 5-16 所示（利用上述已完成的如图 5-15（c）所示图形）。

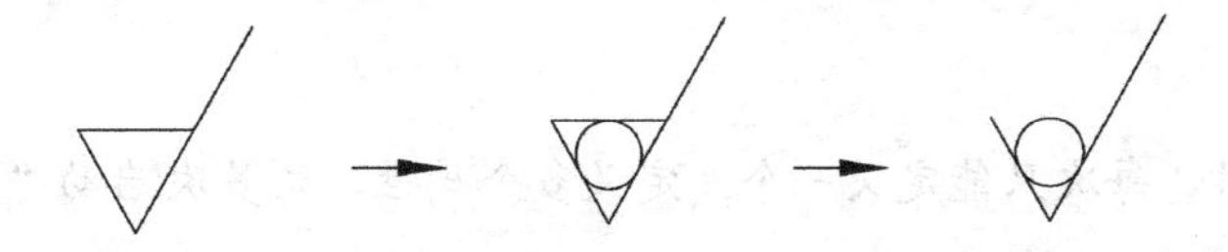

图 5-16　不去除材料的表面结构扩展图形符号绘制方法

[1] 启动“圆”命令，用“相切、相切、相切”模式（相切对象为正三角形的三条边）绘制圆。

[2] 启动“删除”命令，删除“水平线”完成绘制。

注意

以上介绍了两种不同的绘制表面结构图形符号方法。使用 AutoCAD 软件，其绘制方法有多种，比如：可以启动“直线”、“旋转”、“修剪”、“偏移”等不同命令组合绘制。用户的画图过程与其操作习惯有关，但基本原则是：画图步骤要简单，画图效率要提高。通过大量上机练习，每位用户都能找到适合于自己的最佳操作步骤及方法。

2）定义图块属性

图块属性是块的附着信息，它可以是图块的一个组成部分，是标签或标记（非图形），可用来注释图块。例如：将表面结构参数（由字母和数字组成，如 Ra 0.8，Ramax 0.8，Rz1max 3.2 等）定义为属性后，它可以随同图形符号一起插入零件图中，并且根据加工要求而进行编辑。再如：将零件图的标题栏各项内容定义为属性，每次插入时，用户可根据零件的名称、比例、材料等不同内容填写标题栏等。下面讲述定义图块属性的操作步骤及方法：

[1] 在“去除材料的表面结构扩展图形符号”基础上，定义“两个表面结构要求代号”的属性，定义属性之前的图形如图 5-18（a）所示。

[2] 启动“属性定义”命令，首先设置“要求二”的属性参数。

“属性定义”命令的启动方法如下：

按钮（单击）：常用 选项卡→块 面板→属性定义。

键盘（输入）：ATTDEF↵。

命令启动以后，弹出“属性定义”默认对话框，按如图 5-17（a）所示进行“要求二”的相关设置，单击“确定”按钮，返回到绘图区。

注意

同时定义多个属性时，在创建图块过程中，如果使用窗口或者交叉窗口选取属性，则命令区的属性提示顺序与创建属性时的顺序会相反；只有按顺序单个选取属性才能一致。

本书采用“窗口或者交叉窗口选取属性”的方法，其目的是：创建图块的操作更快。

用户可以对比两种操作方式，选择适合自己的方法。

[3] 使用极轴追踪功能，单击指定“要求二”位置，如图 5-18（b）所示。

[4] 将“要求二”向下平移一个字的高度，即 1mm，如图 5-18（c）所示。

[5] 再次定义属性，按如图 5-17（b）所示进行“要求一”的相关设置，单击“确定”按钮，返回到绘图区。

定义图块属性时，每次只能定义一个；定义多个属性，须多次启动“属性定义”命令。

[6] 使用捕捉功能，单击指定“要求一”位置，如图 5-18（d）所示。

[7] “两个表面结构要求代号”的属性定义过程初步完成，如图 5-18（e）所示。

[8] 启动“移动”命令，捕捉图中的长斜线上端点作为“基点”，输入“@0.15，-0.2”，“要求一”和“要求二”两属性的最终位置如图 5-18（f）所示。

提示

步骤 [7]是为“表面结构图形符号”上方添加“上画线”所用，参见“插入图块”。

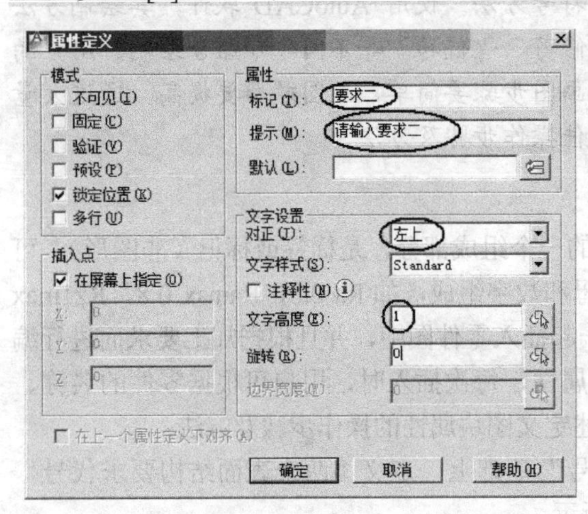

（a）定义属性要求二

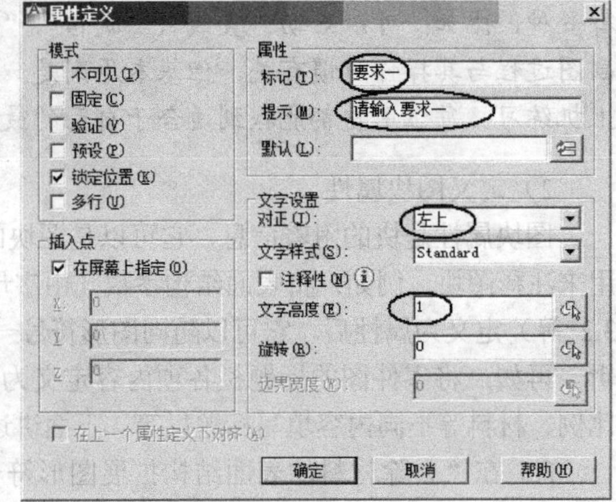

（b）定义属性要求一

图 5-17　注写“两个表面结构要求代号”的属性变量设置

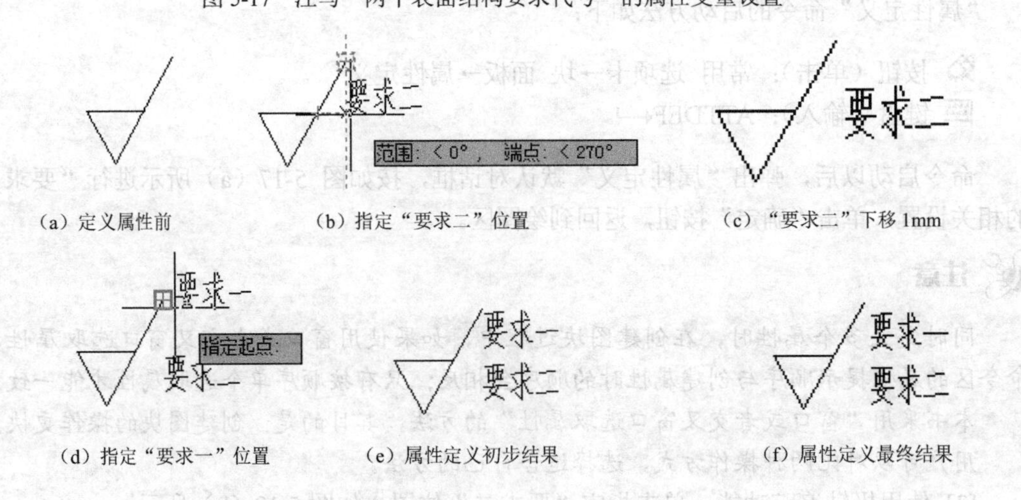

（a）定义属性前　（b）指定“要求二”位置　（c）“要求二”下移 1mm

（d）指定“要求一”位置　（e）属性定义初步结果　（f）属性定义最终结果

图 5-18　“两个表面结构要求代号”的属性定义过程

3）创建图块

块是一个或多个对象的组合，它可以在多个图层上绘制，还可以具有不同颜色、线型

和线宽等特性。创建图块就是使用基点并将对象和注释等整合在一起，它是一个独立的命名对象。将表面结构图形符号创建成带有注释的“属性块”，就要启动“创建”命令。

“创建”命令的启动方法如下：

按钮（单击）：常用 选项卡→块标题栏→创建。

键盘（输入）：BLOCK↵。

[1] 命令启动以后，弹出“块定义”默认对话框，按图 5-19 所示进行相关编辑。在名称列表内输入“两个表面结构要求代号”；在对象区内，选中“保留”单选框。

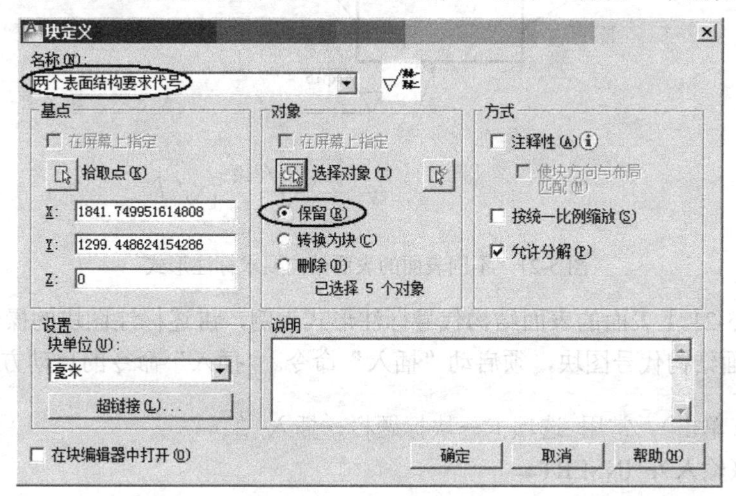

图 5-19　“块定义”对话框

[2] 单击图 5-19“块定义”对话框的“选择对象”按钮，返回到绘图区，选择图 5-20（b）所示的全部对象后，单击“确定”按钮返回到“块定义”对话框。

[3] 单击图 5-19“块定义”对话框的“拾取点”按钮，再返回到绘图区，选择图 5-20（c）中图形的下方端点，单击“确定”按钮，绘图区无任何变化，带有属性的图块（此时叫内部块）已在该图形文件中。

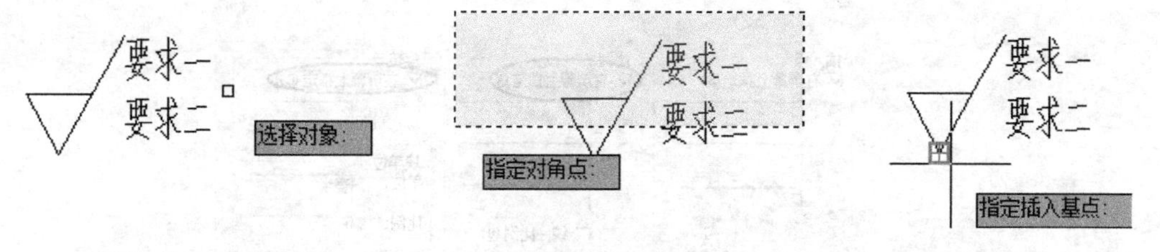

（a）原图，提示“选择对象”　（b）使用交叉窗口“选择对象”　（c）指定插入基点（下方端点）

图 5-20　“块定义”的“选择对象”、“拾取点”操作步骤

提示

步骤 [2]、[3] 没有顺序限制，谁先谁后不影响“创建图块”的操作。

（3）插入图块

根据国家标准规定，在零件图中标注表面结构代号时，它的注写和读取方向与尺寸的注写和读取方向一致，如图 5-21 所示（图中的图形是“四棱柱”的主视图）。

在图 5-21 中，上、下、左、右 4 个表面，其表面结构代号的标注形式各有不同；图形右下方（Ra 12.5）的标注形式，表示机件多数表面（如：图 5-21 中的前、后表面）有相同的表面结构要求（注：全部表面有相同要求时，不注写“(√)”）。

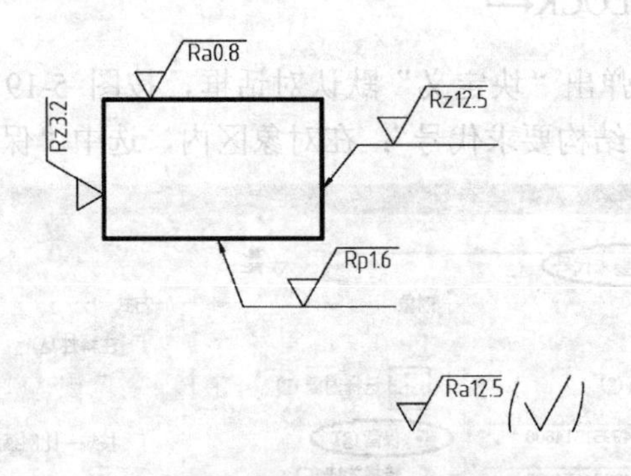

图 5-21　不同表面的表面结构要求标注形式

下面以图 5-21 上表面的表面结构代号标注形式为例，讲述标注图块的操作过程。

要标注表面结构代号图块，须启动“插入”命令。“插入”命令的启动方法如下：

按钮（单击）：常用 选项卡→块标题栏→插入。

键盘（输入）：INSERT↵。

“插入”命令的操作步骤及方法：

[1] 命令启动以后，弹出“插入”默认对话框，按图 5-22 所示进行相关编辑。在名称下拉列表内选中“两个表面结构要求代号”；选中“比例”和“旋转”复选框；单击“确定”按钮，返回到绘图区。

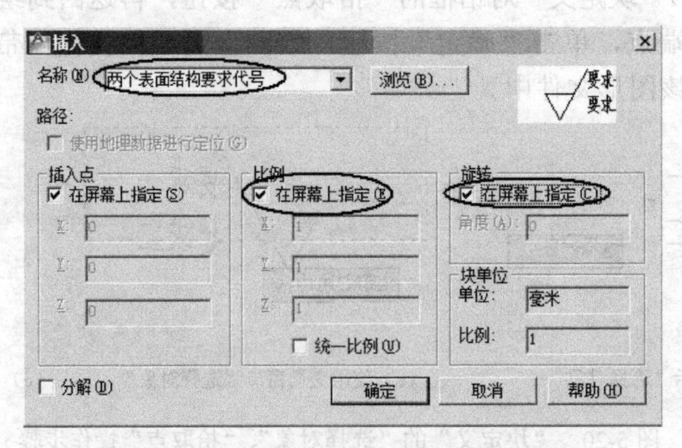

图 5-22　“插入”对话框

[2] 在图 5-21 上方轮廓线上选中一点作为插入点，如图 5-23（a）所示。

[3] 输入 X 比例因子（3.5），按 Enter 键，如图 5-23（b）所示。

[4] 输入 Y 比例因子（使用 X 比例因子），直接按 Enter 键，如图 5-23（c）所示。

[5] 指定旋转角度（0），按 Enter 键，如图 5-23（d）所示。

[6] 根据提示输入要求一（%%ORa　0.8），按 Enter 键，如图 5-23（e）所示。

[7] 当提示“请输入要求二”时，直接按 Enter 键（或者空格键），在图 5-21 上方轮廓线上，出现“有一个要求的表面结构代号”，标注图块的操作过程结束。

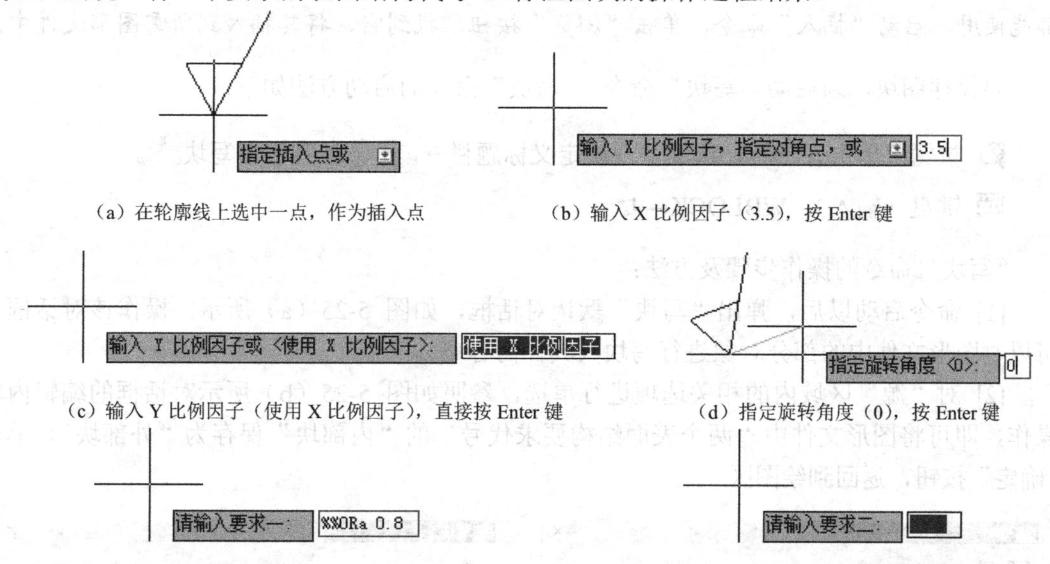

（a）在轮廓线上选中一点，作为插入点　（b）输入 X 比例因子（3.5），按 Enter 键

（c）输入 Y 比例因子（使用 X 比例因子），直接按 Enter 键　（d）指定旋转角度（0），按 Enter 键

（e）请输入要求一（%%ORa 0.8），按 Enter 键　（f）直接按 Enter 键（或者空格键）

图 5-23　“插入”命令的操作步骤及方法

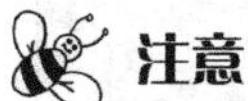

注意

根据国家标准规定，当输入每个“要求”时，“参数代号”和“参数值”之间有一个“空格”，如图 5-23（e）所示的“Ra 和 0.8 之间”（图中的%%O 是“上画线”的控制符）。

由于图中的表面结构多为单一要求，输入“要求一”后，提示“输入要求二”应直接按 Enter 键（或者空格键），这时在图中只能标注“有一个要求的表面结构代号”。

标注图 5-21 左侧的表面结构要求，不同点是旋转角度为 90°，其余操作方法相同。

当注出一个表面结构代号后，可采用“复制”的方法，或编辑属性值，或旋转即可。

当标注带有“两个要求”的表面结构代号时，“要求二”是长字符串，此时须编辑“要求一”，在其后面加上适当数量“空格”，即可加长“上画线”，如图 5-24（b）所示。

如果其他“补充要求的注写位置”须添加内容，可另行注写，或再创建新“图块”。

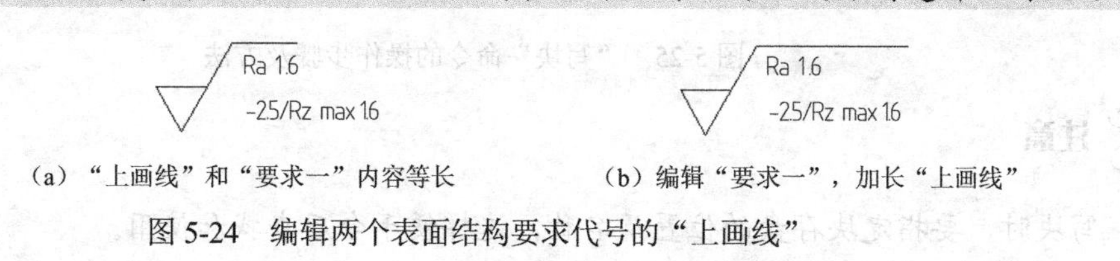

（a）“上画线”和“要求一”内容等长　（b）编辑“要求一”，加长“上画线”

图 5-24　编辑两个表面结构要求代号的“上画线”

（4）保存图块

如果用户想把上述创建的图块插入到其他图形文件中，必须将其存储成“图形文件”才能插入。这种以文件的形式保存起来的图块，本书称为“外部块”。

提示

“内部块”只能在其创建的图形文件内使用；“外部块”是“图形文件”，别的图形文件都能使用，启动“插入”命令，单击“浏览”按钮，找到它，将其插入到所需图形文件中。

要保存图块，须启动“写块”命令。“写块”命令的启动方法如下：

按钮（单击）：插入 选项卡→块定义标题栏→创建块下拉列表→写块。

键盘（输入）：WBLOCK↵。

“写块”命令的操作步骤及方法：

[1] 命令启动以后，弹出“写块”默认对话框，如图 5-25（a）所示。操作该对话框，可以对图形文件中的部分对象进行写块（具体内容略）。

[2] 对“源”区域内的相关选项进行单选，参照如图 5-25（b）所示对话框的编辑内容操作，即可将图形文件中“两个表面结构要求代号”的“内部块”保存为“外部块”，单击“确定”按钮，返回到绘图区。

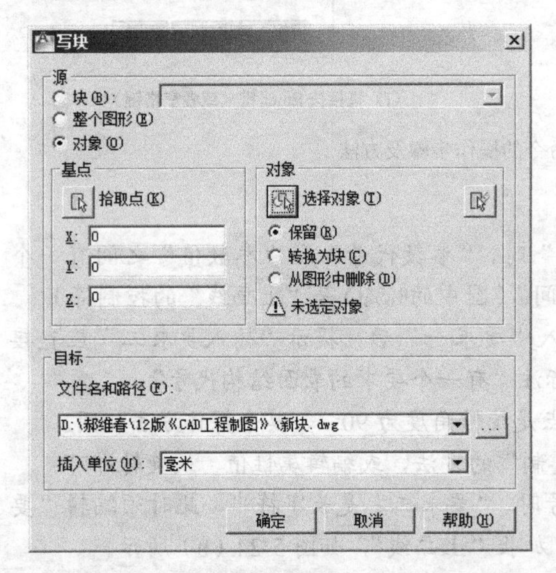

（a）将图形中的部分对象创建成块并存入文件夹中

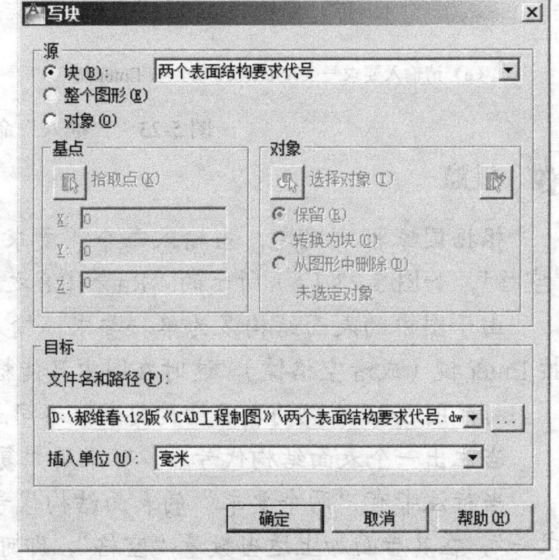

（b）将图形中已创建的块（内部块）存入文件夹中

图 5-25 “写块”命令的操作步骤及方法

注意

写块时，要指定块存盘的位置及名称，这样便于今后查找和使用。

（5）编辑图块

“编辑图块”就是选中先前创建的某个图块，对其图形和属性的特性以及变量值进行重新定义或编辑。

编辑图块时，它有一个独立的环境——编写区。在编写区中，就像在绘图区一样可以绘制和编辑图形，还可以定义属性的特性和变量值。

如果用户直接输入一个新的图块名，还可以在编写区内定义或创建一个新的图块。

要编辑图块，须启动“编辑”命令。“编辑”命令的启动方法如下：

按钮（单击）：常用 选项卡→块标题栏→编辑。

键盘（输入）：BEDIT↵。

“编辑”命令的操作步骤及方法：

[1] 命令启动后，弹出“编辑块定义”默认对话框，如图 5-26（a）所示。

[2] 在“要创建或编辑的块”编辑框中，输入已创建的图块名称；或在“要创建或编辑的块”编辑框下方的列表中，选中需要编辑的图块名称，预览框中就显示出该图块的模样，如图 5-26（b）所示。

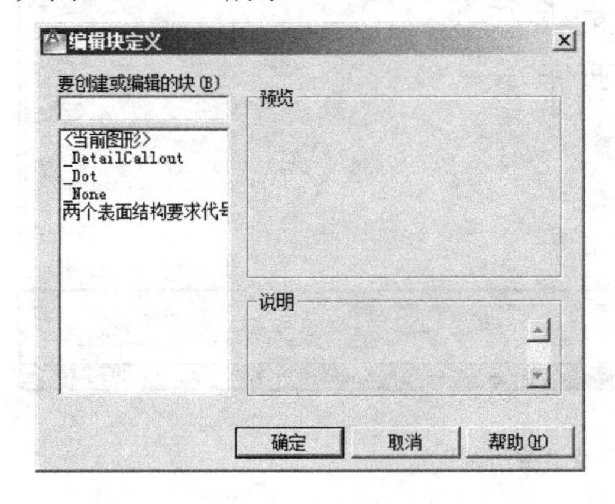

（a）“编辑块定义”默认对话框

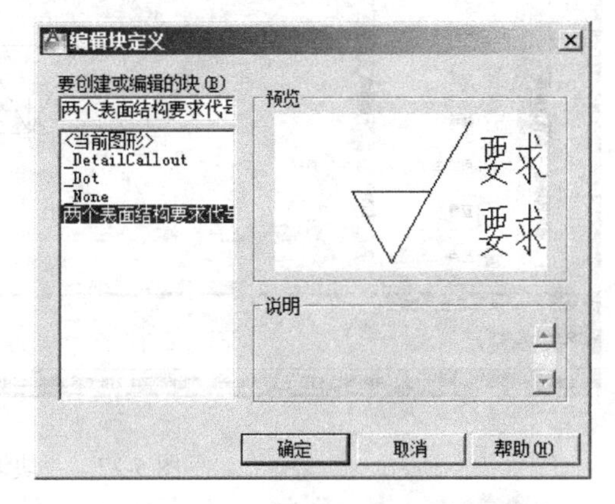

（b）输入、选择名称后“编辑块定义”对话框

图 5-26　“编辑块定义”对话框

[3] 单击“确定”按钮，弹出“块编辑器”以及“编写区”，如图 5-27 所示。对该区的图块内容进行重新构建后，单击“保存块”按钮，单击“关闭块编辑器”按钮，完成编辑。

提示

在编写区中，可以编辑块的主要内容有：

1. 编辑图块的图形：如改变图形结构；改变图线的图层、颜色、线型和线宽等特性。
2. 编辑图块的属性：如编辑“标记”、“提示”的内容；改变“标记”的特性。
3. 在图块中添加新的属性。
4. 向块中添加动态行为。

（6）编辑块的属性值

对插入、复制的属性块，需要指定属性新值时，可利用软件提供的编辑属性功能。

下面以图 5-21 上表面的表面结构代号为例，讲述“编辑块的属性值”操作过程。

要编辑块的属性值，须启动“单个”命令。“单个”命令的启动方法如下：

按钮（单击）：常用 选项卡→块标题栏→编辑属性 · 下拉列表→单个。
键盘（输入）：EATTEDIT↵。

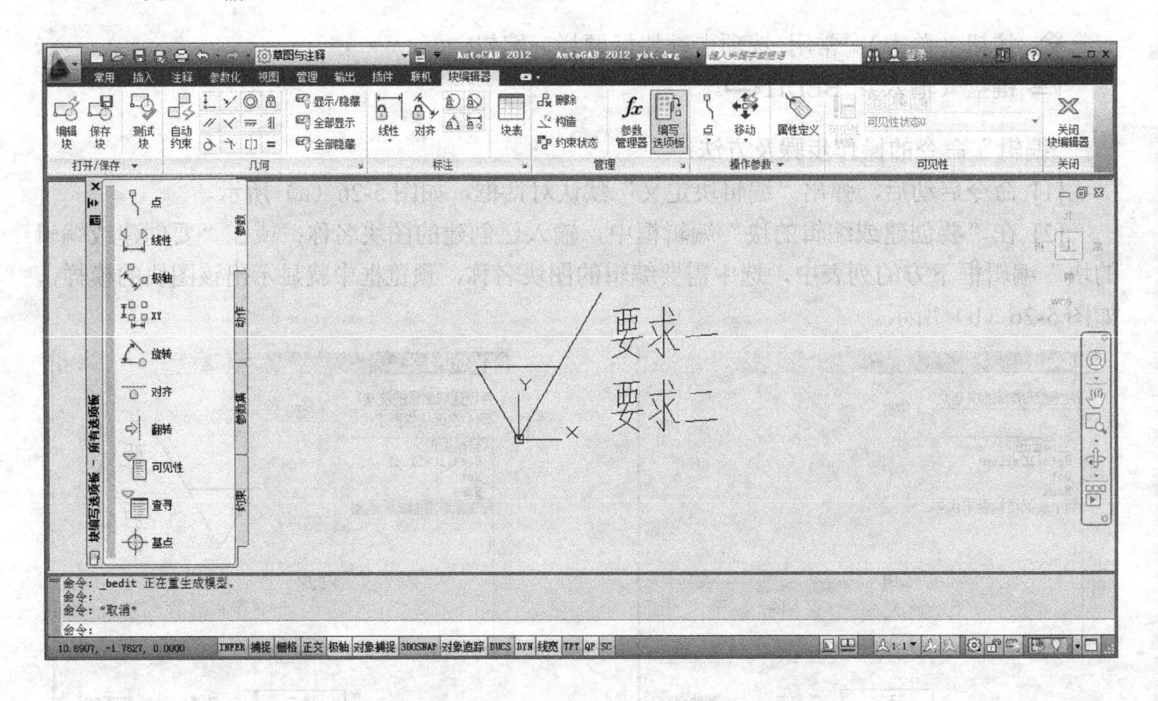

图 5-27 “块编辑器”及“编写区”

“单个”命令的操作步骤及方法：

命令启动以后，提示“选择块”。选择后，弹出“增强属性编辑器”对话框，如图 5-28 所示。在“属性”选项卡的“值（V）”编辑框中，直接编辑属性值，单击“应用”按钮，再单击“确定”按钮，完成“编辑块的属性值”操作。

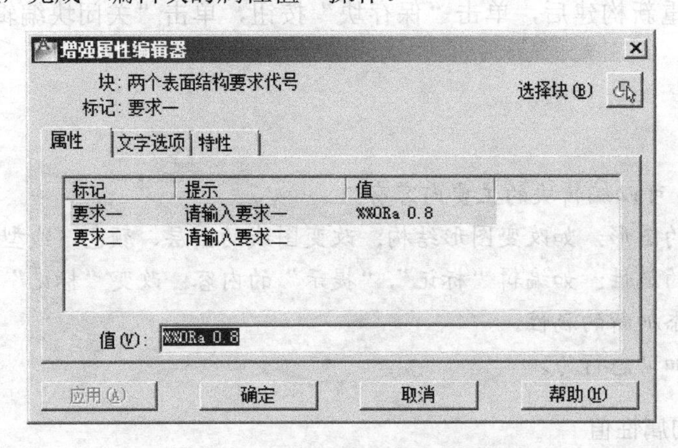

图 5-28 “增强属性编辑器”对话框

2. 极限与配合

极限与配合是尺寸标注中的一项重要内容。在零件的设计、加工制造、检验和装配过

程中都要给零件的尺寸提出要求。这也是评定零件产品质量的重要技术指标之一。

制造零件时，在成批或大量生产时，规格大小相同的零件不可能做到绝对精准，为达到一定的使用要求，使零件能够相互替代（这种性质称为互换性），必须对尺寸规定一个允许的变动量，即为尺寸公差，简称公差。

国家标准规定了标准公差分为 20 级，以区别精度程度，分别以 IT01，IT0，IT1，　，IT18 表示。IT 表示标准公差，阿拉伯数字表示公差等级。01 级最高，公差值最小；18 级最低，公差值最大。尺寸公差等级应根据使用要求确定，标准公差数值可查阅国家标准 GB/T 1800.4—1999。

偏差是某一尺寸减其公称尺寸的代数差。上极限尺寸减其公称尺寸的代数差被称之为上极限偏差；下极限尺寸减其公称尺寸的代数差被称之为下极限偏差。公差带由代表上、下极限偏差的两条直线所限定的一个区域来表示。基本偏差是用于确定公差带相对于零线（表示公称尺寸的一条直线）位置的上极限偏差或下极限偏差。国家标准中规定了轴和孔各有 28 个基本偏差，用拉丁字母按顺序命名，大写字母表示孔，小写字母表示轴。

公差带代号由基本偏差代号和标准公差等级代号组成。

配合是指公称尺寸相同的、相互结合的孔和轴公差带之间的关系。

在图样中的极限与配合标注实例如图 5-29 所示。

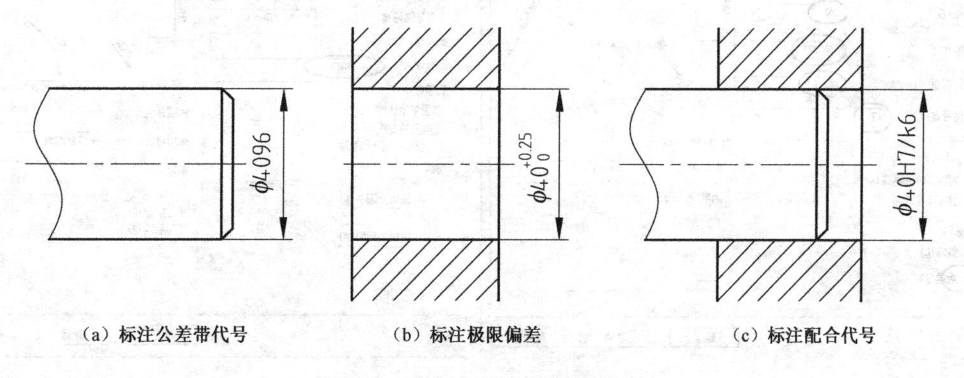

（a）标注公差带代号　（b）标注极限偏差　（c）标注配合代号

图 5-29　极限与配合的标注形式

（1）标注公差带代号

用于大批量生产的零件图，公差尺寸一般标注“公称尺寸”和“公差带代号”。

【例 5-5】　标注如图 5-29（a）所示的公差尺寸。

调用标注中的“线性”命令。当命令提示“指定尺寸线位置”时，选择“文字”选项，回答“输入标注文字”为“%%C40g6”，再确定“尺寸线位置”。

标注完成后，若内容或位置需要改变时，用编辑标注命令修改之，此内容前面已经介绍，故不再赘述。

（2）标注极限偏差

用于单件、小批量生产的零件图，公差尺寸一般标注“公称尺寸”和“极限偏差”。

零件图中极限偏差标注样式，如图 5-30 所示。AutoCAD 提供了直接标注极限偏差标注的功能。

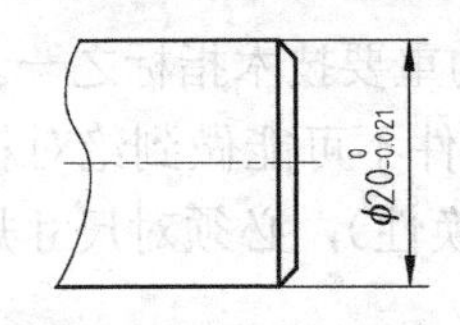

（a）上、下偏差有一为零

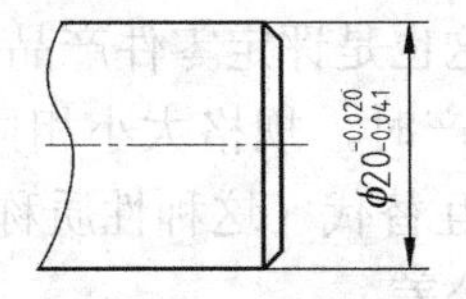

（b）上、下偏差数值不同

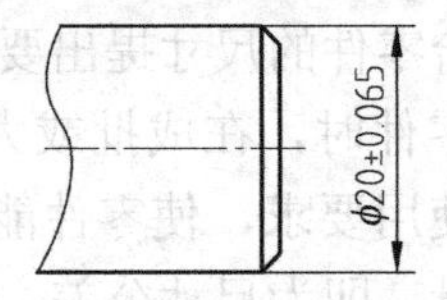

（c）上、下偏差对称配置

图 5-30　极限偏差标注形式

【例 5-6】　标注如图 5-30（a）所示的公差尺寸。

启动“标注样式”命令，弹出“标注样式管理器”对话框，单击“替代（D）”按钮，选择“公差”选项卡，弹出“替代当前样式”对话框，按照如图 5-31（a）所示设置参数（注意偏差值的字号应比基本尺寸小一号，即高度比例应为 0.7）；选择“主单位”选项卡，按照如图 5-31（b）所示设置，单击“确定”按钮结束设置，返回绘图窗口进行尺寸标注。

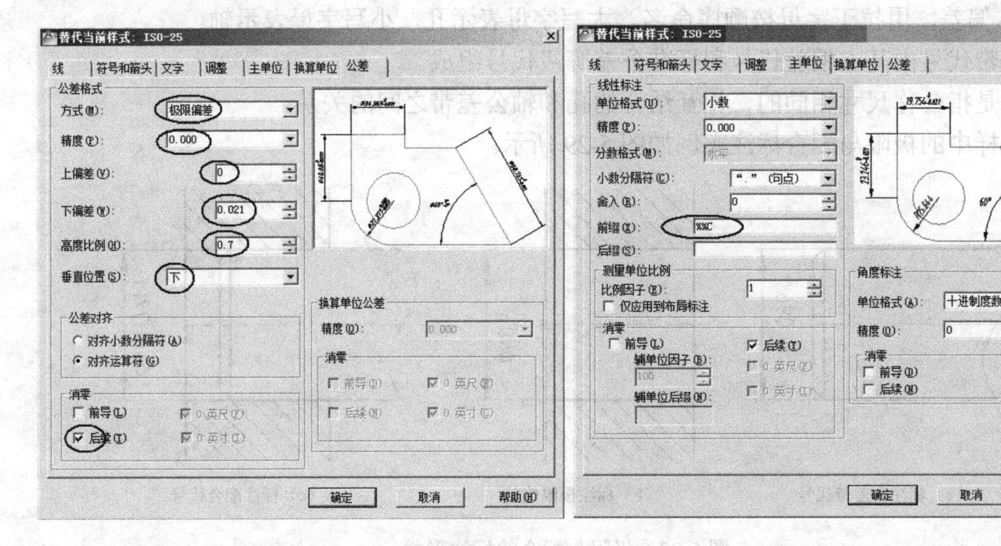

（a）替代当前样式：ISO-25“公差”选项卡　　（b）替代当前样式：ISO-25“主单位”选项卡

图 5-31　上极限偏差为 0、下极限偏差为–0.021 的设置

注意

AutoCAD 默认上极限偏差为“正”或者“0”；下极限偏差为“负”或者“0”。标注时系统会自动加“+”、“–”号。图 5-31（b）中的“前缀”是否设置，用户根据需要而定。

【例 5-7】　标注如图 5-30（b）所示的公差尺寸，操作步骤和方法如下。

标注上极限偏差为“–0.020”、下极限偏差为“–0.041”的方法同上，只是在“公差”对话框的设置中有所不同，如图 5-32 所示。

【例 5-8】　标注如图 5-30（c）所示的公差尺寸，操作步骤和方法如下。

标注的方法同上。上极限偏差为“+0.065”、下极限偏差为“–0.065”的参数设置（注意高度比例应为 1），如图 5-33 所示。

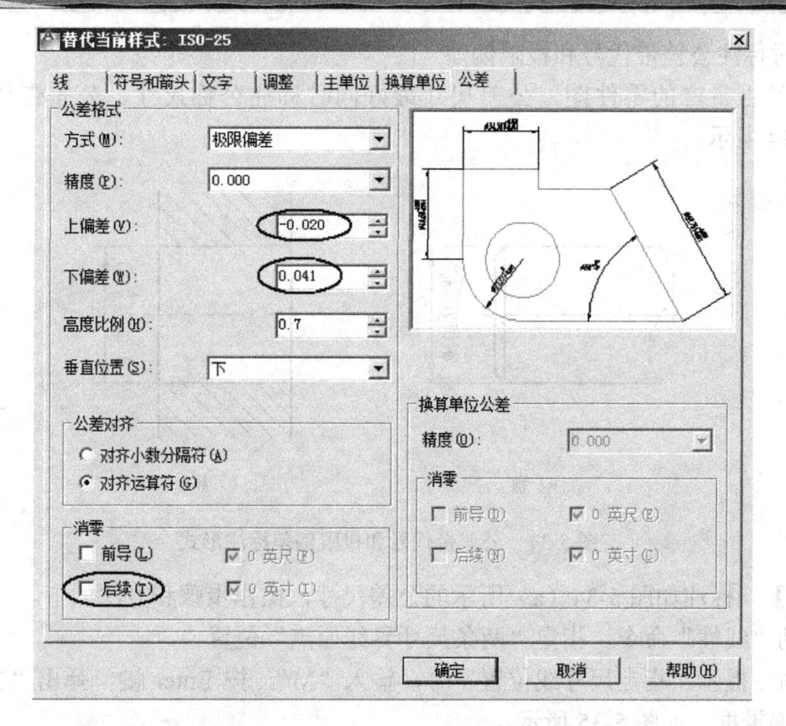

图 5-32　上极限偏差为“–0.020”、下极限偏差为“–0.041”的设置

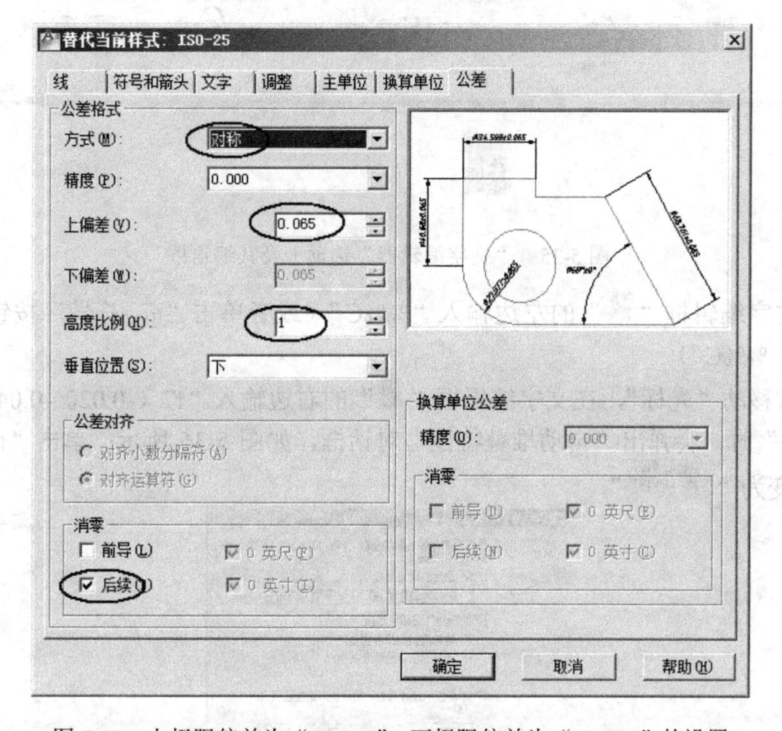

图 5-33　上极限偏差为“+0.065”、下极限偏差为“–0.065”的设置

标注带有上、下的对称偏差，还可采用前述标注公差带代号的方法。在命令提示下，设置“输入标注文字”为“%%C20%%P0.065”后，再确定“尺寸线位置”，结果相同。

（3）同时标注公差带代号和极限偏差

未确定是否量产的零件图，公差尺寸最好同时标注公称尺寸、公差带代号和极限偏差，如图 5-34 所示。

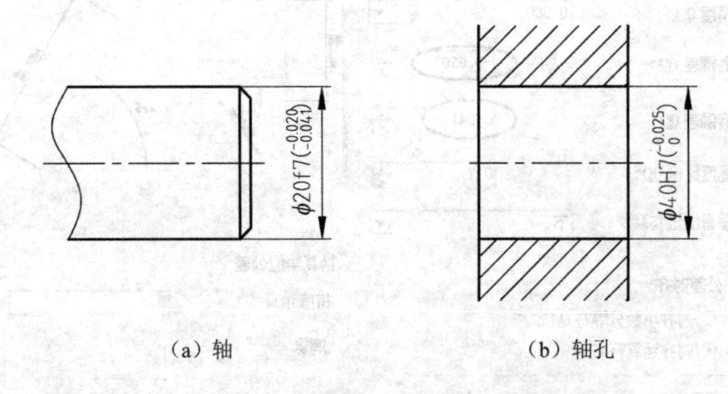

（a）轴　　（b）轴孔

图 5-34　公差带代号和极限偏差标注形式

【例 5-9】　标注如图 5-34（a）所示的公差尺寸，操作步骤和方法如下。

[1] 启动“线性”命令，指定“两条尺寸界线原点”位置。

[2] 在命令提示“指定尺寸线位置”时，输入“M”，按 Enter 键，弹出“文字编辑器”选项卡及其编辑框，如图 5-35 所示。

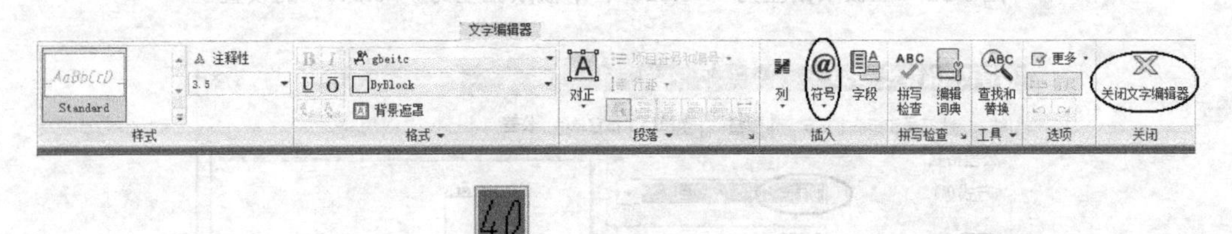

图 5-35　“文字编辑器”选项卡及其编辑框

[3] 在文字编辑框“40”的左边输入“%%C”（或者单击“@ 符号”按钮，从列表中选择“直径　%%C”）。

[4] 向右移动“光标”，在文字编辑框“40”的右边输入“f7（-0.020^-0.041）”；当输入到右括号“）”时，会弹出“自动堆叠特性”对话框，如图 5-36 所示；单击“确定”按钮，文字编辑框变为“φ40f7(-0.020 -0.041)”。

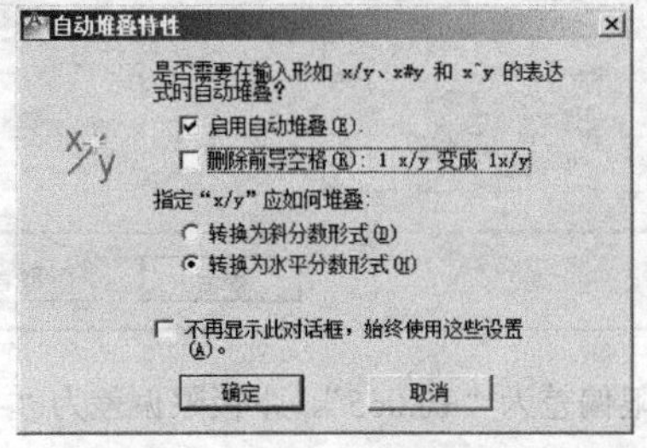

图 5-36“自动堆叠特性”对话框

[5] 单击“关闭文字编辑器”按钮，指定尺寸线位置，结束标注。

提示

标注带有极限偏差的公差尺寸，也可以按例 5-9 方法操作。当文字编辑框右边内容输入完成后，须按空格键，才能弹出“自动堆叠特性”对话框，其他操作相同。

当某偏差为“ 0 ”导致与另一偏差小数点前的个位数不对齐，应使用“快捷特性”或“对象特性”命令，编辑“文字替代”内容，在“ 0 ”前添加空格 1~2 个，使之对齐。

3. 几何公差

几何公差是指零件的实际形状、位置、方向以及跳动相对于理想状态的允许变动量。对精度要求较高的零件，除了要规定尺寸公差外，还要控制零件加工后产生的形状、位置、方向和跳动的误差。一般情况下标注几何公差代号，当无法标注代号时可用文字说明。

（1）几何公差标注代号与基准代号

根据 GB/T 1182—2008 的规定，几何公差标注代号的规定画法如图 5-37 所示。

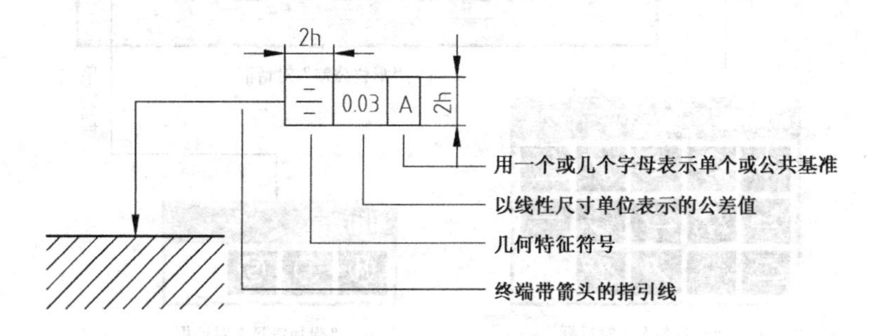

图 5-37　几何公差符号的规定画法

1）指引线的位置与绘制

几何公差的指引线用于连接公差框格与被测要素。指引线引自框格的任意一侧，终端带一箭头。当公差涉及轮廓线或轮廓面，箭头指向该要素的轮廓线或其延长线（应与尺寸线明显错开），箭头也可指向引出线的水平线（引出线引自被测面）；当公差涉及要素的中心线、中心面或中心点时，箭头应位于相应尺寸线的延长线上。

启动“引线 ”命令，便可直接绘制带箭头的引线（此样式的设置见 2.2.4 节）。

2）公差框格的绘制

用公差框格标注几何公差时，公差要求注写在划分成两格或多格的矩形框格内。每格自左至右顺序标注几何特征符号、公差值和基准。AutoCAD 提供了公差框格及各种几何公差的几何特征符号，用户只须调用命令直接绘制即可。

要绘制公差框格，须启动“公差”命令。“公差”命令的启动方法如下：

按钮（单击）：注释 选项卡→标注 面板→公差。

键盘（输入）：TOLERANCE↵。

命令启动以后，按命令提示进行。其操作步骤及方法如下。

[1] 单击“标注”面板的“公差”命令图标，弹出“形位公差”对话框，如图 5-38（a）所示。

[2] 单击“符号”框（对话框中的“黑色框”），弹出“特征符号”对话框，如图 5-38

（b）所示，从中选择需要的特征符号。

[3] 单击“公差 1”的符号输入框，弹出符号ϕ（需要时调出），在公差输入框中输入公差值，在“基准 1”基准输入框中输入基准要素字母。

[4] 单击“确定”按钮结束。

如须输入包容条件，则单击“基准 1”或“公差 1”的延伸公差带框，弹出“附加符号”对话框，如图 5-38（c）所示，从中选择即可。

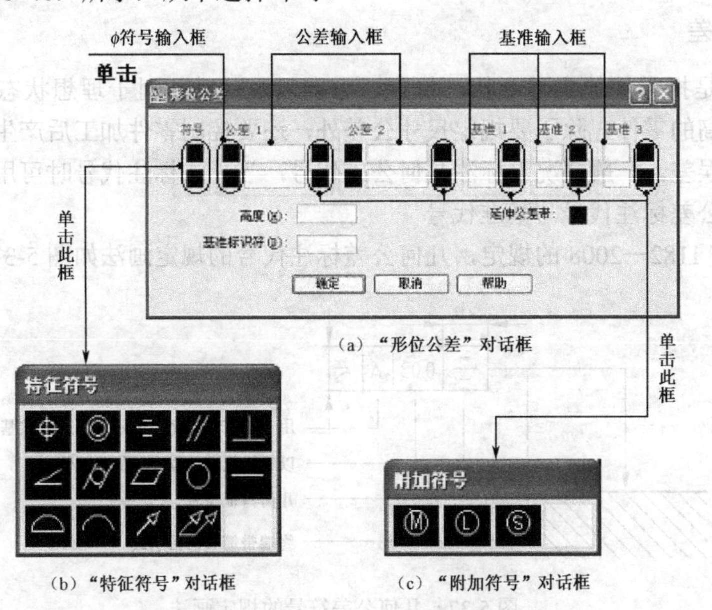

（a）“形位公差”对话框

（b）“特征符号”对话框　　（c）“附加符号”对话框

图 5-38　几何公差框格的绘制

3）基准代号的规定画法及绘制

根据 GB/T 1182—2008 的规定，几何公差基准代号的的画法如图 5-39（a）所示。用一个大写字母表示单个基准或用几个大写字母表示基准体系或公共基准。字母标注在基准方格内，与一个涂黑的或空白的三角形（二者含义相同）相连。无论基准三角形的位置如何，其基准方格字母必须水平书写，如图 5-39（b）所示。在零件图中基准三角形的放置位置与指引线的要求基本相同。

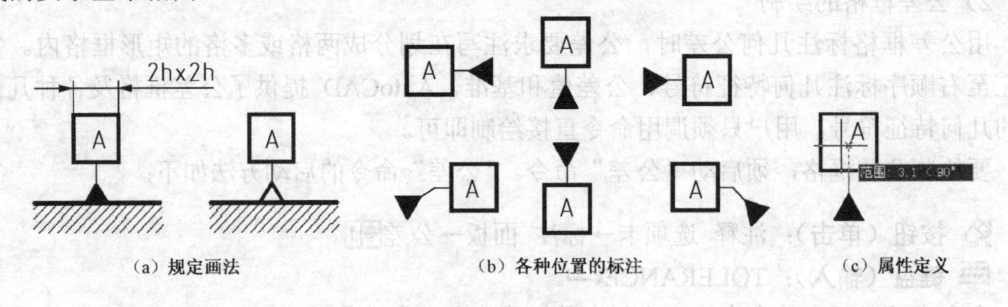

（a）规定画法　　（b）各种位置的标注　　（c）属性定义

图 5-39　基准代号的绘制

AutoCAD 绘制基准代号，一般将基准字母定义为属性，并将整个图形符号定义成块，需要标注时插入此块即可。

[1] 启动“直线”、“多边形”等命令，绘制如图5-39（a）所示（h为字体高度）的基准符号。

[2] 启动“属性定义”命令，弹出“属性定义”对话框，并按如图5-40所示设置；单击“确定”按钮，在命令提示下完成（捕捉正方形中心），如图5-39（c）所示。

[3] 启动“创建块”命令，创建块名为“基准代号”的图块：“选择对象”为已定义属性的基准符号图形；“选择插入点”为基准三角形底边中点。

注意

当基准代号插入在水平或垂直位置时，只须改变旋转角度（90°、180°、270°）即可，但必须修改字母为水平位置（双击字母A，在“增强属性编辑器”对话框中将字母调整为水平位置）。

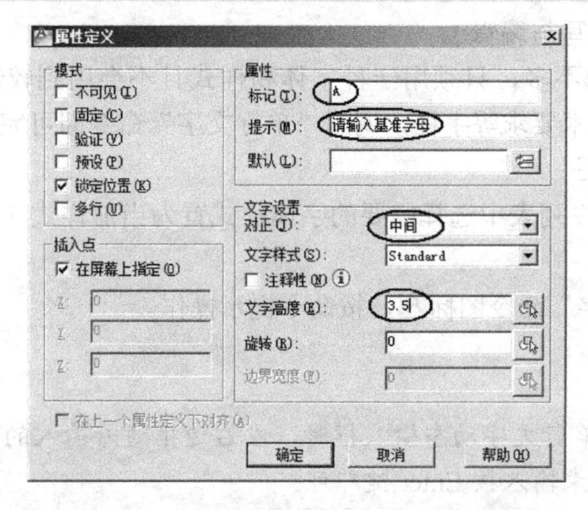

图5-40 基准代号的“属性定义”对话框

（2）几何公差的标注

【例5-10】 标注如图5-41所示的几何公差代号及基准代号，操作步骤和方法如下。

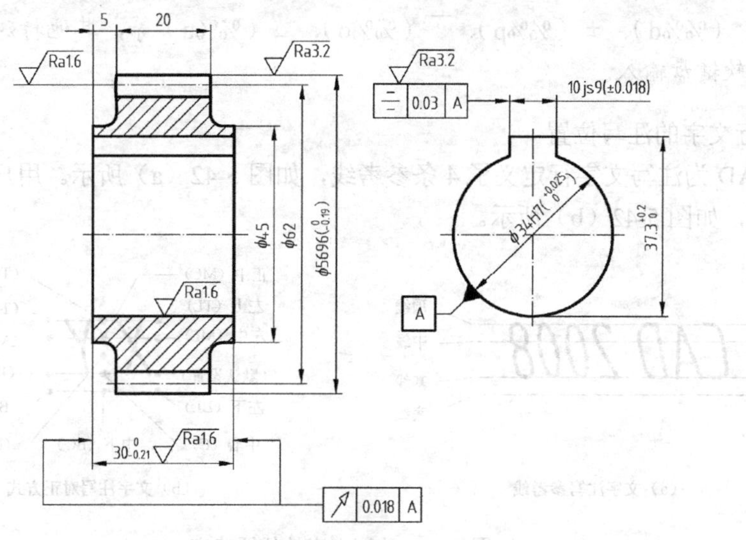

图5-41 几何公差标注示例

[1] 绘制基准框格并添加属性，创建成块名为“基准方格、字母”。

[2] 启动“多重引线样式”命令，把“基准实心三角形指引线”置为当前样式。

[3] 启动“引线”命令，将“基准实心三角形指引线”插入到尺寸ϕ34 的箭头端点。

[4] 启动“插入”命令，将“基准方格、字母”放置到合适位置。

[5] 启动“引线”命令绘制 2 个“带箭头的指引线”；启动“直线”命令补画直线。

[6] 启动“公差”命令，分别标注图示中的两个几何公差。

4. 注写文字

在零件图中，技术要求的内容除了用代号标注外，对零件的热处理、表面处理等要求要用文字说明。AutoCAD 提供了两种文字注写命令，即“单行文字”和“多行文字”命令。

（1）单行文字的注写与编辑

当输入的文字字数不多，只须用一种字体和样式且不会用到较特殊的符号时，例如零件图中沉孔的说明、技术要求等字样，调用“单行文字”命令即可完成。

1）单行文字的注写

[1] 从“文字样式”列表中选择需要的字体样式置为当前样式（文字样式的设置参见第 2 章）。

[2]单击“单行文字”命令图标 AI，按命令提示操作。

提示

① 当绘图区出现单行文字动态输入框时，左右边框随着输入的字数而展开，用户可随意书写，需要换行或结束输入按 Enter 键即可。

② 使用“单行文字”命令可以一次输入若干行文字，但每行文字都是单独的对象，可分别对之进行编辑。

③ 当输入特殊符号时，AutoCAD 为用户提供了一些特殊符号的代码，如ϕ（%%c）、%（%%%）、°（%%d）、±（%%p）、￣（%%o）、_（%%u）等，其他特殊符号如数字序号等均可利用软键盘输入。

2）单行文字的注写位置

AutoCAD 为注写文字行定义了 4 条参考线，如图 5-42（a）所示。用户也可自定义文字的对正方式，如图 5-42（b）所示。

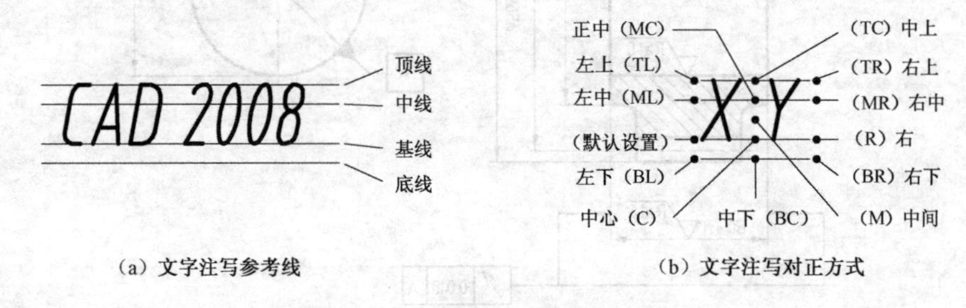

（a）文字注写参考线　　（b）文字注写对正方式

图 5-42　注写文字的位置确定

3）单行文字的编辑

① 修改文字内容。用鼠标双击文字，直接输入要修改的文字即可。

② 修改其他特性。启动“对象特性”命令，可以修改选定文字的特性，如字体高度、字体样式、图层等。

（2）多行文字的注写与编辑

当需要输入大量文字或者文字间有不同的字体和特殊符号时，使用多行文字输入方法效率更高，且更具编辑性。

1）多行文字的注写

要输入大量文字或文字间有不同字体和特殊符号时，就要启动“多行文字”命令。“多行文字”命令的启动方法如下：

按钮（单击）：常用 选项卡→注释标题栏→ 下拉按钮→多行文字A。

键盘（输入）：MTEXT↵。

命令启动以后，按命令提示进行。“多行文字”的操作步骤及方法如图5-43所示。

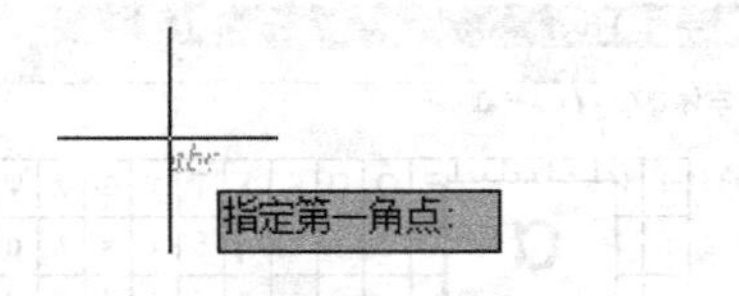

（a）指定“编辑框”的第一角点

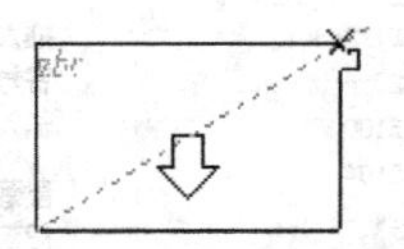

（b）指定“编辑框”的对角点

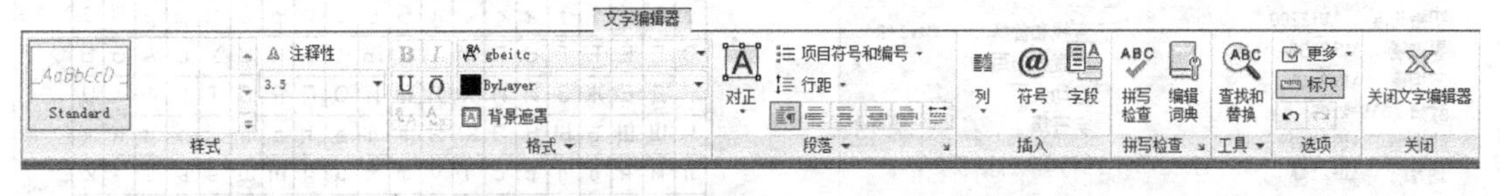

（c）弹出“文字编辑器”选项卡及其默认“编辑框”

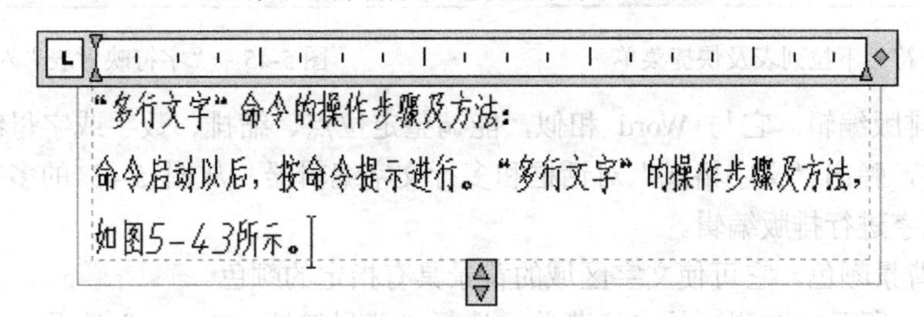

（d）编辑文字后的“编辑框”

图5-43 “多行文字”命令的操作步骤及方法

提示

完成文字输入，须单击“关闭文字编辑器”按钮或“绘图区”的空白处，结束命令。

2）多行文字的编辑

① 修改文字内容。双击要修改的文字，弹出“文字编辑器”选项卡和“编辑框”，如图 5-43（c）、（d）所示，在编辑框中直接修改内容即可。

② 调整文字边界宽度。双击要调整的文字，将鼠标放置控制宽度处◇或◁▷，鼠标变成双箭头，按住鼠标左键向左或右拖动至合适位置即可。

③ 修改文字样式。双击要修改的文字，按住鼠标左键拖动选中要修改的文字（底色改变），在“文字编辑器”选项卡中的“文字样式”、“字体”和“高度”列表中选择设置即可。

④ 插入特殊符号。在多行文字中若添加特殊字符，则单击“文字编辑器”选项卡中的“符号” @▾ 按钮，弹出下拉列表，如图 5-44 所示（左侧），用户可从中选择需要的项目或符号。需要特殊符号时，则单击“其他（O）　”，弹出“字符映射表”对话框，如图 5-45 所示，从字体列表中选择字体，双击选中的符号（即选定并复制），在插入处粘贴即可。

图 5-44　符号下拉列表及快捷菜单

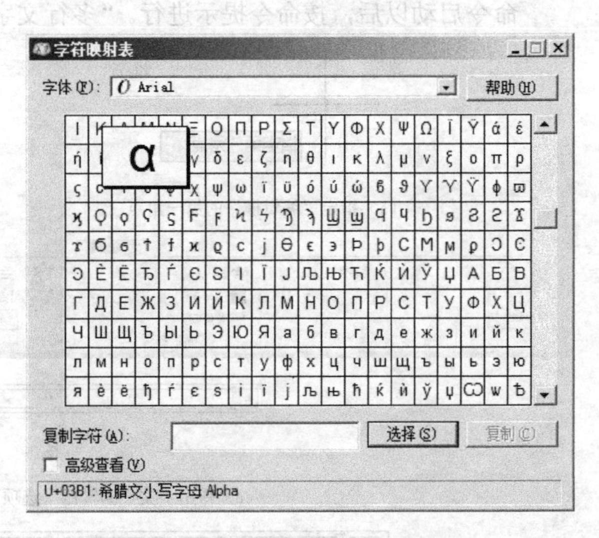

图 5-45　“字符映射表”对话框

⑤ 文字排版编辑。它与 Word 相似，能调整定位点、缩排、数字或字母编号等。双击要修改的文字，弹出“文字格式”对话框和多行文字编辑器，从图 5-43 的多行文字编辑框中选择有关文字进行排版编辑。

⑥ 改变背景颜色。它可使文字区域的背景具有指定的颜色。

如图 5-44 所示（右侧）的快捷菜单，选择“背景遮罩（B）　”选项，弹出“背景遮罩”对话框，选择背景颜色即可。

提示

多行文字也可用“对象特性”和“特性匹配”的功能进行编辑，操作方法与单行文字相同，在此不再赘述。

5.2　装配工程图样的绘制

装配图是用来表达部件或机器的工作原理、零件之间的装配和安装关系及相互位置的图样，是设计和生产机器或部件的重要技术文件之。一张完整的装配图应包含以下内容：

① 一组图形。用于表达部件或机器的工作原理、零件之间的装配和安装关系及主要零件的结构形状。

② 必要的尺寸。用于表示部件或机器的性能（规格）尺寸、装配和安装尺寸、外形尺寸及其他重要尺寸。

③ 技术要求。用于说明部件或机器在装配、安装、调试、检验、使用、维修等方面的要求。

④ 标题栏。用于填写部件或机器的名称，其他内容与零件图相同。

⑤ 零件序号、明细栏。在装配图中，需要每种零件编写序号，并在明细栏中依次对应列出每种零件的序号、名称、数量、材料等内容。

本节将介绍装配图的几种绘制方法和绘制技巧。

5.2.1　一组图形

零件图的图形是根据《技术制图》、《机械制图》等国家标准，用各种常用的表达方法和特殊画法，选用一组适当的图形，能正确、完整、清晰和简便地表达出机器或部件的工作原理、关键零件的主要结构形状、零件之间的装配、连接关系等。

1. 规定画法

（1）接触表面与非接触表面的画法

两零件接触表面画一条线；非接触表面画两条线。

（2）相互邻接的金属零件剖面线的画法

相互邻接的金属零件的剖面线方向应相反，或方向一致而间隔不同。同一零件的剖面线无论在哪个图形中表达，其方向、间隔必须相同。

（3）标准件和实心零件的画法

对于螺纹紧固件等标准件，以及轴、连杆、拉杆、手柄、钩子、键、销等实心零件，若按纵向剖切，且剖切平面通过其对称平面或轴线时，则这些零件均按不剖绘制。

2. 特殊画法

（1）拆卸画法

将某零件假想地拆卸掉，画出所要表达的部分。

（2）沿结合面剖切画法

沿某些零件的结合面剖切，结合面不画剖面线。

（3）假想画法

表达与相关零部件的安装连接关系时，可采用双点画线画出其轮廓。

（4）夸大画法

对于细小结构，允许不按比例而作适当夸大画出其图形。

（5）简化画法

零件的工艺结构如小圆角、倒角、退刀槽等均可省略不画。

3. 装配图的绘制方法

（1）由零件图绘制装配图

用零件图拼画出装配图是指在事先绘制完成机器或部件的全部零件图后，用户将其图形通过“复制”、“移动”、“创建”块、“插入”块等一系列的操作，拼画出装配图。这种方法适用于学习、了解、认识、绘制装配图的初级阶段，不适用于设计装配图。

① 了解装配关系和工作原理。对要绘制的机器或部件的工作原理、装配关系及主要零件的形状、零件与零件之间的相对位置、定位方式等进行深入细致的分析。

② 确定主视图。主视图的选择应能清晰地表达部件的结构特点、工作原理和主要装配关系，并尽可能按工作位置放置，使主要装配线处于水平或垂直位置。

③ 确定其他视图。选用其他视图是为了更清楚、完整地表达装配关系和主要零件的结构形状，具体表达方法可采用剖视、断面、拆去某些零件等多种方法。

1）用复制零件图形的方法拼画装配图

用复制零件图形的方法拼画装配图是指：用户先将零件的图形“复制”到装配图文件中，再通过“旋转”、“移动”、“修剪”、“打断”等等操作完成装配图的“一组图形”绘制。

【例 5-11】 根据低速滑轮装置示意图和零件简图，如图 5-46 所示，绘制其装配图。

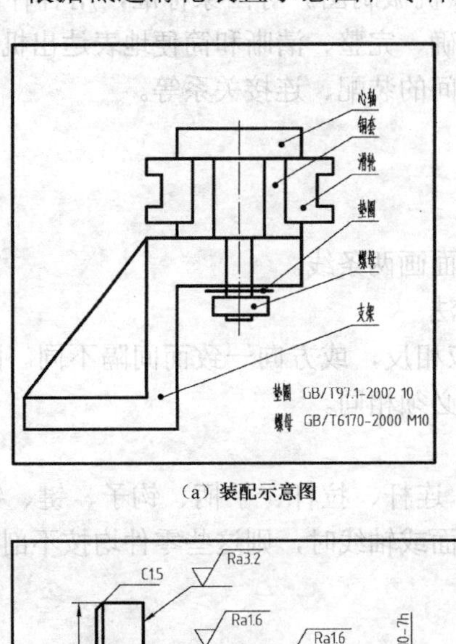

（a）装配示意图

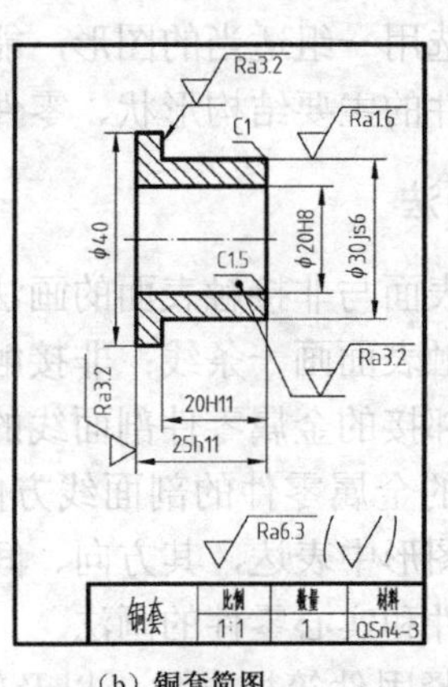

（b）铜套简图

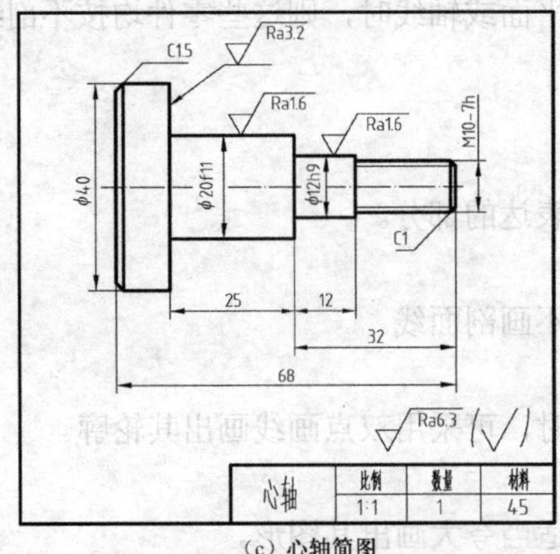

（c）心轴简图

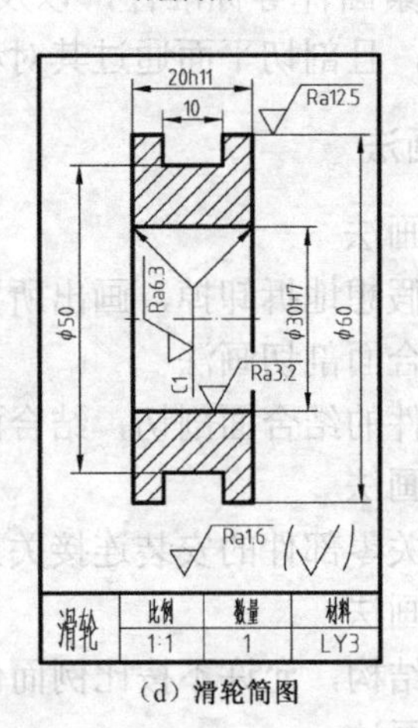

（d）滑轮简图

图 5-46 低速滑轮装置装配示意图及零件简图

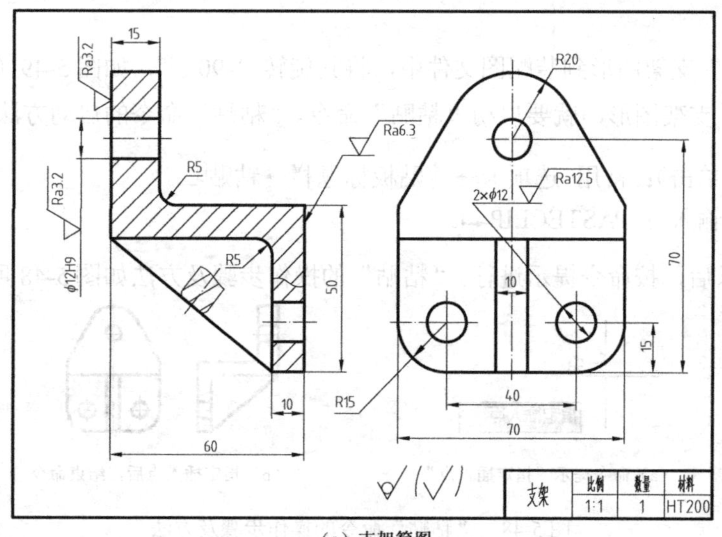

（e）支架简图

图 5-46 低速滑轮装置装配示意图及零件简图（续）

[1] 分别绘制低速滑轮装置的各零件图。

[2] 关闭除图形之外的所有图层，再分别复制、粘贴零件图形到装配图文件。

提示

绘制图样有两种方式：其一是各零件以及装配共用一个文件；其二则是各自独立。将零件图形复制、粘贴到装配图文件中是第二种绘制图样方式；第一种方式由于零件和装配图样在一起，只要启动“复制”命令复制零件图形即可，不用“粘贴”。

[3] “复制”支架图形，将其复制到剪贴板。

要“复制”支架图形，就要启动“复制剪裁”命令。“复制剪裁”命令的启动方法如下：

按钮（单击）：常用 选项卡→剪贴板标题栏→复制剪裁。

键盘（输入）：COPYCLIP↵。

命令启动以后，按命令提示进行。“复制剪裁”的操作步骤及方法如图 5-47 所示。

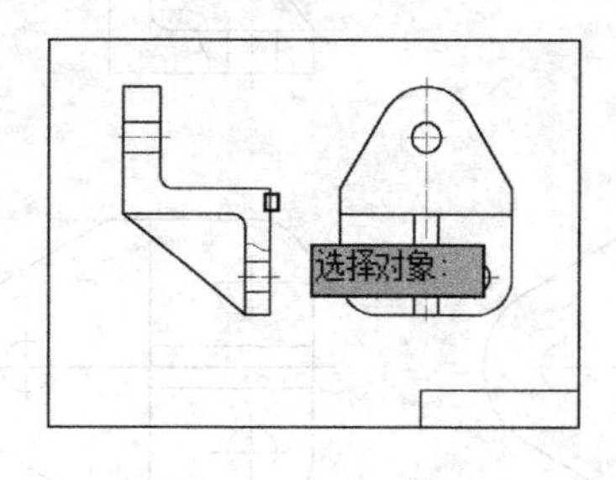

（a）命令提示“选择对象”

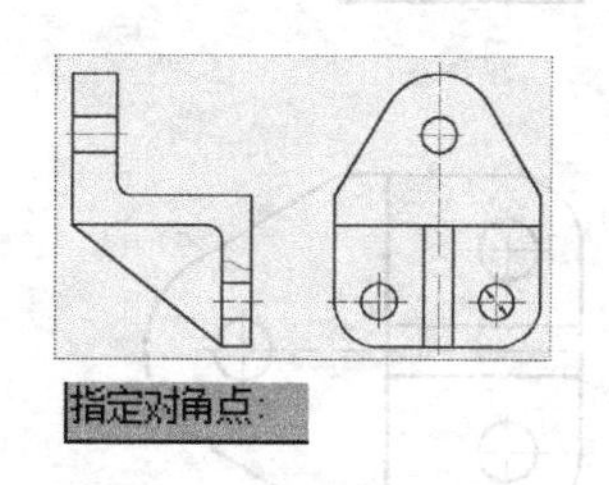

（b）使用交叉窗口“选择对象”，按 Enter 键结束命令

图 5-47 “复制剪裁”命令的操作步骤及方法

[4] “粘贴”支架图形到装配图文件中，将其旋转“-90°”，如图 5-49（a）所示。要“粘贴”支架图形，就要启动“粘贴”命令。“粘贴”命令的启动方法如下：

按钮（单击）：常用 选项卡→剪贴板标题栏→粘贴。

键盘（输入）：PASTECLIP↵。

命令启动以后，按命令提示进行。“粘贴”的操作步骤及方法如图 5-48 所示。

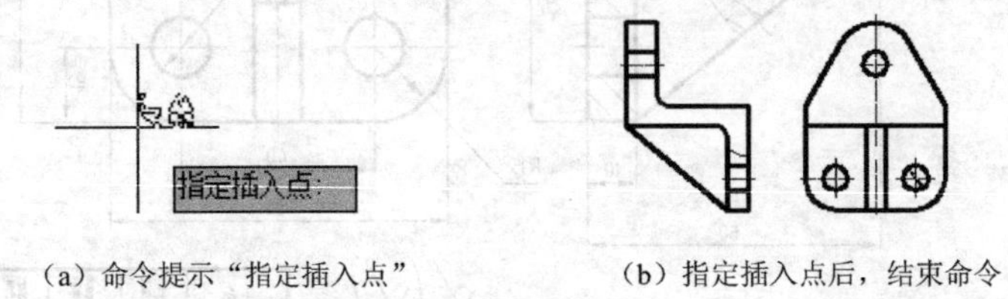

（a）命令提示“指定插入点”　（b）指定插入点后，结束命令

图 5-48　“粘贴”命令的操作步骤及方法

[5] “复制剪裁”、“粘贴”铜套图形（旋转 90°，移动到位），如图 5-49（b）所示。

[6] “复制剪裁”、“粘贴”滑轮图形（旋转 90°，移动到位），如图 5-49（c）所示。

[7] “复制剪裁”、“粘贴”心轴图形（旋转–90°，移动到位），如图 5-49（d）所示。

[8] “复制剪裁”、“粘贴”螺母和垫圈图形（移动到位），如图 5-49（e）所示。

[9] “打断”、“修剪”、“删除”多余的图线，绘制剖面线，完成装配的一组图形绘制，如图 5-49（f）所示。

提示

复制图形时，剖面线层要关闭。原因是用户在绘制每个零件图样时，不太可能考虑到各个零件的剖面线在装配图中的方向，最后绘制容易区别不同零件。否则要编辑图案填充。

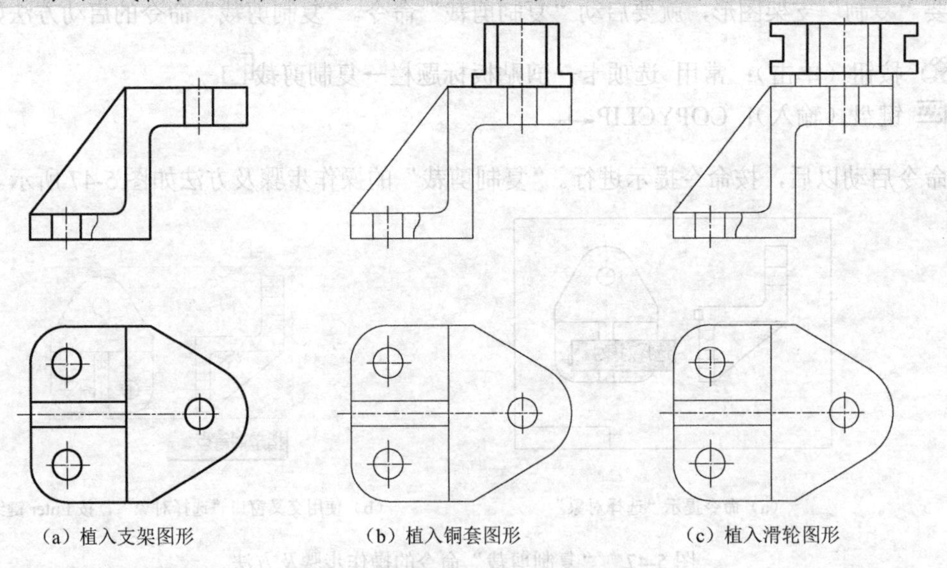

（a）植入支架图形　（b）植入铜套图形　（c）植入滑轮图形

图 5-49　低速滑轮装配图的绘制过程

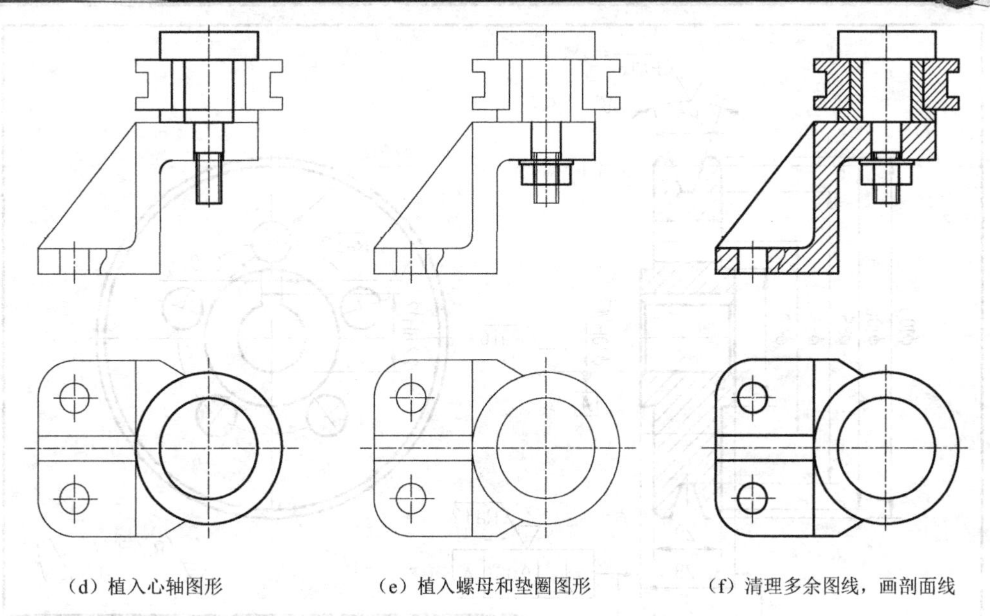

(d) 植入心轴图形
(e) 植入螺母和垫圈图形
(f) 清理多余图线，画剖面线

图 5-49　低速滑轮装配图的绘制过程（续）

2）用插入零件图形块的方法拼画装配图

绘制轴承架装配图操作步骤及方法，如图 5-50～图 5-53 所示。插入零件图形块，就是每完成一张完整的零件图后，首先将其保存为图形文件（.dwg），然后关闭除图形外的所有图层，再启动“写块”（Wblock）命令创建图块，块名同零件的名称（这样有利于查找）。

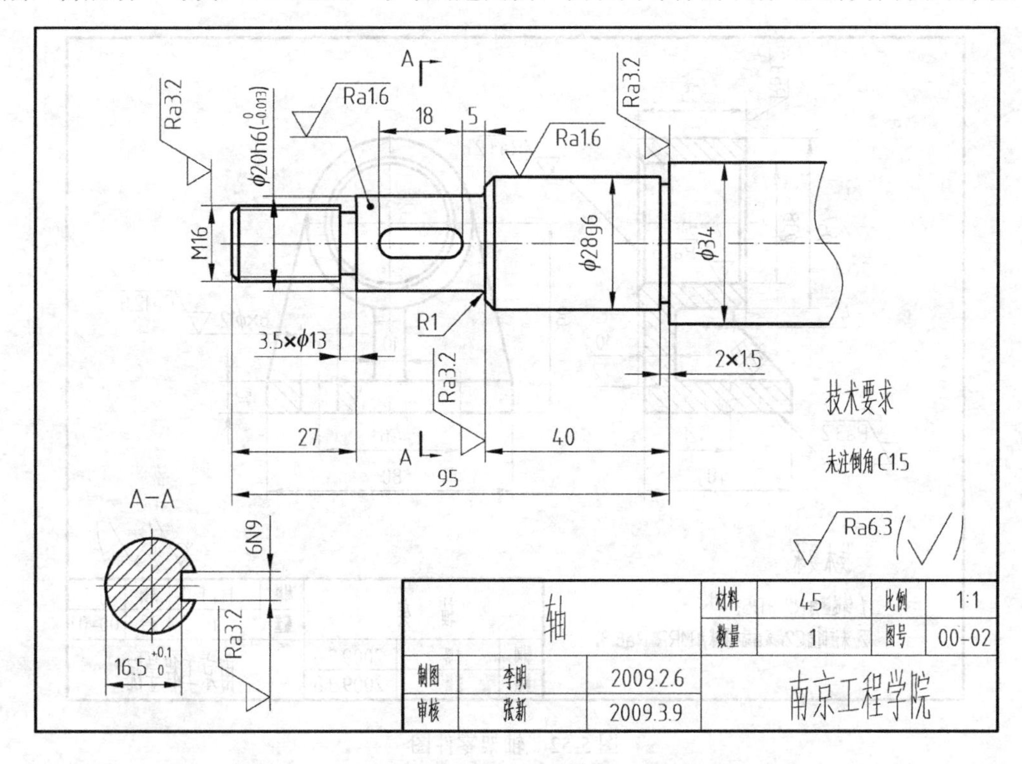

图 5-50　轴零件图

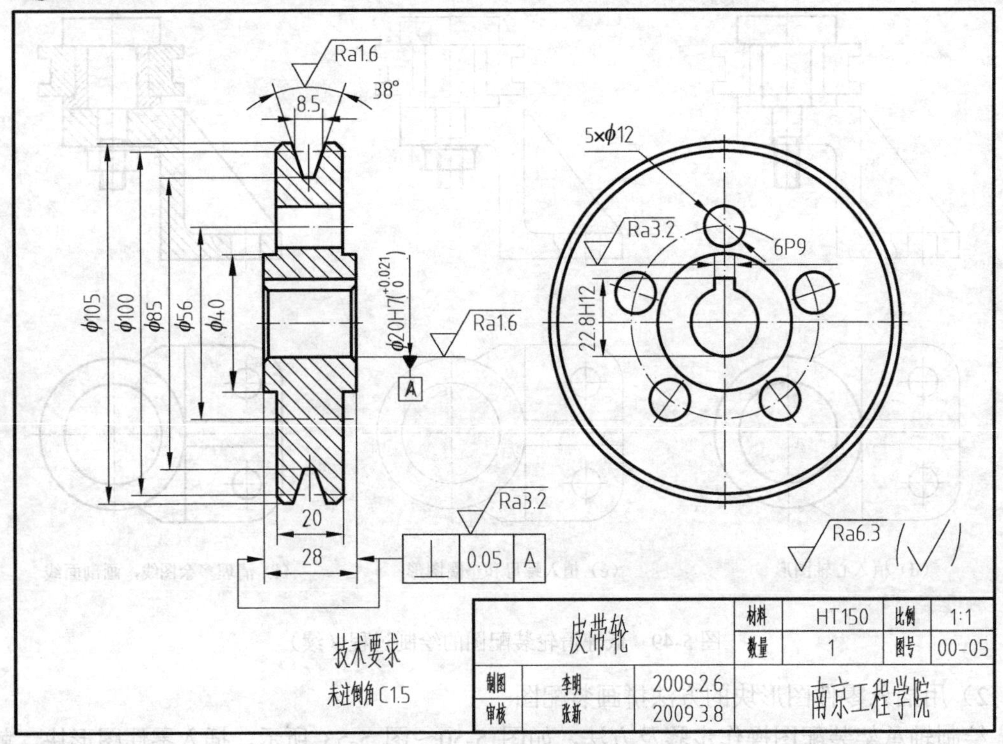

图 5-51　皮带轮零件图

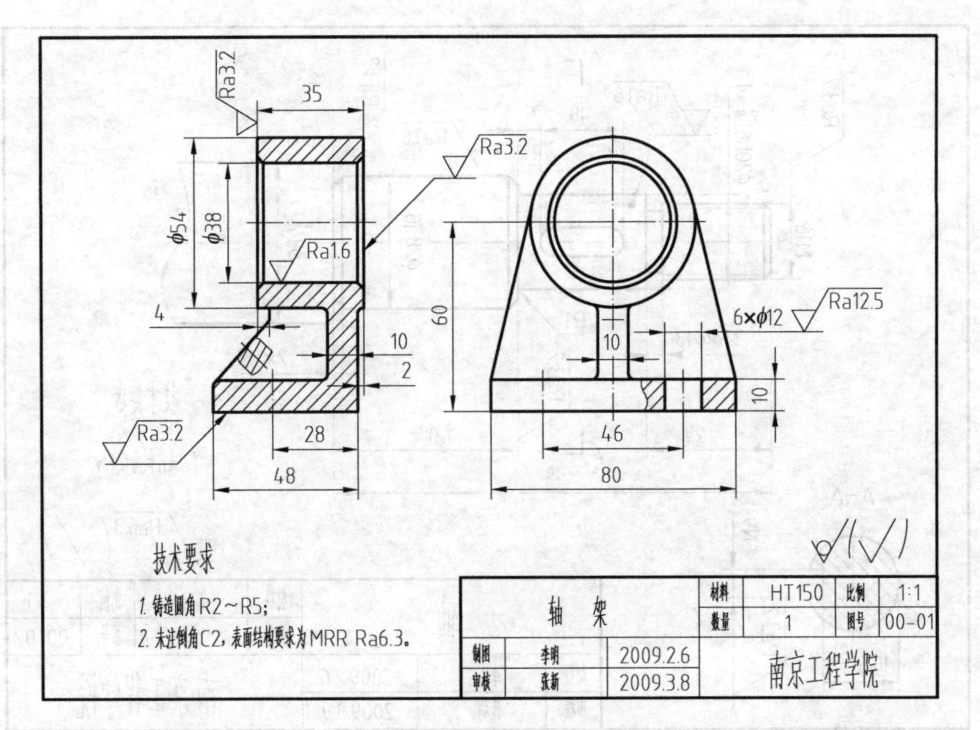

图 5-52　轴架零件图

[1] 启动“插入块”命令，调出轴架。

[2] 启动“插入块”命令，依次插入衬套、轴、垫圈、键和皮带轮、垫圈和螺母。

[3] 处理图中细节，去掉多余图线。

[4] 启动“图案填充”命令，绘制剖面线，结果如图 5-53 所示。

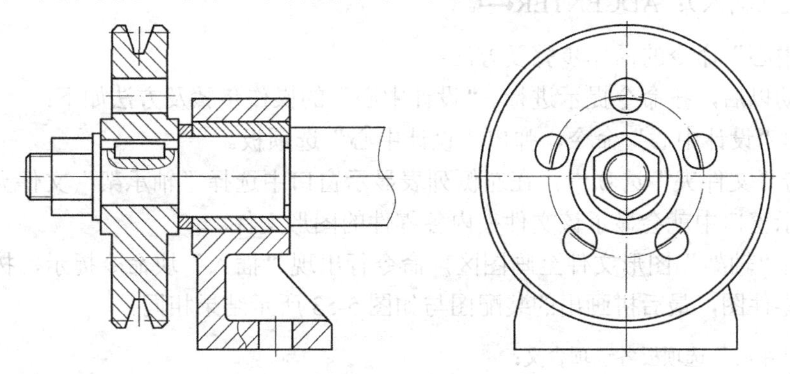

图 5-53　轴承架装配图

 **注意**

为了保证各零件位置装配的准确性，选择插入点尤为关键。对于插入点的选择，则要根据装配图各零件的相对位置进行分析后确定。此外每一个零件的一组图形也可定义成几个图形块，以便于拼画装配图的不同视图。

（3）利用“设计中心”拼装法绘制装配图

AutoCAD 2012 的“设计中心”为用户提供一个组织和管理图形的工具，使用设计中心能充分发挥图形文件的共享性和再利用性，从而使绘图效率显著提高。

设计中心可以处理块参照、外部参照和其他内容（例如图层定义、线型、布局和图像等）。下面简单介绍利用“设计中心”拼画装配图的过程。

调用“设计中心”命令，弹出“设计中心”对话框，如图 5-54 所示。

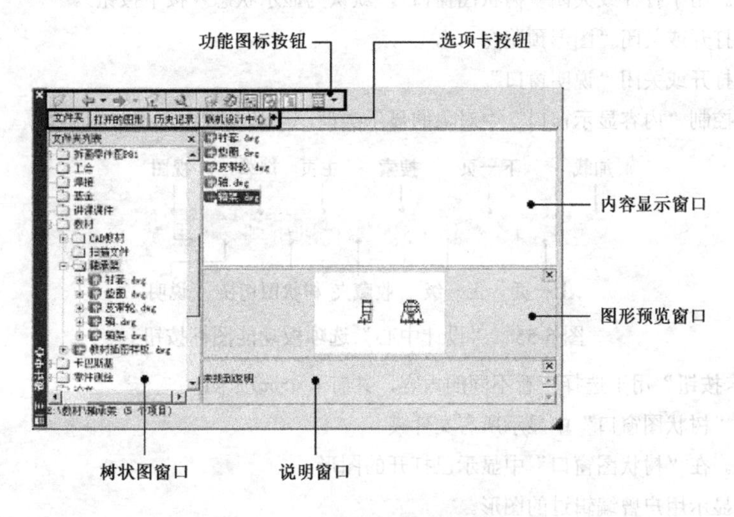

图 5-54　“设计中心”选项板

要使用“设计中心”拼画装配图，就要启动“设计中心”命令。“设计中心”命令的启动方法如下：

按钮（单击）：视图 选项卡→选项板标题栏↑设计中心。

键盘（输入）：ADCENTER↵。

“设计中心”命令的操作步骤及方法：

命令启动以后，按命令提示进行。“设计中心”的操作步骤及方法如下：

[1] 启动“设计中心”命令，弹出“设计中心”选项板。

[2] 单击“文件夹”选项卡，在左侧列表显示窗口中选择“轴承架”文件夹并双击；在右侧内容显示窗口中就会显示该文件夹内各零件的图形文件。

[3] 拖动“轴架”图形文件至画图区，命令行出现“插入”块命令提示，按提示操作，依次插入各零件图，最后拼画出的装配图与如图 5-53 所示结果相同。

- “设计中心”选项板各选项含义：
- “树状图”窗口。用树状目录显示文件夹、文件等内容；
- “内容显示”窗口。显示要查看的文件夹或文件的内容；
- “图形预览”窗口。显示要查看的图形文件的图像；
- “说明”窗口。显示要查看的文件夹或文件的文字说明；
- **“功能图标按钮”**。控制和管理设计中心共有 11 个功能，如图 5-55 所示，各功能的意义如下：

加载。向“内容显示窗口”中加载内容。

上一页。显示上一次选中的文件。

下一页。显示下一次选中的文件。

上一级。显示上一级目录或文件夹。

搜索。利用对话框查找所要的图形、文件等内容。

收藏夹。在“内容显示窗口”中显示收藏夹目录里的内容。

主页。控制“树状图窗口”返回到主页显示状态。

树状图切换。用于打开或关闭“树状图窗口”，默认为显示状态（按下按钮）。

预览。用于打开或关闭“图形预览窗口”。

说明。用于打开或关闭“说明窗口”。

视图。用于控制“内容显示窗口”中对象的显示类型，可从列表中选择显示类型。

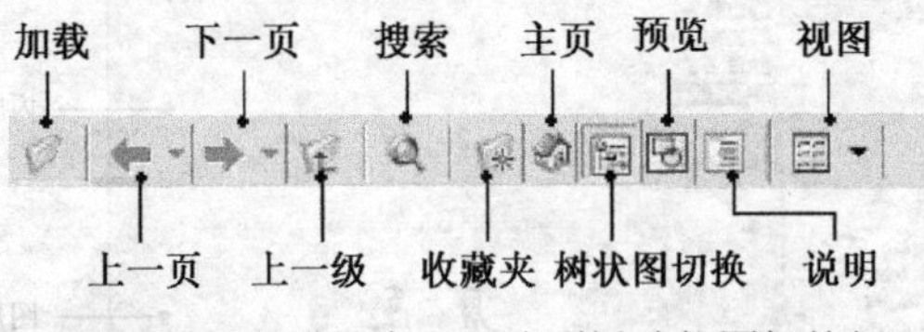

图 5-55 “设计中心”选项板功能图标按钮

- **“选项卡按钮”**用于选择查看不同的内容，共有 4 个选项卡：

文件夹。在“树状图窗口”中显示所有文件夹。

打开的图形。在“树状图窗口”中显示已打开的图形。

历史记录。显示用户曾编辑过的图形。

联机设计中心。与互联网连接后即为在线设计中心，可方便地浏览、存取位于计算机、网络及互联网

上的任意图中的内容。

（2）直接绘制装配图

直接绘制法，是通过调用绘图、修改等命令同时借助绘图辅助工具直接完成装配图的绘制。在新产品设计与开发的过程中，首先根据用户提出的使用功能和结构要求，设计人员先绘制装配图，然后以装配图为依据并参考相关资料，再设计零件的结构，绘制出零件工程图样。这种绘制方法不需要先单独绘制零件图，因此适于零件较少且结构较简单的装配图的绘制。

5.2.2　必要的尺寸

装配图中的尺寸包括与机器或部件的规格（性能）、外形、装配和安装有关的尺寸，以及经过设计计算确定的重要尺寸等。

装配图中要标注的尺寸主要有：

① 性能或规格尺寸。表示机器或部件的性能（规格）的尺寸，它在设计时就已确定，是设计、了解和选用机器或部件的依据。

② 装配尺寸。表示机器或部件中有关零件间装配关系的尺寸，如配合尺寸、装配时需要加工的尺寸等。

③ 安装尺寸。表示机器或部件安装在地基或与其他部件相连接时所涉及的尺寸。

④ 外形尺寸。表示机器或部件外形的总长、总宽和总高尺寸，它是进行包装、运输和安装设计的依据。

【例5-12】　标注低速滑轮装配图的尺寸，如图5-56所示。

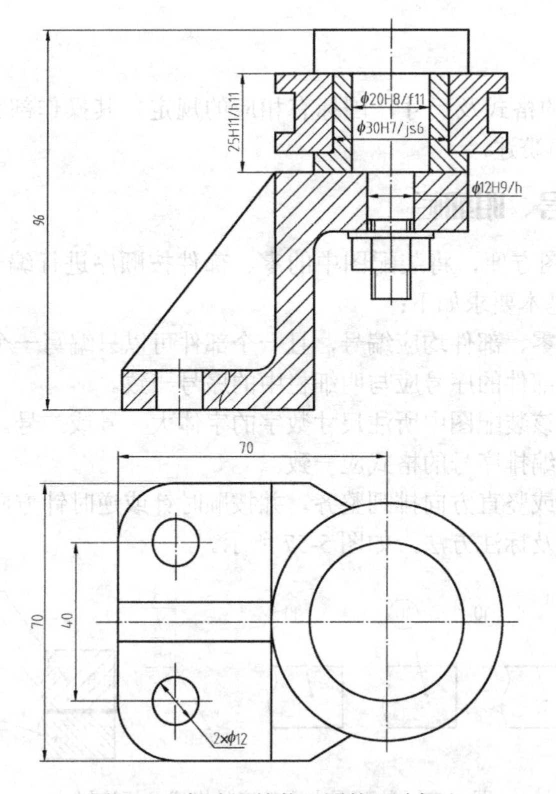

图5-56　低速滑轮装配图的尺寸标注

[1] 调用“线性”命令，在命令提示“指定尺寸线位置”时输入“m”，通过插入符号ϕ和输入相关数字和字母，完成配合尺寸的标注。

关于样式$\phi 12\frac{H9}{h9}$：输入“m”后，弹出文字格式编辑器，编辑ϕ12H9/h9，选中 H9/h9，单击“堆叠”按钮（H9/h9 样式变为分式），再单击“确定”按钮结束标注。

[2] 调用“线性”命令，标注安装尺寸 40，2×ϕ12 和外形尺寸 70，70，96。

5.2.3 技术要求

装配图中的技术要求是用文字或符号来说明对机器或部件的性能、装配、调试、使用等方面的具体要求和条件，主要包括：

① 性能要求。指机器或部件的规格、参数、性能指标等。

② 装配要求。指装配方法和顺序，装配时加工的有关说明，装配时应保证的精确度、密封性等要求。

③ 调试要求。指装配后进行试运转的方法和步骤，应达到的技术指标和注意事项等。

④ 使用要求。指对机器或部件的操作、维护和保养等有关要求。

⑤ 其他要求。对机器或部件的涂饰、包装、运输、检验等方面的要求及对机器或部件的通用性、互换性的要求等。

上述各项要求并非每张装配图全部注写。除尺寸标注外，技术要求一般用文字注写在图纸下方空白处。

利用 AutoCAD，只须调用“文字”命令即可注写技术要求，操作部分请参考零件图的相关内容。

5.2.4 标题栏

装配图中标题栏的格式及尺寸，国标有相应的规定。其操作部分与零件图的相关内容基本相同，故在此不再赘述。

5.2.5 零件序号、明细栏

为便于统计和看图方便，将装配图中的零、部件按顺序进行编号并标注在图纸上，称为零、部件的序号，基本要求如下：

① 装配图中每种零、部件均应编号，且一个部件可以只编写一个序号。

② 装配图中零、部件的序号应与明细栏中的序号一致。

③ 序号的字号比该装配图中所注尺寸数字的字体大一号或二号。

④ 同一装配图中编排序号的格式应一致。

⑤ 序号应按水平或竖直方向排列整齐，并按顺时针或逆时针方向顺序排列。

⑥ 序号引线格式及标注方法，如图 5-57 所示。

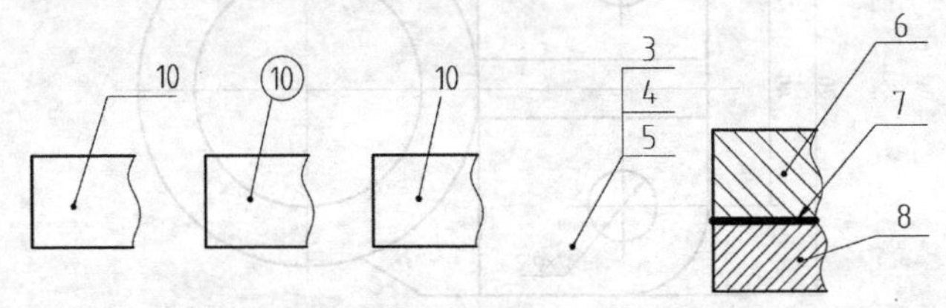

图 5-57　装配图中零件序号格式及标注样式

1．零件序号的标注

选择合适引线样式后，调用“多重引线”命令，依次标注零件序号。如图5-58所示。

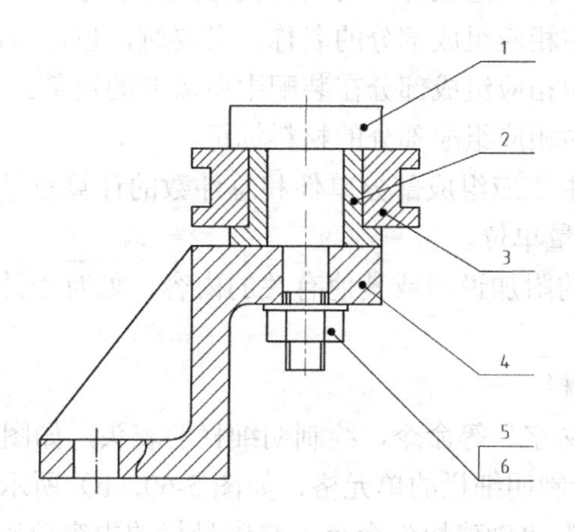

图5-58　标注零件序号

2．明细栏（表）

（1）明细栏（表）的基本要求

① 明细栏一般配置在标题栏的上方，按自下而上的方向顺序填写。当自下而上延伸的位置不够时，可紧靠在标题栏的左边自下而上延续。

② 明细栏（表）中的序号应与图中的零件序号一致。

③ 当装配图中不能在标题栏的上方配置明细栏时，可作为装配图的续页，按A4幅面单独给出，其顺序应是自上而下延伸，格式不变，还可以连续加页，这些续页称为明细表。明细表的下方应配置标题栏，并在标题栏中填写与装配图相一致的名称和代号，续页的张数应计入所属装配图的总张数中。

（2）明细栏（表）的格式

明细栏（表）一般由序号、代号、名称、数量、材料、重量（单件、总计）、备注等组成，也可按实际需要增加或减少。装配图中明细栏（表）各部分的尺寸与格式，如图5-59所示。

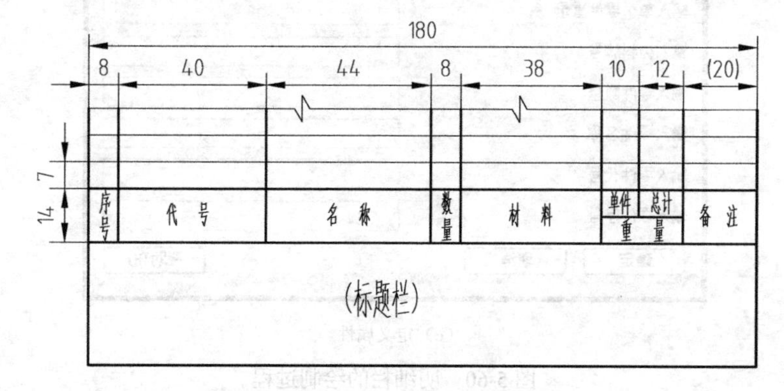

图5-59　明细栏格式

（3）明细栏的内容

① 序号。填写图样中相应组成部分的序号，应按图中的编号顺序填写。

② 代号。填写图样中相应组成部分的图样代号或标准号。

③ 名称。填写图样中相应组成部分的名称，必要时，也可写出其形式与尺寸。

④ 数量。填写图样中相应组成部分在装配中所需要的数量。

⑤ 材料。填写图样中相应组成部分的材料标记。

⑥ 重量。填写图样中相应组成部分单件和总件数的计算重量，以千克（公斤）为计量单位时，允许不写出其计量单位。

⑦ 备注。填写该项的附加说明或其他有关的内容，如对于外购件，则填写“外购”字样等。

（4）绘制并填写明细栏

[1] 调用“直线”、“文字”等命令，绘制明细栏的表头，如图 5-60（a）所示。

[2] 调用“直线”，绘制明细栏的单元格，如图 5-60（b）所示。

[3] 调用“定义属性”、“创建块”命令，将序号栏的内容分别定义成属性后创建块名为“明细栏”，如图 5-60（c）所示。

[4] 调用“插入块”命令，依次由下向上插入零件序号即可，如图 5-60（d）所示

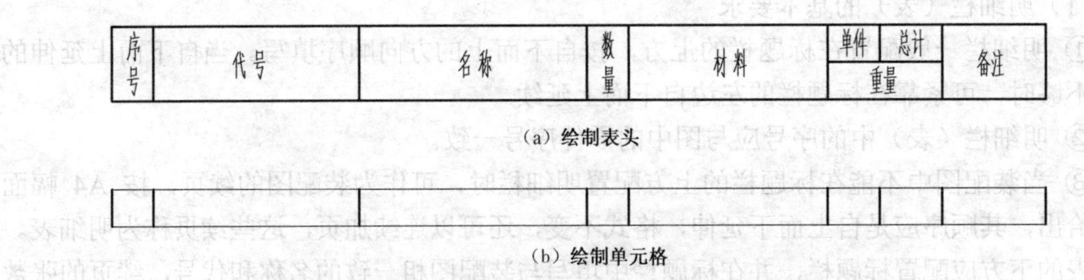

（a）绘制表头

（b）绘制单元格

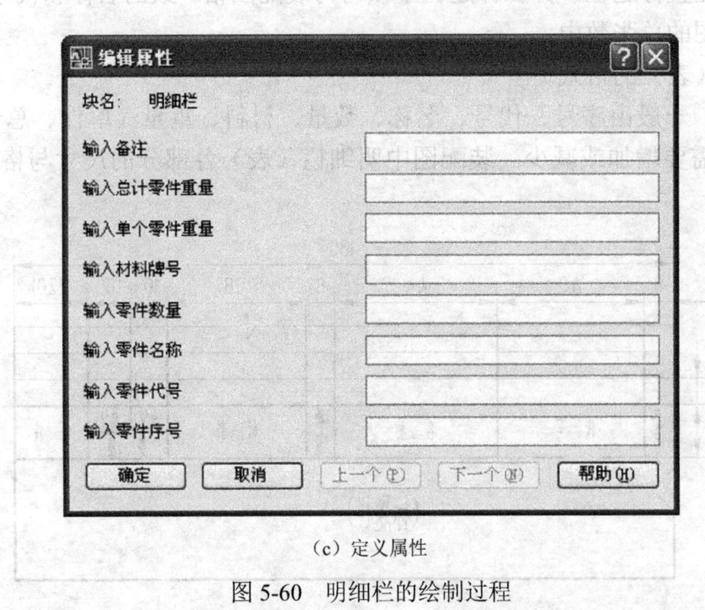

（c）定义属性

图 5-60　明细栏的绘制过程

6	GB/T 6170-2000	螺母M10	1	ZQSn6	1	1	
5	GB/T 97.1-2002	垫圈10	1	ZQSn6	1	1	
4		支架	1	HT200	1	1	
3		滑轮	1	LY13	1	1	
2		铜套	1	ZQSn6	1	1	
1		心轴	1	45	1	1	
序号	代号	名称	数量	材料	单件	总计	备注
					重量		

（d）填写明细栏

图 5-60　明细栏的绘制过程（续）

提示

定义明细栏（表）单元格——序号栏“属性”时，插入点的对齐方式决定文字内容的位置。

本章小结

本章以介绍零件图和装配图的绘制为基本内容，以大量的操作练习为实例，重点突出了使用 AutoCAD 软件绘制机械工程图样的方法；着重介绍了 AutoCAD 在绘图中的实用内容，如属性定义、块的应用、文字的注写等功能；对表面结构要求、极限与配合、几何公差等的标注及操作方法做了较为详细的介绍；加强了 AutoCAD 2012 新增功能及应用技术的内容。

读者除掌握上述内容外，还应了解 AutoCAD 的有关资源共享（如 Wblock 块、设计中心）等功能，这是绘制机械工程图样提高效率的另一途径。

通过本章提供的例题和习题，读者应掌握多种绘制机械工程图样的方法。只有通过大量的上机练习，才能熟练掌握各命令的操作和绘图技巧，快速、准确地绘制机械工程图样，从而解决生产中的实际问题，最终获得工程技术人员应具备的实践能力。

思考与练习 5

5-1　“BLOCK”与“WBLOCK”在应用上有什么区别？

5-2　定义块的属性时，应注意哪些与之相关的要素？

5-3　在 AutoCAD 2012 中，自动堆叠功能主要应用在何种标注中？

5-4　标注零件的极限偏差尺寸时，偏差对齐方式的要求是什么？标注方法有哪些？

5-5　单行文字与多行文字在实际应用中有什么区别？

5-6　在 AutoCAD 2012 新增功能中，多重引线样式的设置有哪些内容？主要应用于哪些标注？

5-7 一张标准 A3 CAD 零件图，其尺寸数字、表面结构参数代号、几何公差的公差值、基准字母、技术要求内容的文字，它们的字体大小应分别为多少？

5-8 一张标准 A3 CAD 装配图的零件序号、配合尺寸、明细栏（表）中的文字，其字体大小应分别为多少？

5-9 绘制如图 5-61 所示的轴零件图。

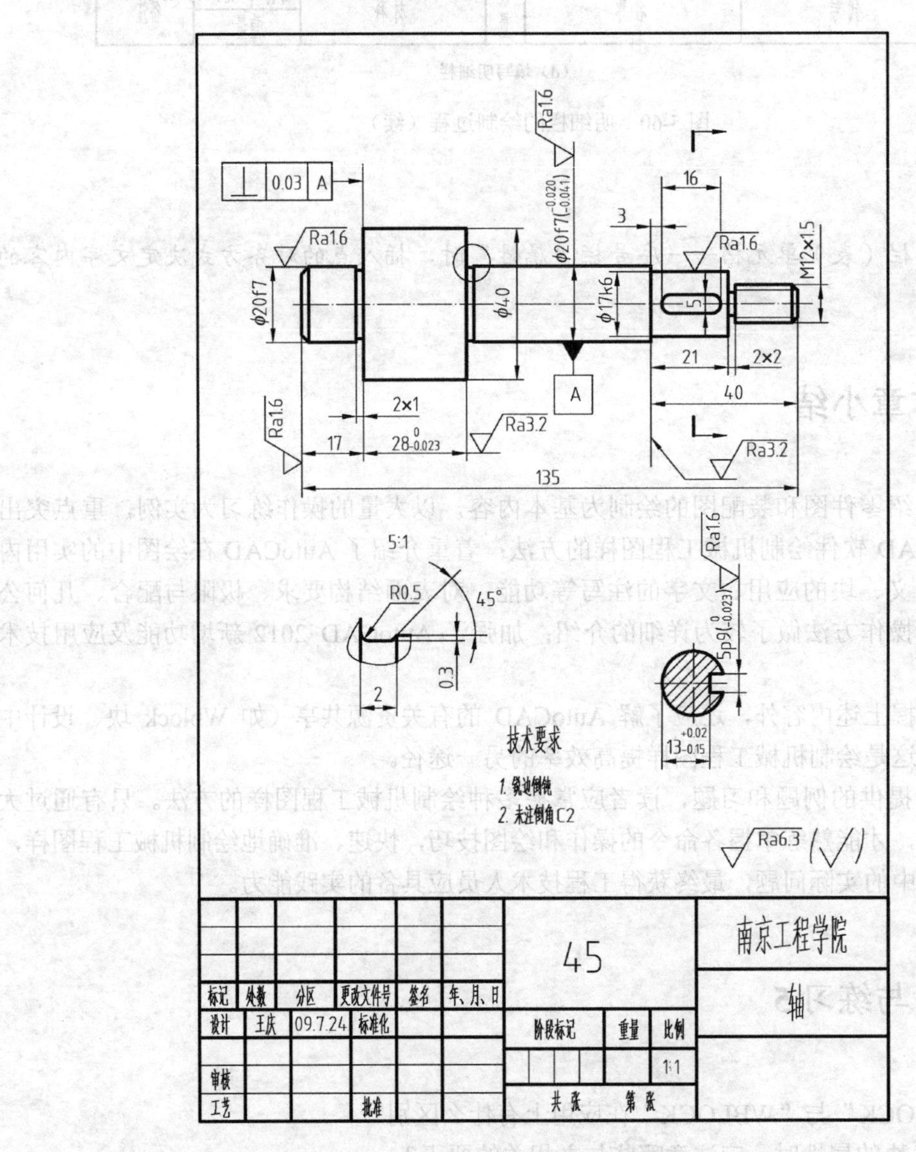

图 5-61 轴零件图

5-10 绘制如图 5-62 所示的轴承盖零件图。

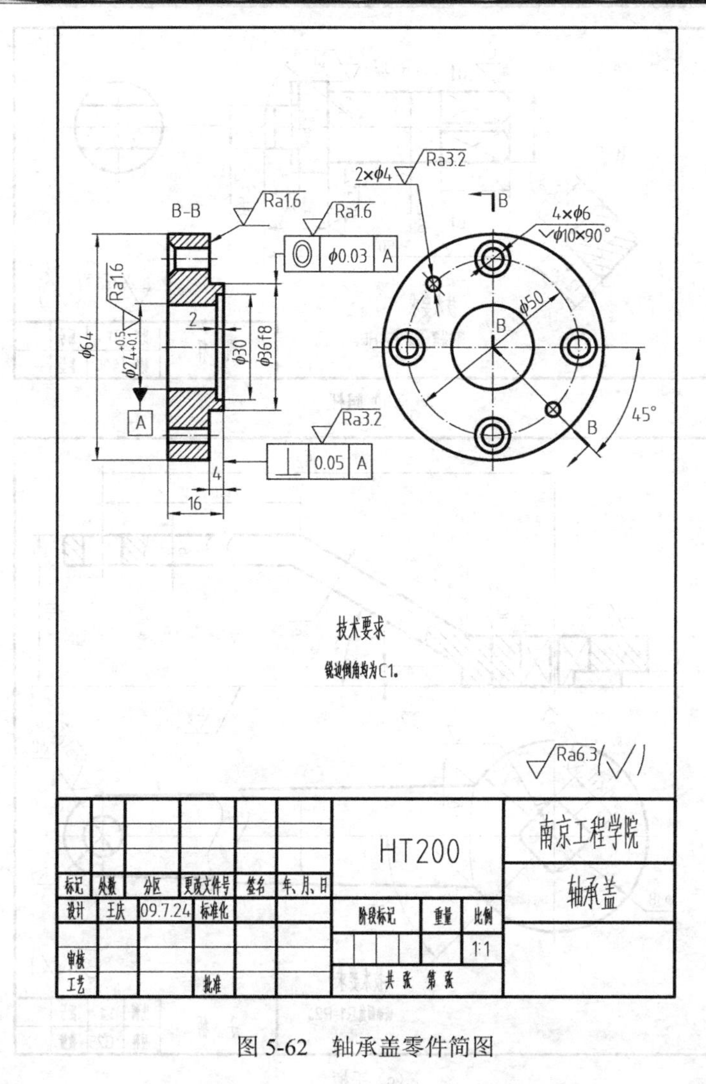

图 5-62　轴承盖零件简图

5-11　根据如图 5-63 所示的球阀剖视装配图及各零件简图，绘制球阀装配图。

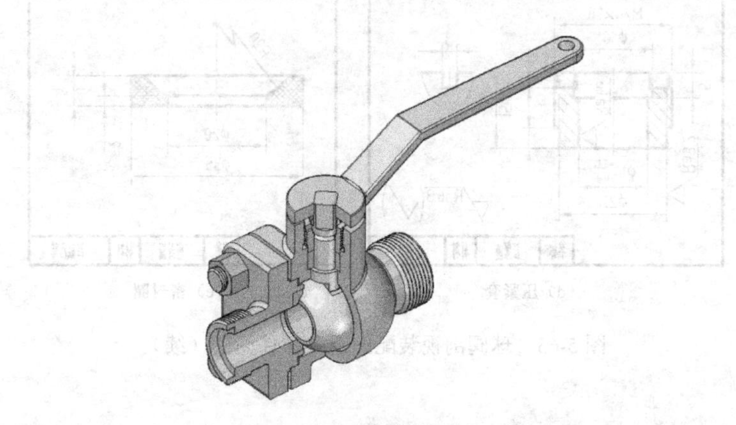

（a）剖视装配图

图 5-63　球阀剖视装配图及各零件简图

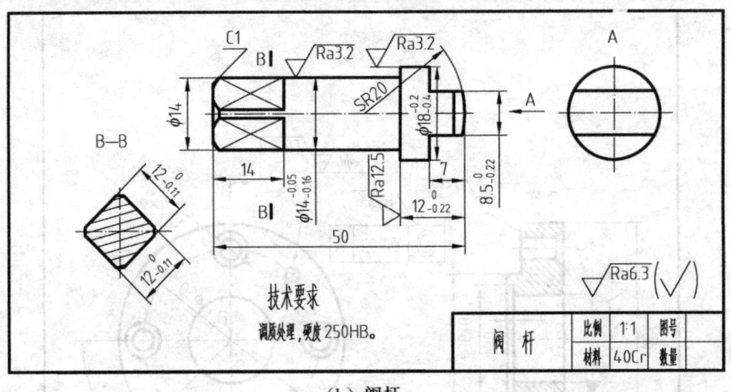

（b）阀杆

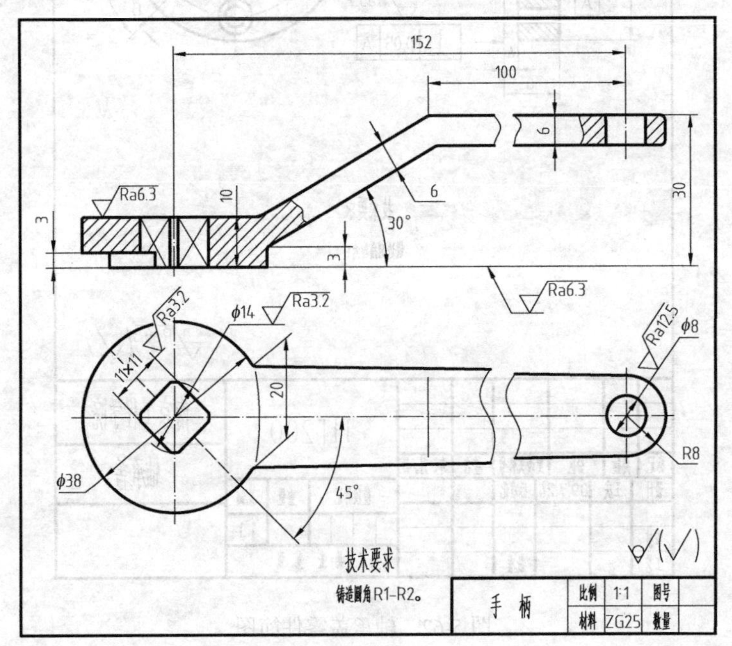

（c）手柄

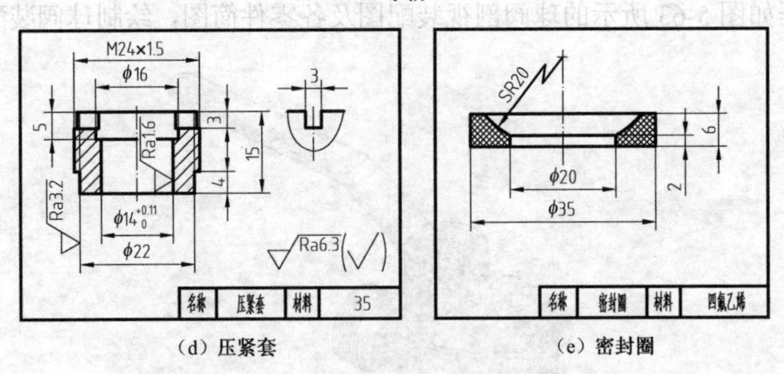

（d）压紧套　　　　（e）密封圈

图 5-63　球阀剖视装配图及各零件简图（续）

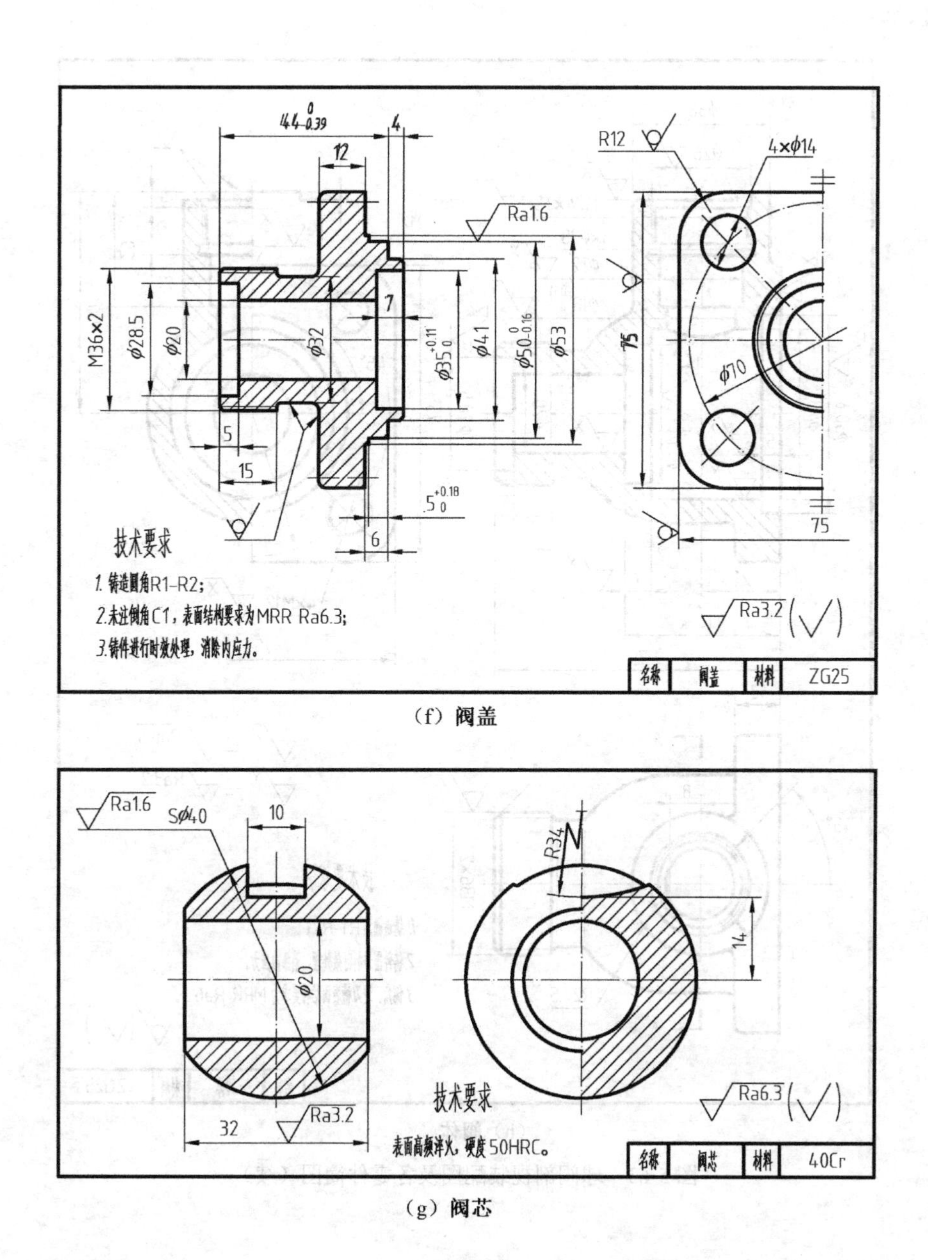

（f）阀盖

（g）阀芯

图 5-63　球阀剖视装配图及各零件简图（续）

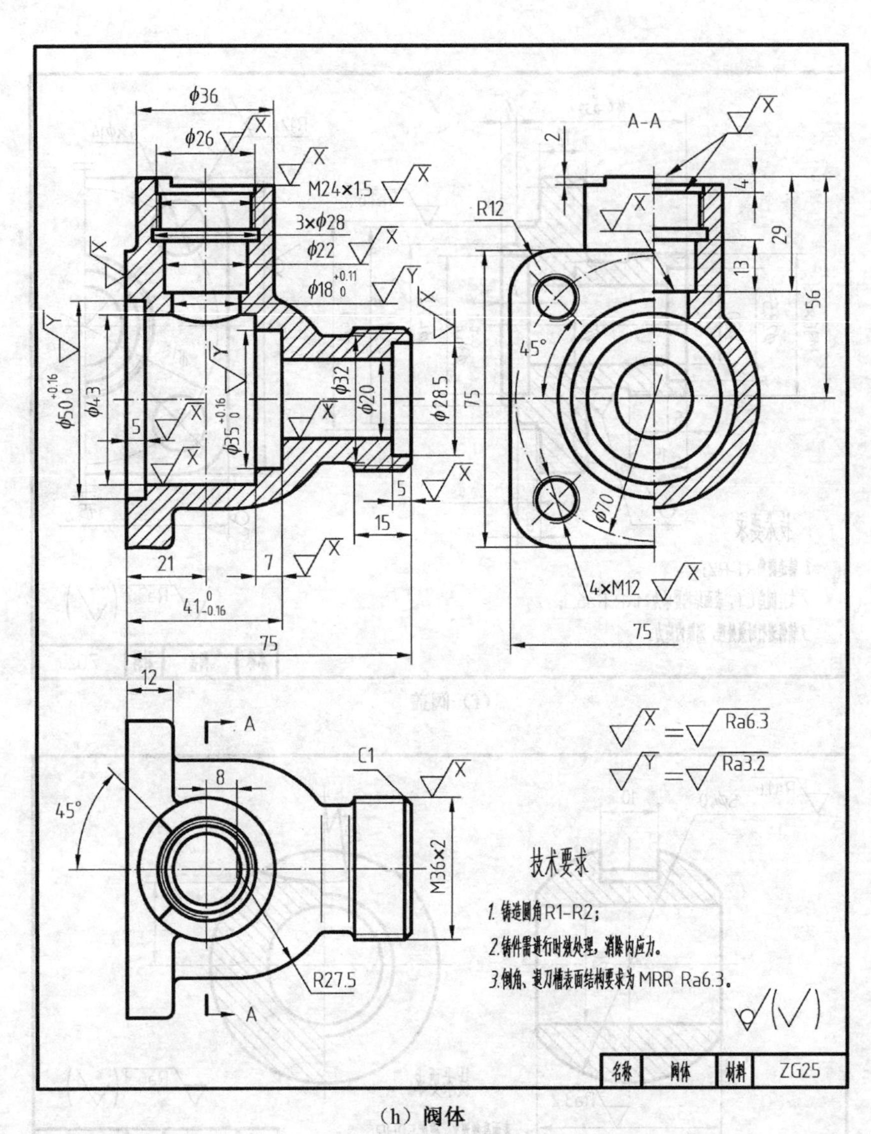

（h）阀体

图 5-63　球阀剖视装配图及各零件简图（续）

第 6 章　三维实体的构建

【本章学习要点】

◆ 基本体的直接与间接构建

◆ 三维实体显示与观察

◆ 利用二维 CAD 图形构建三维实体及三维实体的编辑

◆ 利用用户坐标系构建三维实体

◆ 构建三维实体的方法与技巧

利用 AutoCAD 软件进行三维建模（即构建三维实体对象），其方法简便，符合工程设计人员的思维习惯。工程制图中立体分为基本体、叠加体、切割体和机件，运用形体分析法研究叠加体和切割体。AutoCAD 的建模原理及方式是以数学的拉伸、旋转运算理论为基础构建基本体，以正则集合运算（并、交、差）理论为依托拼合复杂实体的。二者研究立体方法有异曲同工之处。本章重点介绍三维实体建模的命令操作、方法和技巧，同时又对三维实体的显示、观察进行简单介绍。

6.1　基本体的绘制

任何复杂的立体（三维实体）都是由基本体通过叠加或切割演变而来的，所以，构建基本体是绘制三维实体的基础。基本体的构建有直接和间接两种方式。

6.1.1　直接构建基本体

基本体是构成复杂立体的基本单元，它是由平面、平面和曲面、曲面所围成的立体。按其表面的几何性质不同可分为平面立体和曲面立体。平面立体包括棱柱和棱锥；曲面立体包括圆柱、圆锥、球和圆环等。AutoCAD 软件中植入了：长方体、楔体、棱锥面 3 个平面立体命令；以及球体、圆柱体、圆锥体、圆环体 4 个曲面立体命令。上述基本体都可以通过启动相应命令并进行相关操作而生成，这种绘制基本体的方法本书称为直接构建。

1. 构建三维实体的主界面

绘制、修改二维图形及工程图样的主界面（如图 1-1 所示）已在第 1 章定制了，它的“工作空间”为“草图与注释”，用户通过实践体会到了，定制实用的主界面更有利于绘图和操作。构建三维实体同样需要定制便于建模和操作的主界面，它可以提高用户的建模速度并节省时间。

构建三维实体所需的主界面，如图 6-1 所示（本书仅利用内置资源定制，自定义暂不做介绍），它的“工作空间”为“三维建模”，构成与“草图与注释”基本相同，主要区别是“功能区”，这里有 13 张选项卡，它们分别是：常用、实体、曲面、网格、渲染、参数化、插入、注释、视图、管理、输出、插件和联机，如图 6-1 所示。

“功能区”中各选项卡及面板的具体结构和操作与“草图与注释”相同，只是具体内容不同，在此本书不作详细介绍，用户可参阅“1.1.2　功能区”的相关内容。

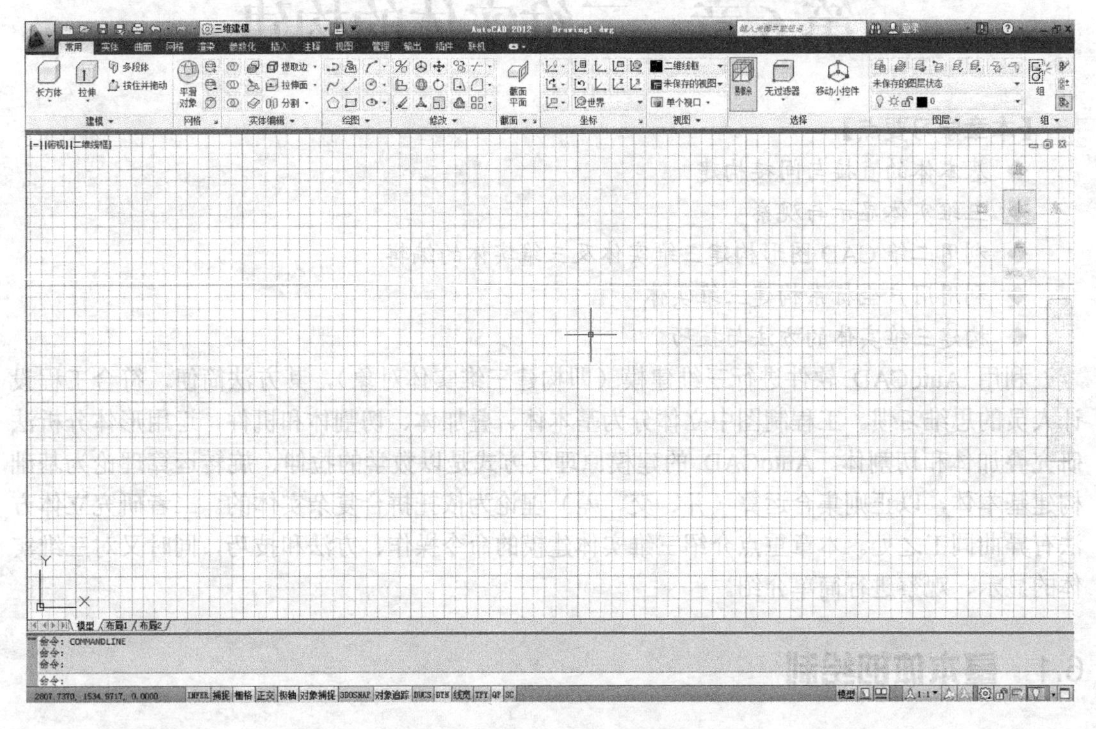

图 6-1　构建三维实体的主界面

2. 直接构建基本体的方法

通过直接启动命令并进行相关操作而生成基本体的方法称为直接构建基本体。命令的启动主要通过 2 种方式进行，它们是：单击按钮、键盘输入。

可以直接构建的基本体有三棱柱、四棱柱、正棱锥、圆柱、圆锥、球、环。构建以上基本体所对应的命令是楔体、长方体、棱锥体、圆柱体、圆锥体、球体、圆环体。下面将按以上排序逐一进行介绍和构建。

（1）三棱柱（楔体）

三棱柱是平面立体棱柱中棱数最少的立体，它可以通过启动“楔体”命令来构建，该楔体（三棱柱）的结构特点是：有两个棱面相互垂直。构建楔体时，须给出两相互垂直棱面尺寸（三棱柱的长、宽、高）；在直角坐标系中它们分别为ΔX、ΔY、ΔZ，如图 6-2 所示。

要构建三棱柱，须启动“楔体”命令。“楔体”命令的启动方法如下：

按钮（单击）：常用选项卡→长方体下拉按钮→楔体。

键盘（输入）：WEDGE↵。

命令启动以后，按命令提示进行。“楔体”的操作步骤及方法如图 6-2 所示。

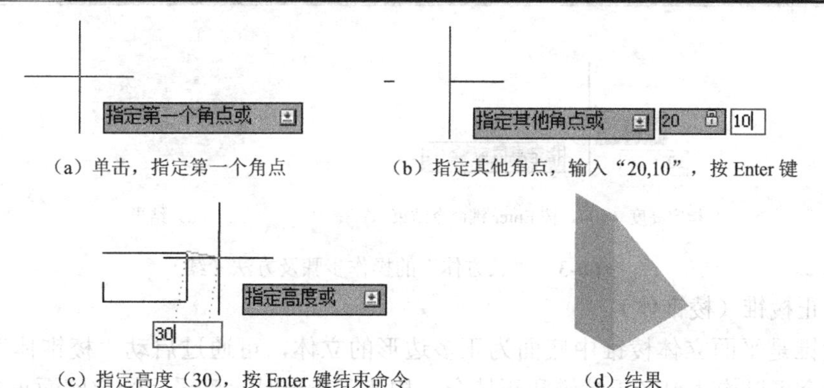

（a）单击，指定第一个角点　　（b）指定其他角点，输入“20,10”，按 Enter 键

（c）指定高度（30），按 Enter 键结束命令　　（d）结果

图 6-2　“楔体”的操作步骤及方法

提示

要显示如图 6-2（d）所示三维图形，须在“常用”选项卡的“视图”最上方两个下拉列表中，分别选中“真实”和“西南等轴测”按钮。（注：下同）

该命令各选项含义：

中心点（C）：用指定中心点方式构建楔体，该点为一垂直棱面的矩形（或正方形）对角线交点。

立方体（C）：构建等边楔体，即三棱柱的长、宽、高相等。

长度（L）：按输入相对直角坐标值的方式构建楔体，输入顺序分别是ΔX、ΔY、ΔZ。

两点（2P）：用指定两个点之间距离的方式给定楔体的ΔZ 值。

（2）四棱柱（长方体）

四棱柱是平面立体棱柱中应用最广泛的立体。它可通过启动“长方体”命令来构建，使用该命令还可以构建“立方体、正四棱柱”。构建四棱柱时，须给出棱柱的长、宽、高尺寸；在直角坐标系中它们分别为ΔX、ΔY、ΔZ，如图 6-3 所示。

要构建四棱柱，须启动“长方体”命令。

“长方体”命令的启动方法如下：

按钮（单击）：常用 选项卡→建模标题栏→长方体。

键盘（输入）：BOX↵。

命令启动以后，按命令提示进行。“长方体”的操作步骤及方法如图 6-3 所示。

该命令各选项含义同“楔体”（略）。

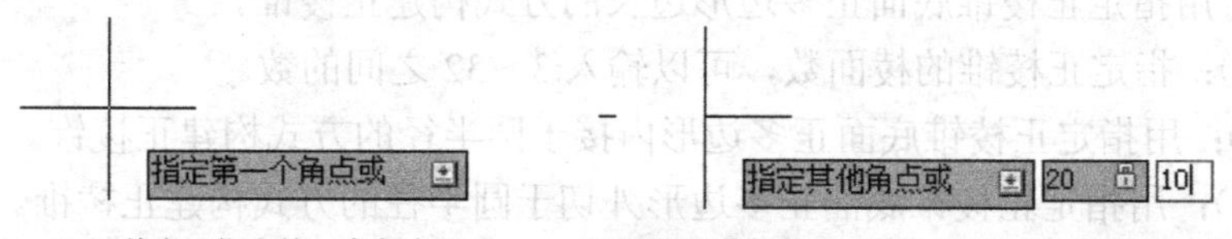

（a）单击，指定第一个角点　　（b）指定其他角点，输入“20,10”，按 Enter 键

图 6-3　“长方体”的操作步骤及方法

（c）指定高度（10），按 Enter 键命令结束　　　　（d）结果

图 6-3　“长方体”的操作步骤及方法（续）

（3）正棱锥（棱锥体）

正棱锥是平面立体棱锥中底面为正多边形的立体，可通过启动“棱锥体”命令构建，使用该命令可以构建很多正棱锥和正棱台。构建正棱锥时，可采用给定底面正多边形边长、内接圆和外切圆半径 3 种方式确定底面形状，最后给出棱锥的高度。

下面以六棱锥为例，了解正棱锥的绘制。

要构建六棱锥，须启动“棱锥体”命令。“棱锥体”命令的启动方法如下：

按钮（单击）：常用 选项卡→下拉按钮→棱锥体。

键盘（输入）：PYRAMID↵。

命令启动以后，按命令提示进行。“棱锥体”的操作步骤及方法如图 6-4 所示。

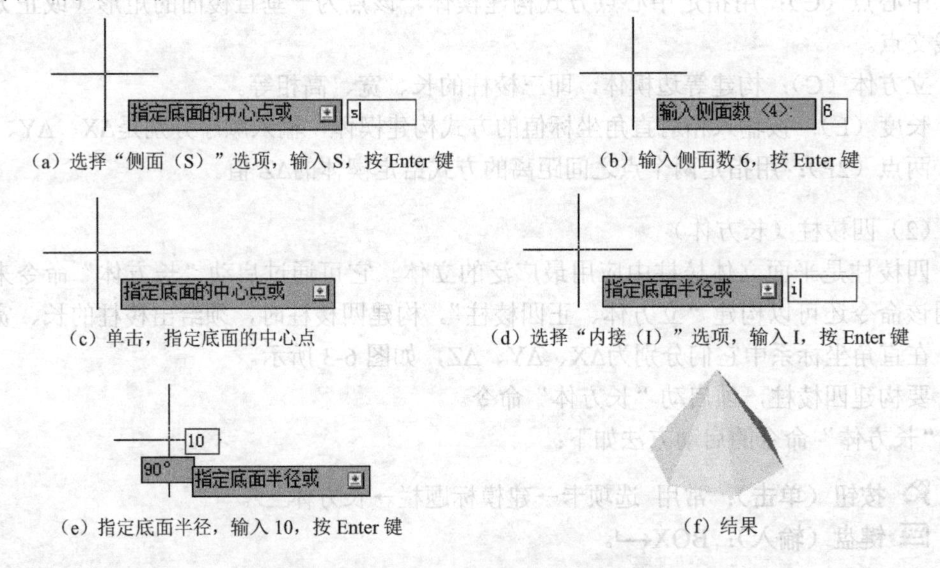

（a）选择“侧面（S）”选项，输入 S，按 Enter 键　　（b）输入侧面数 6，按 Enter 键

（c）单击，指定底面的中心点　　（d）选择“内接（I）”选项，输入 I，按 Enter 键

（e）指定底面半径，输入 10，按 Enter 键　　（f）结果

图 6-4　“六棱锥”的操作步骤及方法

该命令各选项含义：

边（E）：用指定正棱锥底面正多边形边长的方式构建正棱锥。

侧面（S）：指定正棱锥的棱面数，可以输入 3～32 之间的数。

内接（I）：用指定正棱锥底面正多边形内接于圆半径的方式构建正棱锥。

外切（C）：用指定正棱锥底面正多边形外切于圆半径的方式构建正棱锥。

两点（2P）：用指定两个点之间距离的方式给定正棱锥的高度（　Z）值。

轴端点（A）：指定棱锥的顶点位置。该点可以位于三维空间中的任何位置。确定该点后，棱锥的高度和方向也就确定了。

顶面半径（T）：指定正棱台的顶面半径，构建棱台体。当顶面半径与底面半径相等，可构建正棱柱。

提示

上述 3 个平面立体基本体，是在软件刚启动的界面上构建的，命令的操作步骤和过程都在“二维”界面中进行。

要想身临其境，在三维空间中建模，必须改变“视图”上方下拉列表的内容，其前后的变化如图 6-5 所示。接下来就在这种模式下构建曲面立体基本体。

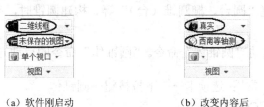

（a）软件刚启动　　（b）改变内容后

图 6-5 “视图”上方下拉列表内容的变化

（4）圆柱（圆柱体）

圆柱是曲面立体中应用最广泛的立体，它可通过启动“圆柱体”命令来构建，使用该命令还可以构建“椭圆柱”。构建圆柱时，须给出圆柱底面直径（或半径）和高两个尺寸；当构建椭圆柱时，须给出椭圆柱底面椭圆的长短轴直径（或半径）和高 3 个尺寸。

要构建圆柱，须启动“圆柱体”命令。“圆柱体”命令的启动方法如下：

按钮（单击）：常用 选项卡→长方体下拉按钮→圆柱体。

键盘（输入）：CYLINDER↵。

命令启动以后，按命令提示进行。“圆柱体”的操作步骤及方法如图 6-6 所示。

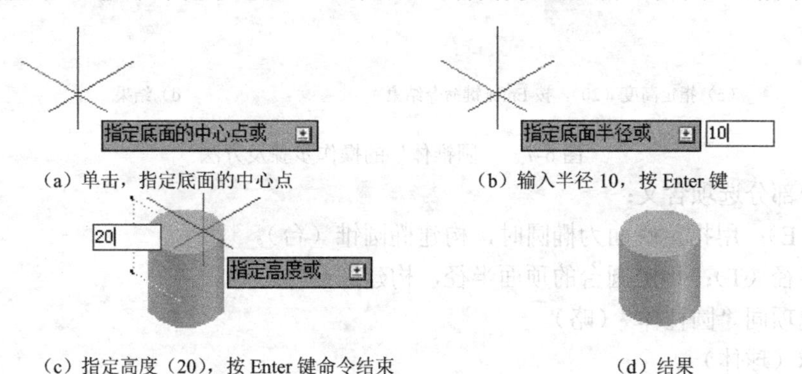

（a）单击，指定底面的中心点　　（b）输入半径 10，按 Enter 键

（c）指定高度（20），按 Enter 键命令结束　　（d）结果

图 6-6 “圆柱体”的操作步骤及方法

该命令各选项含义：

三点（3P）：通过指定三个点方式来确定圆柱体底面的“圆”。

两点（2P）：通过指定两个点方式来确定圆柱体底面的“圆”。

相切、相切、半径（T）：通过与两个对象相切再给出半径值方式，来确定圆柱体底面的“圆”。

椭圆（E）：用以指定底面为椭圆时构建椭圆柱体。

直径（D）：用输入直径值的方式确定圆柱体底面的“圆”。

两点（2P）：用指定两个点之间距离的方式给定圆柱体的高度值。

轴端点（A）：指定圆柱体的顶面位置。该点可位于三维空间中的任何位置。确定该点后，圆柱体的高度和方向也就确定了。

（5）圆锥（圆锥体）

圆锥是曲面立体中应用比较广泛的立体之一。它可通过启动“圆锥体”命令来构建，使用该命令还可以构建“圆台、椭圆锥（台）”等。构建圆锥时，须给出圆锥底面直径（或半径）和高两个尺寸。

要构建圆锥，须启动“圆锥体”命令。“圆锥体”命令的启动方法如下：

按钮（单击）：常用 选项卡→长方体下拉按钮→圆锥体。

键盘（输入）：CONE↵。

命令启动以后，按命令提示进行。“圆锥体”的操作步骤及方法如图 6-7 所示。

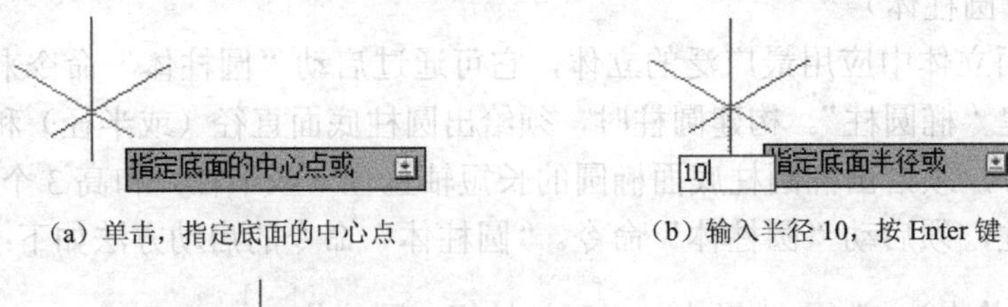

（a）单击，指定底面的中心点　　（b）输入半径 10，按 Enter 键

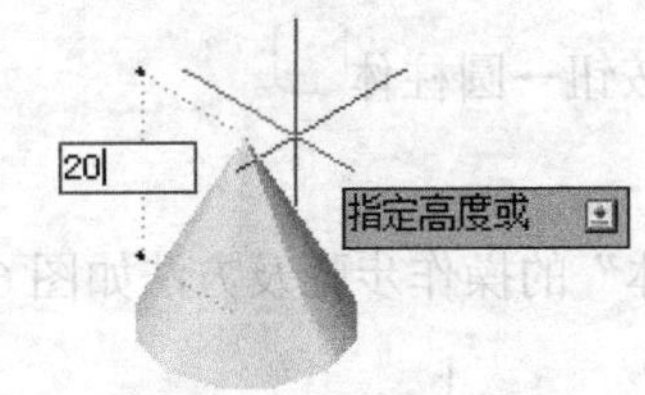

（c）指定高度（20），按 Enter 键命令结束　　（d）结果

图 6-7　“圆锥体”的操作步骤及方法

该命令部分选项含义：

椭圆（E）：用指定底面为椭圆时，构建椭圆锥（台）。

顶面半径（T）：指定圆台的顶面半径，构建圆台体。

其他选项同“圆柱体”（略）。

（6）球（球体）

球是曲面立体中应用比较广泛的立体之一，它可通过启动“球体”命令来构建。构建球时，须给出球的直径（或半径）尺寸。

要构建球，须启动“球体”命令。“球体”命令的启动方法如下：

按钮（单击）：常用 选项卡→长方体下拉按钮→球体。

键盘（输入）：SPHERE↵。

命令启动以后，按命令提示进行。“球体”的操作步骤及方法如图6-8所示。

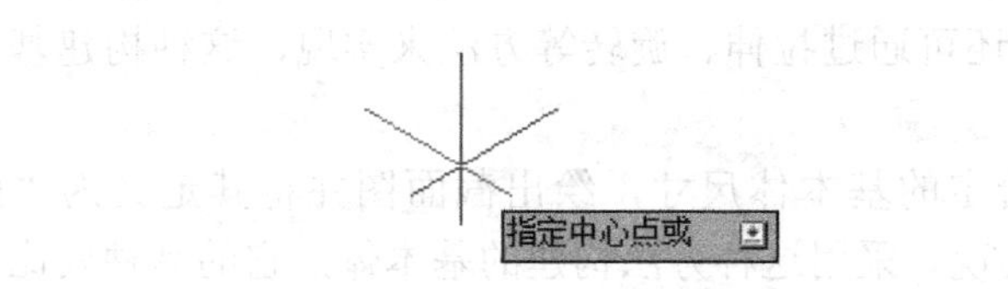

（a）单击，指定中心点

（b）输入半径10，按Enter键命令结束

图6-8 “球体”的操作步骤及方法

该命令各选项含义：

三点（3P）：通过指定三个点方式来确定“球”。

两点（2P）：通过指定两个点方式来确定“球”。

相切、相切、半径（T）：通过与两个对象相切再给出半径值方式来确定“球”。

直径（D）：用输入直径值的方式确定“球”。

（7）环（圆环体）

环是曲面立体中不太常用的立体之一，它可以通过启动“圆环体”命令来构建。构建环时，须给出环体直径（或半径）和环管直径（或半径）两个尺寸。

要构建环，须启动“圆环体”命令。

“圆环体”命令的启动方法如下：

按钮（单击）：常用选项卡→长方体下拉按钮→圆环体。

键盘（输入）：TORUS↵。

命令启动以后，按命令提示进行。“圆环体”的操作步骤及方法如图6-9所示。

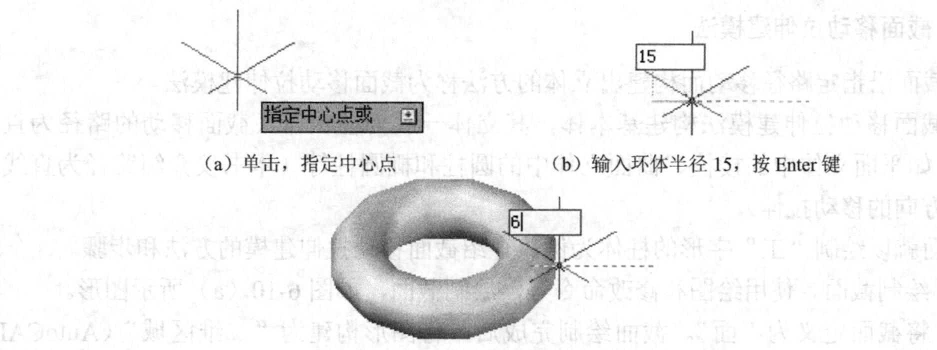

（a）单击，指定中心点　（b）输入环体半径15，按Enter键

（c）输入环管半径6，按Enter键结束命令

图6-9 “圆环体”的操作步骤及方法

该命令各选项含义：

三点（3P）：通过指定三个点方式来确定“环体”直径（或半径）。

两点（2P）：通过指定两个点方式来确定“环体”直径（或半径）。

相切、相切、半径（T）：通过与两个对象相切再给出半径方式来确定“环体”直径（或半径）。

直径（D）：用输入直径值的方式确定“环管”直径（或半径）。

6.1.2 间接构建基本体

基本体除直接生成（构建）外，还可通过拉伸、旋转等方法来实现，这种构建基本体的方法，本书称为间接构建。

间接构建基本体，通常是依据给定的基本体尺寸，绘出截面图并将其定义为“面域（或边界）”，采用拉伸、旋转等方法实现。采用这种方法构建的基本体，它的品种要比直接构建的品种丰富得多。直接构建出来的所有基本体，完全可以用间接构建的方法绘出。

1. 间接构建基本体的原理

众所周知，线可以认为是动点运动时的轨迹；面可以认为是动线运动时的轨迹；体可以认为是动面运动时的轨迹。这也是人们常说的一句话：点动成线；线动成面；面动成体。我们把在给定的条件下，让平面运动而形成立体的过程称为拉伸构型。

影响拉伸构型的基本因素有四个方面：轨迹、方向、范围和平面形状。拉伸构型按平面运行轨迹分，可分为移动和旋转两种构型法。平面的运行轨迹有两种类型，即直线和曲线。平面的运行方向有两个，即沿直线方向和沿曲线方向。平面的运行范围有两类，即开放和闭合。平面形状有两种，即不变和可变。

间接构建基本体时，常采用沿直线和圆（圆弧）轨迹及方向、用不变平面进行拉伸构型，平面的运行范围可根据需要选择开放或闭合形式。此时运用的拉伸构型形式是平面移动拉伸和平面旋转拉伸。

间接构建基本体的一般过程是：使用绘图和编辑命令等绘制平面的图形（该图形一般是基本体的形状特征视图）；将平面定义为“面”（是将闭合的平图形或环创建为区域——AutoCAD 的面域或边界）；选择拉伸构型的形式再调用相关命令。

2. 截面移动拉伸建模法

将截面沿指定路径移动而构建出立体的方法称为截面移动拉伸建模法。

用截面移动拉伸建模法构建基本体，其立体一般为柱状体（截面移动的路径为直线或曲线），如平面立体中的棱柱、曲面立体中的圆柱和椭圆柱等（本书仅介绍路径为直线，且沿 Z 轴方向的移动拉伸）。

下面就以绘制“工”字形的柱体为例，介绍截面移动拉伸建模的方法和步骤。

[1] 绘制截面。使用绘图和修改命令等，绘制截面，如图 6-10（a）所示图形。

[2] 将截面定义为“面”。截面绘制完成后，将图形构建为“二维区域”（AutoCAD 的“面”），如图 6-10（b）所示。

要将截面定义为“面”，须启动“面域”命令。“面域”命令的启动方法如下：

按钮（单击）：常用 选项卡→绘图 面板→面域。

键盘（输入）：REGION↵。

“面域”命令的操作步骤及方法：

命令启动后，提示“选择对象”；使用对象选择方法选中截面图形；选择完成后，按 Enter 键结束命令；完成“面域”的定义。

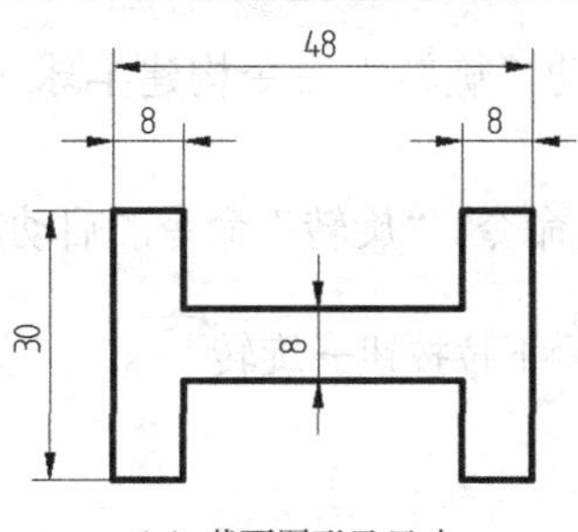

（a）截面图形及尺寸

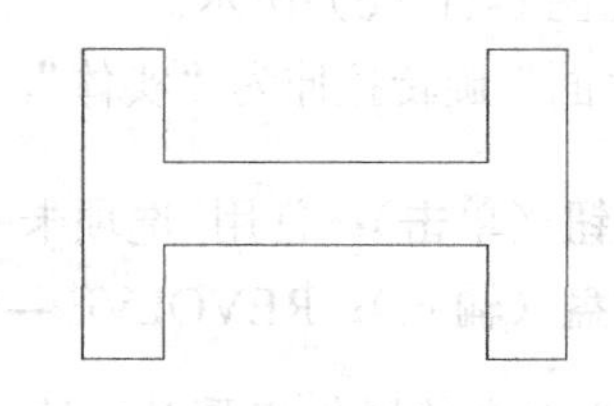

（b）将截面定义为“面”

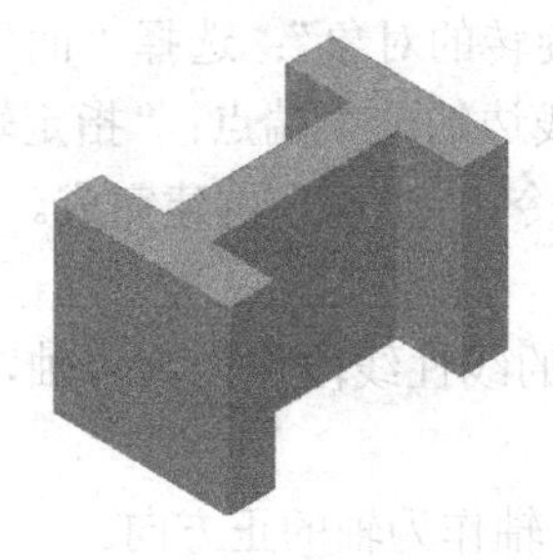

（c）移动拉伸建模

图 6-10　“工”字形的柱体

[3] 移动拉伸建模。“面”定义完成后，就要启动“拉伸”命令，构建“工”字形的柱体（高度为 30mm），如图 6-10（c）所示。

要将“面”移动拉伸为“实体”，须启动“拉伸”命令。“拉伸”命令的启动方法如下：

按钮（单击）：常用 选项卡→建模标题栏→拉伸。

键盘（输入）：EXTRUDE↵。

“拉伸”命令的操作步骤及方法：

命令启动后，提示“选择要拉伸的对象”；选择“面”后，提示“指定拉伸的高度”；给定拉伸高度（30），按 Enter 键结束命令；“工”字形的柱体构建完成。

该命令各选项含义：

方向（D）：通过输入数值或指定两点的方式来确定拉伸的高度和方向。

路径（P）：选择事先绘制的曲线作为拉伸对象的移动轨迹。

倾斜角（T）：通过输入数值或者指定两点的方式，确定拉伸柱面与 Z 轴夹角，建立台体。

3．截面旋转拉伸建模法

将截面绕指定轴线转动而构建出立体的方法称为截面旋转拉伸建模法。

用截面旋转拉伸建模法构建基本体，其立体一般为回转体（截面旋转的路径为圆或者圆弧，轴线是垂直于路径所在平面的直线），如曲面立体中的圆柱、圆锥、球和环等。

下面就以绘制半球为例，介绍截面旋转拉伸建模的方法和步骤。

[1] 绘制截面。使用绘图和编辑命令等，绘制截面的图形，如图 6-11（a）所示。

[2] 将截面定义为“面”。截面绘制完成后，要将其构建为二维区域，此时须启动“面域”命令来完成，如图 6-11（b）所示。

[3] 旋转拉伸建模。“面”定义完成后，就要启动“旋转”命令构建半球（旋转角度为 180°），如图 6-11（c）所示。

要将“面”旋转拉伸为“实体”，须启动“旋转”命令。“旋转”命令的启动方法如下：

按钮（单击）：常用 选项卡→建模标题栏→拉伸下拉按钮→旋转。

键盘（输入）：REVOLVE↵。

“旋转”命令的操作步骤及方法：

命令启动后，提示“选择要旋转的对象”；选择“面”后，按 Enter 键；命令此时提示“指定轴起点”，捕捉“面”的直线边的一个端点；“指定轴端点”为另一个端点；指定旋转角度（180°），按 Enter 键结束命令；“半球”构建完成。

该命令各选项含义：

对象（O）：选择绘图窗口中的线性线段作为旋转轴，轴的正方向从该对象的最近指向最远端点。

X：使用当前 UCS 的正向 X 轴作为轴的正方向。

Y：使用当前 UCS 的正向 Y 轴作为轴的正方向。

Z：使用当前 UCS 的正向 Z 轴作为轴的正方向。

起点角度（ST）：指定从旋转对象所在平面开始的旋转起始、终止的角度值。

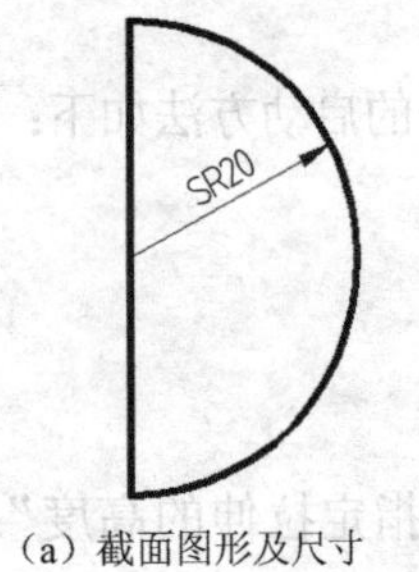

（a）截面图形及尺寸

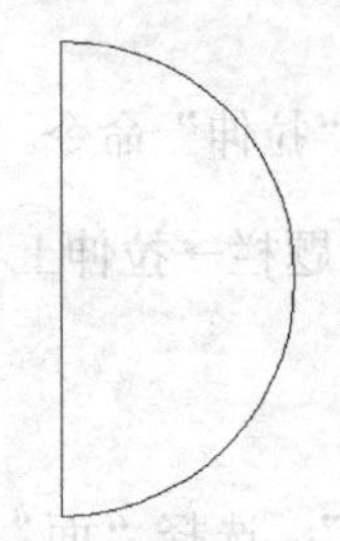
（b）将截面定义为“面”

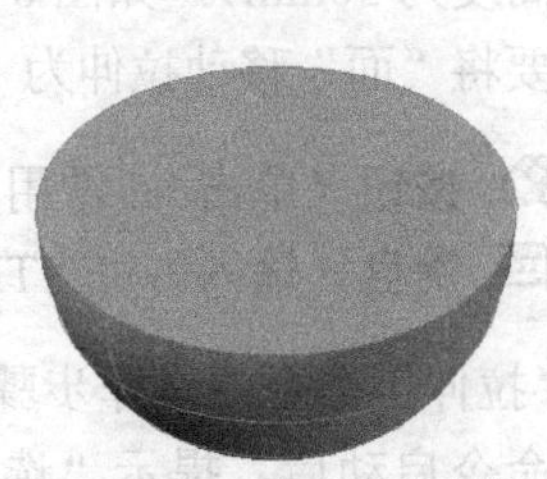
（c）旋转拉伸建模

图 6-11　半球

6.1.3　三维实体的显示与观察

现在用户已经掌握了基本体的建模方法，那该怎样在视口中察看它们的显示效果呢？AutoCAD 软件中内置了“视觉样式”命令，它们可以使视口中的三维实体显示不同形态的边和着色效果，这些命令就是：二维线框、消隐、真实、概念、着色、带边缘着色、灰度、勾画、线框、X 射线。

三维实体的显示具有一定局限性，它只能显示实体的单视角效果。如果要察看实体的各方位形貌，操作起来比较麻烦，原因是此显示只能按固定的视点进行，若要看到全貌需要不断改变视点。是否有办法可以轻松地察看实体的各个表面呢？AutoCAD 软件同样内置了一组动态观察命令，它们可以让用户在视口中从不同角度、高度和距离察看三维实体，这些命令就是：动态观察、自由动态观察和连续动态观察。下面就介绍针对实体的各种显示形态和各种观察方式。

1. 三维实体的显示

在视口中以不同形态的边和着色效果显示三维实体的方法本书称为三维实体的显示。三维实体的显示共有 10 种形态（名称与命令名相同），本书仅介绍其中 4 种显示形态。

（1）二维线框

二维线框命令是用直线和曲线表示边界的形式显示实体，如图 6-12（a）所示。

要将实体显示为具有全部边界模式，须启动“二维线框”命令。“二维线框”命令的启动方法如下：

按钮（单击）：常用 选项卡→视图标题栏→视觉样式下拉列表→二维线框。

键盘（输入）：VSCURRENT↵。

“二维线框”命令的操作步骤及方法：命令启动后，根据提示选择立即显示。

（2）消隐

消隐命令也是用直线和曲线表示边界的形式显示实体，但沿视点方向被各表面遮挡住的边界将隐藏，如图 6-12（b）所示。

要将实体显示为隐去被表面遮挡的边界模式，须启动“消隐”命令。“消隐”命令的启动方法如下：

按钮（单击）：常用 选项卡→视图标题栏→视觉样式下拉列表→消隐。

键盘（输入）：VSCURRENT↵。

“消隐”命令的操作步骤及方法：命令启动后，根据提示选择立即显示。

（3）真实

真实命令是用着色表面、使边平滑、附着材质的形式显示实体，如图 6-12（c）所示。

要将实体显示为具有实物特质的模式（“渲染”后可见），须启动“真实”命令。

“真实”命令的启动方法如下：

按钮（单击）：常用 选项卡→视图标题栏→视觉样式下拉列表→真实。

键盘（输入）：VSCURRENT↵。

“真实”命令的操作步骤及方法：命令启动后，根据提示选择立即显示。

（4）概念

概念命令是用着色表面、使边平滑的形式显示实体，它使用一种冷色和暖色之间而不是从深色到浅色之间过渡的古氏面样式着色，但效果缺乏真实感，如图 6-12（d）所示。

要将实体显示为三个方向各有不同颜色的模式，须启动“概念”命令。“概念”命令的启动方法如下：

按钮（单击）：常用 选项卡→视图标题栏→视觉样式下拉列表→概念。

键盘（输入）：VSCURRENT↵。

“概念”命令的操作步骤及方法：命令启动后，根据提示选择立即显示。

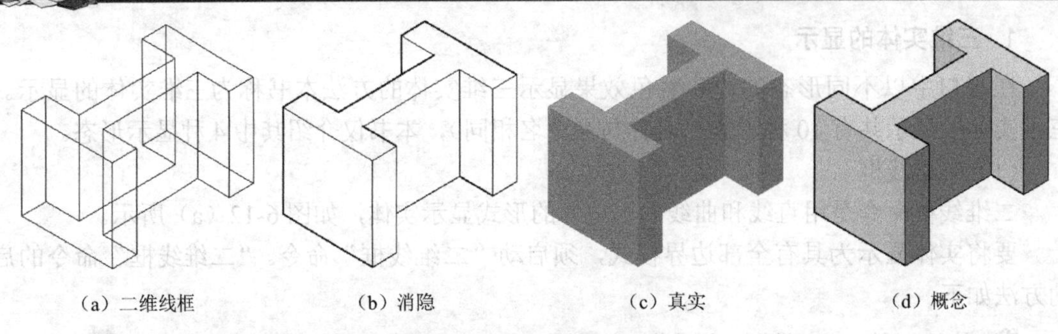

图 6-12　三维实体的显示

2. 三维实体的观察

用户在视口中从不同角度、高度和距离查看三维实体的方法本书称为三维实体观察。三维实体的观察共有 3 种形式：动态观察、自由动态观察、连续动态观察。

动态观察就是围绕目标点进行相对转动。当视点移动时，目标点将保持静止。目标点是视口的中心，而不是正在查看的对象的中心。

(1)“动态观察”

它是沿 XY 平面或 Z 轴约束的三维动态观察。启动命令后，在绘图区中的光标将变为如图 6-13（a）左上方所示形状。拖动鼠标时，可围绕对象在水平、垂直或对角方向转动。

要使用具有一定约束的查看实体旋转模式，须启动“动态观察”命令。“动态观察”命令的启动方法如下：

按钮（单击）：视图 选项卡→导航标题栏→动态观察·下拉按钮→动态观察。

键盘（输入）：3DORBIT↵。

“动态观察”命令的操作步骤及方法：命令启动后，拖动鼠标即可旋转实体，退出命令须按 Esc 或 Enter 键。

(2)“自由动态观察”

它可在任意方向上进行三维动态观察。启动命令后，在绘图区中光标变为如图 6-13（b）左上方所示两种形状。光标在导航球（图中大圆）内，其形状和功能与“受约束的动态观察”光标一样；在导航球外形状变为圆形箭头，拖动鼠标将使对象绕导航球中心旋转，这样的操作也被称为“卷动”。

要使用具有无约束的查看实体旋转模式，须启动“自由动态观察”命令。“自由动态观察”命令的启动方法如下：

按钮（单击）：视图 选项卡→导航标题栏→动态观察·下拉按钮→自由动态观察。

键盘（输入）：3DORBIT↵。

“自由动态观察”命令的操作步骤及方法：命令启动后，拖动鼠标即可旋转实体，退出命令须按 Esc 或 Enter 键。

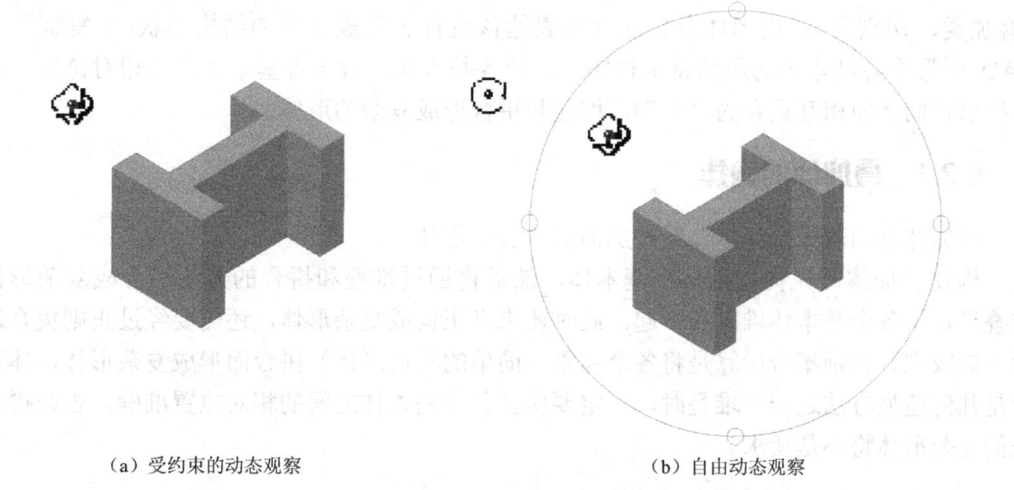

（a）受约束的动态观察　　　　　　（b）自由动态观察

图 6-13　三维实体的观察

（3）“连续动态观察”

它可连续地进行三维动态观察。启动命令后，在绘图区中的光标变为另一种形状——**两条实线环绕的球状**。操作时，须在连续观察的旋转方向轻轻拖动鼠标并释放，对象就会沿该方向的轨道连续转动，直到用户在绘图区内用鼠标单击后才停止。

要使用沿某个方向的轨道连续查看实体的旋转模式，须启动“连续动态观察”命令。“连续动态观察”命令的启动方法如下：

按钮（单击）：视图 选项卡→导航标题栏→动态观察 ·下拉按钮→连续动态观察。

键盘（输入）：3DORBIT↵。

“连续动态观察”命令的操作步骤及方法：命令启动后，拖动鼠标即可旋转实体，退出命令须按 Esc 或 Enter 键。

进行三维实体观察时，用户可在调用命令之前，确定好要查看的对象。如果查看的不是整个图形（比如该图的内容很多时），可以选择一个或几个要查看的对象，然后再调出命令。这种查看方法，在视图中只显示被选中的对象，并且是绕被选中的对象的中心旋转。

6.2　利用二维 CAD 图形构建三维复杂实体

上一节重点介绍了基本体的构建，构建的方法有两种：直接构建基本体、间接构建基本体。本节将介绍如何利用二维 CAD 图形构建三维复杂实体。

众所周知，任何复杂的形体都是由基本体经叠加或切割演变而来的。

利用二维 CAD 图形构建三维复杂实体的基本思路是：利用基本体的构型方法，通过堆叠和拼合解决构建复杂三维实体问题。其构建操作流程是：首先读懂绘制完成的二维 CAD 图形（完整、清晰地表达机件各个组成部分结构形状的图形）；确定复杂形体的组合形式

（叠加类、切割类）；用形体分析法读出表达该机件各组成部分的结构形状；“复制”二维 CAD 图形中各基本体的形状特征视图；构建各基本体；确定各基本体之间相对位置（特别是找出它们之间相互重合的“点”）；堆叠和拼合形成复杂的形体。

6.2.1 叠加体的构建

叠加体是由若干个基本体经叠加而成的复杂形体。

构建叠加体需先构建出各个基本体，然后再通过堆叠和拼合的方法组合成复杂形体。堆叠只是将各个基本体堆砌在一起，此时还未真正构成复杂形体，还需要经过正则集合运算后才能成立。正则集合运算是将各个体素（简单的几何形体）拼合而形成复杂形体，体素拼合是几何造型方法之一。堆叠时，一定要保证各个基本体之间的相对位置准确，否则拼合出来的复杂形体将不是所求。

1. 分析视图，找出基本体形状特征视图

形状特征视图是指能够表示出立体形态状貌特征的图形。

利用二维 CAD 图形构建三维复杂实体，首先要读懂视图、分析视图，从中找出各个基本体形状特征视图。现以如图 6-14（a）所示叠加体图形为例，介绍其操作过程。

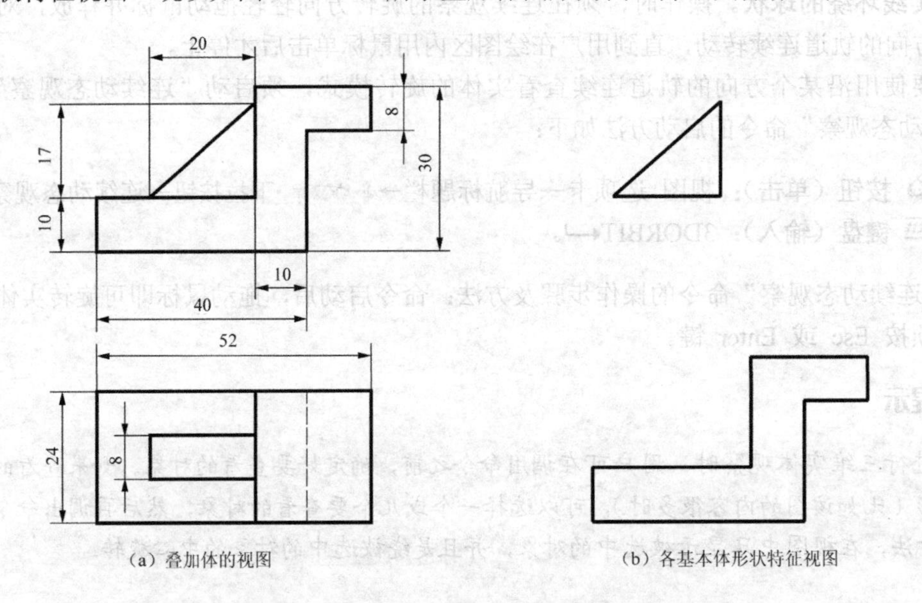

（a）叠加体的视图　　（b）各基本体形状特征视图

图 6-14　分析视图，找出基本体形状特征视图

经过对图 6-14（a）所示图形的分析可以确定，这是一个典型的叠加体。由于用户对图的理解各有不同，基本体的组合方案也会有差异。但是在列出的众多方案中，最基本的组合方案是：该叠加体由 1 个三棱柱和 3 个四棱柱组成；最简单的组合方案是：该叠加体由 1 个三棱柱和 1 个八棱柱组成。

最简单的组合方案中，两个基本体的形状特征视图均在主视图上，分解后如图 6-14（b）所示。在分解基本体形状特征视图时，须启动“复制”命令，将相关图线复制到视图之外，经修改后得到“各个基本体形状特征视图”。

2. 构建各基本体

构建基本体时，通常是依据给定的基本体尺寸和类型进行构建。基本体的构建可分为直接和间接构建两种方式，用户可根据需要选择。

通过分析图 6-14（b）的两个基本体形状特征视图及尺寸就会发现：三棱柱可采用直接构建基本体方法，八棱柱则只能采用间接构建基本体方法。当然，全都采用间接构建基本体的方法，同样可以绘出它们的三维实体。

用间接构建基本体方法绘出的各基本体，如图 6-15（a）所示。在该图中，它们的方向与视图中对应的基本体方向不同，该如何处理呢？

AutoCAD 软件提供了一组“三维操作”命令，那里的“三维旋转”命令可以改变三维实体的方向。经过改变方向的各基本体，如图 6-15（b）所示。

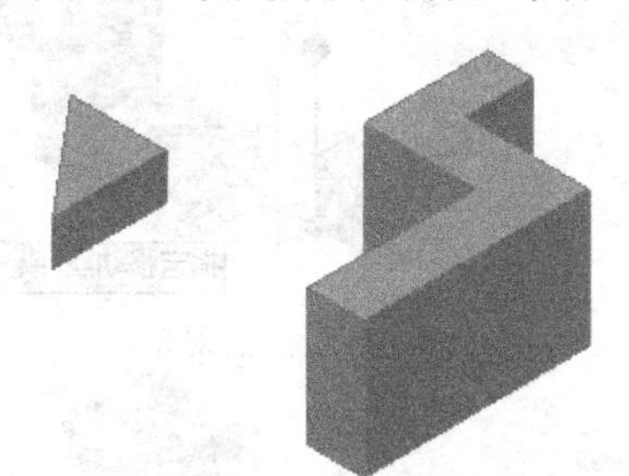

（a）用间接构建基本体方法绘出的立体

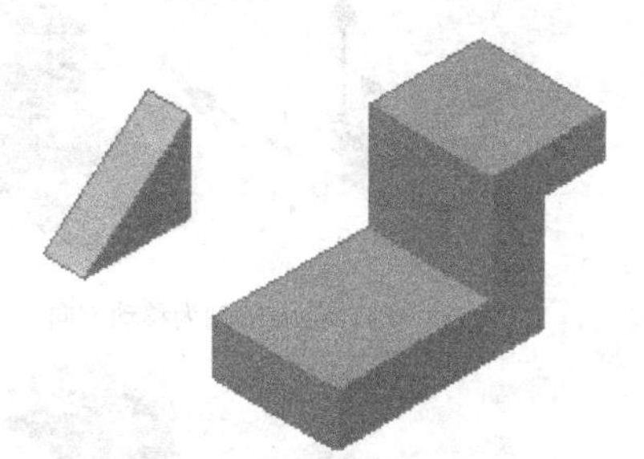

（b）用“三维旋转”命令改变方向

图 6-15　构建各基本体

要改变实体的方向，就要启动“三维旋转”命令。“三维旋转”命令的启动方法如下：

按钮（单击）：常用 选项卡→选择标题栏→移动小控件下拉按钮→三维旋转。

键盘（输入）：3DROTATE↵。

命令启动后，按命令提示进行。“三维旋转”的操作步骤及方法如图 6-16 所示。

（a）单击要旋转的对象

（b）点选所需旋转轴句柄

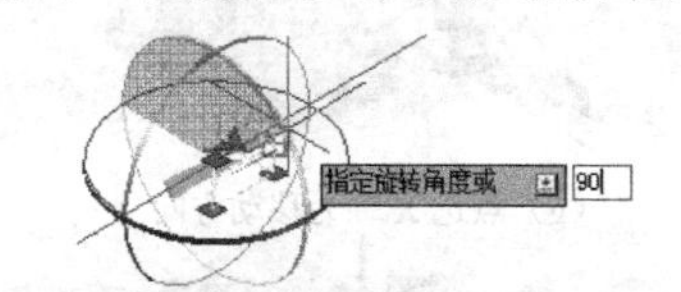

（c）指定旋转角度为 90，按 Enter 键

（d）结果，按 Esc 键结束

图 6-16　“三维旋转”命令的操作步骤及方法

3. 确定各基本体之间相对位置

构建基本体后，要分析清楚各个基本体之间的相对位置，找出它们之间相互重合的“点”。从图 6-14（a）所示图形可以看出，三棱柱相对八棱柱的位置是：三棱柱位于八棱柱的左上方，它们各有两个棱面贴合（共面）、各有一根棱线重合（共线），共线的两棱线中点在一起（共点）。上述分析结果，表明了两个基本体之间的位置特征。

4. 堆叠、拼合形成复杂立体

弄清楚各个基本体之间的相对位置，就可以把它们堆叠在一起，如图 6-18（a）所示。要把各基本体堆砌起来，就要启动“三维移动”命令。“三维移动”命令的启动方法如下：

按钮（单击）：常用 选项卡→选择标题栏→移动小控件下拉按钮→三维移动。

键盘（输入）：3DMOVE↵。

命令启动后，按命令提示进行。“三维移动”的操作步骤及方法如图 6-17 所示。

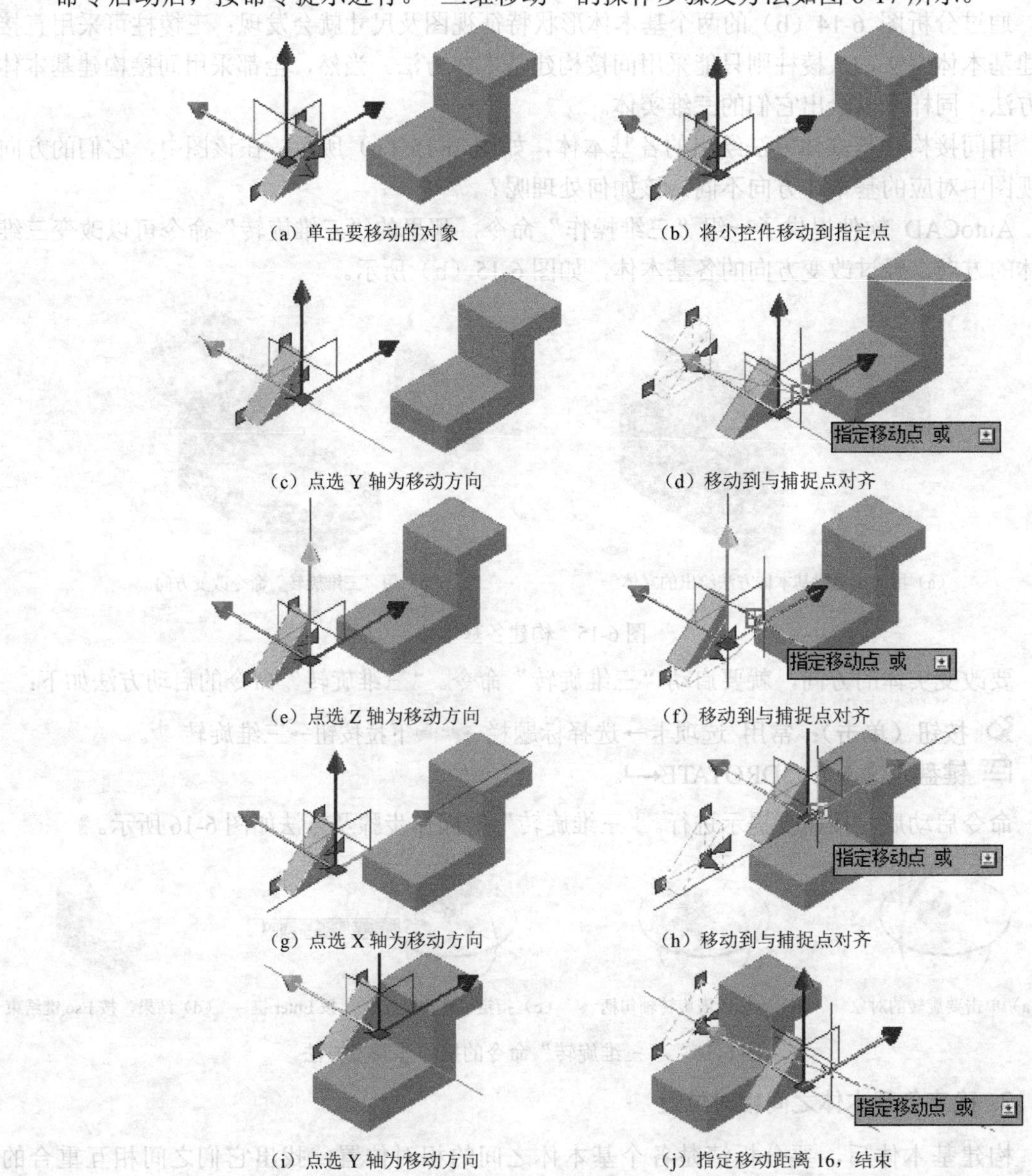

（a）单击要移动的对象　（b）将小控件移动到指定点

（c）点选 Y 轴为移动方向　（d）移动到与捕捉点对齐

（e）点选 Z 轴为移动方向　（f）移动到与捕捉点对齐

（g）点选 X 轴为移动方向　（h）移动到与捕捉点对齐

（i）点选 Y 轴为移动方向　（j）指定移动距离 16，结束

图 6-17　“三维移动”命令的操作步骤及方法

提示

1. 移动实体时，除使用“三维移动”命令外，还可启动“二维绘图”的“移动”命令，结果相同。当实体间无重合“对象捕捉点”时，可用输入相对坐标“@?,?,?”方式定位。

2. 进行三维实体操作时，为了更好地使用“自动捕捉”绘图辅助工具，用户可勾选“对象捕捉”选项卡内“对象捕捉点”的“中点”，因为对称立体的棱线中点“共点”较多。

（a）各基本体的堆砌

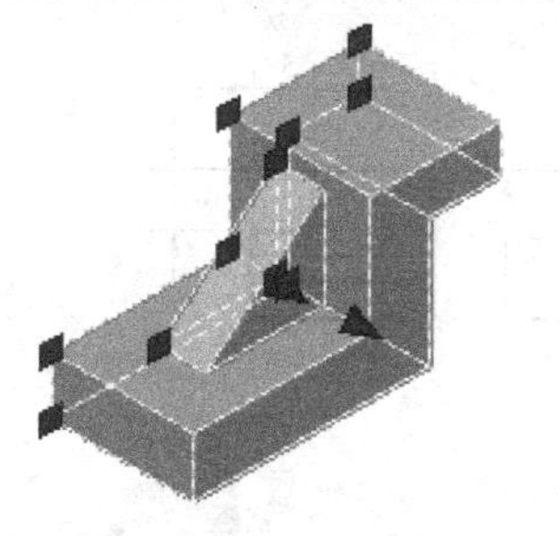

（b）堆砌后实体的夹点

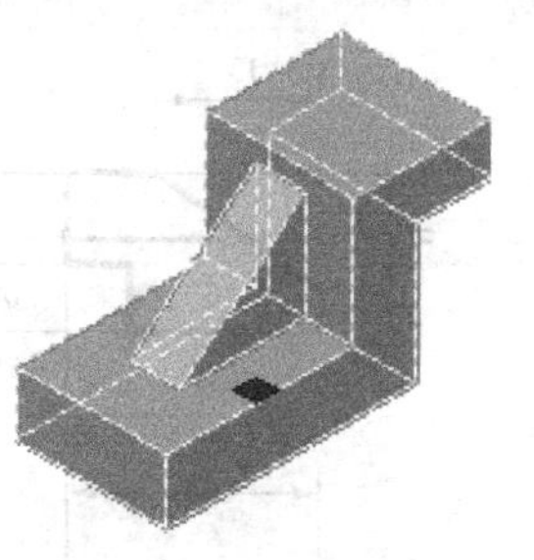

（c）拼合后实体的夹点

图 6-18　堆叠、拼合形成复杂立体

把各基本体堆砌起来后，再把它们拼合才能形成真正的复杂立体。此时，就要启动“实体编辑”的“实体，并集”命令，它可使各个基本体合并在一起。“实体，并集”命令的启动方法如下：

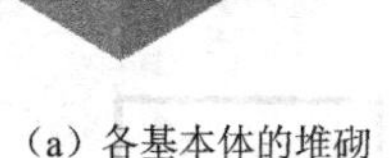

按钮（单击）：常用 选项卡→实体编辑标题栏→实体，并集。

键盘（输入）：UNION↵。

“实体，并集”命令的操作步骤及方法：

命令启动后，提示“选择对象”，使用对象选择方法选中需要合并在一起的各个基本体；选择完成后，按 Enter 键结束命令；完成“拼合”，将各个对象“加起来”形成复杂立体。

提示

“堆砌”在一起的体与“拼合”后形成的复杂立体，三维显示时有区别：前者各基本体间的共面处有明显分界（线），而后者则无；它们在夹点模式下，夹点数也相不同，如图 6-18（b）和图 6-18（c）所示。

6.2.2　切割体的构建

切割体是在一个基本体（母体）的基础上，经过若干个基本体切割而成的复杂立体。

根据切割体的形成特点，用户不难发现它的建模方法和过程与叠加体是基本一致的，只是在正则集合运算时，拼合的算法有所不同。构建切割体时，拼合之前同样要把用于切割的基本体堆叠在母体的切口位置。

1. 分析视图，找出基本体形状特征视图

如图 6-19（a）所示是一组典型的切割体视图。它是由 1 个四棱柱经过 3 次切割而形成。3 个用于切割的基本体分别是 1 个三棱柱和两个四棱柱。

各基本体的形状特征视图分布在俯、主、左视图中，俯视图的外框为母体形状特征视图，主、左视图中切口图形分别为用于切割的基本体形状特征视图。把它们分解出来后，如图 6-19（b）所示。同样，分解各基本体形状特征视图时，可以调用“复制”命令将相关图线复制到视图之外，再经修补、编辑后得到“各基本体形状特征视图”。

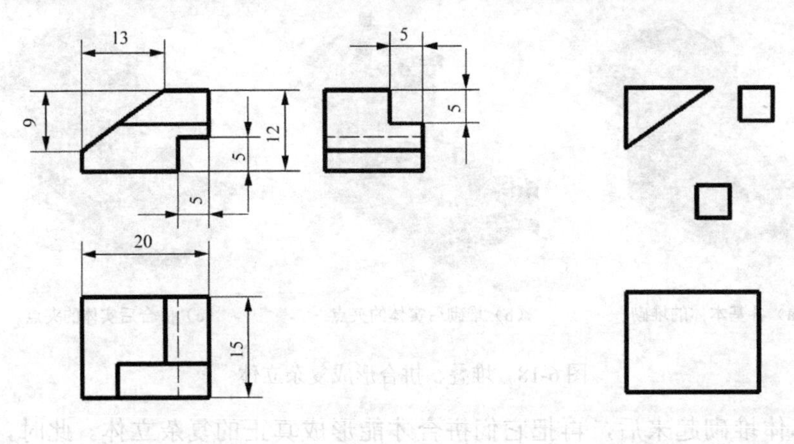

（a）切割体的视图　　（b）各基本体形状特征视图

图 6-19　分析视图，找出基本体形状特征视图

2. 构建各基本体

构建基本体时，通常是依据给定的基本体尺寸和类型进行构建。基本体的构建分为直接和间接构建两种方式，用户可根据需要选择。

分析如图 6-19 所示的 4 个基本体形状特征视图和尺寸，用户会发现：全部形体均可采用直接构建基本体方法绘制。

用作母体的四棱柱长宽高（ΔX、ΔY、ΔZ）分别为 20、15、12；用于切割的三棱柱长宽高（ΔX、ΔY、ΔZ）分别为 13、15、9；用于切割的另外两个四棱柱长宽高（ΔX、ΔY、ΔZ）分别为 5、15、5 和 20、5、5。当然，以上各基本体同样也可以采用间接构建基本体的方法绘出，用户可自行选择。

本节采用直接构建基本体方法绘出立体，如图 6-20（a）所示。

这些基本体只有三棱柱的方向与所提供的视图中该基本体方向不一致。调用“三维旋转”命令改变其方向，如图 6-20（b）所示。

（a）直接构建基本体方法绘出的立体　　（b）用“三维旋转”命令改变方向

图 6-20　构建各基本体

3. 确定各基本体之间相对位置

完成了基本体的建模，还要分析各个基本体之间的相对位置，找出它们之间相互重合的“点”。在图 6-19（a）所示图形中，用于切割的基本体和用于被切割的母体（四棱

柱）之间，都有相应表面交线的中点或其端点“共点”。比如，用于切割的三棱柱，左上棱线的中点与用于母体的四棱柱左上角两表面交线的中点“共点”，它们的端点也“共点”，等等。

4. 堆叠、拼合形成复杂立体

弄清楚各个基本体之间的相对位置，就可以把它们堆叠在一起，如图 6-21（a）所示。要把各基本体堆砌起来，启动“三维移动”或“移动”命令。

（a）各基本体的堆叠

（b）拼合后的实体

图 6-21　堆叠、拼合形成复杂立体

各基本体堆砌起来后，再将它们拼合才能形成真正的复杂立体，如图 6-21（b）所示。拼合切割体与拼合叠加体不同，它需要启动“实体编辑”的“实体，差集”命令。“实体，差集”命令的启动方法如下：

按钮（单击）：常用 选项卡→实体编辑标题栏→实体，差集。

键盘（输入）：SUBTRACT←┘。

“实体，差集”命令的操作步骤及方法：

命令启动后，提示“选择对象”，使用对象选择方法选中被切割的对象，按 Enter 键；再次提示“选择对象”时，选择用于切割的各个对象；选择完成后，按 Enter 键结束命令；完成“拼合”，将各个用于切割的对象 “减下去”形成复杂立体。

提示

三维实体、曲面或二维面域，可以通过加操作来合并，也可以通过减法操作来合并。

6.2.3　构建复杂实体综合

叠加体和切割体的建模方法，上述已经进行了详细介绍。在工程实际中，机件不只是单一的组合形式，多数情况下是叠加和切割的综合。不管立体有多么复杂，只要用户掌握了基本体、叠加体和切割体的构建方法，一切问题都可解决。下面就以如图 6-22（a）所示的轴承座为例，介绍综合类立体的建模方法。

经过对轴承座视图的分析得出：它是在半个圆柱和十二棱柱构成的叠加体的基础上，再切除 1 个ϕ22 大圆柱、4 个ϕ10 小圆柱和 4 个 R12 圆角而成（其他方案用户可自行探究）。

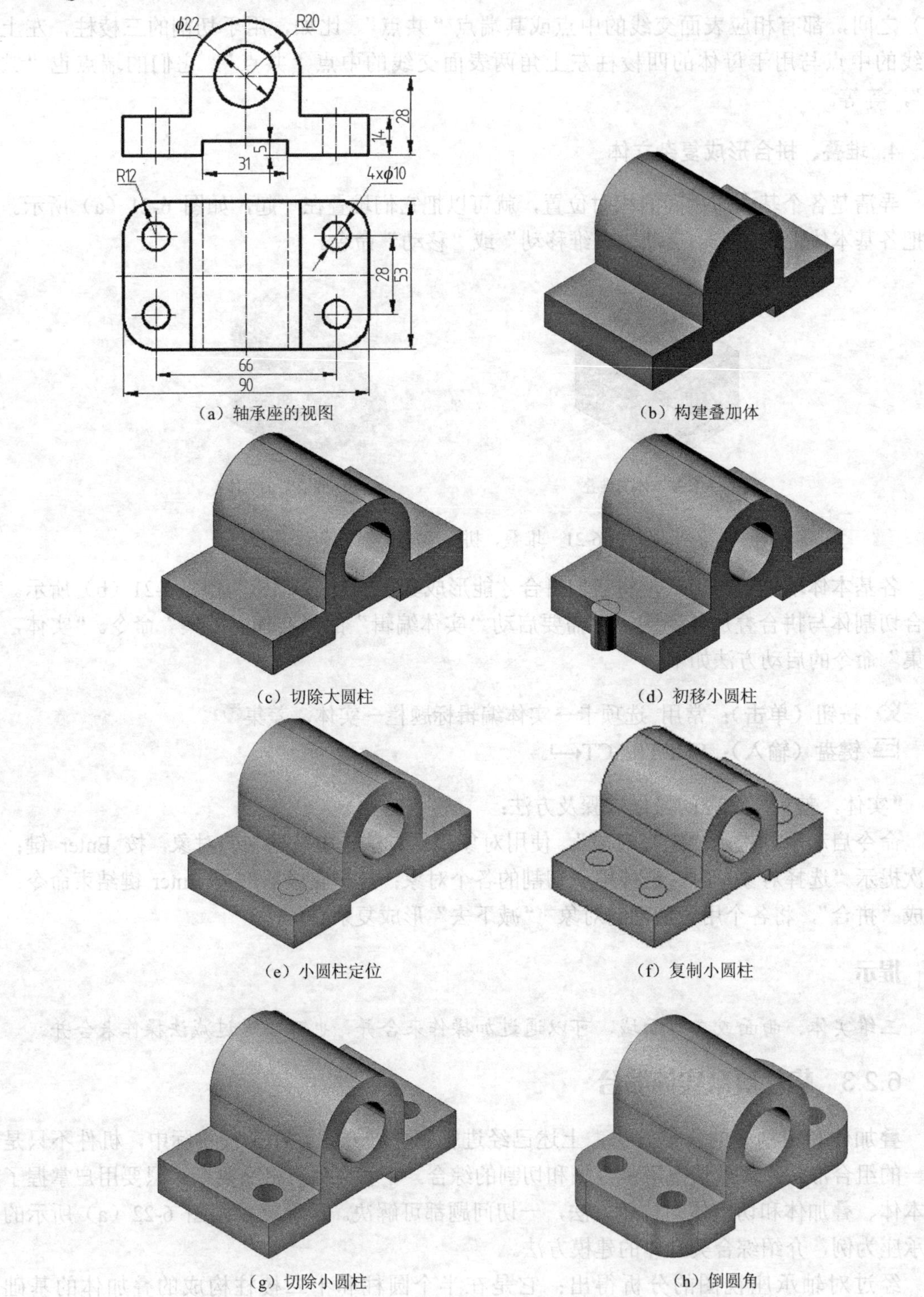

（a）轴承座的视图　（b）构建叠加体

（c）切除大圆柱　（d）初移小圆柱

（e）小圆柱定位　（f）复制小圆柱

（g）切除小圆柱　（h）倒圆角

图 6-22　构建轴承座的方法和步骤

构建轴承座的具体操作方法和步骤如下：

[1] 构建叠加体。调用相关命令如“复制”、“面域”、“拉伸”、“三维旋转”、“并集”等，构建出“半圆柱和十二棱柱”的叠加体，如图6-22（b）所示。

[2] 切除大圆柱。调用相关命令如“复制”、“面域”、“拉伸”、“三维旋转”等构建大圆柱。调用“差集”命令切除圆柱，如图 6-22（c）所示。该圆柱的直径为ϕ22，轴向尺寸为53。

[3] 切除小圆柱。调用相关命令首先构建 1 个小圆柱，该圆柱的直径为ϕ10，轴向尺寸为14。

a. 初移小圆柱到棱柱左侧，如图 6-22（d）所示。此时小圆柱上下底面“圆心”分别与左侧2棱线“中点”重合。

b. 移动小圆柱并定位。选择圆柱底面“圆心”为“基点”，用相对坐标输入法确定移动的目标点为“@12，–14，0 ”，小圆柱位置被确定，如图6-22（e）所示。

c. 复制小圆柱（阵列）。在轴承座上共有4个小圆柱孔，其中心距分别为66、28，它们按矩形排列（2 行、2 列、0 层、行距为 66、列距为 28）。此时需调用“三维阵列”命令完成小圆柱的复制，如图6-22（f）所示。

d. 小圆柱复制完成后进行切割。启动“实体，差集”命令，选择小圆柱为“要减去的实体”，此时切出4个小圆柱孔，如图6-22（g）所示。

提示

启动“二维绘图”的“复制”、“镜像”命令，或者“三维镜像”命令，都可以复制出如图6-22（f）所示结果。

本书建议用户操作以上几个命令，并找出它们的区别。

[4] 倒圆角。轴承座上有4个R12的圆角，用户使用切割体的构型方法，完全可以得到需要的结果，如图 6-22（h）所示，但是这样绘制有点麻烦。本书推荐一种绘制“圆角”的简便方法，此方法只须调用“二维绘图”的“圆角”命令即可实现。

操作过程中，当命令提示“选择第一个对象”时，用户只要在实体上单击要切割掉的“边”，输入需要的“半径值”，按两次Enter键，“倒圆角”即告完成。

6.3 利用用户坐标系构建三维复杂实体

上一节介绍的“利用二维 CAD 图形构建三维复杂实体”的方法，是完全基于构型前“二维 CAD 图形”已存在的一种构型法。“二维 CAD 图形”是指电子图形，构型过程中用户调用“复制”命令将相关图线复制到视图之外，再经修补、编辑后得到“各基本体形状特征视图”，这样可以节省很多绘制“形体形状特征视图”的时间。

本节将介绍“利用用户坐标系构建三维复杂实体”的方法，该方法与前者不同，它是基于构型前无“二维 CAD 图形”的一种构型法。没有电子的“二维 CAD 图形”，最好有纸质的“图样”或“草图”，当然也可通过“测绘”或“直接”设计方式获取信息。

“利用用户坐标系构建三维复杂实体”的方法是通过“变换用户坐标系”，现场绘制

"形体形状特征视图"构建出实体，再把实体拼合得到复杂形体。这种构建复杂实体的基本理念与很多 3D 软件（如 UG 或 Pro/E 等）基本一致。本书对该方法的介绍不仅有利于更好地掌握 AutoCAD 软件，而且对今后学习其他 3D 软件也有很大的帮助。

6.3.1 利用用户坐标系构建叠加体

利用用户坐标系构建叠加体的基本思路是：以基本体的构型方法为基础，一般是从形体的底部开始由下至上地逐一构建每个基本体，并按需要实时改变坐标系，最后通过拼合完成叠加体的构建。其构建操作流程是：首先读懂资料，弄清机件各个组成部分的结构形状及其形状特征视图；确定各基本体之间相对位置；逐一构建各个基本体；拼合形成复杂的形体。AutoCAD 软件中定义了两个坐标系：固定的世界坐标系（WCS）和可移动的用户坐标系（UCS），默认情况下两坐标系在新图形中重合。下面以机件"斜撑子"为例，介绍如何利用用户坐标系构建叠加体的具体操作方法和步骤。

[1] 读懂资料、分析形体。"斜撑子"共由 3 部分组成。它们是底部支撑板、中间弯柱和顶部支撑板。其各组成部分的尺寸如图 6-23（a）所示。

[2] 确定各基本体之间相对位置。底部支撑板上底面的圆心与中间弯柱下底面圆心重合，中间弯柱上底面的圆心与顶部支撑板下底面对称中心重合，如图 6-23（a）所示。

[3] 逐一构建各个基本体。调用"圆"、"拉伸"等命令构建"斜撑子"底部支撑板，如图 6-23（b）所示。

提示

自下而上构建叠加体时，第一个基本体是在世界坐标系中构建，而不是在用户坐标系。

a. 启动 UCS 的"原点"命令，将坐标系放在底部支撑板上底面圆心处，画出中间弯柱下底面"圆"，如图 6-23（c）所示。

"原点"命令的启动方法如下：

按钮（单击）：常用 选项卡→坐标标题栏→原点。

键盘（输入）：UCS↵。

"原点"命令的操作步骤及方法：

命令启动后，提示"指定 UCS 的原点"；使用对象捕捉辅助工具，捕捉底部支撑板上底面的"圆心"，单击，以移动原点的方式定义新的 UCS。该命令各选项含义从略。

b. 启动 UCS 的"X"命令，把上述定义的新 UCS，绕着 X 轴旋转 90°。

"X"命令的启动方法如下：

按钮（单击）：常用选项卡→坐标标题栏→下拉按钮→X。

键盘（输入）：UCS↵。

"X"命令的操作步骤及方法：

命令启动后，提示"指定绕 X 轴的旋转角度"；输入 90，按 Enter 键结束命令；此时以旋转方式定义新的 UCS。

c. 启动“多段线”命令，画中间弯柱的拉伸“路径”，如图 6-23（d）所示。

“多段线”命令的启动方法如下：

按钮（单击）：常用 选项卡→绘图标题栏→多段线。

键盘（输入）：PLINE←。

“多段线”命令的操作步骤及方法：

命令启动后，提示“指定起点”；接下来的操作步骤和方法与“直线”命令相同，画出折线。该命令各选项含义从略，用户可自行探究。

d. 启动“圆角”命令，将中间弯柱的拉伸“路径”倒出圆角，如图 6-23（e）所示。

e. 将中间弯柱下底面“圆”沿“路径”拉伸成中间弯柱，如图 6-23（f）所示。

f. 启动 UCS 的“三点”命令，将坐标系放置在中间弯柱上底面的圆心（即顶部支撑板下底面对称中心点）上，如图 6-23（g）所示。

“三点”命令的启动方法如下：

按钮（单击）：常用 选项卡→坐标标题栏→三点。

键盘（输入）：UCS←。

“三点”命令的操作步骤及方法：

命令启动后，提示“指定新原点”，“捕捉”中间弯柱上底面的圆心；接下来提示“在正 X 轴范围上指定点”，“捕捉”该圆“后方象限点”；最后提示“在 UCS XY 平面的正 Y 轴范围上指定点”，“捕捉”该圆“上方象限点”。如图 6-23（g）所示。

提示

在坐标系放到顶部支撑板下底面的对称中心点之前，将视点设置为“东南等轴测”。

g. 放好坐标系后，绘制顶部支撑板“形状特征视图”。首先绘出ϕ40、ϕ60“圆”，再画对称中心线，最后绘出两个“小圆”和 4 条“公切线”，如图 6-23（h）所示。

h. 经修改后，顶部支撑板的“形状特征视图”绘制完成，如图 6-23（i）所示。

i. 启动“面域”命令，将顶部支撑板形状特征视图定义为“面”，如图 6-23（j）所示。

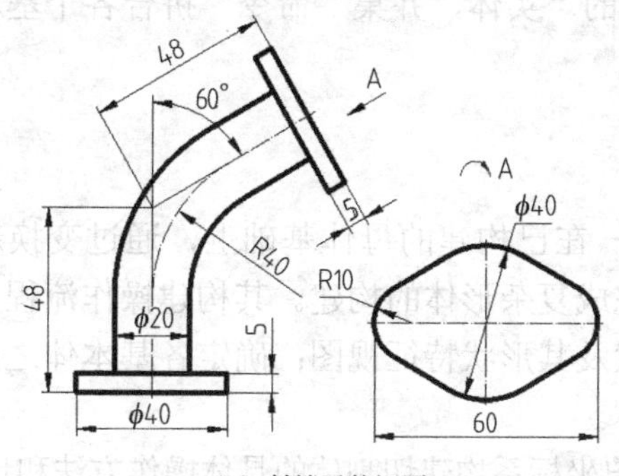

（a）斜撑子的视图

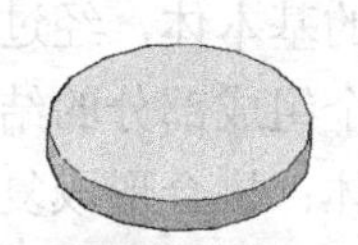

（b）构建底部支撑板

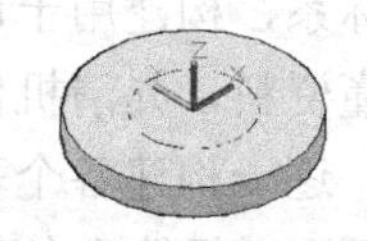

（c）移动坐标、画圆

图 6-23　斜撑子的建模方法和步骤

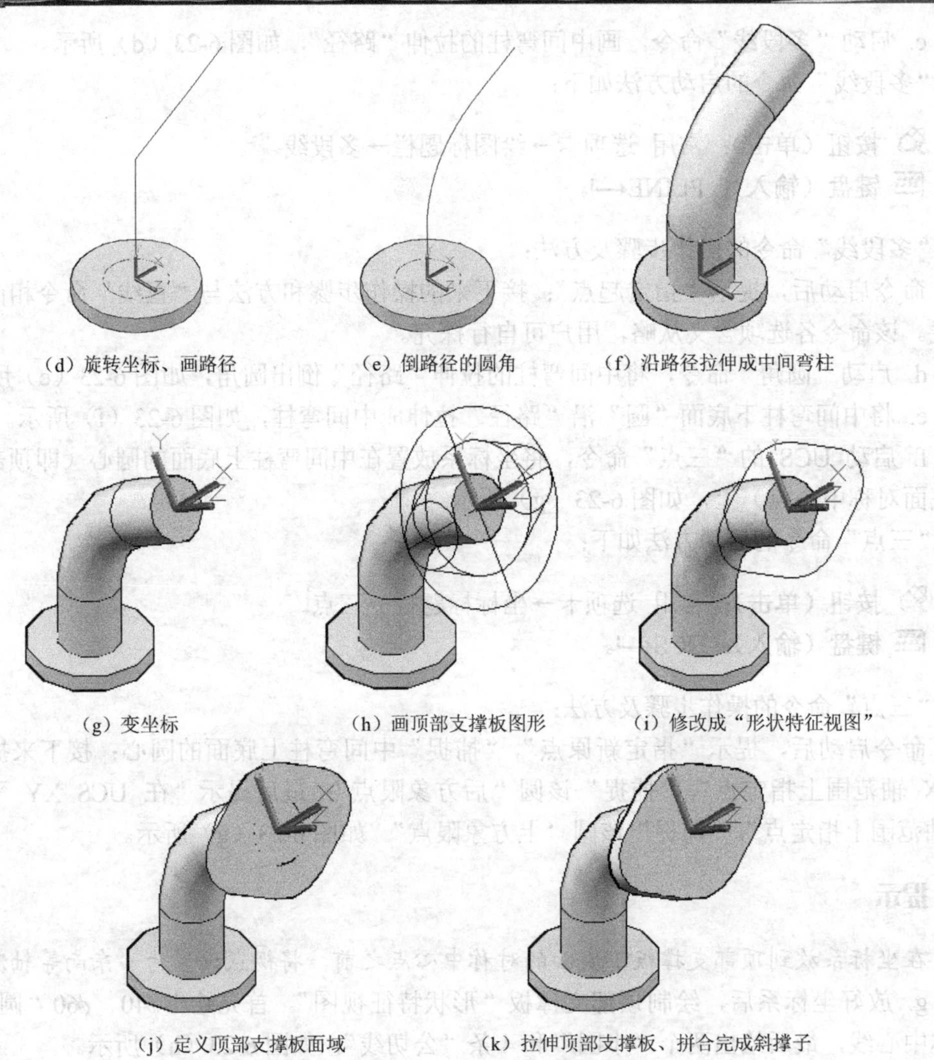

（d）旋转坐标、画路径
（e）倒路径的圆角
（f）沿路径拉伸成中间弯柱
（g）变坐标
（h）画顶部支撑板图形
（i）修改成“形状特征视图”
（j）定义顶部支撑板面域
（k）拉伸顶部支撑板、拼合完成斜撑子

图 6-23 斜撑子的建模方法和步骤（续）

[4] 拼合完成复杂立体。启动“实体编辑”的“实体，并集”命令，拼合各个基本体完成复杂立体——斜撑子，如图 6-23（k）所示。

6.3.2 利用用户坐标系构建切割体

利用用户坐标系构建切割体的基本方法是：在已构建的母体基础上，通过变换新的用户坐标系，构建用于切割的基本体，经过拼合完成复杂形体的构建。其构建操作流程是：首先读懂资料，弄清机件各个组成部分的结构形状及其形状特征视图；确定各基本体之间相对位置；逐一构建各个基本体；拼合形成复杂形体。

下面以机件“支座”为例，介绍如何利用用户坐标系构建切割体的具体操作方法和步骤。

[1] 读懂资料、分析形体。“支座”是由母体（八棱柱）经过 3 次切割而成。用于切割的基本体分别是顶部圆柱（或半圆柱）、两侧圆柱（2 个）和顶部四棱柱。各组成部分的尺寸如图 6-24（a）所示。

[2] 确定各基本体之间相对位置。顶部圆柱的圆心与母体前上边线中点重合，两侧圆柱的圆心分别与母体上方左右棱线中点重合，顶部四棱柱的上底面中心与母体上棱面中心重合，如图6-24（a）所示。

[3] 逐一构建各个基本体。使用UCS的“X”命令，把用户坐标系绕着X轴旋转90°。

a. 使用绘图及编辑命令等，绘制母体的形状特征视图；调用“面域”命令，将母体的形状特征视图定义为“面”。如图6-24（b）所示。

b. 调用“拉伸”命令，将“面”拉伸成“母体”，如图6-24（c）所示。

c. 使用UCS的“原点”命令，把用户坐标系放置在母体前上边线中点处；使用UCS的“X”命令，把用户坐标系绕X轴旋转90°；使用“圆”命令绘制顶部圆柱形状特征视图（“圆”本身就是“闭合环”，不用进行定义“面”的操作），如图6-24（c）所示。

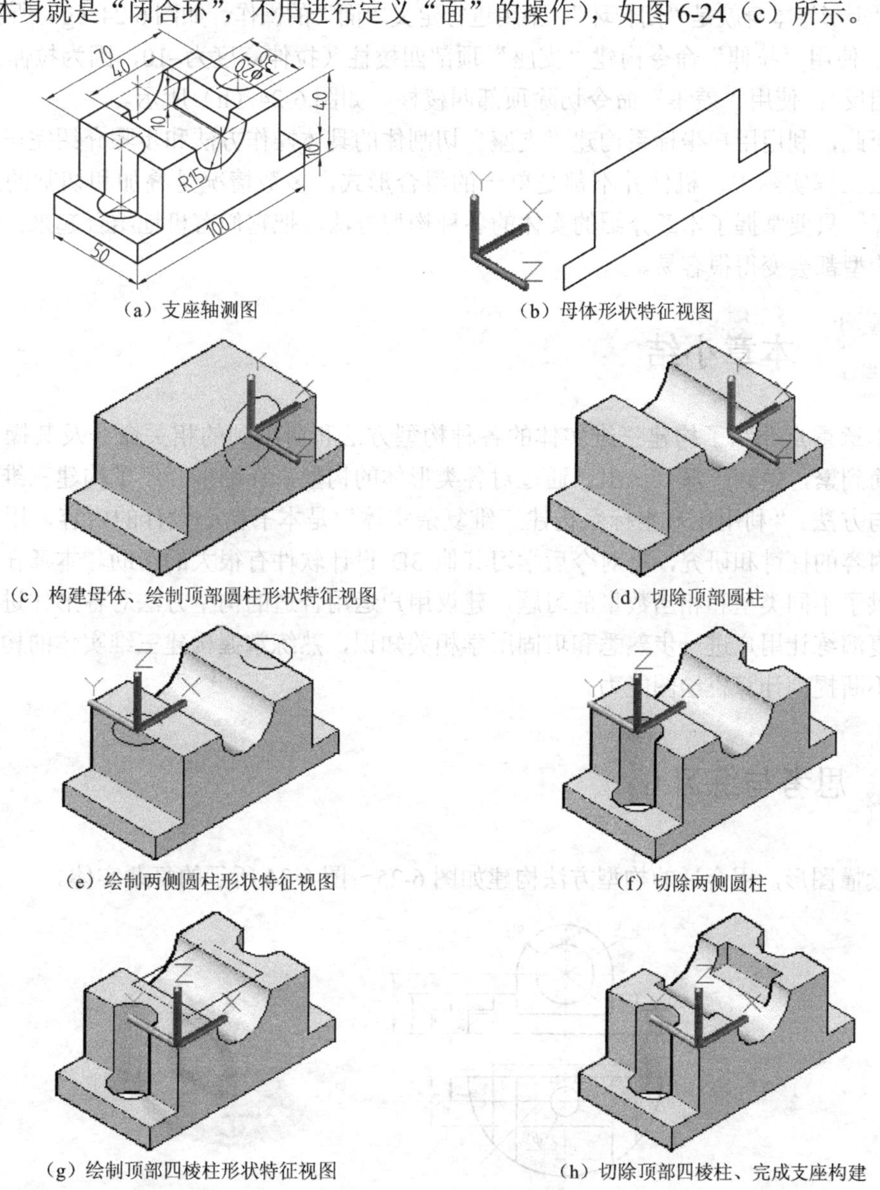

（a）支座轴测图　（b）母体形状特征视图

（c）构建母体、绘制顶部圆柱形状特征视图　（d）切除顶部圆柱

（e）绘制两侧圆柱形状特征视图　（f）切除两侧圆柱

（g）绘制顶部四棱柱形状特征视图　（h）切除顶部四棱柱、完成支座构建

图6-24　支座的建模方法和步骤

d. 使用“拉伸”命令构建“支座”顶部圆柱（拉伸高度为–50，因为拉伸方向与 Z 轴方向相反）；使用“差集”命令切除圆柱。如图 6-24（d）所示。

e. 使用 UCS 的“原点”命令，把用户坐标系放置在母体左上棱线中点处；使用“圆”命令绘制两侧圆柱形状特征视图。如图 6-24（e）所示。

f. 使用“拉伸”命令构建“支座”两侧圆柱（拉伸高度为–40，因为拉伸方向与 Z 轴方向相反）；使用“差集”命令切除两侧圆柱。如图 6-24（f）所示。

g. 使用 UCS 的“原点”命令，把用户坐标系放在母体左上棱线前端点处；使用“矩形”命令绘制出顶部四棱柱的形状特征视图，当命令提示“指定第一个角点”时，须用绝对坐标输入法输入（15，10），当命令提示“指定另一个角点”时，此时用相对坐标输入法输入（@40，30）。“矩形”本身就是“闭合环”，不用进行定义“面”的操作。如图 6-24（g）所示。

h. 使用“拉伸”命令构建“支座”顶部四棱柱（拉伸高度为–10，因为拉伸方向与 Z 轴方向相反）；使用“差集”命令切除顶部四棱柱。如图 6-24（h）所示。

至此，利用用户坐标系构建“支座”切割体的具体操作方法和步骤介绍完毕。

在工程实际中，机件并不都是单一的组合形式，多数情况是叠加和切割的综合体。不管怎样，只要掌握了本章介绍的实体的各种构型方法，把它们有机地结合起来，多么复杂的形体构型都会变得很容易。

本章小结

本章重点介绍了构建三维实体的各种构型方法和所用到的相关命令及其操作，介绍过程由简到繁，做到了深入浅出。通过对各类形体的构型，详细地介绍了构建三维实体的基本思路与方法。“利用用户坐标系构建三维复杂实体”是本书精心设计的内容，用户通过对这部分内容的探讨和研究，将对今后学习其他 3D 设计软件有很大的帮助。本章在思考与练习中提供了不同类型和相当数量的习题，建议用户运用合适的构型方法对各形体进行绘制，通过反复演练让用户进一步熟悉和巩固所学相关知识，熟练掌握构建三维实体的构型方法及技巧，不断提高计算机绘图能力。

思考与练习 6

读懂图形，用合适的构型方法构建如图 6-25～图 6-34 所示的复杂实体。

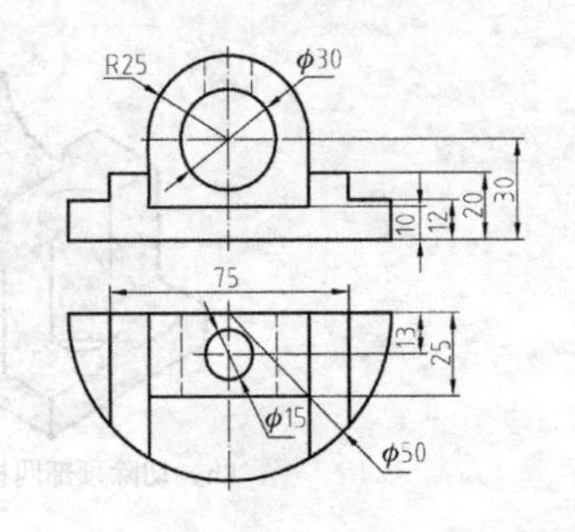

图 6-25　模型 1

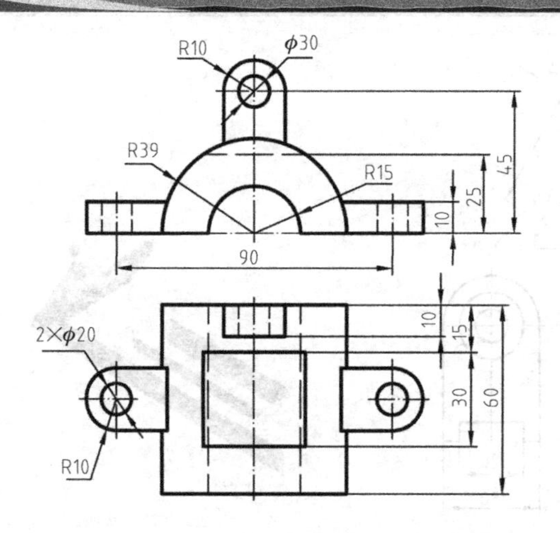

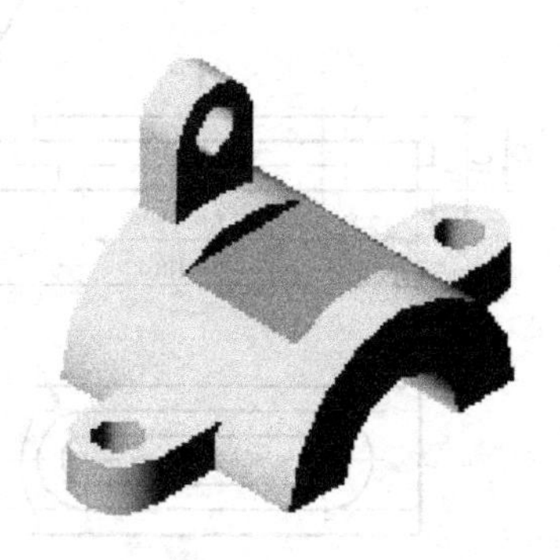

图 6-26 模型 2

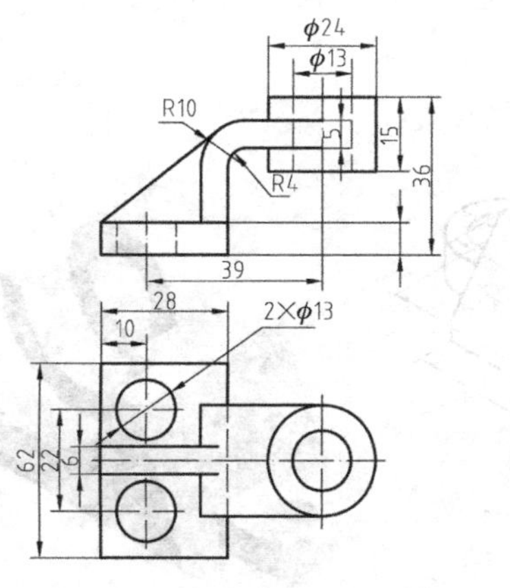

图 6-27 模型 3

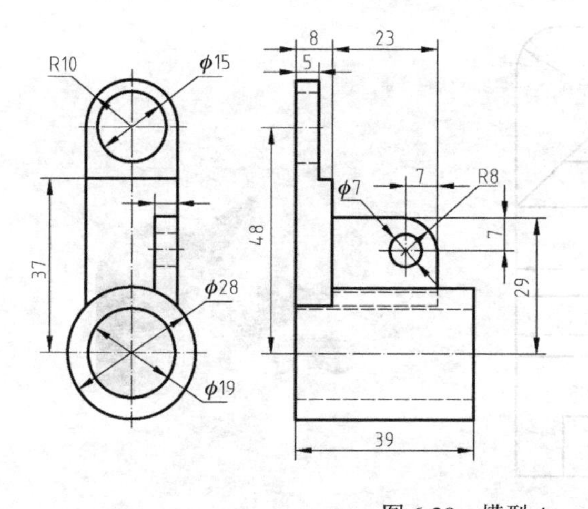

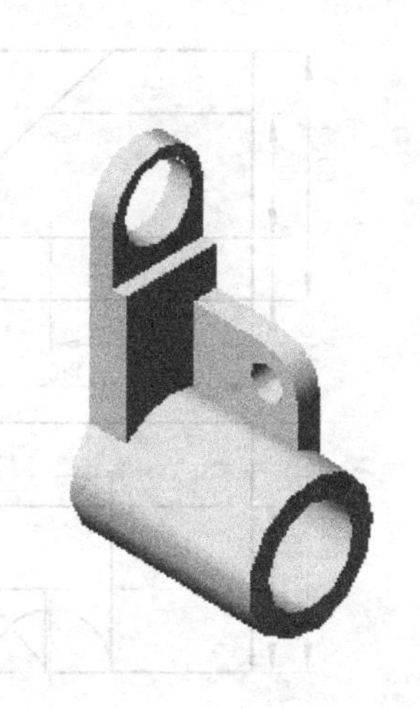

图 6-28 模型 4

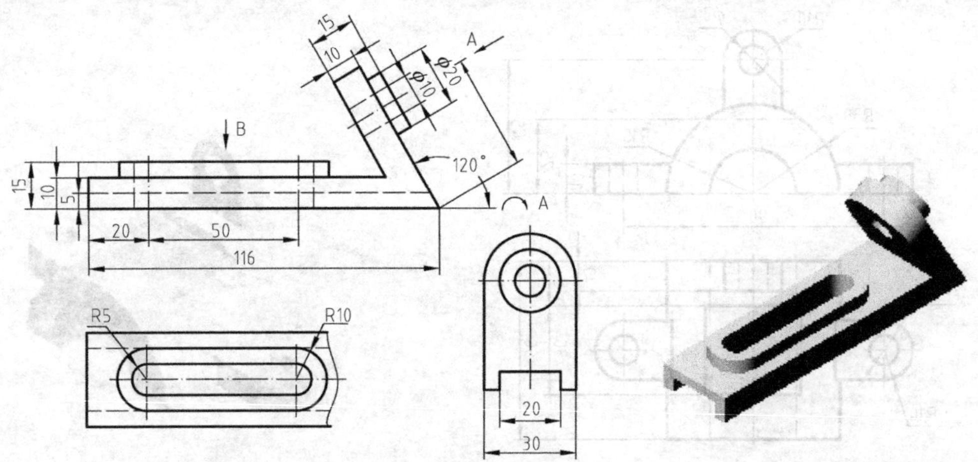

图 6-29　模型 5

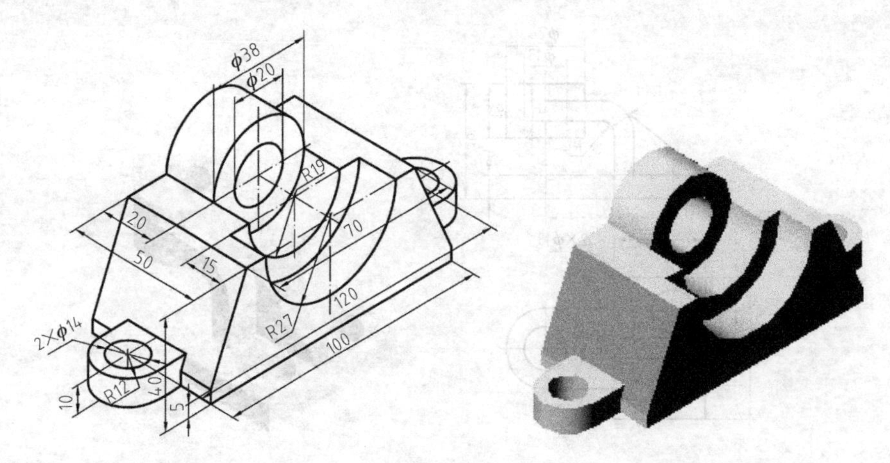

图 6-30　模型 6

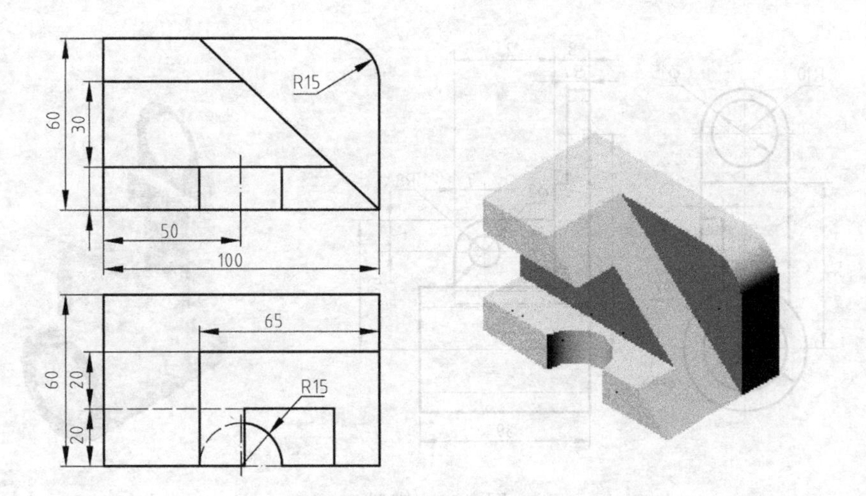

图 6-31　模型 7

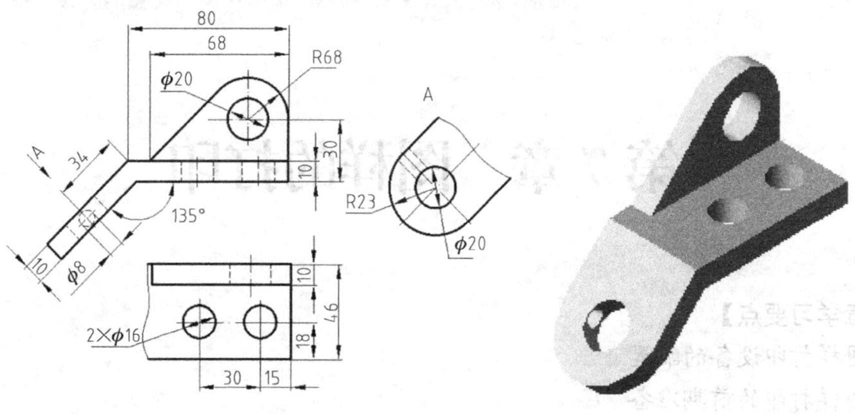

图 6-32　模型 8

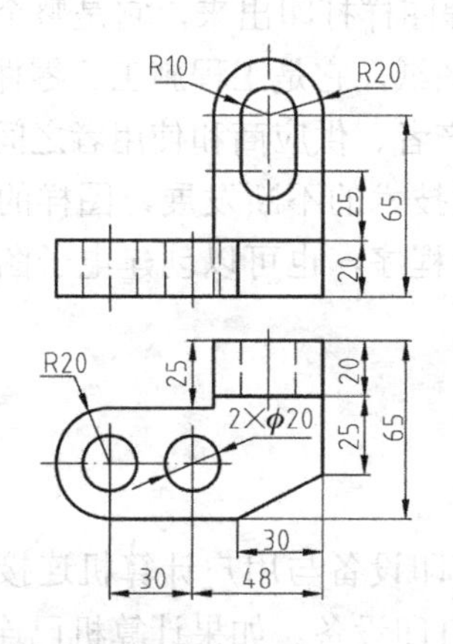

图 6-33　模型 9

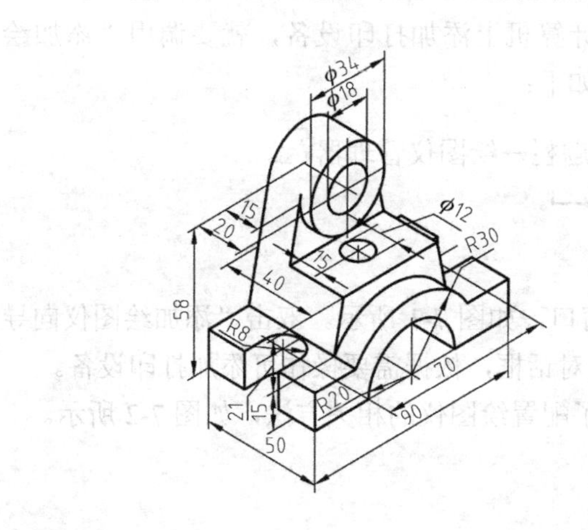

图 6-34　模型 10

第 7 章　图样的打印

【本章学习要点】

- 图样打印设备的配置
- 图样打印的前期准备
- 图样的打印

CAD 电子工程图样绘制完成后，一般要把工程图样打印出来，它是整个设计环节的一部分。打印出来的 CAD 电子工程图样被称为纸制图纸，它是工程施工、零件加工、部件和设备装配过程中的重要技术资料，它是设计者与生产者、供应商和使用者之间进行技术信息交流的重要工具。随着现代科学技术特别是计算机技术的不断发展，图样的输出形式也发生变化，可以把图形文件转换格式输入给其他应用程序，也可以创建电子图纸实现无纸化生产。

7.1　图样打印设备的配置

要打印工程图样就需要打印设备，首先是把打印设备与用户计算机连接起来，然后利用 AutoCAD 2012 提供的添加绘图仪向导命令添加打印设备。如果计算机已连接到网络上，还可以使用网络打印设备。如果计算机操作系统已配置了打印设备，用户可以直接使用，不须再添加打印设备。如果用户要想在自己的计算机上添加打印设备，就要调用“添加绘图仪”命令。“绘图仪管理器”命令的启动方法如下：

按钮（单击）：输出 选项卡→打印标题栏→绘图仪管理器。

键盘（输入）：PLOTTERMANAGER↵。

“绘图仪管理器”命令的操作步骤及方法：

命令启动以后，弹出“Plotters”文件夹窗口，如图 7-1 所示。双击“添加绘图仪向导”命令（快捷方式），弹出“添加绘图仪-简介”对话框，依据需要操作可添加打印设备。

在“添加绘图仪-简介”对话框中，介绍了配置绘图仪的相关方法，如图 7-2 所示。

提示

双击“添加绘图仪向导”命令（快捷方式）后，用户如关闭“Plotters”文件夹窗口，并不影响添加打印设备操作。

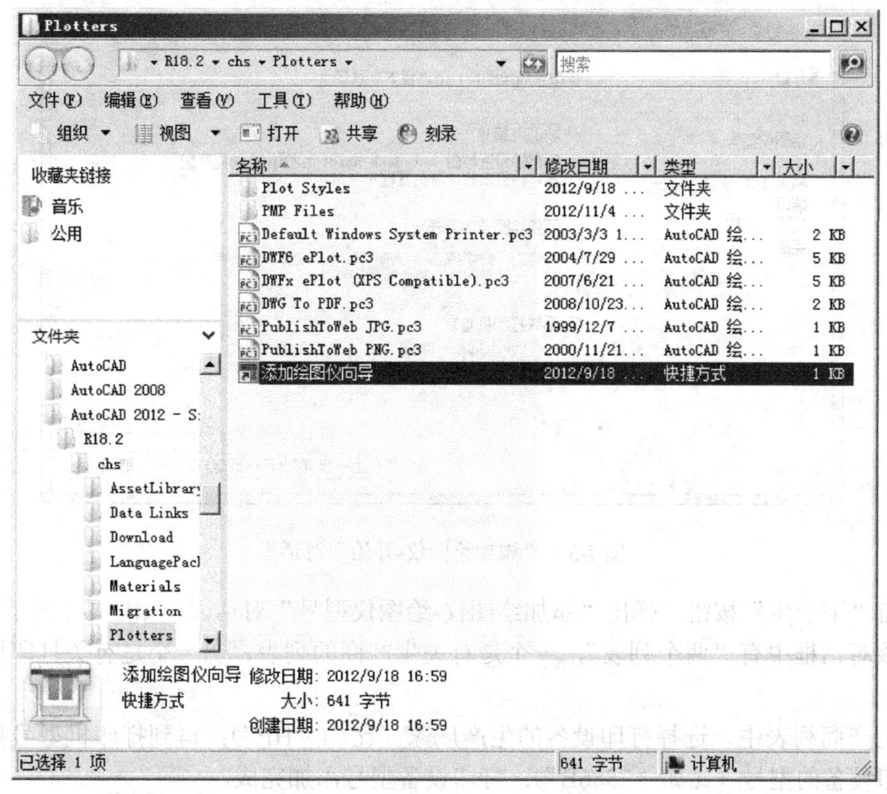

图 7-1　“plotters”文件夹窗口

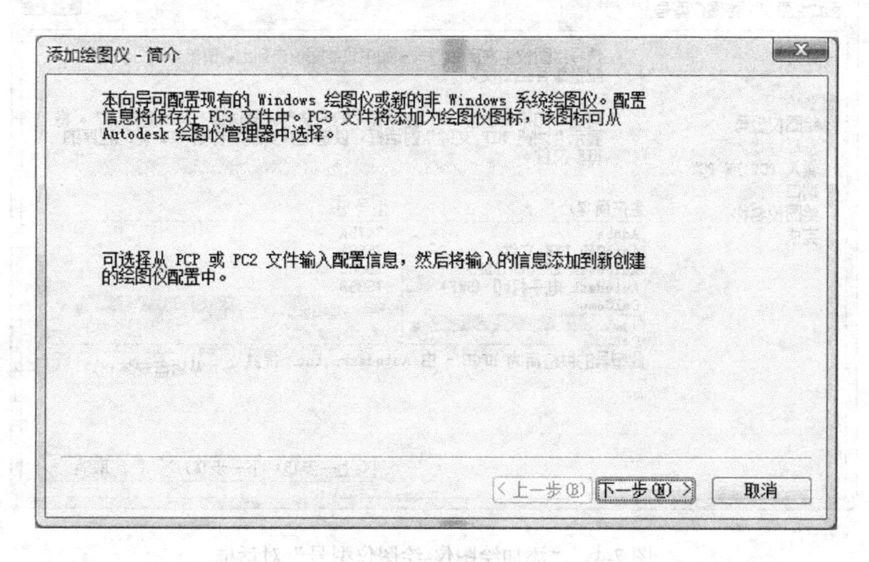

图 7-2　“添加绘图仪-简介”对话框

单击“下一步”按钮，弹出“添加绘图仪-开始”对话框，如图 7-3 所示。在对话框中不需要操作，执行默认选中的“我的电脑”。

如果计算机已连接到网络且有网络打印设备，用户可以选中“系统打印机”或“网络打印机服务器”单选框并进行相关设置（篇幅有限，这些相关操作本书不作介绍）。

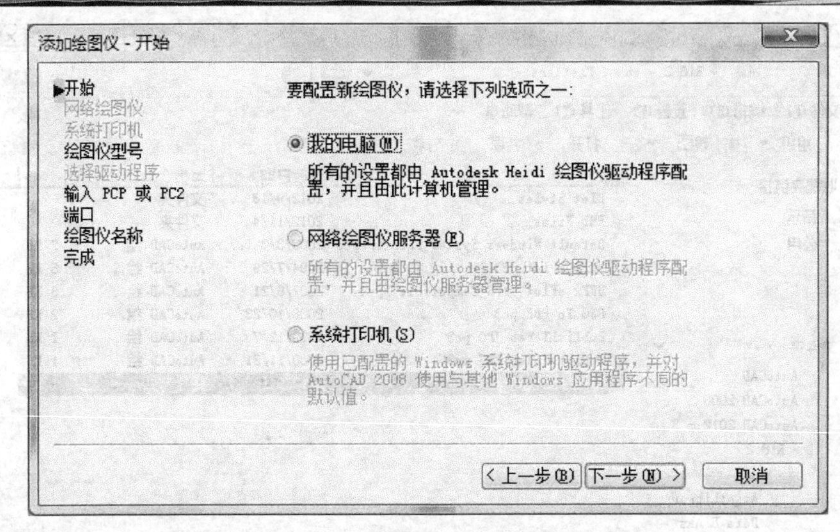

图 7-3 “添加绘图仪-开始”对话框

单击“下一步”按钮，弹出“添加绘图仪-绘图仪型号”对话框，如图 7-4 所示。

在该对话框中有“两个列表”，一个是有关生产商的列表，另一个是有关打印机型号的列表。

在生产商列表中，选择打印设备的生产厂家（比如“HP”）；再到打印机型号列表中，选择打印设备的型号（比如“7586B”）；打印设备型号添加完成。

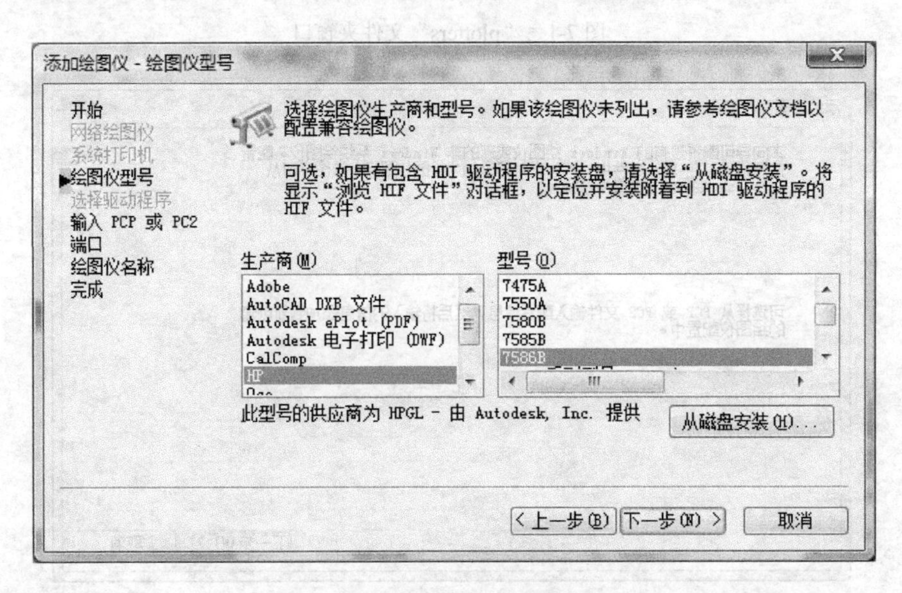

图 7-4 “添加绘图仪-绘图仪型号”对话框

单击“下一步”按钮，立即弹出“添加绘图仪-输入 PCP 或 PC2”对话框，如图 7-5 所示。

在对话框中，提示用户是否用 PCP 或者 PC2 文件中存储的画笔指定信息来创建打印样式表。在此不需要操作，执行默认。

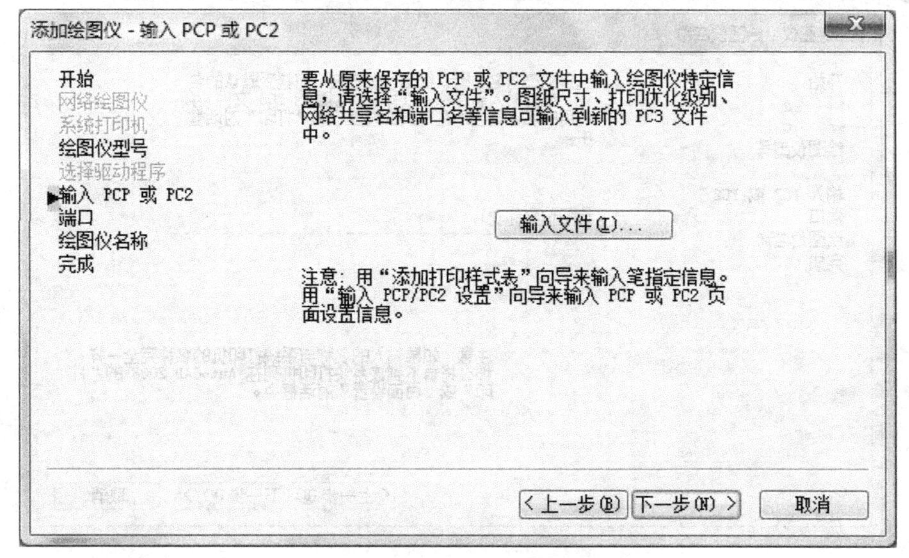

图 7-5　“添加绘图仪-输入 PCP 或 PC2”对话框

单击“下一步”按钮，弹出“添加绘图仪-端口”对话框，如图 7-6 所示。

在对话框中，用户可以选择 3 个单选框之一来确定打印方式，3 个单选框分别是“打印到端口”、“打印到文件”和“后台打印”。

本书选择默认的“打印到端口”（其他不作介绍，用户可自行研究）；选中下部唯一的复选框——“显示所有系统端口并禁用 I/0 端口校验（S）”。

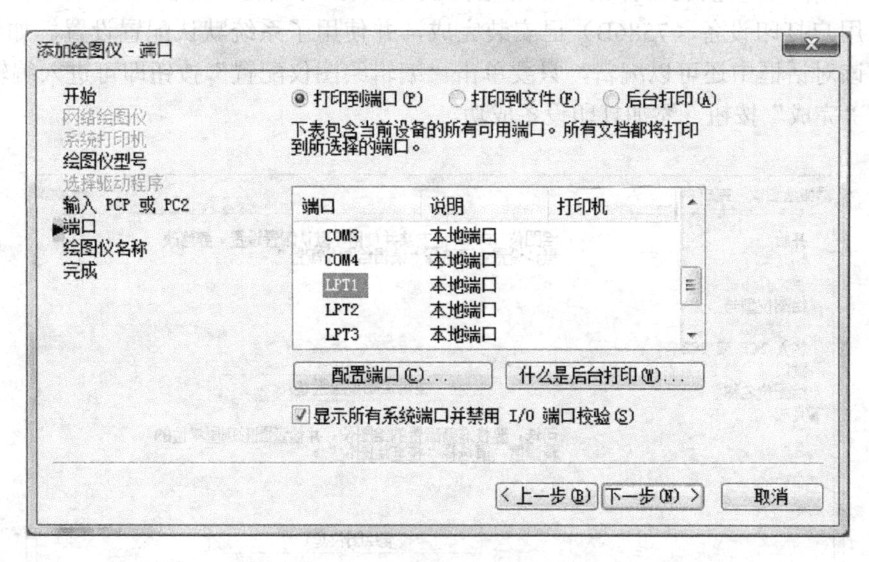

图 7-6　“添加绘图仪-端口”对话框

单击“下一步”按钮，弹出“添加绘图仪-绘图仪名称”对话框，如图 7-7 所示。

在对话框中，提示用户现在系统已把选定的打印设备型号名默认为其配置名。如用户希望另起名，可以在编辑框中输入新名，用以赋予 AutoCAD 系统打印设备一个标识名称。这个名称将被显示在“页面设置”和“打印”对话框中。

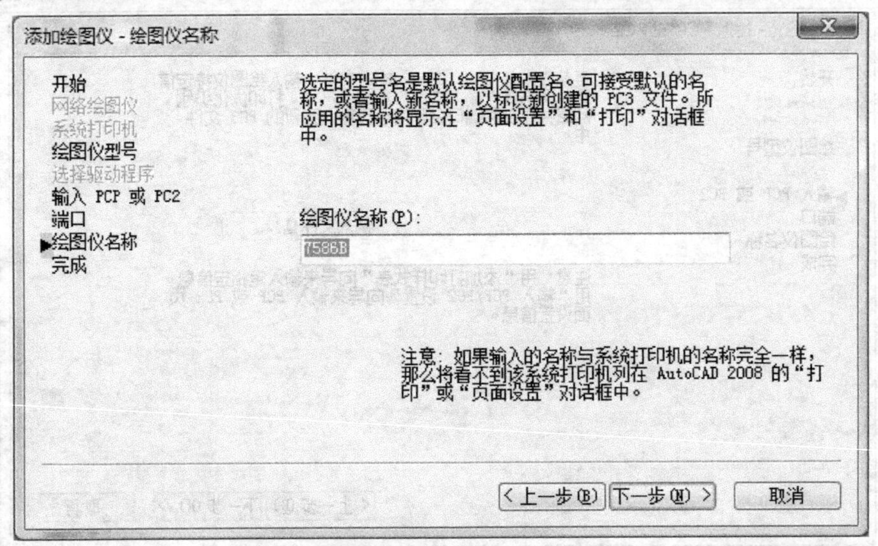

图 7-7 “添加绘图仪-绘图仪名称”对话框

 **注意**

输入的打印设备标识名最好不要与系统打印机重名，否则在 AutoCAD 的“页面设置”和“打印”对话框中，将看不到系统打印机。

单击“下一步”按钮，弹出“添加绘图仪-完成”对话框，如图 7-8 所示。在对话框中，提示用户打印设备（7586B）已安装完成，并使用了系统默认配置设置。如果用户不满意，在该对话框中还可以编辑，只要单击“编辑绘图仪配置”按钮即可进入编辑状态。

单击“完成”按钮，添加打印设备成功。

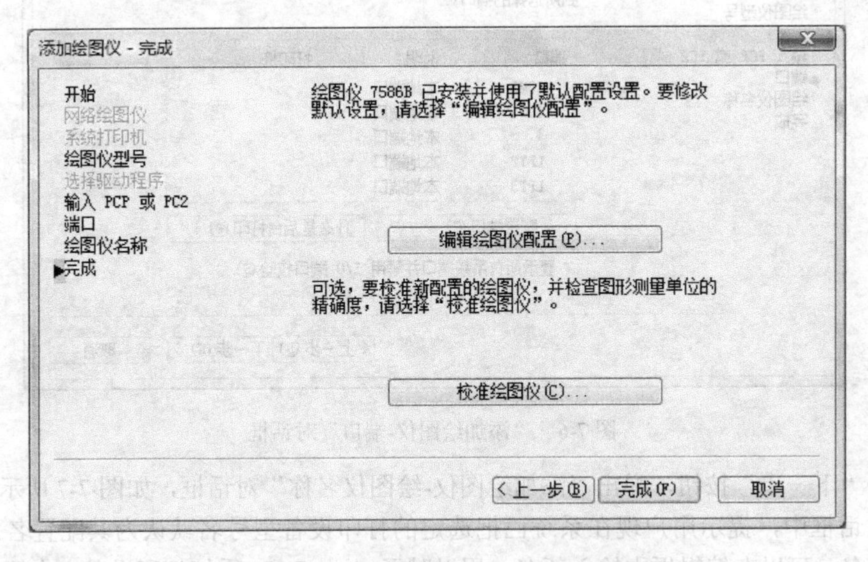

图 7-8 “添加绘图仪-完成”对话框

7.2　图样打印的前期准备

已经找到了或添加了打印设备，但还是不能立即把工程图样打印出来。即使把工程图样打印出来了，你也可能会不满意。因为系统内默认的打印设置不一定符合用户的要求，所以打印出来的图纸就不会标准。为此，必须进行相关设置，比如“打印样式设置”等。

7.2.1　打印样式设置

“打印样式”就是按一定的规律或按一定模式编制出的定义图形打印的文件集，它只有在打印图形时才被调用。对打印样式进行必要的相关设置，可以让用户打印出满意的图纸。

1.　打印样式的类型

AutoCAD 2012 提供了两种不同类型的打印样式，它们的名字分别是“颜色相关打印样式”和“命名打印样式”。

（1）颜色相关打印样式

“颜色相关打印样式”的含义是，在定义图形打印文件时是基于“颜色”而设计的，在该文件中创建了基于“255 个颜色”的打印样式表，用户可以按“颜色”进行细致而必要的相关设置，以达到打印出标准格式图纸的要求。颜色相关打印样式文件的扩展名为“.ctb”，该类型文件是以表格的形式编制而成的，如图 7-9 所示。

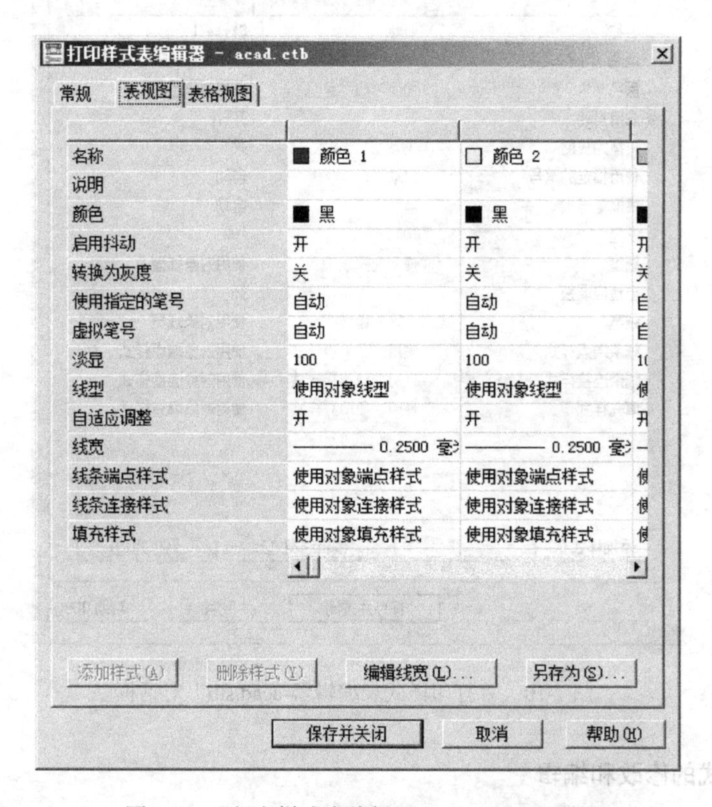

图 7-9　“打印样式表编辑器 acad.ctb”对话框

在对话框中，有 3 张选项卡，它们分别是“基本”、“表视图”和“格式视图”。其中，“基本”选项卡列出了“文件名”、“说明”、“文件信息”等内容；“表视图”选项卡是以“颜色”为基本单元，用横向逐一列表的形式来编制文件；“格式视图”选项卡则是基于“特性”并将“颜色”纵向逐一列表的形式编制文件。

（2）命名打印样式

“命名打印样式”的含义是，在定义图形打印文件时，是基于“对象”而设计的，在该文件中创建了基于“对象线型和线宽”的打印样式表，它与“颜色”无关。也就是说，定义图形打印文件时，不以“颜色”为基本单元。当打印工程图样时，一般是把“使用对象颜色”全部改成“黑色”，当然也可以不改动，根据需要而定。用户可按“对象线型和线宽”进行必要的相关设置，以达到打印出标准格式图纸的要求。命名打印样式文件的扩展名为“.stb”，该类型文件也是以表格的形式编制而成的，如图 7-10 所示。

在对话框中，有 3 张选项卡，它们分别是“基本”、“表视图”和“格式视图”。其中，“基本”选项卡列出了“文件名”、“说明”、“文件信息”等相关内容；“表视图”选项卡是以“名称”为单元，用横向逐一列表的形式编制文件；“格式视图”选项卡是基于“特性”并将“名称”纵向逐一列表的形式编制文件。

打印样式表编辑器 - acad.stb

常规 | 表视图 | 表格视图

名称	普通	Style 1
说明		
颜色	使用对象颜色	使用对象颜色
启用抖动	开	开
转换为灰度	关	关
使用指定的笔号	自动	自动
虚拟笔号	自动	自动
淡显	100	100
线型	使用对象线型	使用对象线型
自适应调整	开	开
线宽	使用对象线宽	使用对象线宽
线条端点样式	使用对象端点样式	使用对象端点样式
线条连接样式	使用对象连接样式	使用对象连接样式
填充样式	使用对象填充样式	使用对象填充样式

添加样式(A)　删除样式(Y)　编辑线宽(L)...　另存为(S)...

保存并关闭　取消　帮助(H)

图 7-10　“打印样式表编辑器-acad.stb”对话框

2. 打印样式的修改和编辑

AutoCAD 内置了 13 个打印样式，用户要查看、添加（新建）或修改和编辑打印样式，

就要启动“管理打印样式”命令。

“管理打印样式”命令的启动方法如下：

按钮（单击）：应用程序菜单→打印→管理打印样式。

键盘（输入）：STYLESMANAGER↵。

“管理打印样式”命令的操作步骤及方法：

命令启动以后，弹出“Plot Styles”文件夹窗口，如图 7-11 所示。

在该窗口中，列出了内置的 13 个打印样式和 1 个“添加打印样式表向导”快捷方式。如用户需要添加（新建）打印样式，只要双击“添加打印样式表向导”快捷方式，即可进入创建新打印样式设置流程。

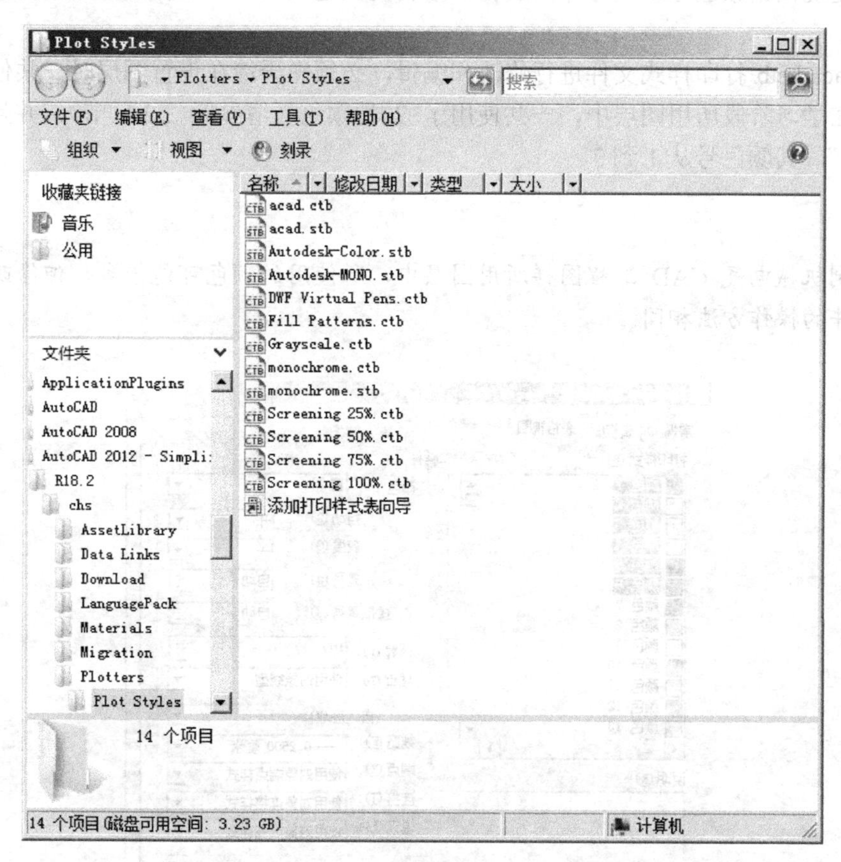

图 7-11　“Plot Styles（打印样式）” 文件夹窗口

本节将重点介绍用修改和编辑内置打印样式的方法，设置出能打印出合格图样所需的图形打印文件（因为直接启动原文件进行打印图样，其结果不符合要求）。用户要进行修改编辑打印样式文件，只要双击指定的 CTB 或 STB 文件，打开“打印样式表编辑器”对话框（与如图 7-9 和图 7-10 所示图形类似），再对指定的打印样式按需要修改和编辑即可。

在修改和编辑内置打印样式前，先在 13 个打印样式中，精选两组内置的打印样式，通过分析它们的特点及适用范围，再进行修改和编辑设置。它们分别是“默认打印样式”组和

“将所有颜色打印为黑色”组。对其他打印样式的分析及设置，将留给用户自行探究。

（1）默认打印样式组

所谓“默认打印样式”就是 AutoCAD 2012 内置的可以直接调用的打印样式。默认打印样式组有 acad.ctb 打印样式文件和 acad.stb 打印样式文件。

1）acad.ctb 打印样式文件的应用及修改和编辑

acad.ctb 是一个颜色相关打印样式文件，如图 7-12 所示。现行国家标准定义了机械电气 CAD 工程图样所采用的图层标识号、屏幕上的颜色和线型或实体。所以，在进行图层设置时，就必须赋予不同图层以不同“颜色”。如果用户在用此方式设置的图层上绘制 CAD 工程图样，当需要把图样以图纸的形式打印时，就可以调用“颜色相关打印样式文件”打印图样，也就是说根据颜色号设置打印的线宽。绘制机械电气 CAD 工程图样的用户需要该打印方法。

要对 acad.ctb 打印样式文件进行修改和编辑，必须先弄清在设置图层时一共使用了多少种颜色。在学习阶段所用图层中，一共使用了 7 种颜色（请参阅 2.2.1 节），并且它们都是“标准颜色”，其颜色号从 1 到 7。

在绘制机械电气 CAD 工程图样所用图层中，所使用的颜色可能很多，但修改和编辑打印样式文件的操作方法相同。

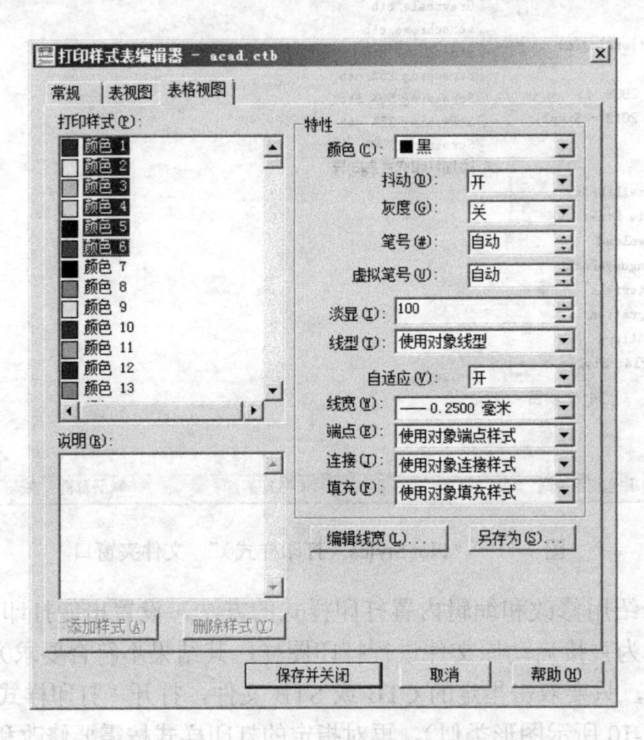

图 7-12　修改和编辑后的“打印样式表编辑器-acad.ctb”对话框

因为不同颜色所对应的线型也有所不同，所以在上述颜色所对应的图层中，第 7 号颜

色（白色）对应的图线是粗线，而其余均为细线。在绘制 CAD 工程图样时，选用第 5 组图线宽度，请参阅表 2-2，即粗线宽度为 0.5 mm，细线宽度为 0.25 mm。

通过上述分析，已经弄清了“颜色号”和“线宽”的关系，接下来可以调出 acad.ctb 打印样式文件，再对其修改和编辑，最后得到需要的打印样式文件，“打印样式表编辑器”对话框如图 7-12 所示。

在如图 7-12 所示对话框中，选中颜色 1～颜色 6，将“特性”区域的“颜色”下拉列表编辑为“黑色”；“线宽”下拉列表编辑为“0.2500 毫米”；对于 7 号颜色，“颜色”下拉列表编辑为“黑色”；“线宽”下拉列表编辑为“0.5000 毫米”；其余下拉列表均为默认，单击“保存并关闭”按钮，修改和编辑打印样式文件（acad.ctb）的工作完成。

2）acad.stb 打印样式文件的应用及修改和编辑

acad.stb 是一个命名打印样式文件。AutoCAD 提供了一个可以设置和显示线宽的功能。在设置图层时，用户还可以赋予不同图层以不同“线宽”。如果用户在这样的图层上绘制 CAD 工程图样，当需要把图样以图纸的形式打印时，用户还可以调用“命名打印样式文件”打印图样，这是打印图样的另一种方法（此方法设置简单些）。

设置线宽就是赋予图线一个宽度值，如图 2-10 所示。图形中，0 层的线宽为默认（其值为 0.25 mm），01 层的线宽为 0.5 mm，剩余的其他层可编辑为 0.25 mm 或者不编辑仍为默认（以上说明为本书所用图层）。

显示线宽就是把赋予图线的宽度在屏幕中显示出来，是否显示线宽只要控制状态栏上的“线宽”按钮即可，若显示线宽则屏幕中图线就会有粗细，否则全部显示为细线。

弄清楚了各层的图线宽度值，也在屏幕中看到了它们，现在调出 acad.stb 打印样式文件并对其进行修改和编辑，以得到需要的打印样式文件，如图 7-13 所示。

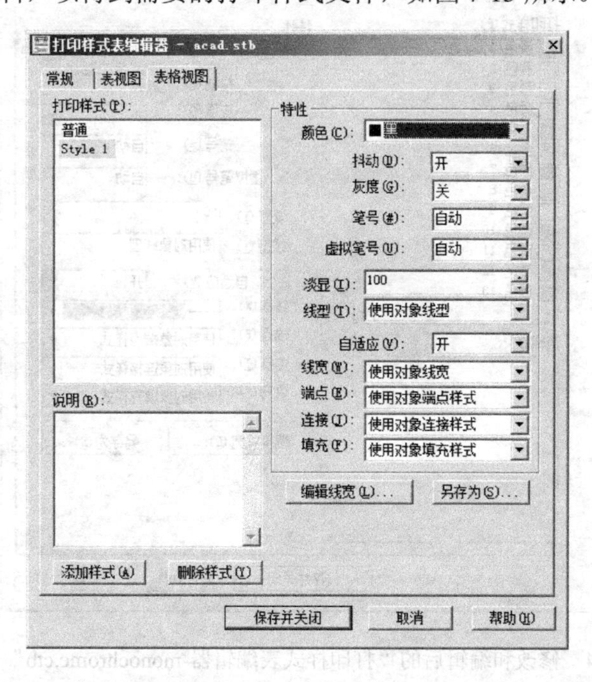

图 7-13　修改和编辑后的“打印样式表编辑器-acad.stb”对话框

在如图 7-13 所示对话框中，选中“Style 1”打印样式，将“特性”区域的“颜色”下拉列表编辑为“黑色”；其他下拉列表均为默认，单击“保存并关闭”按钮，修改和编辑打印样式文件（acad.stb）的工作完成。

提示

使用“打印样式文件 acad.stb”打印图样时，系统将按用户设置的图线宽度进行打印。

（2）将所有颜色打印为黑色组

所谓“将所有颜色打印为黑色”，就是在打印图形文件时，不按图线自身颜色打印图形文件，而是把它们全都按黑色打印。将所有颜色打印为黑色组有 monochrome.ctb 打印样式文件和 monochrome.stb 打印样式文件。

1）monochrome.ctb 打印样式文件的应用及修改和编辑

monochrome.ctb 是一个颜色相关打印样式文件，它与 acad.ctb 类似，主要区别就在于“特性”区域的“颜色”下拉列表默认为“黑色”，如图 7-14 所示。

在对话框中，选中 1～6 号颜色，将“特性”区域的“线宽”下拉列表编辑为“0.2500 毫米”；对于 7 号颜色，“线宽”下拉列表编辑为“0.5000 毫米”；其他下拉列表均为默认，单击“保存并关闭”按钮，修改和编辑打印样式文件（monochrome.ctb）完成。

monochrome.ctb 与 acad.ctb 两个打印样式文件之间，在修改和编辑过程中的主要区别是：后者只须对不同颜色所对应的“线宽”下拉列表进行编辑，即可完成修改和编辑工作。

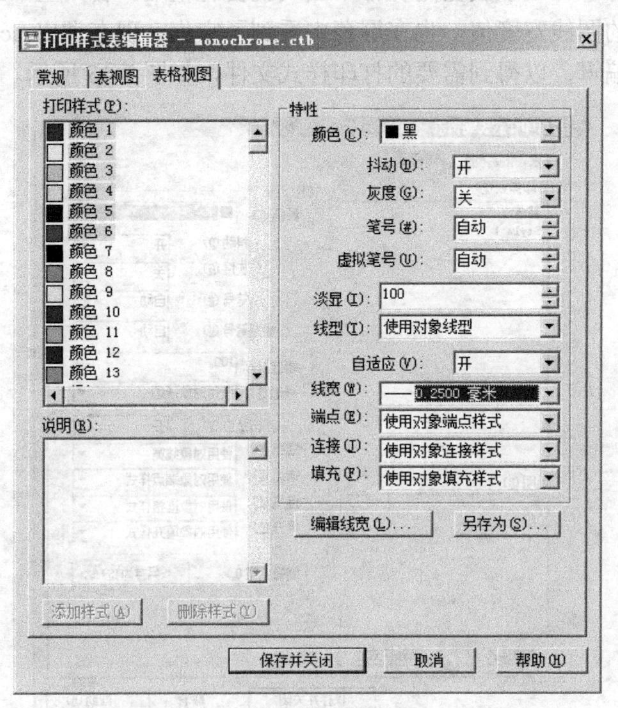

图 7-14　修改和编辑后的“打印样式表编辑器-monochrome.ctb”对话框

2）monochrome.stb 打印样式文件的应用及修改和编辑

monochrome.stb 是一个命名打印样式文件，它与 acad.stb 类似，主要区别就在于“特性”区域的“颜色”下拉列表默认为“黑色”，如图 7-15 所示。对该打印样式文件不用进行任何修改和编辑就可使用，它非常适用于在设置图层时，赋予不同图层以不同的“线宽”的图层设置方法，无论图层所对应的颜色如何，只是按“线宽”并用“黑色”打印出图纸。

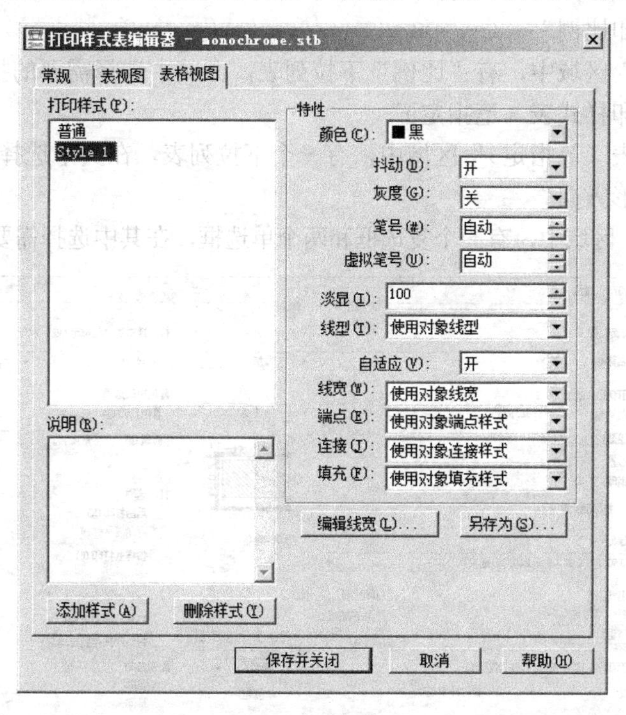

图 7-15　修改和编辑后的“打印样式表编辑器-monochrome.stb”对话框

通过修改和编辑这两组打印样式，发现“默认打印样式组”需要修改和编辑的内容比“将所有颜色打印为黑色组”要多些。修改和编辑内容最少的，就是“将所有颜色打印为黑色组”中的“命名打印样式文件”，它不需要任何修改和编辑即可使用（前提是必须对线宽进行了设置）。

7.2.2　打印设置

打印设备配置好了，修改和编辑所需打印样式的工作也完成了，该可以打印图纸了。要打印图纸，就要启动“打印”命令。“打印”命令的启动方法如下：

按钮（单击）：应用程序菜单→打印→打印（或输出 选项卡→打印）。

键盘（输入）：PLOT↵。

“打印”命令的操作步骤及方法：

命令启动以后，弹出“打印-模型”对话框，如图 7-16 所示。该对话框中，用户要进行必要的打印设置（这些都直接影响着打印效果），最后单击“确定”按钮即可打印出图纸。

（1）选择“打印机/绘图仪”

在“打印机/绘图仪”区域中，有“名称”下拉列表，在其中选择已配置的打印设备。

（2）选择“图纸尺寸”

在“图纸尺寸”区域中，只有一个下拉列表，在其中选择所需的图纸基本幅面和大小。

（3）选择“打印范围”

在“打印区域”区域中，有“打印范围”下拉列表，在其中选择要获取打印范围的方式。

（4）选择“打印比例”

在“打印比例”区域中，有“比例”下拉列表，在其中选择需要的打印图样比例。

（5）选择“打印样式表（笔指定）”

在“打印样式表（笔指定）”区域中，有一个下拉列表，在其中选择需要的打印样式。

（6）确定“图形方向”

在“图形方向”区域中，有一个复选框和两个单选框，在其中选择需要的打印图形方向。

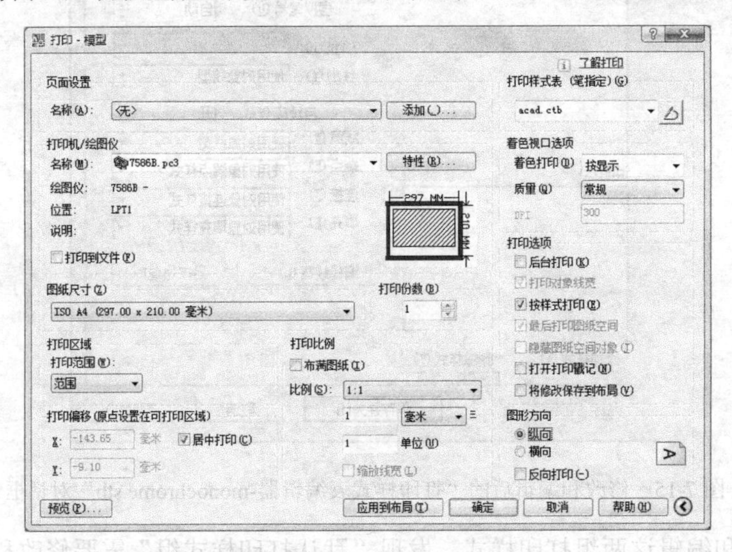

图 7-16 “打印-模型”对话框

注意

[1]在“打印机/绘图仪”区域中，右侧有一个“特性（R）”按钮，它可调出“绘图仪配置编辑器”对话框，在此可修改图纸的“可打印区域”大小，如图 7-17 所示。

[2]选中“修改标准图纸尺寸（可打印区域）”，并在“修改标准图纸尺寸”下拉列表中选中需要修改的“图纸”，单击“修改（M）”按钮；立即弹出“自定义图纸尺寸-可打印区域”对话框；将 4 个编辑框的值全都编辑为“0”，如图 7-18 所示。

[3]单击“下一步”按钮，即弹出“自定义图纸尺寸-完成”对话框，选中“手动送纸”，如图 7-19 所示。

[4]单击图 7-19 的“完成”按钮，回到“绘图仪配置编辑器”对话框。

[5]单击图 7-17 的“确定”按钮，修改图纸“可打印区域”大小，即告完成。

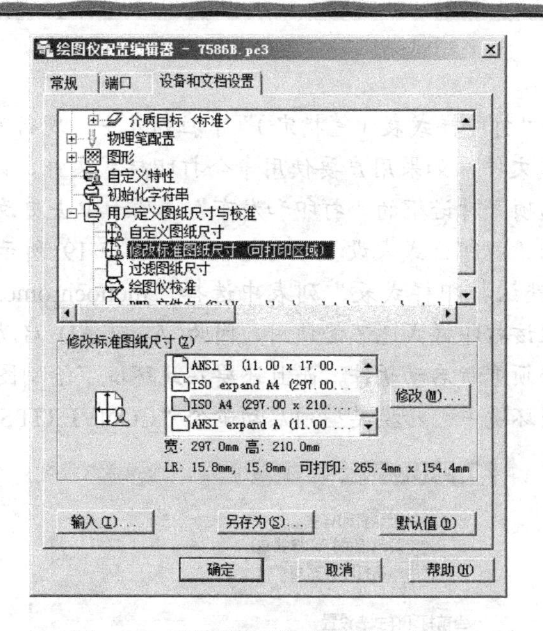

图 7-17　“绘图仪配置编辑器”对话框

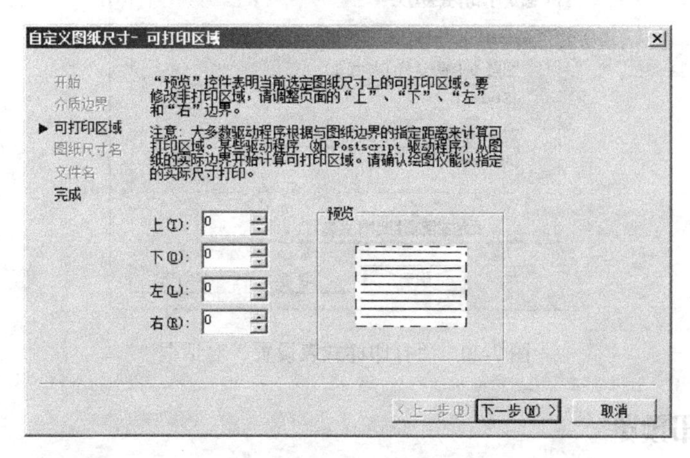

图 7-18　“自定义图纸尺寸-可打印区域”对话框

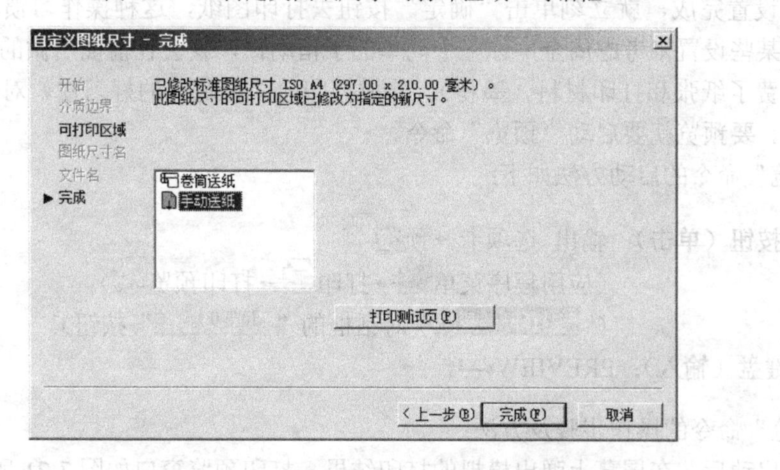

图 7-19　“自定义图纸尺寸-完成”对话框

提示

在如图7-16所示“打印样式表（笔指定）”下拉列表中，现行的打印样式是acad.ctb，它是颜色相关打印样式文件。如果用户要使用命令打印样式文件，比如monochrome.stb打印样式文件，须到“选项”对话框的“打印和发布”选项卡中去更改设置，单击“打印样式表设置”按钮，出现的“打印样式表设置”对话框，如图7-19所示。选中“使用命令打印样式”单选框，在“默认打印样式表”列表中选择“monochrome.stb”，单击“确定”按钮，更改设置完成。但该打印样式还不能使用，因为AutoCAD启动以后，只能使用一种类型的打印样式。用户必须重新启动软件，而且还要在此环境下绘制图形文件，方能使用。打印样式类型附着在绘图环境中，转换类型须启动命令“CONVERTPSTYLES”。

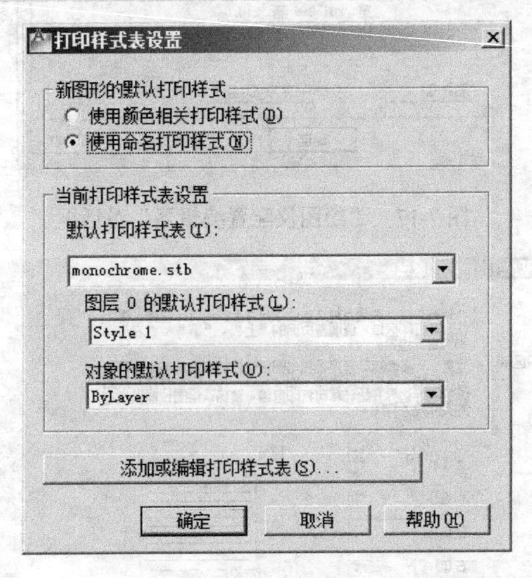

图7-20 “打印样式表设置”对话框

7.2.3 打印预览

打印设置完成，就立刻单击“确定”按钮去打印图纸，这种操作习惯不是个好习惯。假如还有某些设置未考虑周全，你一个简单的手指动作，就会让前面所做的工作付诸东流，同时也浪费了纸张和打印材料（墨粉）。养成打印前“预览”的好习惯，对于提高工作实效会有帮助。要预览就要启动“预览”命令。

“预览”命令的启动方法如下：

按钮（单击）：输出 选项卡→预览

（应用程序菜单→打印→打印预览）。

（“打印 - 模型”对话框的“预览(P)...”按钮）。

键盘（输入）：PREVIEW↵。

“预览”命令的操作步骤及方法：

命令启动后，在屏幕上弹出模拟的打印结果，打印预览窗口如图7-21所示。

此时，窗口内的光标会变为“实时缩放”状态，供用户进行预览操作。此外还可单击左上角的显示控制按钮，实施其他相关操作。

预览后，可按 Esc 或 Enter 键退出；或单击右键显示快捷菜单，单击“退出”按钮。

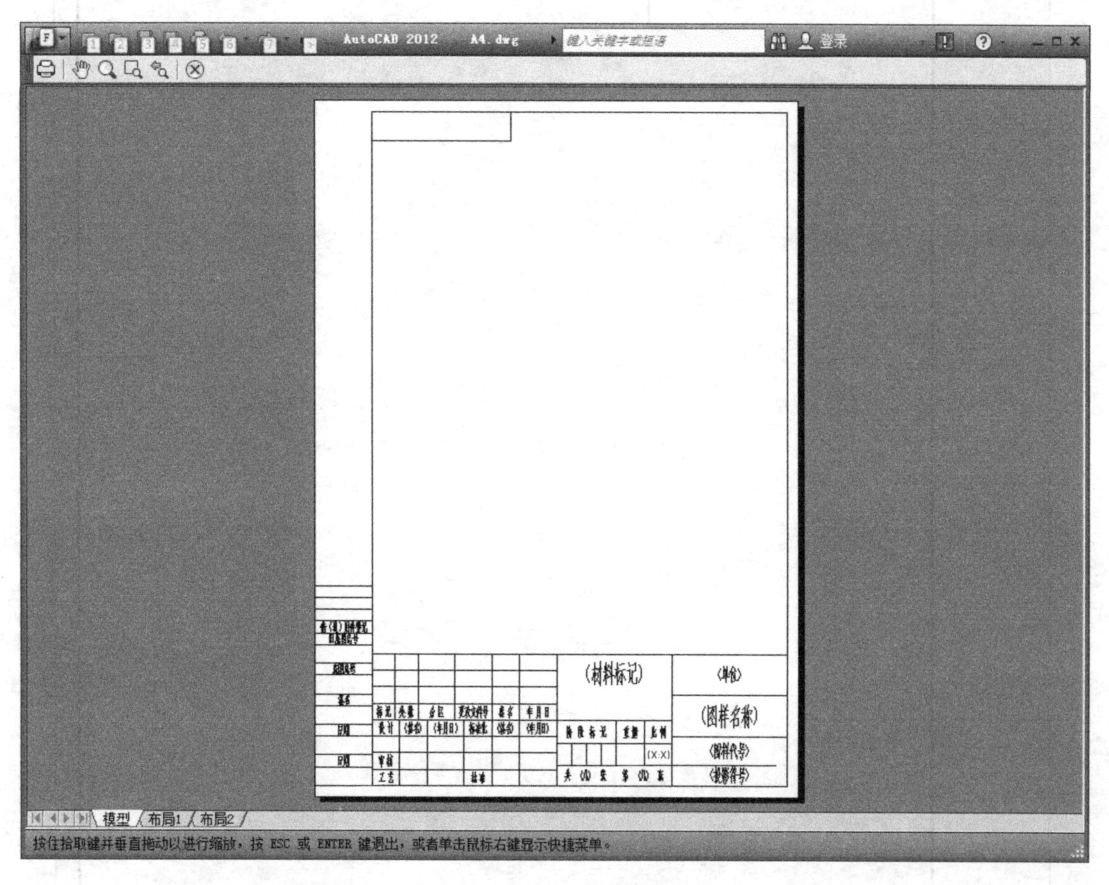

图 7-21　“打印预览”窗口

7.2.4　打印

在预览过程中，如果用户没有发现任何问题，可按下鼠标左键，单击“确定”按钮，把图纸打印出来。

下面就以打印“A4 标准图纸格式”为例，简述“图样的打印”操作流程。

[1]打开文件。　启动“打开”命令，调出画好的“CAD 电子图形文件”——A4 标准图纸格式。

[2]打印设置。　启动“打印”命令，在弹出的“对话框”中，进行相关设置。

[3]打印预览。　启动“预览”命令，查看打印效果，检查各设置是否正确。

[4]打印图纸。　检查无误，单击“确定”按钮，将图纸打印出来。

[5]打印结果。　打印的“A4 标准图纸格式”结果如图 7-22 所示。

借（通）用件登记
旧底图总号
底图总号
签名
日期
日期

						(材料标记)			(单位)
标记	处数	分区	更改文件号	签名	年月日				(图样名称)
设计	(签名)	(年月日)	标准化	(签名)	(年月日)	阶段标记	重量	比例	
								(X:X)	(图样代号)
审核									
工艺			批准			共（几）张	第（几）张		(投影符号)

图 7-22　打印的“A4 标准图纸格式”结果

本章小结

CAD 电子工程图样绘制和编辑任务完成后，还有一项工作需要用户去做，就是把电子文件打印成纸质文件或传输发布等。本章重点介绍图样的打印，把电子文件打印成纸质文件，首先要配置打印设备，此时用户可以给自己的计算机添加打印设备，还可以使用网络或者系统打印设备。用户通过修改和编辑系统内置的打印样式文件，设置打印样式（或新建），最后调用“打印”命令，编辑其界面内容，经过预览后把标准的工程图样打印到图纸上。

思考与练习 7

7-1　配置新的打印设备有几种形式？它们的特点是什么？

7-2　在打印图样之前，用户要准备些什么？

7-3　AutoCAD 2012 提供了几种类型的打印样式？它们的名字是什么？具体含义是什么？

7-4　本书介绍了几个打印样式文件的修改和编辑？打印样式文件的名称是什么？

7-5　在调用“打印”命令后，应进行哪些必要的打印（页面）设置？各项设置的功用是什么？

7-6　打印预览有什么作用？在预览窗口中可以进行哪些操作？

7-7　指出如图 7-23 所示图形与如图 7-15 所示图形的不同，它们不同的原因是什么？

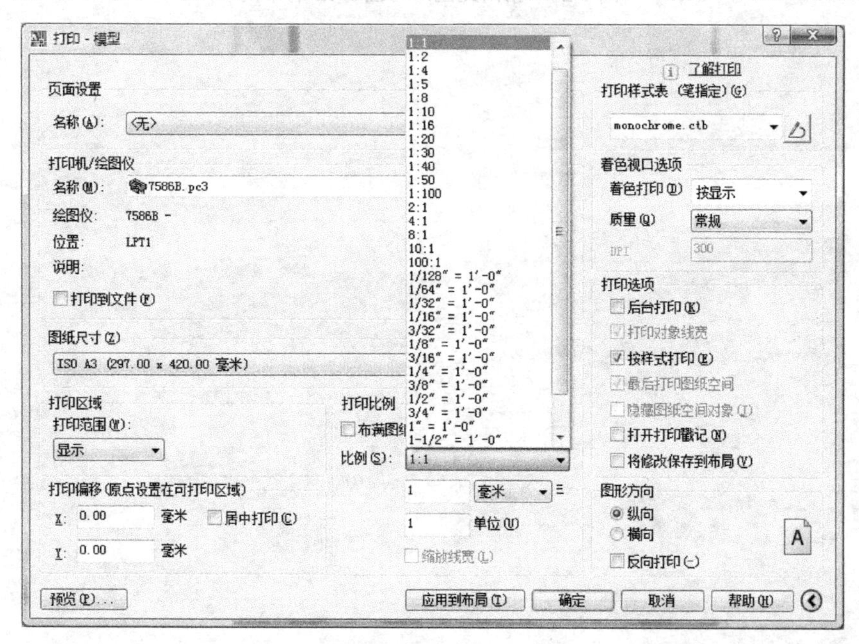

图 7-23　指出此图形与如图 7-13 所示图形的不同

7-8　指出如图 7-24 所示图形与图 7-12 的不同，这些不同将会导致出什么结果？

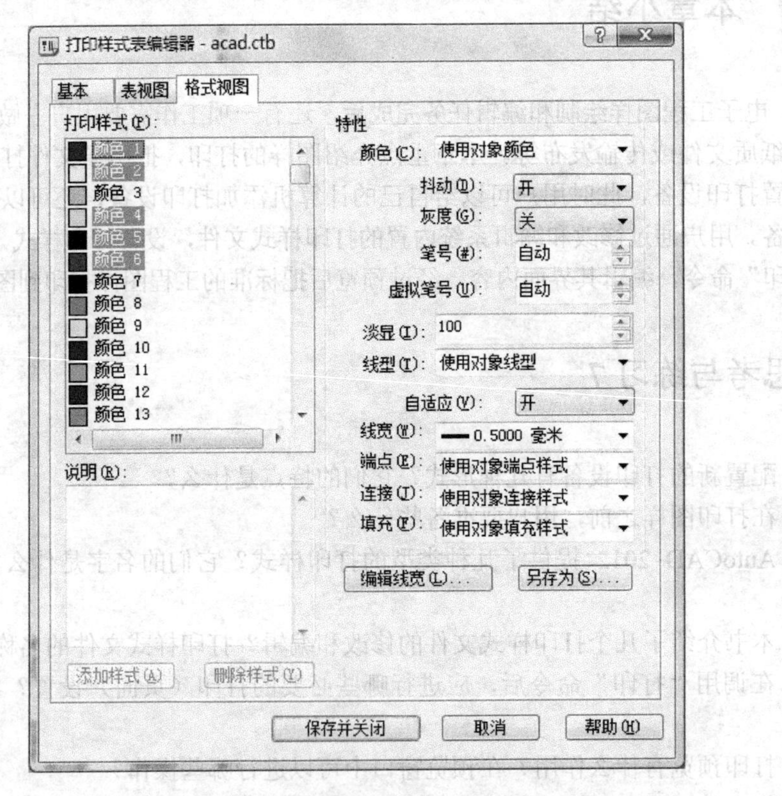

图 7-24　指出此图形与图 7-12 的不同

附录A 本书使用的命令

表A-1 本书使用的命令

键盘命令	说明	页码	键盘命令	说明	页码
3DMOVE	三维移动	211	DIMSTYLE	标注样式	55
3DORBIT	动态观察	207	DIMTEDIT	文字角度	110
3DORBIT	自由动态观察	207	DIST	距离	31
3DORBIT	连续动态观察	208	DIVIDE	定数等分	72
3DROTATE	三维旋转	210	DSETTINGS	草图设置	18
ADCENTER	设计中心	185	DTEXT	单行文字	118
ARC	圆弧	82	EATTEDIT	单个	167
AREA	面积	31	ELLIPSE	椭圆	83
ARRAYPOLAR	环形阵列	142	ERASE	删除	73
ARRAYRECT	矩形阵列	140	EXPLODE	分解	159
ATTDEF	属性定义	160	EXTEND	延伸	76
BEDIT	编辑	166	EXTRUDE	拉伸	204
BLOCK	创建	162	FILLET	圆角	80
BOX	长方体	198	HATCH	图案填充	125
BREAK	打断	117	HELP	帮助	38
CHAMFER	倒角	106	INSERT	插入	163
CIRCLE	圆	71	LAYER	图层	48
CLOSE	关闭	38	LENGTHEN	拉长	79
CONE	圆锥体	201	LINE	直线	70
COPYCLIP	复制剪裁	180	LINETYPE	线型	51
CYLINDER	圆柱体	200	LIST	列表	33
DDPTYPE	点样式	72	MATCHPROP	特性匹配	115
DIMALIGNED	对齐	99	MIRROR	镜像	78
DIMANGULAR	角度	105	MLEADER	引线	65
DIMBASELINE	基线	100	MLEADERSTYLE	多重引线样式	63
DIMCENTER	圆心标记	102	MOVE	移动	90
DIMDIAMETER	直径	101	MTEXT	多行文字	176
DIMEDIT	倾斜	109	OFFSET	偏移	75
DIMJOGGED	折弯	104	OPEN	打开	36
DIMLINEAR	线性	99	OPTIONS	选项	10
DIMRADIUS	半径	103	PAN	平移	85

表 A-1　本书使用的命令（续）

键 盘 命 令	说　明	页　码	键 盘 命 令	说　明	页　码
PASTECLIP	粘贴	181	STYLESMANAGER	管理打印样式	232
PLINE	多段线	218	SUBTRACT	实体，差集	214
PLOT	打印	236	TOLERANCE	公差	172
PLOTTERMANAGER	绘图仪管理器	225	TORUS	圆环体	202
POLYGON	多边形	74	TRIM	修剪	77
PREVIEW	预览	239	UCS	原点	217
PYRAMID	棱锥体	199	UCS ↵ 3	三点	218
QNEW	新建	34	UCS ↵ X	X	217
QSAVE	保存	37	UNION	实体，并集	212
REGION	面域	203	VSCURRENT ↵ 2	二维线框	206
REVOLVE	旋转	205	VSCURRENT ↵ H	消隐	206
ROTATE	旋转	91	VSCURRENT ↵ R	真实	206
SAVEAS	另存为	37	VSCURRENT ↵ C	概念	206
SCALE	缩放	92	WBLOCK	写块	165
SPHERE	球体	201	WEDGE	楔体	197
SPLINE	样条曲线拟合	121	ZOOM ↵	实时缩放	86
STRETCH	拉伸	89	ZOOM ↵ P	缩放上一个	87
STYLE	文字样式	52	ZOOM ↵ W	窗口缩放	87

参 考 文 献

[1] 全国技术产品文件标准化技术委员会．技术产品文件标准汇编．技术制图卷．北京：中国标准出版社，2006.

[2] 全国技术产品文件标准化技术委员会．技术产品文件标准汇编．机械制图卷．北京：中国标准出版社，2006.

[3] 全国技术产品文件标准化技术委员会．CAD 工程制图规则．北京：中国标准出版社，2000.

[4] 全国技术产品文件标准化技术委员会．机械工程 CAD 制图规则．北京：中国标准出版社，1998.

[5] 全国技术产品文件标准化技术委员会．技术制图　图纸幅面和格式．北京：中国标准出版社，2008.

[6] 全国技术产品文件标准化技术委员会．技术制图　标题栏．北京：中国标准出版社，2008.

[7] 全国技术产品文件标准化技术委员会．技术制图　投影法．北京：中国标准出版社，2008.

[8] 全国产品尺寸和几何技术规范标准化技术委员会．产品几何技术规范（GPS）技术产品文件中表面结构的表示法．北京：中国标准出版社，2002.

[9] 全国产品尺寸和几何技术规范标准化技术委员会．产品几何技术规范（GPS）几何公差形状、方向、位置和跳动公差标注．北京：中国标准出版社，2004.

[10] 全国技术产品文件标准化技术委员会．机械制图　图样画法　图线．北京：中国标准出版社，2002.

[11] 郝维春．CAD 工程制图．北京：电子工业出版社，2009.

[12] 武华．工程制图．北京：机械工业出版社，2010.

举报电话：（010）88254396；（010）88258888

传　　真：（010）88254397

E-mail:　dbqq@phei.com.cn

通信地址：北京市万寿路 173 信箱

电子工业出版社总编办公室

邮　　编：100036